Erfolgsfaktor Serie

Reihenherausgeber
Hansjörg Künzel, München, Deutschland

Weitere Bände in dieser Reihe
http://www.springer.com/series/11811

Die Erfolgsfaktor-Buchreihe ist eine Praxisreihe, die sich an Führungskräfte und Entscheidungsträger aus Industrie und Mittelstand richtet. Auf jeweils rund 350 Seiten beleuchten Top-Autoren einen Themenbereich aus ihrer spezifischen Perspektive. Jeder Band fächert dabei das Thema möglichst breit auf und bietet so einen kompetenten Überblick. Die einzelnen Beiträge werden detailliert und mit Tiefgang in Bezug auf den Gesamtzusammenhang dargestellt. Dabei wird das Hauptaugenmerk auf die Praxis gelegt und durch persönliche Erfahrungen ergänzt – theoretische Inhalte werden nur insoweit vermittelt, wie sie für das Gesamtverständnis sinnvoll sind. Anhand vieler Best-Practice-Beispiele nehmen die Autoren die Leser mit und zeigen ihnen, wie für unterschiedliche Themen- und Problemfelder konkrete Konzepte entwickelt und durch unterschiedlichste Aktivitäten in ein Unternehmen erfolgreich implementiert werden können. Das modulare Konzept ermöglicht es dem Leser einzelne Kapitel unabhängig voneinander durchzuarbeiten. Für einen roten Faden durch das Buch sorgt neben der sorgfältigen Zusammenstellung durch den Herausgeber auch ein Einführungskapitel, das Orientierung im jeweiligen Themenfeld schafft. Die Autorenteams bestehen aus erfahrenen Managern, Beratern, Personal- und Marketingfachleuten, Trainern, Coaches, Wissenschaftlern sowie Kommunikations- und Medienprofis aus allen Generationen. Die Unterschiedlichkeit der Autoren ist gewollt: Sie gewährleistet einen kompetenten und umfassenden Überblick zum jeweiligen Themenkomplex. Darüber hinaus ermöglicht sie eine weitaus größere Meinungsvielfalt, sowie ein breiteres Beurteilungsspektrum zu jedem der vorgestellten Themen, als dies ein einzelner Autor vermitteln könnte. Somit wird jedes dieser Bücher zu einer interessanten, facettenreichen, spannenden und unterhaltsamen Lektüre. Das Buch „Erfolgsfaktor Kundenzufriedenheit" ist der erste Band der neuen Management-Buchreihe, die jedes Jahr um zwei Titel erweitert wird. Folgende Titel werden bis Ende 2014 erscheinen:

- Erfolgsfaktor Employer Branding
- Erfolgsfaktor Performance Management
- Erfolgsfaktor Corporate Social Responsibility
- Erfolgsfaktor Führung und Persönlichkeitsentwicklung
- weitere Titel sind in Planung

Hansjörg Künzel
(Hrsg.)

Erfolgsfaktor Employer Branding

Mitarbeiter binden und die Gen Y gewinnen

Springer Gabler

Herausgeber
Hansjörg Künzel
München
Deutschland

ISBN 978-3-642-40534-1 ISBN 978-3-642-40535-8 (eBook)
DOI 10.1007/978-3-642-40535-8

Die Deutsche Nationalbibliothek verzeichnet diese Publikation in der Deutschen Nationalbibliografie; detaillierte bibliografische Daten sind im Internet über http://dnb.d-nb.de abrufbar.

Springer Gabler

Redaktion und Lektorat: Rudolf Jan Gajdacz, München
Verlags-Lektorat: Michael Bursik, *Assistenz*: Janina Sobolewski

Gedruckt auf säurefreiem und chlorfrei gebleichtem Papier

Springer Gabler ist eine Marke von Springer DE. Springer DE ist Teil der Fachverlagsgruppe
Springer Science+Business Media
www.springer-gabler.de

Vorwort

Wollte man im 17. und 18. Jahrhundert Seeleute rekrutieren, genügte eine einfache Taktik: Man begab sich in eine Hafenkneipe, wählte die passenden Kandidaten aus, machte sie betrunken, schleppte sie an Bord, sperrte sie unter Deck – und wenn sie ihren Rausch ausgeschlafen hatten, befanden sie sich schon so weit auf hoher See, dass sich eine etwaige Kündigung vorerst von selbst ergab. „Schanghaien" nannte man das.

Eine längst überholte Methode? Kürzlich besuchte ich die Geschäftsräume eines Kunden, eines Dienstleistungsunternehmens aus dem eBusiness-Bereich. Schon beim Betreten fiel der obligatorische Kickertisch in der Mitte der Loft-Etage auf. An jeder Tischgruppe Spender mit Schokoriegeln. Die Konferenzräume mit Designermöbeln im Stil gemütlicher Loungeecken ausgestattet. Im Hof gebrandete Fahrräder für kurze Besorgungsfahrten. Die Mitarbeiter erhalten vergünstigte Abonnements für das benachbarte Sportstudio. Einmal die Woche erscheint ein mobiler Massage-Service … Auf den ersten Blick: ein Arbeitnehmerparadies!

Umso ernüchternder dann das Gespräch mit der Geschäftsleitung: Kaum einer der Angestellten arbeitet länger als drei Jahre im Unternehmen. Ein sehr hoher Anteil verlässt es bereits wieder nach ein bis zwei Jahren. Offenbar scheinen die Mitarbeiter im Arbeitsalltag Erfahrungen zu machen, die sich mit ihren ursprünglichen Vorstellungen nicht decken. Anders als auf historischen Handelsschiffen haben sie jedoch kein Problem damit, dann einfach wieder von Bord zu gehen.

Fast möchte man fragen: Schwingt bei manchen Formen der Mitarbeitergewinnung und -bindung nicht immer noch ein wenig das Denkmuster des „Schanghaiens" mit? Was genau bringt die Sinnvernebelung durch Fun-Faktoren, wenn der Spaß nicht ewig hält?

Employer Branding – also das Bestreben, sich auch auf dem Personalmarkt erfolgreich mit den Mitteln der Markentechnik zu positionieren – existiert als Begriff bereits seit den 1990er Jahren. Verschärft wurde die Thematik um die Jahrtausendwende, als Steven Hankin und andere den „war for talents" ausriefen.

Betrachtet man heute die praktische Realität in vielen Unternehmen, stellt sich jedoch die Frage: Erschöpft sich dieses Bemühen lediglich im Schaffen vordergründiger Anreiztaloge und in der Inszenierung schöner neuer Arbeitswelten durch Personalkampagnen? Wie lange dauert es wohl, bis Versprechen wie „work is play" der Einsicht weichen, dass es selbst in den innovativsten Branchen auch um ganz unkreative Dinge wie Leistung, Ausdauer, Alltagsroutine oder Selbstdisziplin geht?

Die Brisanz des Themas lässt es jedenfalls kaum zu, sich hier mit Manipulationsversuchen und kosmetischen Lösungen zufriedenzugeben. Schon seit Jahren wirken sich die Folgen des demografischen Wandels auf den Arbeitsmarkt aus. Aus Bewerbern sind längst Umworbene geworden – und das nicht nur im Bereich der Top-Talente. Durch den anhaltenden Wandel von der Produktions- zur Wissensgesellschaft steigt der Bedarf an (hoch-) qualifizierten Fachkräften zusätzlich. Der Satz „Unsere Mitarbeiter sind unser größtes Kapital" ist in diesem Zusammenhang schon lange keine Floskel mehr. Und ganz abgesehen vom Wert des Wissens für den Unternehmenserfolg: Im Vergleich zu Mitarbeitern in anderen Bereichen sind die Fluktuationskosten bei „Knowledge Workers" um ein Vielfaches höher.

Demografischer Wandel und Fortschreiten der Wissensgesellschaft sind dabei nur zwei der großen Herausforderungen, die sich Arbeitgebern bzw. Arbeitgebermarken heute stellen.

Mit der „Generation Y" – also den etwa ab Mitte der 1980er Jahre Geborenen – beginnt eine neue, bereits viel diskutierte Altersgruppe, den Arbeitsmarkt mit ihren spezifischen Werten, Erwartungen und Haltungen zu prägen.

Globalisierung, Migration und der zunehmende Fachkräftemangel in Europa erfordern dabei nicht nur das konstruktive Zusammenarbeiten der Generationen, sondern auch von Menschen mit unterschiedlichen kulturellen Hintergründen.

Zugleich generiert die anhaltende digitale Revolution für Arbeitgeber immer wieder neue Chancen und Risiken: Einerseits haben Unternehmen heute die Möglichkeit, kommunikative Einbahnstraßen zu verlassen und über die sozialen Medien in den lebendigen Dialog mit potenziellen Mitarbeitern zu treten. Durchdacht eingesetzt lassen sich mithilfe von Facebook & Co. „*Communities of Talents*" bilden und an die Marke binden.

Gleichzeitig sind Unternehmenswirklichkeiten heute so transparent wie nie. Wenn es aber heißt, „Der Kaiser ist nackt", dann sollte er umso mehr darauf achten, gut in Form zu sein. Denn in Zeiten der „*Naked Corporations*" (Don Tapscott, David Ticoll) wird jeder Versuch, das eigentliche Sein zu verschleiern, von einer digital vernetzten Öffentlichkeit gnadenlos entlarvt und angeprangert.

Der Erscheinungszeitpunkt dieses Bandes ist in diesem Zusammenhang ideal: Der erste Hype um *Employer Branding* ist abgeflaut. Abseits emphatischer Beschwörungen lässt sich das Thema nun auf solide Grundlagen stellen.

Auch die mythenumwobene „Generation Y" ist in der Unternehmenswirklichkeit angekommen. Im Arbeitsalltag stellt sich die jüngste Mitarbeitergruppe nun viel differenzierter dar. Dabei geht es längst nicht mehr allein um die Frage, mit welchen Mitteln sich die Vertreter von „GenY" erfolgreich rekrutieren und an ein Unternehmen binden lassen: Der Vormarsch der Jüngeren darf nicht dazu führen, dass ältere Mitarbeiter im Gegenzug das Unternehmen verlassen – und dadurch wertvolles Know-how verloren geht. Wir müssen uns vielmehr fragen, wie sich die Brückenbildung zwischen den Generationen realisieren und der konstruktive Austausch untereinander fördern lässt.

Ein weiterer Aspekt: *Employer Branding* kann heute aus einer Vielzahl bereits gewonnener Erfahrungen anderer Marketingdisziplinen in den digitalen und sozialen Medien schöpfen. Der interaktive Austausch mit Interessenten etwa, das Initiieren von Communities, die umfassenden Analysemöglichkeiten des Nutzerverhaltens, der Umgang mit Schwarmphänomenen (bis hin zur Krisenkommunikation im Falle des berüchtigten „Shitstorms") …: Das Know-how, das in diesen Bereichen aufgebaut wurde, lässt sich für den Aufbau und die Pflege einer Arbeitgebermarke gezielt nutzen.

Hier wird zudem deutlich, dass sich *Employer Branding* nicht einfach als eine weitere Unterdisziplin betrachten lässt. So mache ich im Rahmen meiner Beratungstätigkeit immer wieder die Erfahrung: *Employer Branding* korreliert mit den unterschiedlichsten Unternehmensthemen. Meine persönliche Erkenntnis dabei: Der noch so attraktive Auftritt auf der Personalmesse, die intensiv gepflegte Facebook-Präsenz, das ausgeklügelte Anreizsystem … All das greift zu kurz, wenn Mitarbeiter kommunizierte Werte im Unternehmensalltag nicht wiederfinden und erleben können.

Selbstverständlich liegt die operative Hoheit dabei im Verantwortungsbereich der *Human Resources*. Ebenso selbstverständlich ist *Employer Branding* zugleich ein klassisches Vermarktungs- und Kommunikationsthema – und erfordert daher die enge Zusammenarbeit von HR, Marketing und Kommunikation. Wenn aber die Gestaltung einer Arbeitgebermarke nicht auf der Behauptungsebene verkümmern soll, rührt sie an die Wurzeln von Unternehmenskultur und Unternehmensstrategie. Die zentralen Leitlinien müssen also von oben vorgegeben und in ihrer Umsetzung politisch unterstützt werden. *Employer Branding* ist Chefsache.

Die tief greifende Bedeutung von *Employer Branding* spricht jedenfalls dafür, hier ganzheitlich zu denken und vorzugehen: Die eindeutige Positionierung und Differenzierung im Wettbewerbsumfeld, klare Leitlinien, die von den Mitarbeitern getragen und gelebt werden, und die emotionale Strahlkraft einer authentischen Marke bieten entscheidende Vorteile dabei, die wirklich passenden Mitarbeiter zu finden, sie an das Unternehmen binden und damit die Grundlagen schaffen, dass sie aus intrinsischer Motivation heraus Top-Performance abrufen, um den Unternehmenserfolg nachhaltig zu steigern.

Employer Branding berührt dabei zahlreiche Facetten der praktischen Realität auf dem Personalmarkt, in den Unternehmen, in Wirtschaft, Gesellschaft und Öffentlichkeit.

Sind etwa starke Produktmarken automatisch auch starke Arbeitgebermarken? Wie schaffen es Unternehmen aus der Provinz, sich heute im Kampf um Fachkräfte gegen die großstädtische Konkurrenz zu behaupten? Welche Chancen haben die „Hidden Champions" aus dem Mittelstand im ungleichen Kampf um Spitzenkräfte? Wie hängt Employer Branding – und damit auch das gezielte Schaffen einer bestimmten Mitarbeiterkultur – mit der Zufriedenheit der Kunden zusammen? Was macht die Generation Y wirklich aus? Wo müssen wir hier differenzieren? Sollen Arbeitgeber wirklich all ihre Wünsche erfüllen? Welche Rolle kann Corporate Social Responsibility bei der Entscheidung für ein Unternehmen spielen? Was müssen wir bei der Entwicklung der Führungskräfte beachten, um einen Führungsstil zu etablieren, der Leistung fordert und fördert – und Mitarbeiter begeistert, statt sie in die innere oder tatsächliche Kündigung zu treiben. Oder: Welche Werte geben für Mitarbeiter aus unterschiedlichen Kulturen den Ausschlag? Streben wirklich alle – so wie viele Europäer – vor allem nach Individualität und persönlicher Weiterentwicklung?

Ich freue mich, dass es gelungen ist, für Antworten auf diese – und viele weitere Fragen – eine breite Vielfalt von Autoren mit ganz unterschiedlichen Hintergründen zu gewinnen. Ein Aspekt verbindet sie dabei alle: Jeder von ihnen kommt aus der Praxis, schreibt für die Praxis und beschäftigt sich mit praxisbezogenen Aspekten von *Employer Branding*.

In diesem Sinne möchte ich mich bei jedem einzelnen meiner Mitautoren herzlich bedanken. Jeder von ihnen bereichert diesen Band um einen wertvollen, praxisnahen Blickwinkel. Ganz besonders bedanke ich mich dabei für den intensiven Austausch mit ihnen, viele anregende Gespräche und die ereignisreiche gemeinsame Zeit.

München, im Oktober 2013 Hansjörg Künzel

Inhaltsverzeichnis

1 **Die Herausforderungen des Employer Brandings** 1
Stephan Radermacher

2 **GenY** 17
Kinder unserer Zeit
Lilli Allihn

3 **Jobwahl** 35
Welchen Job will ich, und wenn ja, wieviele?
Martin Krengel und Claudia Maria Schmidt

4 **Kundenfokus** 47
Employer Branding als Erfolgsfaktor
Hansjörg Künzel

5 **Internationales Bewerbermanagement** 63
Chancen und Herausforderungen für deutsche Unternehmen
Claudia Drews und Stephan Höfer

6 **Die chinesische Perspektive** 77
Was macht Arbeitgeber attraktiv in China?
Florian Becker und Xiaojuan Ma

7 **Recruiting** 91
Talent Relationship Management von Audi
Tobias Becker

8 **Coaching** 107
Keine Arbeitgebermarke ohne Persönlichkeiten
Elke Menzel

9 Resilienz 121
Stehauf-Qualitäten im rauen Fahrwasser
Alexandra Schmied

10 Work-life-competence 137
Strategie zur Vereinbarung von Beruf und Privatem
Astrid Laudage und Birgit Wintermann

11 Corporate Social Responsibility 151
Integration sozialer Verantwortung in die DNS von Unternehmen
Carsten Rübsaamen und Susanne Luisa Wechsler

12 Change-Kommunication 167
In turbulenten Zeiten Mitarbeiter binden und gewinnen
Cigdem Kurar

13 Corporate Architecture 185
Raumkultur als Ausdruck von Employer Branding
Hendrik Müller

14 Employer Branding im Mittelstand 201
Strategische Umsetzung bei Wilo
Susan Brecht und Harriet Schmucker

15 Arbeitgeberattraktivität nach innen 217
Die Kultur des Miteinanders bei der CAMPARI Deutschland GmbH
Alexandra Busch und Anja Hartmann

16 Strahlkraft nach außen und nach innen 229
Die adidas Gruppe als Arbeitgebermarke
Matthias Kempf

17 Differenzierung 251
Big Sail Adventures machen die Arbeitgebermarke PwC erlebbar
Niels Becker

18 Betriebliche Kinderbetreuung 265
Employer Branding in Reinkultur
Ilse Wehrmann

19 Demografiemanagement 279
Die Stärken der Generationen vereinigen
Ursula Priester

Autorenverzeichis 291

Sachwortverzeichnis 299

Die Herausforderungen des Employer Brandings

1

Stephan Radermacher

1.1 Zielrichtung und Aufgabe des Employer Brandings

Employer Branding ist das aktive oder passive Gestalten der Marke oder des Images eines Arbeitgebers (Wirtschaftsunternehmen, Behörde, Organisation o. Ä.) sowohl nach innen als nach außen. Anstelle „aktiv und passiv“ könnte man auch sagen: „durch positives oder negatives Handeln, oder durch Unterlassen“; Employer Branding ist nämlich keine Aktionsoption, für die man sich entscheiden kann oder auch nicht. Employer Branding findet statt, ob man es will oder nicht, und unabhängig davon, ob man sich dessen bewusst ist. Es ist ein Gestaltungsprozess, bei dem man entscheiden kann, ob er aus der Hand genommen wird und durch andere stattfindet, oder ob man ihn selbst steuert. Das, und nur das, ist die Option, die sich in diesem Zusammenhang stellt.

Daran ist zunächst einmal nichts neu. Trotzdem ist das Thema in letzter Zeit in aller Munde und verzeichnet zunehmende Aufmerksamkeit in Medien und Fachliteratur. Was ist der Grund? Endlich wieder ein neuer, wichtig klingender Anglizismus als „Fad of the Day“ für Management und Beratung? Ein bisschen erinnert mich das an eine Business-Konferenz zum Thema „Total Customer Focus“ in den neunziger Jahren. Damals war eben *dieses* Thema brandaktuell. Nach einem Vortrag, der erklärte, wie man Total Customer Focus im Unternehmen zu verankern habe, stand ein Mittelständler auf und erfreute das Publikum mit typisch schwäbischem Understatement: „So machet mir des scho' seit Jahrzehnte; mir hen nur net gwusst, wie's heißt.“ Gilt das etwa auch für Employer Branding?

Der Begriff taucht bereits in den neunziger Jahren in der englischsprachigen wissenschaftlichen Literatur auf. Der ursprüngliche Fokus war auf die Gestaltung der Arbeitgebermarke in optischer oder sprachlicher Form gerichtet; es war daher eher Aufgabe von Markenspezialisten einer externen Werbeagentur, eine differenzierende Marke, einen

S. Radermacher (✉)
Zürich, Schweiz
E-Mail: st.radermacher@gmail.com

H. Künzel (Hrsg.), *Erfolgsfaktor Employer Branding*, Erfolgsfaktor Serie,
DOI 10.1007/978-3-642-40535-8_1, © Springer-Verlag Berlin Heidelberg 2013

Slogan zu entwickeln, die den Zeitgeist und den jeweiligen Geschmack der umworbenen Arbeitnehmerschaft trafen und ansprachen.

Sowohl Zielrichtung, Verantwortung als auch Mittel haben sich inzwischen grundlegend verändert. Nach der Definition von 2006 der Deutschen Employer Branding Akademie ist Employer Branding die „identitätsbasierte, intern wie extern wirksame Entwicklung und Positionierung eines Unternehmens als glaubwürdiger und attraktiver Arbeitgeber". Diese Definition fokussiert sich auf die Zielgruppe Arbeitnehmer. Indirekt spricht Employer Branding weit größere Adressatenkreise an, nämlich alle Stakeholder innerhalb und außerhalb des Unternehmens. Lieferanten und Kunden sind ebenso Zielgruppen eines guten Images wie Investoren und Medien. Ebenso gehört die Civil Society in den Verantwortungs- und Zielumfang, die unternehmerische Gesellschaftsverantwortung oder Corporate Social Responsibility (CSR) einer Unternehmung. Sie alle sind direkt oder indirekt betroffen vom Ruf eines Unternehmens und gestalten diesen im Rahmen ihrer Interaktion mit dem Unternehmen mit. Employer Branding als Gestaltungsprozess braucht heute eine gesamtheitliche Betrachtungsweise, wenn er nicht zu kurz greifen soll. Hieraus wird auch deutlich, dass dies bei Weitem keine Tätigkeit oder Aufgabe ist, die man sich durch Outsourcing vom Hals schafft. Richtig verstandenes Employer Branding ist ein im Unternehmen zu verankernder, umfangreicher und langfristiger Prozess, der anhand von allgemein verständlichen und glaubwürdigen Leitlinien Handeln steuert. Als solcher ist er zwangsläufig Bestandteil der obersten Führungsverantwortung im Unternehmen.

Für die Zunahme der Bedeutung des Employer-Branding-Themas in Richtung einer erfolgssteuernden „Conditio sine qua non" sind im Wesentlichen drei Faktoren verantwortlich, die in der letzten Dekade erheblich an Bedeutung und Aufmerksamkeit gewonnen haben: Erstens die knapper werdenden Human Resources mit verschärftem Wettbewerb um Talente, zweitens die sich verändernde Alterszusammensetzung der Arbeitnehmerschaft und drittens die Macht der Neuen Medien, imagebeeinflussende Umstände schnell und ohne großen Aufwand öffentlich zu machen. Die ersten beiden Faktoren bedürfen der Erläuterung durch die demografische Entwicklung.

1.2 Verfügbarkeit von Human Resources

Deutschland hat sich bereits Ende der 1960er Jahre von der zuvor herrschenden Gewohnheit ausreichender Nachwuchserzeugung verabschiedet. Betrachtet man lediglich der Differenz zwischen Geburten und Sterbefällen, die sogenannte *natürliche* Bevölkerungsentwicklung, hat Deutschland seit dem Pillenknick einen „Sterbeüberschuss" (Abb. 1.1).

Auf einige Bevölkerungsteile scheint dies nicht zuzutreffen: Frauen mit Migrationshintergrund haben überdurchschnittliche Geburtenraten, angeführt von Frauen türkischer Staatsangehörigkeit, die durchschnittlich doppelt soviel Nachwuchs haben wie Frauen ohne Migrationshintergrund. Das reicht allerdings nicht aus, um den generellen Trend der Bevölkerungsabnahme in Deutschland zu stoppen. Noch bis vor zehn Jahren konnte die

Abb. 1.1 Bevölkerungsentwicklung in der Bundesrepublik Deutschland. (Quelle: Statistisches Bundesamt)

Einwanderung nach Deutschland den natürlichen Bevölkerungsrückgang ausgleichen, seit 2003 ist es auch damit zu Ende: Deutschland schrumpft.

Gleichzeitig wandelt sich die Altersstruktur von Pyramidenform in eine Urnenform: Die geringeren Geburtenraten, zusammen mit einer besseren Gesundheitsvorsorge, führen zu höherer Lebenserwartung. Nach heutiger Einschätzung wird sich die Anzahl der Personen im Rentenalter im Verhältnis zu den Personen im erwerbsfähigen Alter bis 2050 gegenüber 2005 ungefähr verdoppelt haben. Bis zum selben Zeitpunkt wird sich nach Einschätzung des Statistischen Bundesamtes die deutsche Bevölkerung von heute 80 Mio. auf 70 Mio. Menschen um rund 13 % reduziert haben, andere Quellen prognostizieren sogar einen Rückgang um 25 % auf 60 Mio. (Abb. 1.2).

Wie sieht das in Europa und weltweit aus? Die Vereinten Nationen gehen davon aus, dass die Weltbevölkerung ganz im Gegensatz zu Europa bis 2050 weiter zunehmen wird, wenngleich langsamer als in den vergangenen vier Dekaden, und zwar auf ein Volumen von über 9 Milliarden Menschen (Abb. 1.3).

Gleichzeitig wird das mittlere Bevölkerungsalter in allen Weltregionen deutlich zunehmen: In Europa wird es demnach in 2050 mit circa 48 Jahren am höchsten sein, in Afrika mit unter 30 Jahren am niedrigsten, und in allen anderen Regionen wird es um die 40 Jahre liegen (Abb. 1.4).

Ursächlich für das weitere, wenn auch sich verlangsamende Wachstum der Weltbevölkerung ist zunehmend die höhere Lebenserwartung und immer weniger die Anzahl der Geburten. Es wird überwiegend prognostiziert, dass bis 2050 die arbeitende Weltbevöl-

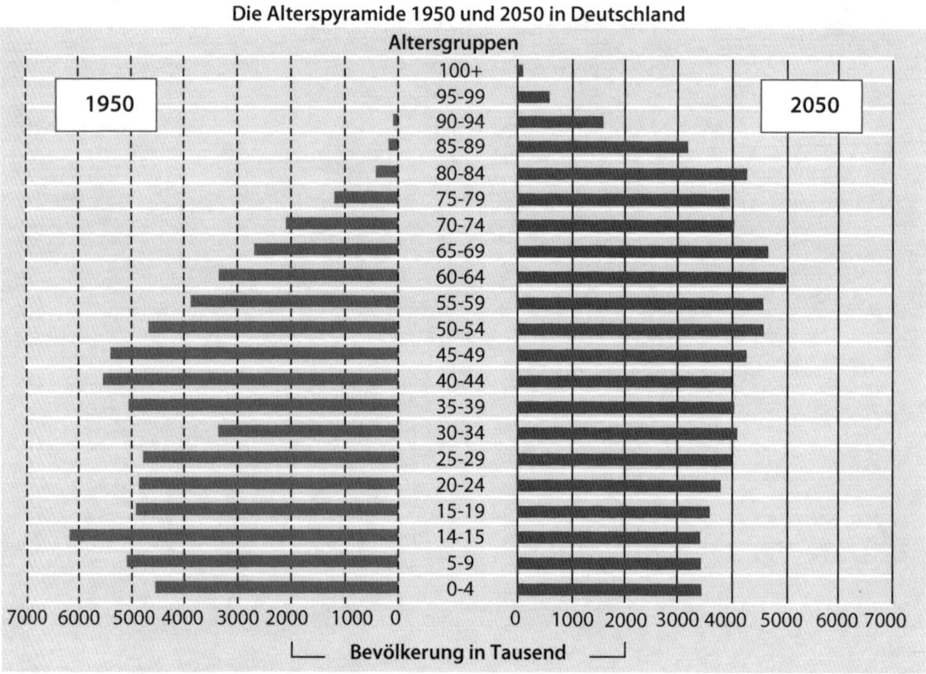

Abb. 1.2 Die Alterspyramide 1950 und 2050 in Deutschland. (Quelle: UN/F.A.Z.-Grafik Niebel)

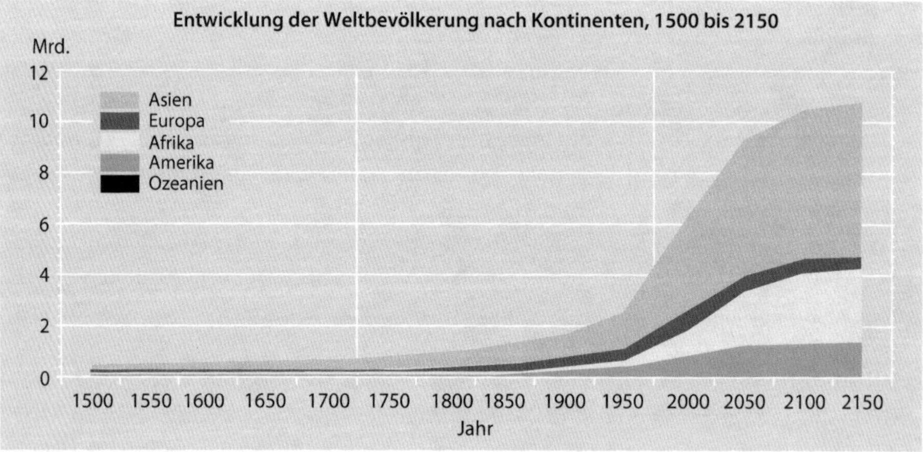

Abb. 1.3 Entwicklung der Weltbevölkerung nach Kontinenten, 1500 bis 2150. (Quelle: UN Population, grafische Darstellung: BiB)

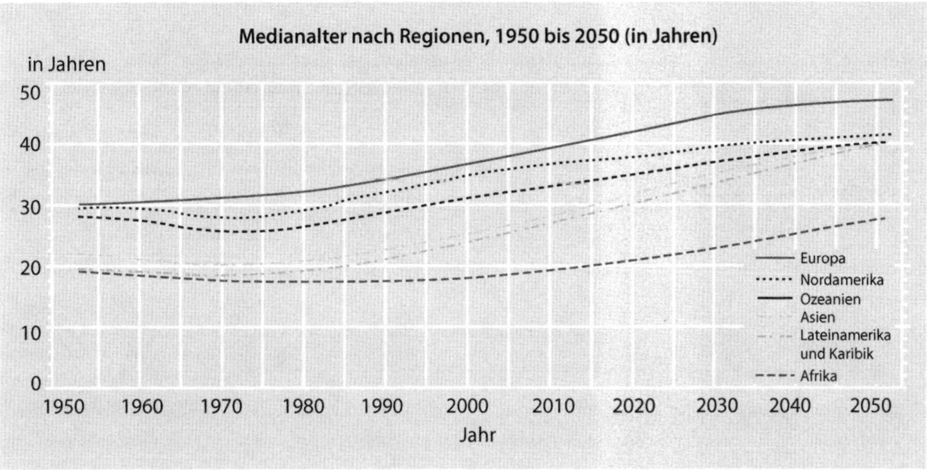

Abb. 1.4 Medianalter nach Regionen, 1950 bis 2050 (in Jahren). (Quelle: UN World Population Prospects, The 2006 Revision, Graphische Darstellung: BiB)

kerung nur in geringem Maße zunehmen wird, während die stark an Zahl gewinnende Altersgruppe der Rentner die Hälfte des Gesamtwachstums ausmacht.

Insbesondere in Europa wird durch die demografische Alterung ein immer größerer Druck auf das Arbeitskräfteangebot entstehen: Der sich aus der demografischen Entwicklung ergebende Mangel an Arbeitskräften wird sich zwar positiv auf die Arbeitslosenzahlen auswirken, aber gleichzeitig verhindern, dass wir die aus dem Arbeitsleben Ausscheidenden ersetzen können. Wenn es gelingen soll, negative Auswirkungen auf Lebensstandard und sozialen Frieden zu verhindern, bleiben für die nächsten Jahrzehnte für die Unternehmen nur folgende Maßnahmen:

- Noch vorhandene Arbeitskräftepotenziale müssen möglichst mobilisiert werden. Hierunter fallen Frauen und Frührentner, aber ebenso Potenziale aus der Verbesserung von Arbeitsbedingungen zur Verringerung von Fehlzeiten.
- Das Rentenalter muss flexibler werden und sich der gestiegenen und weiter steigenden Lebenserwartung anpassen.
- Die Zuwanderung insbesondere von jungen Fachkräften muss gefördert werden; damit steigen Anforderungen an Integrationskonzepte und deren Umsetzungserfolge.
- Unternehmen werden zusätzlich angewiesen sein auf weitere Produktivitätssteigerungen zur Einsparung von Arbeitskräften.

1.3 Die Altersstruktur im Unternehmen und der Einfluss von GenY

Ein weiterer demografischer Aspekt verändert in den kommenden Jahren die Arbeitnehmerstruktur und stellt neue Herausforderungen an das Unternehmen. Schon immer waren in Unternehmen verschiedene Altersgruppen zugange und hatten jeweils differenzierende Eigenschaften, Eigenarten, Rollen, und Erwartungen, mit den sich daraus ergebenden Anforderungen an ein ergebnisorientiertes Miteinander. Inzwischen hat dieses Thema in der Öffentlichkeit aber insbesondere wegen einer gewissen Mystifizierung und wegen der schieren Masse der jüngsten Altersgruppe der arbeitenden Bevölkerung an Bedeutung gewonnen. Generation Y, das ist die Altersgruppe der in den 80er und 90er Jahren Geborenen, ist seit ungefähr 2005 unterwegs in den Arbeitsmarkt.

Der Begriff GenY ist Bestandteil der heute üblicherweise verwendeten Generationen-Klassifizierung, die nach Traditionalisten (geboren in den 30ern und 40ern), den Babyboomern (geboren nach Ende des 2. Weltkrieges bis in die 60er), der Generation X (geboren in den 60ern und 70ern), der genannten Generation Y aus den 80er und 90er Geburtsjahren, und schließlich der circa 1995 ff. geborenen Generation Z unterscheidet. Sinn und Zweck dieser Eingruppierung ist es, Cluster zu bilden hinsichtlich vergleichbarer Umfeldfaktoren, in denen die Gruppenmitglieder aufgewachsen sind und geprägt wurden. Auch wenn die Jahresabgrenzungen zunächst etwas willkürlich erscheinen mögen, kann man dieser Einteilung bei genauerer Betrachtung durchaus etwas abgewinnen. So sind Traditionalisten in die Destruktivität und Entbehrungen der Kriegsjahre hineingeboren und größtenteils in ihnen aufgewachsen. Die Babyboomers verdanken ihren Namen dem Nachkriegs-Babyboom, sind die erste nach dem Weltkrieg aufgewachsenen Generation und dementsprechend von dem eisernen Turn-Around-Willen und der konstruktiven Kraft der Aufbaujahre geprägt. Deren Kinder sind als GenX zumindest in der westlichen Welt im neuen Wohlstand der Aufbau- und Boomjahre aufgewachsen.

GenY ist die erste Generation, die im digitalen Zeitalter und mit seinen Errungenschaften aufwuchs, unter quantensprungähnlichen Auswirkungen auf Lebensumstände und deren Veränderungsgeschwindigkeit; sie ist die wirkliche Internet-Generation, die Generation der Social Media und der globalen Konnektivität, sowohl real als auch virtuell. Dadurch, dass GenY die erste im neuen Jahrtausend in die Arbeitswelt eintretende Generation und mit Computer und Internet aufgewachsen ist, werden ihre Vertreter auch „Millennials" oder „Digital Natives" genannt. Nach Angaben des Statistischen Bundesamtes in den USA aus dem Jahr 2009 machten damals die Vertreter der GenY bereits über ein Viertel der Weltbevölkerung und damit den deutlich größten Teil der Arbeitnehmer aus. Gefolgt wurden sie von ca. 21 % GenX'lern, 19 % Babyboomern und circa 5 % Traditionalisten. Die verbleibenden 30 % verteilten sich in 2009 auf die noch nicht dem Arbeitsmarkt zur Verfügung stehende GenZ und die nicht mehr arbeitenden Vor-Traditionalisten.

Mit anderen Worten: Bis zum Eintritt der GenZ in die Arbeitswelt in den Jahren 2020 ff. kann die Bedeutung der GenY als neue Arbeitnehmergeneration kaum überschätzt werden. GenY hat bereits begonnen, Arbeitsumgebungen neu zu definieren und wird als weitaus größte Arbeitnehmer- und zukünftig stärkste Konsumentengruppe die Stoßrichtung des Employer Branding ganz wesentlich beeinflussen. Es lohnt sich daher, die verallgemeinerbaren Eigenschaften dieser Arbeitnehmergruppe herauszukristallisieren und sich mit ihnen vertraut zu machen.

Über stereotypisierende Eigenschaften der GenY ist in den letzten Jahren viel geschrieben worden, bisweilen mit einer mystischen, irrealen Note. Mehrheitlich werden ihnen jedoch folgende Spezifika zugeschrieben:

Wer sie sind: GenY'ler

- sind ambitiös hinsichtlich ihrer Ziele und ihres Selbstanspruchs
- suchen sinnhafte Tätigkeiten und messbaren Eigenbeitrag
- präferieren Sichtbarkeit und Prestigeprojekte
- sind offen, direkt, hinterfragend, herausfordernd, selbstbewusst
- haben beschränkte Kritiktoleranz
- sind ungeduldig, wenig ausdauernd
- beanspruchen stärker als jede Generation vor ihnen Work-Life-Balance und Flexibilität
- beanspruchen Aufmerksamkeit, Respekt und Feedback von Vorgesetzten
- erkennen und akzeptieren natürliche, kompetenzverursachte Hierarchien
- lehnen rein formale Hierarchien eher ab
- brauchen Struktur und verständliche Eigenpositionierung
- sind schnell bereit, zu kündigen und sich neu zu orientieren
- sind generell IT- und kommunikationsaffin
- verfügen über Teamfähigkeit, sind gleichzeitig offen kompetitiv

Was sie wollen: GenY'ler

- wollen ausreichend und innovativ remunieriert werden
- wollen Entwicklungs- und Aufstiegschancen
- wollen eine respektable Arbeitsumgebung, die keine moralischen Fragen aufwirft
- erwarten Toleranz gegenüber Minderheiten und Andersdenkenden
- wollen zum Erfolg beitragen, und zwar möglichst schnell
- wollen die richtige Mischung aus Eigenverantwortung und Mentorship
- wollen gecoacht werden, sich weiterbilden und perfektionieren
- erwarten eine flexible Arbeitsumgebung und flexible Arbeitszeiten
- suchen zukunftsorientierte, schnell agierende, innovative Arbeitgeber
- erwarten Glaubwürdigkeit und „I care"-Einstellung des Arbeitgebers gegenüber Fragen der Corporate Citizenship und Corporate Social Responsibility
- erwarten topmoderne technische Arbeitsplattformen und -mittel

Viele der genannten Eigenschaften oder Wunschvorstellungen scheinen sich von den bisherigen Generationen der Arbeitnehmerschaft wenig oder nur marginal zu unterscheiden. Dennoch lassen sich bei genauerer Betrachtung subtile Unterschiede erkennen, die mit folgenden Tatsachen zusammenzuhängen scheinen: Noch nie zuvor war eine Generation so vernetzt, so kommunikativ, so interkulturell, so informiert über globale Zusammenhänge und so kritisch hinsichtlich der durch ihre Vorgenerationen geschaffenen Bedingungen für ihre zukünftigen Lebensumstände. Wo Vorgenerationen noch zu einer Art

Hörigkeit und unbedingten Loyalität einem Arbeitgeber und seinen hierarchischen Strukturen gegenüber tendierten, hat GenY längst die Gefahren einer solchen Bindungsabhängigkeit beobachtet und eine ausgewogenere Work-Life-Balance priorisiert, als sie von GenX und Boomern praktiziert wurde. Obwohl viele GenY-Vertreter durchaus materielle Vorteile einer solchen, wenn auch vermeintlichen Bindungssicherheit noch dadurch erleben konnten, dass genau *diese* Vorteile vielen von ihnen ein unbeschwertes Aufwachsen auf relativ hohem Lebensniveau ermöglichten, stehen bei ihnen andere Werte im Vordergrund: GenY will eine sinnhafte Betätigung, will involviert, wahr- und ernst genommen sein; sie ist selbstbewusst, konstruktiv skeptisch, schnell im Urteil, unhierarchisch und unprätentiös im Umgang, wenig auf Äußerlichkeiten oder Statussymbole aus und auch wenig durch solche zu beeindrucken. Ähnliches erwarten GenY'ler von ihrer Arbeitsumgebung. Sie sind explizit ungeduldig, pragmatisch Shortcut-orientiert und – soweit behütet aufgewachsen – häufig weniger stressresistent als ihre Vorgänger. Sie erwarten Verständnis für ihren Wunsch nach Selbstverwirklichung und -entwicklung, hinterfragen gerne, sind kritikfreudig, sozial, teamorientiert. Eines aber sind sie eher nicht: Low Maintenance. GenY im Unternehmen verlangt eine schnelle Abkehr von anachronistischen Werten und Strukturen: Wer mit GenY erfolgreich zusammenarbeiten will, muss sowohl ausreichend darauf vorbereitet als auch flexibel, schnell anpassungsfähig sein; wer GenY-Talent in der Zukunft halten oder für die Zukunft gewinnen will, braucht eine glaubhafte Mindestsynchronisierung mit GenY-Werten und -Denkmustern. Das wird *die* Voraussetzung, um als Arbeitgeber ausreichend attraktiv zu sein.

Der durchaus beeindruckende Aufwand der erforderlichen Anpassungsmaßnahmen im Unternehmen wird erst dann wirklich ersichtlich, wenn man sich bewusst macht, dass in vielen Unternehmen zurzeit vier Generationen einen Modus Vivendi für den Umgang miteinander finden müssen. Bedingt durch die Notwendigkeit deutlich längerer Lebensarbeitszeiten können es um 2020 herum mit der Ankunft von GenZ kurzzeitig sogar fünf Generationen sein, die in derselben Arbeitsumgebung zu harmonisieren sind. Die vorher geschilderte demografische Situation wird es zumindest in einem Land wie Deutschland darüber hinaus erforderlich machen, dass GenX-, GenY- und später GenZ-Talente aus unterschiedlichen Kulturräumen rekrutiert und im Unternehmen produktiv einsetzbar werden. Auch für sie müssen nachhaltig Anreize geschaffen und über die Employer Brand glaubwürdig nach innen und außen kommuniziert werden; wer das nicht sieht, wird im Wettbewerb um erforderliche Talente den Kürzeren ziehen.

Zusammenfassend: Die genannten Fakten verändern die Struktur der Bevölkerung: Wir bewegen uns auf eine ethnische und altersbezogene Zusammensetzung hin, die eine Vielzahl von komplexen und zumindest empirisch nicht beantwortbaren Fragen aufwerfen wird, nicht zuletzt für die Arbeitswelt: Eine solche Vielfalt von unterschiedlichen Kulturen und Altersschichten, die in den kommenden Jahren in den Unternehmen aufeinandertreffen werden, hat es in der Geschichte der Menschheit noch nicht gegeben.

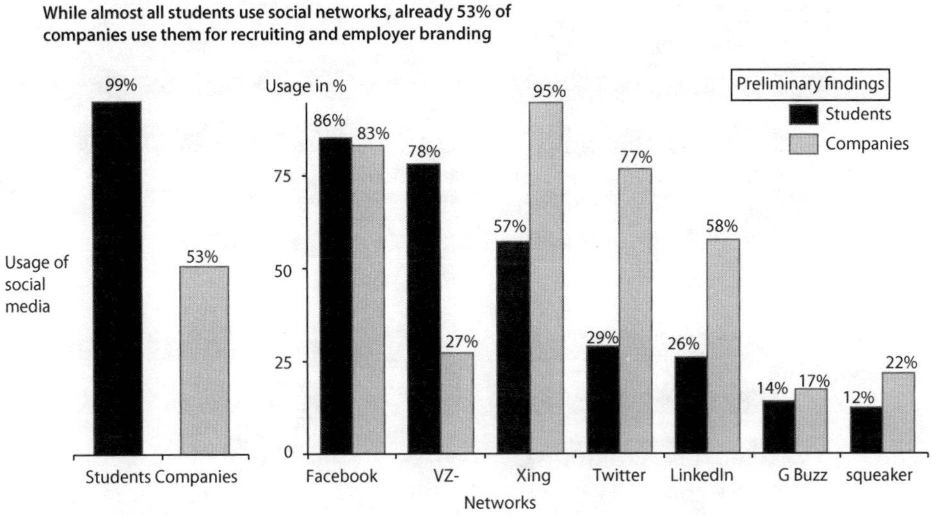

Abb. 1.5 Nutzung Sozialer Netzwerke durch Studenten und Unternehmen. (Quelle: Survey by OSCAR, talential, squeaker.net)

1.4 Die Macht der Neuen Medien

Nun zum dritten Aspekt der fundamentalen Umfeldveränderungen eines Employer Brandings, den Neuen Medien. Auf die Frage, welche Top-3-Kommunikationsmittel sie zur Verbreitung ihrer Employer Brand verwenden, antworteten Unternehmen bei einer Befragung im Jahr 2012 durch den Berater Universum AB mit folgender Gewichtung: Auf Platz 1 mit 24 % der Antworten lagen Social Media, gefolgt von Corporate Website mit 23 %, Events mit 20 %, andere Online Media wie Karriere-Websites mit 10 %. Bei der Nachfrage, in welchen Social Media sie präsent wären, stand Facebook mit 38 % auf Platz 1, gefolgt von LinkedIn mit 27 % und Twitter mit 18 %.

Demnach würden Social Media für die Unternehmen zur Kommunikation der Employer Brand im Stellenwert noch vor der eigenen Website liegen. Gemäß dem Karriere-Netzwerk squeaker.net verwenden bereits 53 % der deutschen Arbeitgeber Social Media, wenn auch offensichtlich nicht immer in einer mit der Zielgruppe synchronisierten Weise (Abb. 1.5).

Unzweifelhaft sind Social Networks die wesentlichen Informationsquellen der Nachwuchskräfte für Detailinformationen über ihre zukünftigen Arbeitgeber (Abb. 1.6).

Da Arbeitgeber im Wesentlichen nach jungem Nachwuchs suchen, ist es geradezu selbstverständlich, dass die gewählten Medien denen der jungen Generation entsprechen. Für das Unternehmen ergeben sich große Vorteile durch die Nutzung der Social Media: Zum einen die schiere Empfängeranzahl, zu der man unmittelbar Zugang erhält, dann die Tatsache, dass die Plattformen 24 Stunden tagtäglich und weltweit verfügbar sind, und schließlich erlauben diese die direkte Kontaktaufnahme mit potenziellen Bewerbern. Der Facebook-Auftritt der Otto Group, der KarriereBlog von Daimler und der YouTube-Kanal

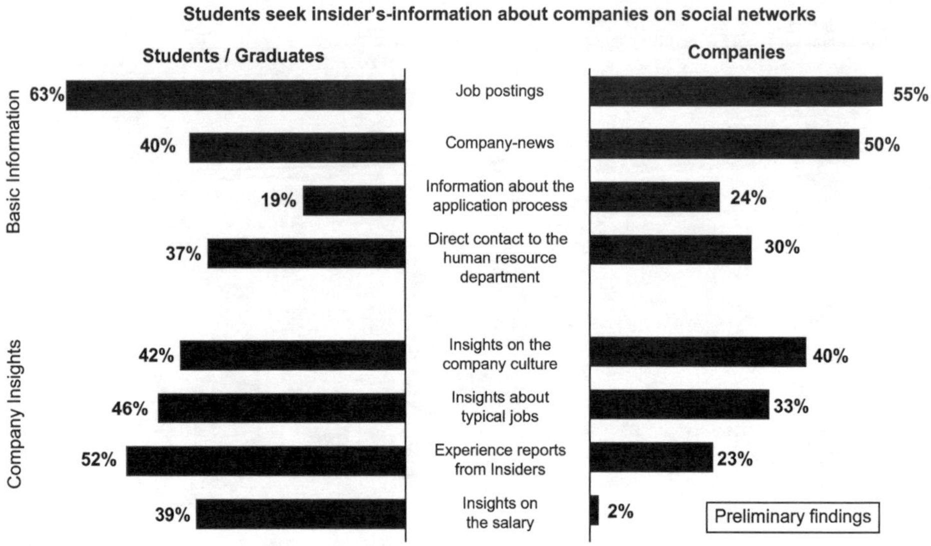

Abb. 1.6 : Recherche von Hintergrundinformationen in Sozialen Netzwerken durch Studenten und Unternehmen. (Quelle: Survey by OSCAR, talential, squeaker.net)

von Bertelsmann werden als Best-Practice-Beispiele für die Verwendung der Social Media für Employer Branding genannt.

Die bidirektionale Kommunikationsmöglichkeit birgt allerdings selbstredend auch Gefahren. Von den Unternehmen verlangt die Verwendung der Neuen Medien permanente Aufmerksamkeit und äußerste Sorgfalt in der Reaktion auf Kritik oder in der inhaltlichen Aufrichtigkeit. Unternehmen müssen grundlegend umdenken: Anstelle von Werbung erwartet die Gegenseite Dialog. Die kritischen und kommunikationsversierten Empfänger von Unternehmensinformationen und -mitteilungen sind schnell in der Lage, Unrichtiges zu entlarven und Negativerfahrungen viral zu verbreiten. Unter der Bezeichnung „Shitstorm" ist einer der Mechanismen hinlänglich bekannt geworden, mit deren Macht diese Medien denjenigen abstrafen können, der die Erwartungshaltungen seiner Adressaten missachtet.

Inzwischen sind darüber hinaus Plattformen für die Bewertung von Arbeitgebern im Internet etabliert, über die sich Mitarbeiter, Bewerber und Lehrlinge über ihre Erfahrungen mit Unternehmen austauschen; als Beispiel sei *kununu* genannt. Diese Plattformen sind wiederum mit den Social-Media-Plattformen vernetzt. Auch wenn die Internetkommunikation über Social Media zunächst eine attraktive und kostengünstige Branding-Möglichkeit zu sein scheint: Einmal losgelegt, ist der Point of no Return schnell überschritten und das Monitoring der schnellen Interaktion im Web erfordert einen nicht zu unterschätzenden Kollateralaufwand. Um im Kommunikationswettbewerb zu bestehen, werden es sich auf Dauer die meisten Unternehmen zumindest ab einer bestimmen Größe nicht leisten können, den Weg über die Social Media für Employer Branding und Web-Recruiting nicht anzutreten. Über Risiken und Nebenwirkungen sollte man sich allerdings vorher ausreichend informieren und die Umsetzung erfordert erhebliche professionelle Kompetenz.

1.5 Erfolgreiches Umsetzen von Employer Branding im Unternehmen

Unzählige Erhebungen belegen, dass die überwiegende Mehrheit der Unternehmen die Bedeutung von Employer Branding erkannt und die Verankerung des Themas im Unternehmen in die Wege geleitet hat. Gleichzeitig wird offensichtlich immer noch über die Zuständigkeit oder Verantwortung innerhalb des Unternehmens diskutiert. Wer den Schwerpunkt beim generellen Image- und Markenmanagement des Unternehmens sieht, für den bleibt es ein Thema der Kommunikation nach außen und damit im Zuständigkeitsbereich der PR-Abteilung. Wer um seine Attraktivität als Arbeitgeber der Zukunft und um den Talentnachwuchs im Unternehmen besorgt ist, der siedelt das Thema eher in der Personalabteilung an. Dafür spräche durchaus die Notwendigkeit, die Herausforderungen der Intergenerationalität und Interkulturalität in den Griff zu bekommen. Aber nur wer Employer Branding als ganzheitlichen Gestaltungsprozess der Unternehmung sieht, wer mit aktiver Unterstützung und politischer Rückendeckung der Unternehmensleitung multifunktionale und abteilungsübergreifende Change Agencies und ein sogenanntes Collaborative Employer Branding etabliert, in denen sich auch die erforderlichen Adressaten des Anpassungsprozesses wiederfinden, springt hier nicht zu kurz: Es ist unerlässlich, Vertreter der alten und der neuen Generationen ins Boot zu holen. Auch die interkulturellen Fragen der Zusammenarbeit von Mitarbeitern unterschiedlicher ethnischer Herkunft können nur *mit* diesen beantwortet werden. Es braucht zusätzlich Beobachter der internen Zusammenarbeitskultur, die Aufschluss darüber geben können, ob das, was propagiert wird, auch so gelebt wird, die die Mitarbeiterzufriedenheit messen und analysieren können. Erst dadurch entstehen Aussagen über Verbesserungspotenziale und Ansatzpunkte. Zusätzlich braucht es neutrale, externe Beobachter, die Wechselwirkungen von Maßnahmen oder Aktionen des Unternehmens auf Image und Attraktivität beurteilen und rechtzeitig Hinweise auf Fehlentwicklungen geben können.

Wie immer beginnt ein solcher Veränderungsprozess zunächst mit der möglichst schonungslosen Analyse des Ist-Zustands. Dies ohne erfahrene, externe Moderation zu tun, kann schnell problematisch sein: Ehrliche und ausreichend kritische Aussagen, zumal in einem Themenbereich, der schnell erhebliche Ressourceninvestitionen auslöst, stoßen im Unternehmen an die Grenzen des politisch Machbaren. Nicht viele Unternehmen haben die offene Kultur, die es ermöglicht, Missstände aufzudecken mit der konstruktiven Zielsetzung, sie zu beseitigen; regelmäßig steht dem die eher destruktive Zielsetzung im Weg, verantwortliche Urheber auszumachen und *diese* zu beseitigen.

Jedes Unternehmen, mit seinen Eigenheiten aus historischer Identität und Umfeldprägung, wird andere Schwerpunkte für die interne Umsetzung des Gestaltungsprozesses benötigen; da schon die Ausgangslage variiert, erfordert auch die Zieldefinition Anpassung an die jeweiligen individuellen Unternehmensgegebenheiten. Unerlässlich ist aber auch verallgemeinernde empirische Kenntnis von Best Practice als Benchmark. Es liegt deshalb nahe, externe Hilfe in Anspruch zu nehmen und auf breite Umsetzungserfahrung zu setzen. Jede Zieldefinition des Employer Brandings beruht auf der sogenannten „Employer Value Proposition" oder EVP: Zunächst muss herausgearbeitet werden, in welchen Bereichen und wie die Unternehmensziele und deren Wertigkeit bei Mitarbeitern miteinander in Einklang gebracht werden können und müssen. Aus der direkten Befragung von Mitarbeitern, unter Umständen auch aus Feedbacks von Bewerbern, lassen sich Erkenntnisse darüber erlangen, inwieweit Werte, Zielsetzungen, Handlungsmaximen des Unternehmens verstanden sind und akzeptiert werden. Eine Corporate Identity muss partizipativ entstehen und über die Beteiligung der Mitarbeiter, über die Synchronisierung mit den Vorstellungen derer, die sie leben und umsetzen sollen, eine greifbare EVP erzeugen. Nur wenn bestehende und zukünftige Mitarbeiter eine weitgehende Übereinstimmung des Arbeitgeber-Wertesystems mit dem eigenen erkennen, entsteht daraus das erforderliche „Buy-In" in die vorgegebenen Ziele und ein werthaltiger Arbeitnehmerbeitrag.

Welche Besonderheiten gelten nun im Hinblick auf GenY? Noch nie war Wissensvermittlung einer Vorgeneration auf die nachfolgende so relevanzgefährdet wie seit dem Bestehen von Internet und globaler Kommunikation. Die Haltbarkeit des heute erforderlichen Wissens für den Umgang mit neuen Informationstechnologien liegt bei wenigen Jahren, mit abnehmender Tendenz. GenY wurde diesbezüglich gezwungenermaßen zum Selbstversorger im Erlernen des Umgangs mit Computern, Internet und Neuen Medien. Hier offenbart sich einer der fundamentalen Paradigmenwechsel für Unternehmen im Umgang mit GenY: Zum ersten Mal müssen auch die Älteren den Jüngeren über die Schultern blicken und nicht nur umgekehrt.

Während die Notwendigkeit eines produktiven, harmonischen Zusammenspiels zwischen unterschiedlichen Altersgruppen oder Generationen für Unternehmen eigentlich nichts Neues ist, kann es dennoch sein, dass GenY dazu Anlass gibt, die Voraussetzungen für ein erfolgreiches Zusammenspiel grundlegend neu definieren zu müssen. GenY ist nicht hierarchiehörig. Mit Autorität kann sie schlechter umgehen als jede Generation zuvor. Autorität muss ihrer Ansicht nach zunächst verdient, eingeräumt, zugestanden werden. Dies ist nicht nur zeitaufwendiger, es stößt bei älteren Vorgesetzten und Kollegen, die sich diesen Anspruchsluxus nie leisten konnten, schnell auf Ablehnung und Kritik. Hier müssen Werteskalen vorsichtig und sensibel einander angepasst werden.

Auch die besten Vorsätze für eine erfolgreiche generationenübergreifende Zusammenarbeit stoßen an Grenzen, wenn langzeitfrustrierte Babyboomers in ihrer letzten Berufsphase auf stürmische GenY'ler treffen, denen alles erlaubt zu sein scheint. Ebenso wichtig wie die Motivation von GenY'lern ist es, ältere Kollegen dazu zu motivieren, einen neuen, sinnhaften Beitrag in der Erfahrungsübertragung, im fachlichen und sozialen Mentoring der jungen Generation zu übernehmen. Die Etablierung von Corporate-Mentoring-Programmen, in denen diese Funktion der Älteren institutionalisiert, autorisiert, gefördert und begleitet wird, hat sich hier bewährt: Anerkennung und Respekt für diese Tätigkeit im Unternehmen schafft Anreize, sich einzubringen und neue Motivationshorizonte zu erkennen. Idealerweise führen solche Programme dazu, alte Füchse, die innerlich bereits gekündigt haben, zu reaktivieren und im Verhalten zu verjüngen. Mutige Unternehmen gehen sogar einen Schritt weiter und etablieren ein Reverse Mentoring: Hier werden die Mentoren zu „Mentees", d. h. dass für spezielle Aufgabenstellungen GenY-Vertreter die Aufgabe übernehmen, ihre älteren Kollegen zu schulen und zu trainieren und in ihrem Verständnis gegenüber GenY geländegängig zu machen. Hier mag interessant sein, worin der schwedische Employer-Branding-Berater Universum AB auf der Grundlage einer Arbeitgeberbefragung die Werte sieht, die die ältere und die jüngere Generation in das Unternehmen einbringen und austauschen können. Gefragt wurde hinsichtlich GenY und GenX:

Platz	GenY	%	GenX	%
1	Produktivität durch technische Versiertheit	50	Erfahrung	50
2	Globaler Mindset	35	Emotionale Reife	38
3	Network Potenzial	35	Unternehmerisches Denken	31
4	Offenheit	32	Selbstvertrauen	31
5	Flexibilität	26	Motivation durch Karriereentwicklung	31

Rangfolge der Eigenschaften der Generationen X und Y

Heraus ergeben sich durchaus Ansatzpunkte für gegenseitigen Nutzen. In jedem Fall muss die konstruktive Kommunikation zwischen Babyboomern, GenX und GenY sorgfältig und systematisch sichergestellt werden.

Unternehmen kommen sowieso nicht umhin, Vorkehrungen zu treffen, um den mit den in den Ruhestand abwandernden Generationen einhergehenden „Brain-Drain" rechtzeitig aufzufangen. Bereits in den 90er Jahren etablierten etliche große Technologieunternehmen externe Einrichtungen, in denen Ruheständler als Teilzeit-Mentoren und Berater dem Unternehmen weiterhin und organisiert zur Verfügung standen. Dies bietet sich auch in Zukunft insbesondere dort an, wo langfristig erworbenes, empirisches Fachwissen von ausscheidenden Mitarbeitern verloren zu gehen droht *und* durch junge, nachrückende Kräfte innerhalb des Unternehmens nicht schnell genug aufgebaut werden kann. Die nächsten Jahre werden hier außerordentliche Kreativität abverlangen, wenn Knappheit der Ressourcen und Wettbewerb um Talente an Bedeutung gewinnen.

1.6 Messgrößen für Employer Branding

Lässt sich der Erfolg bei der Gestaltung von Image und Marke feststellen, und wenn ja, wie? Wenn die Branding-Strategie feststeht und die Zielgrößen festgelegt sind, ergeben sich hieraus regelmäßig auch die Parameter zur Erfolgsmessung. So sind zum Beispiel die

Arbeitgeberbewertungsportale im Internet wertvolle Messskalen dafür, ob die intendierten Botschaften über die Unique Selling Proposition als Arbeitgeber bei den Zielgruppen angekommen sind. Da hier Noten verteilt werden und Ranking-Möglichkeiten bestehen, kann man die Abweichung von erforderlichen Zielwerten feststellen. Für den Recruiting-Prozess im Unternehmen kann als Erfolgsmessgröße dienen, wie sich die Hitrate bei Topkandidaten entwickelt, ob der Filteraufwand hierfür abnimmt und sich generell qualifiziertere Kandidaten bewerben als zuvor. Der Retentionsfaktor von eingestellten Talenten, die sich über die Zeit ergebende Verringerung des anfänglich festgestellten Talent-Gaps, die Ermittlung der internen Mitarbeiterzufriedenheit mit Fokus auf die intergenerationellen und interkulturellen Integrationsfragen sowie die Ergebnisse seriöser externer Studien über Attraktivitätsranking und die Professionalität der medialen Präsenz liefern umfangreiche und in der Regel ausreichende Indikatoren für den Erfolg der gewählten Employer-Branding-Strategie. Darüber hinaus sollte die Bereitschaft bestehen, Korrektur- und Anpassungsmechanismen im Unternehmen zur Reaktion auf Abweichungen von Zielgrößen institutionalisiert und langfristig zu verankern.

1.7 Risiken und Chancen des Employer Brandings

So sehr es ein kostenintensiver und langwieriger Prozess ist, einen soliden, passenden, glaubwürdigen und nachhaltigen Ruf aufzubauen, so rasend schnell kann man ihn verlieren, oft mit verheerenden Auswirkungen auf die Zukunfts- und Überlebenschancen eines Unternehmens. Die jüngste Zeit zeigt diesbezüglich derartig viele Beispiele auf internationaler wie nationaler Ebene, dass es eigentlich kaum notwendig wäre, Beispielsfälle hier zu erwähnen. Dennoch, zur Verdeutlichung: Am 19. März 2012 erschien im Internet auf der Blog-Site von Naomi Simson folgende Headline über Goldman Sachs: „143 years to grow a brand – 1 day to destroy". Der balanciert geschriebene Beitrag analysiert die Auswirkungen eines offenen Abschiedsbriefes in der New York Times, geschrieben von einem Mitarbeiter von Goldman Sachs, der nach zwölf Jahren Tätigkeit dort gekündigt hatte. In diesem offenen Brief beschreibt Greg Smith die Goldman Sachs-Arbeitsumgebung als „institutionalisierte Gift-Kultur" und den Zustand der Firma als „moralischen Bankrott". Was immer die langfristigen, nachhaltigen Auswirkungen einer solchen Frustrationsenthüllung auf das Employer Branding sein mögen: Die Veröffentlichung in diesem weit verbreiteten Medium führte jedenfalls, so Naomi Simson, zeitlich unmittelbar zu einer milliardenschweren Aktienabwertung und zu massiven Mitarbeiterabwanderungen.

Erst ein Jahr zuvor benannte der Dokumentarfilm „Inside Job", der weltweites Aufsehen erregt hat, die Firma als skrupellosen Mitverursacher und Hauptprofiteur des globalen Finanzcrashs 2008. Generell scheint sich die Finanzbranche in den letzten Jahren ein Imageproblem zugelegt zu haben: Globale Schwarzgeld- und Steuerbetrugssysteme haben dem Schweizer Bankenruf schwer geschadet, die Deutsche Bank leidet unter Vorwürfen des Steuerbetruges, der Geldwäsche und der Veruntreuung, der Manipulation des LIBOR-Zinses und unter dem Kirch-Prozess. Doch dies ist beileibe nicht die einzige Branche:

MAN soll, um an Aufträge zu gelangen, Entscheidungsträger in vielen Ländern mit Millionensummen bestochen haben, Ermittler sollen bei Daimler Schmiergeldzahlungen in mindestens 22 Ländern entdeckt haben, bei Volkswagen las man von teuren Geschenken, Luxusreisen und Sexpartys für Betriebsräte, auch beim Versicherungskonzern Ergo machten Lustreisen für erfolgreiche Versicherungsvertreter Schlagzeilen. Der Name Siemens steht für den größten Schmiergeldskandal in der deutschen Wirtschaftsgeschichte, mit 1,3 Milliarden Euro an verdächtigen Zahlungen, berichtet die Deutsche Welle am 17.12.2012; der pekuniäre Schaden für Siemens wird mit einer Strafzahlung in Höhe von 1,2 Milliarden Euro beziffert, zuzüglich mindestens noch einmal Ausgaben in derselben Höhe für die Aufklärung der Tatbestände. Auch ThyssenKrupp geriet massiv in die Schlagzeilen, unter anderem mit Kartellabsprachen bei Bahnschienen, Rolltreppen und Aufzügen.

Im Juni 2011 stand der Aktienkurs von ThyssenKrupp bei knapp 36 Euro, zwei Jahre später bei knapp 15 Euro. Die Firmenwertvernichtung liegt im zweistelligen Milliardenbereich. Zu den finanziellen Auswirkungen gehört auch der größte Verlust in der Geschichte des Unternehmens im vergangenen Jahr mit einem Minus von fünf Milliarden Euro. All dies ist Bestandteil der Außendarstellung des Unternehmens. Welche Auswirkungen aber hat dies auf ThyssenKrupp's Fähigkeit, überlebenswichtige Talente für die Zukunft zu halten oder zu gewinnen? Wenden sich nun GenY'ler entsetzt ab, in Anbetracht solcher Meldungen über Goldman Sachs, die Deutsche Bank oder Industrieunternehmen? Welchen Einfluss hatten diese Entwicklungen auf das Ranking dieser Unternehmen als attraktive Arbeitgeber für GenY?

Ganz so einfach wie vermutet scheinen die Kausalzusammenhänge nicht zu liegen: Glaubt man dem Attraktivitätsranking von Universum AB in Stockholm, der Beratungsfirma, die sich selbst als „Global Leader in Employer Branding" bezeichnet, so liegt zum Beispiel Goldman Sachs im Ranking aus dem Jahr 2012 auf Platz 10 der „Global Top 50", die Deutsche Bank immerhin auf Platz 23. ThyssenKrupp ist allerdings weder im globalen noch im europäischen Ranking unter den Top 50 zu finden, und dies weder in der Arbeitgeber-Rubrik „Business" noch unter „Engineering". Im europäischen MBA Survey von 2011 liegt ThyssenKrupp nicht unter den 100 „Most Attractive Employers".

Immerhin aber schafft es das Unternehmen im „Student Survey of Germany's Ideal Employers 2013" unter der Rubrik „Business" auf Platz 40, unter Engineering-Firmen sogar auf Platz 14. Wie ist das zu erklären? Einen erheblichen Beitrag zur Kompensation von negativen Schlagzeilen scheinen die direkten Bemühungen der Unternehmen zu spielen, inhouse die Themen Employer Branding und Social-Media-Strategie professionell zu bedienen. *Das* scheint ThyssenKrupp mit Erfolg zu tun: Die Karriere-Website des Unternehmens spricht professionell und attraktiv potenzielle Kandidaten an und versucht, mittels Mitarbeiter-Videos und Testimonials Einstiegsmöglichkeiten und Einsatzfelder erlebbar zu machen. Sein Bewerbermanagementsystem hat das Unternehmen deutschlandweit vereinheitlicht und damit die Kommunikation mit potenziellen Kandidaten und die Reaktionsgeschwindigkeit im Entscheidungsprozess verbessert. Als Technologiekonzern hat ThyssenKrupp einen besonderen Fokus auf Absolventen der technischen Fachrichtungen und informiert diese Zielgruppe gesondert mit Details über innovative Produkte, Technologien und Zukunftsmärkte.

Im Bereich Online Talent Communication (Kommunikation über Website, Social & Professional Networks, Blogs, Mobile & Career Websites, Career Apps) kommt ThyssenKrupp daher nach der 2013-Umfrage des Marktforschers Potentialpark auf Platz drei, im Unterbereich „Career Website" ist ThyssenKrupp deutschlandweit die Nummer eins. Interessanterweise liegt das Unternehmen im Vergleich dazu im Unterbereich „Social & Professional Networks, Blogs" auf einem abgeschlagenen 29. Platz; vermutlich wirkt sich über diese Medien am ehesten der Imageschaden des Unternehmens aus der genannten öffentlichen Skandalberichterstattung aus. Das Beispiel ThyssenKrupp macht deutlich: Selbst massive Kritik am Verhalten von Aufsichtsorganen oder Management in der öffentlichen Darstellung, über längere Zeiträume, mit erheblichen finanziellen Auswirkungen auf Ergebnis und Firmenwert, selbst die Gefährdung jeglicher Glaubwürdigkeit in Compliance-Fragen kann durch professionelles Employer Branding und Social-Media-Strategie im Unternehmen erstaunlich weitgehend kompensiert werden. Dies wird sicherlich seine Grenzen haben, aber ThyssenKrupp scheint ein gutes Beispiel dafür zu sein, wie unersetzlich professionell betriebenes Employer Branding für die Überlebensfähigkeit eines Unternehmen geworden ist. Employer Branding ist zu einem Key Success Factor eines Arbeitgebers im Wettbewerb um Talente geworden, aber auch zu einem Bestandteil des Corporate Risk Managements bei der Kompensation von Imageschäden im Zusammenhang mit unternehmerischem Fehlverhalten.

GenY 2

Kinder unserer Zeit

Lilli Allihn

2.1 GenY: eine der vielseitigsten Generationen überhaupt

Jugendforscher und Soziologen haben meiner Generation, den Geburtsjahrgängen 1980 bis 1995, das Etikett „Generation Y" gegeben (ausgesprochen wie das englische Wort „why?"). Uns wird nachgesagt, dass wir bestehende Verhältnisse und Wertvorstellungen, die bisher als selbstverständlich galten, nicht nur hinterfragen, sondern gegebenenfalls auch infrage stellen. Sogar die Presse zeigt ein auffälliges Interesse an unserer Altersgruppe und unserem Einfluss auf den Arbeitsmarkt. Überall – ob im Web oder in Print Medien – erscheinen Artikel über die Generation Y. Mit Titeln wie „Generation Maybe" (Die Welt) und „Generation Y: Wollen die auch arbeiten?" (Die Zeit) scheinen wir – die GenY – einen eher negativen Eindruck zu hinterlassen: Wir seien „eigenschaftslos", „unentschlossen", „Vielleicht-Sager", „wählerisch" und „überfordert".

Google Trends veranschaulicht die große Aufmerksamkeit, die den Ypsilonern – auch Millennials genannt – zurzeit geschenkt wird. Google Trends analysiert das Suchverhalten im Web und kann somit als Trend Spotting Tool verwendet werden. Die Eingabe für „Millennials Generation" ist allein in den letzten 3 Monaten um mehr als das Doppelte weltweit gestiegen (s. Abb. 2.1). Beobachten wir hier nur einen kurzweiligen Hype oder ist an dieser Auffälligkeit wirklich etwas dran?

Fakt ist, dass die demografische Entwicklung die Größe und Zusammensetzung des Erwerbspotenzials tief greifend verändert. Während die Zahl der 45- bis 64-Jährigen von 2006 bis 2025 um 1,4 Mio. zunimmt, verringert sich die Zahl der jüngeren Erwerbstätigen im Alter von 25 bis 44 Jahren in diesem Zeitraum um 3,7 Mio. in Deutschland (regionale

L. Allihn (✉)
München, Deutschland
E-Mail: lilli_allihn@hotmail.com

H. Künzel (Hrsg.), *Erfolgsfaktor Employer Branding*, Erfolgsfaktor Serie,
DOI 10.1007/978-3-642-40535-8_2, © Springer-Verlag Berlin Heidelberg 2013

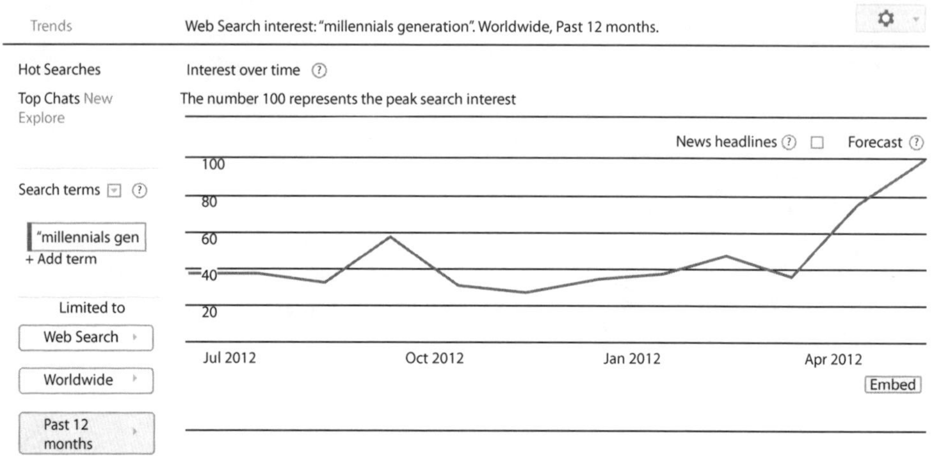

Abb. 2.1 Google Trends// „Millennials Generation". (Quelle: Google Trends 2013)

Unterschiede liegen vor; Bertelsmann Stiftung 2010) (s. Abb. 2.2). Durch Talentsourcing im Ausland kann dies zwar gemildert, jedoch nicht völlig ausgeglichen werden. Mit anderen Worten: Generation Y, welche gerade den Arbeitsmarkt betreten hat, ist die Arbeitskraft der Zukunft.

Warum sind wir – die jungen Leute von heute – so „unentschlossen", aber doch „fordernd"? Woher kommt es, dass wir so vieles infrage stellen, was bis jetzt doch selbstverständlich war? In der letzten Zeit habe ich viel über meine Generation gelesen. Leider überwiegen Mutmaßungen gegenüber einem konkreten Verständnis und nur wenige Autoren haben sich um einen Perspektivenwechsel bemüht. Die Gesellschaft scheint sich ein Bild von unserer Generation gemacht zu haben, welches hauptsächlich auf den Werten und Beobachtungen der vorhergehenden Generationen – den Babyboomern und der Generation X – basiert. Neue Werte und Handlungen der Millennials werden mit den Mindsets der Generation X bewertet, ohne die Bewegründe zu hinterfragen. Erklärungen, um nachvollziehen zu können, warum die heutige Generation Y so ist wie sie ist, bleiben demnach oft aus.

Die GenY ist wahrscheinlich eine der vielseitigsten Generationen überhaupt (Fellinger 2013). Eine ganze Alterskohorte in einen Topf zu werfen ist eigentlich nicht fair. Es hat sich jedoch so eingebürgert, Generationen ihren eigenen Stempel aufzudrücken. Babyboomers (1955–1965), Generation X (1966–1980) und nun Generation Y – allen wurden Namen und uniformierende Eigenschaften zugewiesen. Im Bezug auf die Definitionen weichen die Einteilungen oft voneinander ab und die Jahrgangsgrenzen verschieben sich häufig. Menschen denken in Schubladen oder generalisieren, wenn es darum geht, komplexe und zunächst unverständliche Sachverhalte zu vereinfachen. Die Millennials – mit ihren neuen Werten – sind den Menschen noch fremd und ihre „Schachzüge" auf dem Arbeitsmarkt immer noch schwer nachvollziehbar. Wie reagiert man als Arbeitgeber auf eine Arbeitskraft, die technologieaffin ist, aber alles infrage stellt, schwer zu motivieren, aber angeblich

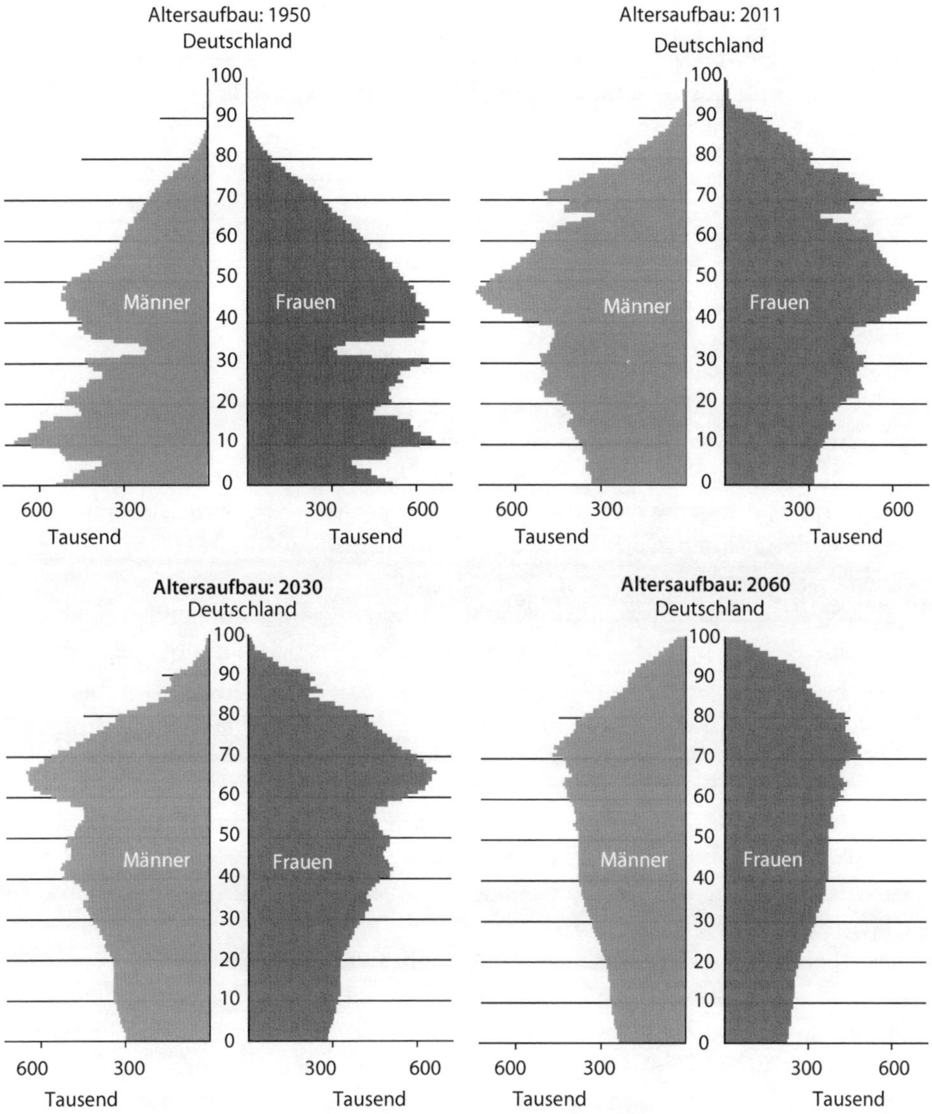

Abb. 2.2 Altersaufbau 1950// 2011// 2030// 2060. (Quelle: BGW 2012)

höchst anspruchsvoll und illoyal gegenüber ihren Arbeitgebern ist? Immer mehr Unternehmen setzen sich genau mit dieser Frage auseinander. Die Umsetzung konkreter Maßnahmen steht jedoch bei den meisten noch aus.

Mein Ziel ist nicht, eine detaillierte „Psychoanalyse" meiner Generation zu erstellen oder sogar ein fertiges Lösungskonzept zu präsentieren. Vielmehr geht es darum, ein Bewusstsein und Verständnis für die generationsspezifischen Konflikte zu entwickeln, um besser auf die Thematik eingehen zu können. Dies geht nur, wenn man sich bemüht, ein

Stück „in unseren Schuhen zu gehen“. Ich werde erläutern, warum wir so sind wie wir sind, was sich im Vergleich zu vorherigen Generationen wirklich verändert hat und vor allem, was dies für unsere Arbeitgeber und deren Employer Branding heutzutage und in der Zukunft zu bedeuten hat.

2.2 Wer ist diese Generation Y und wo kommt sie her?

Generationen sind Altersgruppen, die sich durch gemeinsame Erfahrungen definieren und ein darauf bezogenes Lebensgefühl entwickeln (Jablonski 2002). Diese Ereignisse können historisch-politisch sein, es kann sich aber auch um zwischenmenschliche Erfahrungen handeln. Wir können die Lebensweise und Weltanschauung dieser Generation nur dann konkret verstehen, wenn der ökonomische und gesellschaftliche Kontext rekonstruiert wird, in dem sie entstanden sind (Jablonski 2002). Mit anderen Worten, nur wenn Arbeitgeber die Hintergründe der Entwicklung dieser Altersgruppe nachvollziehen können, wird es den Verantwortlichen in den Unternehmen möglich sein, auf meine Generation einzugehen.

Millennials sind in den westlichen Industrieländern in einer der politisch und wirtschaftlich sichersten Epochen überhaupt aufgewachsen. Sie haben keine Kriege oder gewalttätige Konflikte miterleben müssen. Die GenY ist in diesem Sinne aber nicht naiv! Sie hat trotzdem ein Bewusstsein und eine Sensibilität für die Bedrohungen ihrer Zeit, wie Terror, Finanzkrisen und Umweltthemen. Im Gegensatz zu den Millennials mussten sich ihre Großeltern der Kriegsgeneration in einem außerordentlichen solidarischen Kraftakt dem Wiederaufbau widmen. Ihre Kinder haben sich den daran anschließenden wachsenden Wohlstand und die wirtschaftliche Stabilität mit enormen Fleiß und Durchhaltevermögen hart erarbeitet. Ehrgeiz und Kampfgeist wurde den Ypsilonern demnach von klein auf vorgelebt.

Der Globalisierungsprozess hat auch die Kindheit der Generation Y in großem Maße definiert. Sie hat das Überschreiten der Grenzen und den Eintritt der ehemaligen Entwicklungsländer, wie zum Beispiel China, in das globale Marktgeschehen miterlebt. Gerade jetzt, beim Eintritt in die Arbeitswelt, spürt meine Generation, welche Auswirkungen die Globalisierung auf den Arbeitsmarkt und ihre Berufsorientierung hat (Boeschen 2011). Im Vergleich zu früher herrscht jetzt ein globaler Wettbewerb um Stellen, die mit beruflicher Verantwortung verbunden sind. Kulturelle Bildung und Sprachen sind heutzutage unumgänglich, um sich auf den internationalen Arbeitsmarkt vorzubereiten und später auf diesem zu behaupten. Mit der Öffnung der Grenzen hat sich eine Vielfalt an weltweiten Berufs- und Ausbildungsmöglichkeiten entwickelt. Es stellt sich den jungen Leuten von heute nicht nur die Frage, was sie denn lernen und welchen Berufsweg sie einschlagen wollen, sondern auch wo (in Deutschland oder doch lieber im Ausland?) und wie (Studium oder Ausbildung?). Allein in diesem Wintersemester 2012/13 gab es an den deutschen Hochschulen insgesamt 16.083 Studiengänge (Fleckenstein 2013). Der Umfang der Auswahlmöglichkeit ist natürlich Industrieabhängig. Früher waren Berufswege vorgegeben wie eine Einbahnstraße, heute besteht eine Vielzahl an Kombikursen. Auch für praktische Berufe ist es selbstverständlicher geworden, diese ganz oder abschnittsweise im Ausland zu absolvieren oder mit einem Sprachaufenthalt zu kombinieren. Aufgrund der teilweise hohen finanziellen Barrieren herrscht in Deutschland bei der Ausbildungswahl leider keine Chancengleichheit. Im besonderen Maße gilt dies für die Ausbildung im Ausland. Unterstützung der Eltern ist oft notwendig. Durch die Vielfalt an Möglichkeiten sind die Millennials in erhöhtem Maße dazu aufgefordert, zielgerechte Entscheidungen zu treffen, um ihre Zukunft zu definieren.

Einer der wichtigsten extrinsischen Faktoren, der das Umfeld der GenY übergreifend eingenommen hat, ist das Internet. Diese technologische Entwicklung veränderte ihr Verhalten sowohl als Arbeitnehmer sowie als Konsumenten maßgeblich. Das Internet ist die größte und tief gehendste Informationsquelle der Welt, auf welche die *Digital Natives* mit einer bemerkenswerten Selbstverständlichkeit zugreifen. Welchen Einfluss das World Wide Web auf den Arbeitsmarkt hat und wie sich dieser auf das Employer Branding auswirkt, wird deutlich, wenn man die Entwicklungen in der Markenwelt und deren Einfluss auf das Konsumverhalten meiner Generation genauer betrachtet.

Neben sehr behüteten Verhältnissen in unserer Kindheit sind wir in einer Konsumwelt aufgewachsen, die uns unter den konstanten Einfluss und die Penetration von Werbung setzt. Marken haben das Potenzial des Internets schon lange wahrgenommen und müssen, um sich in der heutigen Werbedichte zu behaupten, immer ausgeklügeltere Marketingstrategien entwickeln. Marken sind heutzutage allgegenwärtig. Pro Tag prasseln auf einen Konsumenten zwischen 2.500 und 5.000 Werbebotschaften ein (Langner 2009). „Gesehen" heißt aber noch lange nicht „wahrgenommen". Das alte Werbeprinzip „Viel hilft viel" ist jedoch nicht mehr so effektiv, wie es einmal war. Inzwischen haben wir die Manipulations- und Vereinnahmungsstrategien des Marketings durchschaut. Die unglaubliche Menge an Informationen hat uns gelehrt, die Spreu vom Weizen zu trennen. Mit anderen Worten: Wir sind geschickter darin geworden, essenzielle und relevante Informationen zu finden, von den Massen herauszufiltern und zu unserem Vorteil zu nutzen. Für Marken heißt das, es ist schwieriger geworden, in diesem „lauten Umfeld" von meiner Altersgruppe gehört und ernst genommen zu werden. Nur relevante Nachrichten – im Kontext sowie im Inhalt – finden erst einmal Beachtung.

Das Internet agiert natürlich nicht nur für Marken, sondern auch für uns Konsumenten als neue Kommunikationsplattform. Man kann sich offen über Produkte und Serviceleistungen austauschen. Dies hat eine Verlagerung der Machtverhältnisse bewirkt und die Beziehung zwischen Marken und Kunden maßgeblich verändert. Der Monolog von Marken ist vorbei – Verbraucher im heutigen Markt tauschen eifrig ihre Urteile und Erfahrungen aus, während die meisten Marken noch darum kämpfen, an der Konversation teilhaben zu dürfen. Die „Wir gegen sie"-Mentalität gegenüber Marken hat sich verschärft. Informationen von unabhängigen Quellen, die nicht auf der Gehaltsliste eines Unternehmens stehen, wird inzwischen weitaus mehr Vertrauen geschenkt. Die Werbewelle in den letzten Jahren hat uns misstrauisch gemacht.

Es ist eine weitaus größere Herausforderung für Unternehmen geworden, bei Kunden Treue zu erreichen und aufrechtzuerhalten. Immer mehr Firmen berufen sich auf Treuesysteme, um Kunden an ihre Marke zu binden. Inzwischen versucht fast jede führende Marke – ob im Einzelhandel, in der Freizeit- oder in der Finanzindustrie – ihre Kunden durch Punktesammeln und Prämien jeglicher Art für sich in der Langzeit zu gewinnen. Der Verkauf an bestehende Kunden ist häufig effektiver als Neukundenakquise. Die Schwierigkeit hierbei ist, dass die meisten Treuesysteme auf Austauschgeschäften basieren, welche die Kunden anregen, mehr zu konsumieren. Ich sammle fleißig Punkte und im Gegenzug bekomme ich dann ein Geschenk. „Sammeln Sie die Herzen?" Von aufrichtiger Treue kann hier nicht die Rede sein. In den Augen der Kunden ist wahre Treue nicht durch ein Geschenk konkretisierbar, sondern durch Zufriedenheit und einer intrinsischen Bindung zu der jeweiligen Marke. Im Aufbau genau dieser Bindung spielen Transparenz, Ehrlichkeit und Relevanz eine größere Rolle als je zuvor. Marken müssen in offene und aufrichtige Dialoge investieren und somit um das Vertrauen ihrer Kunden kämpfen. Authentische Kommunikation auf Augenhöhe ist in dieser Hinsicht für nachhaltige Kundenbeziehungen ausschlaggebend.

2.3 Wir können viel von den Entwicklungen in der Markenwelt über die Denkweise und das Verhalten der GenY lernen!

Der Konkurrenzkampf hat sich auf dem Arbeitsmarkt maßgeblich verstärkt. Das Schrumpfen des Erwerbspotenzials hat einen wachsenden Druck unter den HR-Verantwortlichen der Firmen zur Folge, Talente für sich zu gewinnen. „Employer Branding" – Marketing-orientierte Arbeitgeberpositionierung – wird von Unternehmen in dieser Hinsicht groß geschrieben. Mit anderen Worten: Die Werbedichte auf dem Arbeitsmarkt hat sich ebenso zugespitzt. Dies kapitalisieren nun die Sozialen Netzwerke für berufliche Kontakte. Xing.com, in Verbindung mit dessen Tochterfirma Kununu.com (auf diese komme ich unten detaillierter zu sprechen) bietet seinen Kunden jetzt an, ihr eigenes Employer-Branding-Profil zu erstellen. Kostenpunkt? Unternehmen zahlen, je nach Größe, 4.740 bis 13.140 € im Jahr. „Zeigen Sie Ihre Vorteile auf Ihrem Employer Branding-Profil und präsentieren Sie sich so als Wunsch-Arbeitgeber!" wirbt Xing.com (2013).

Das allgemeine Ziel des Brandings ist es, strategisch eine Marke so zu definieren und zu positionieren, dass ein immaterieller Mehrwehrt in den Augen der Konsumenten entsteht. Worüber sich dieser immaterielle Mehrwert in den Köpfen der Kunden definiert, versuchen Unternehmen durch die Marketingkommunikation zu beeinflussen. Genau hier verbirgt sich jedoch die große Herausforderung für Arbeitgeber im Bezug auf ihr Employer Branding. Wie schon erwähnt ist die Generation Y marketingkompetenter in Hinsicht auf die Kommunikation von diesen Mehrwerten geworden. Das heißt, die Millennials begegnen oberflächlichen Aussagen darüber, was ihnen Firmen als Arbeitgeber bieten können, immer kritischer. Vergleichend mit der Markenwelt hat die Generation Y durch das Internet viele Möglichkeiten, sich über Arbeitgeber zu informieren. Die Generation Y wendet sich auch in diesem Fall tendenziell lieber an Gleichgesinnte, um verlässliche Informationen über ein Unternehmen, dessen Arbeitskonditionen, Kultur und Moral in Erfahrung zu bringen, anstatt die Personalabteilung nach Details zu befragen.

Wie der Arbeitsmarkt auf diese Marktentwicklung reagiert, zeigt das Paradebeispiel Kununu.com. Die kürzlich akquirierte Tochterfirma von Xing.com hat erkannt, dass mehr Wert auf Informationen von Gleichgesinnten gelegt wird, und stellt ein Portal zur Verfügung, auf welchem man anonym und seriös Arbeitgeberbewertungen in Form von Erfahrungsberichten von Bewerbern und Bewertungen durch Azubis abgeben kann. „Finde den Arbeitgeber und Ausbildungsbetrieb, der zu Dir passt und Benefits bietet, die Dir wichtig sind" schreibt Kununu.com (2013). Sie bezeichnen Arbeitgeberbewertungen als die „neue Währung" im Employer Branding (Xing.com 2013). Im Speziellen sind Bewertungen folgendermaßen unterteilt: Vorgesetztenverhalten, Kollegenzusammenhalt, interessante Aufgaben, Arbeitsatmosphäre, Kommunikation, Arbeitsbedingungen (Räume etc.), Work-Life-Balance, Gleichberechtigung, Umgang mit Kollegen + 45, Karriere-/Weiterbildung, Gehalt und Benefits, Umwelt-/Sozialbewusstsein sowie Image.

Der Vergleich von einzelnen Arbeitgebern und deren Konditionen ist durch das World Wide Web leichter geworden. Man kann sich offen über Unternehmenskulturen austauschen und informieren. Auch Gehälter sind dadurch transparenter geworden. Will ich wissen, was das Durchschnittsgehalt einer vergleichbaren Position ist, gehe ich online. Bewerber und Arbeitnehmer können 24/7 den Arbeitsmarkt scannen und nach besseren Konditionen suchen. Mitarbeiter handeln situativer und sind mit den ihnen zur Verfügung stehenden Mitteln auffallend chancenorientierter geworden. Wir haben stets die Möglichkeit, zu schauen, was der Arbeitsmarkt an anderweitigen Karrierechancen zu bieten hat.

Der Monolog von Arbeitgeber zu Arbeitnehmern ist nun ein Dialog. Internetportale wie LinkedIn.com und Xing.com dienen auch uns Arbeitnehmern als Vermarktungstool. Sie ermöglichen es uns, nun unsere eigenen individuellen Plattformen zu kreieren. Mit unseren erlernten Fähigkeiten, Erfahrungen und Persönlichkeiten, die wir dem Arbeitsmarkt bieten, können wir uns mittlerweile weltweit präsentieren und unsere Kommunikation gezielt auf potenzielle Arbeitgeber richten. Der Generation Y ist es möglich, sich selbst als eigene Marke online zu präsentieren und zu vermarkten. Wie das geht, haben wir uns von den Marken selbst abgeschaut.

Zur gleichen Zeit ist es heutzutage leichter für Arbeitgeber, Arbeitnehmer direkt zu kontaktieren und das Interesse eines Angestellten für ein Alternativangebot zu gewinnen. Sie können methodisch nach Arbeitskräften auf den Portalen Xing.com und LinkedIn.com suchen. Im Umkehrschluss haben auch Arbeitgeber die Möglichkeit, Vergleiche zwischen den Qualifizierungen von Arbeitskräften zu ziehen. In gesellschaftspolitischer Hinsicht hat sich dadurch das Phänomen des Darwinismus verschärft – „Survival of the fittest". Scholz (2003) spricht von einem darwinopportunistischen Umfeld: „Die Mitarbeiter werden sich weiterhin permanent nach anderen Optionen umschauen (Opportunismus) und die Unternehmen weiterhin Mechanismen nutzen, um bei den Mitarbeitern die Prozesskette Variation – Selektion – Retention zu realisieren (Darwinismus)."

Diese beidseitige Bindungslosigkeit, hauptsächlich hervorgerufen durch das konstante Streben nach Verbesserung auf Arbeitnehmerseite, macht den heutigen Arbeitsmarkt volatiler. Dies bedeutet eine große Herausforderung für Konzerne – ähnlich wie für Marken –, junge Talente und deren Loyalität für sich zu gewinnen. Für die Mehrzahl der Arbeitnehmer hat sich die durchschnittliche Beschäftigungsdauer in Deutschland in den letzten zehn Jahren kaum verändert. Sie liegt immer noch bei rund zehn Jahren (Ilg 2010). Das durchschnittliche Beschäftigungsverhältnis der Vorgängergenerationen liegt bei circa 2,5 Jahren. Mit Hinsicht auf die Generation Y sehen wir hier jedoch eine Veränderung: Bei unserer Altersgruppe liegt die durchschnittliche Beschäftigungsdauer bei nur noch circa 1,5 Jahren (Möller 2011). Es ist keine Selbstverständlichkeit mehr, dass man mindestens zwei Jahre bei einem Unternehmen bleibt. Das Ergebnis ist ein immer größerer Druck auf Unternehmen, Rahmenbedingungen zu schaffen, die unsere Generation nicht nur anspricht, sondern auch in der Langzeit an das Unternehmen bindet.

Ist es allerdings wirklich so, dass wenn ich nach einem Jahr eine andere Chance bezüglich meiner Karriere wahrnehme, dann gleich als illoyal gelte? Ich verstehe unter Loyalität nicht, wie lange man für ein Unternehmen arbeitet – das ist das Produkt von Loyalität. Echte Treue ist weitaus mehr als das. Auch auf dem Arbeitsmarkt handelt es sich um Vertrauen, eine intrinsische Beziehung zum Arbeitgeber und um das Gefühl der Zugehörigkeit. Es geht um ein persönliches Verantwortungsgefühl gegenüber der Marke und dessen Produkt, seinem Team, aber auch zu dem, was man tut – seinem Job.

Arbeitsverhältnisse beruhen auf gegenseitigem Leistungsaustausch zwischen Arbeitgeber und Arbeitnehmer. Jedoch fordert die Generation Y heute mehr als nur monetäre Entlohnung. Dies ist der ausschlaggebende Diskussionspunkt. Das Wertesystem der Generation Y hat sich dem Wertesystem der Generation X gegenüber verändert. Eine gesunde Work-Life-Balance steht nun für meine Generation ganz mit oben auf der Prioritätenliste. Millennials sind aufgewachsen mit einem Bild von gesellschaftlich definierten Jobs, welche kaum Zeit für sich und Familie lassen. Sie haben die Arbeitswelt mit einem Stimmungsbild in den Medien betreten, welche ständig über Burnout berichten und referieren. „Burnout: Wenn Arbeit krank macht“ schreibt die Süddeutsche Zeitung und mit „10 signs you're burning out – and what to do about it“ leistet Forbes Hilfestellung. Und dann ist im nächsten Atemzug der Medien von „schwer zu motivieren“ im Bezug auf unsere Generation die Rede. Wir stellen lediglich Bedingungen infrage, um Fehler vorheriger Generationen zu vermeiden. Wir haben erkannt, dass ein Hamsterrad von innen auch mit einer Karriereleiter verwechselt werden kann, und erliegen dieser Täuschung nicht mehr!

Unser Verlangen nach einer besseren Work-Life-Balance heißt nicht, dass wir Arbeitsverweigerer sind – im Gegenteil. Wir sind hoch ambitioniert, unser Ziel ist es, Verantwortung im Job zu übernehmen; wir wollen herausgefordert werden und Leistung erbringen; wir wollen interessante Aufgaben und uns nicht langweilen, sondern lernen und vieles erreichen – und das nicht nur im Bezug auf unsere persönliche Karriere, sondern auch im Bezug auf den Firmenerfolg. Buchstäblich, nur nicht um jeden Preis. Bezahlung allein ist kein Lockmittel mehr. Natürlich arbeitet man, um Geld zu verdienen, aber die finanzielle Entlohnung steht nicht mehr alleinig im Vordergrund. Es ist Selbstverwirklichung, nach

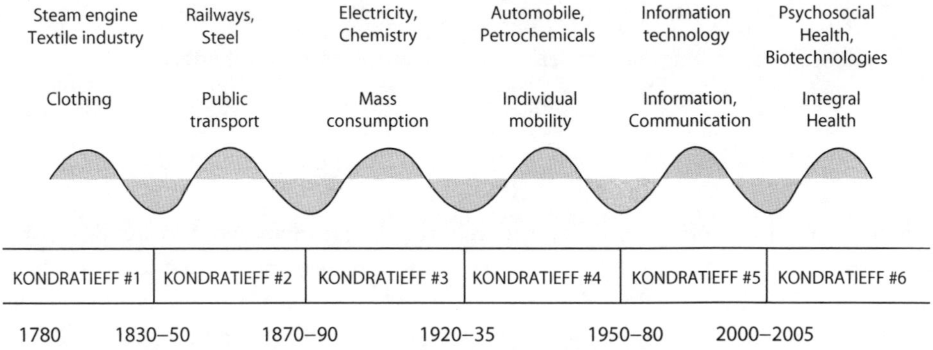

Abb. 2.3 Basisinnovationen und ihre wichtigsten Anwendungsfelder. (Quelle: Nefiodow 2006)

der wir im Job suchen und die uns motiviert. Es ist das Einbringen unserer selbst und das Verwirklichen unserer eigenen Ideen.

> „Ziel des Lebens ist Selbstverwirklichung. Das eigene Wesen völlig zur Entfaltung zu bringen, das ist unsere Bestimmung" (Oscar Wilde 1891).

Selbstverwirklichung bedeutet „Die Entfaltung der eigenen Persönlichkeit durch das Realisieren von Möglichkeiten, die jemanden selbst angelegt sind" (Duden Online 2013). Es ist die weitgehende Realisierung eigener Ziele, aber auch Wünsche; das Ausschöpfen der individuellen Fähigkeiten, Talente und Möglichkeiten. Wir wollen mehr als nur die von unserem Chef delegierten Aufgaben ausführen und uns wie „ein Hamster im Laufrad" fühlen. Des Arbeitgebers Ziel sollte es sein, unter anderem mit interessanten Aufgaben und neuen Herausforderungen die Motivation seiner Mitarbeiter bestmöglich zu fördern, um die Produktivität zu maximieren.

Der Wertewandel der Generation Y macht deutlich, dass die Unzufriedenheit der jeweils nachkommenden Generationen über die technisch beeinflussten Rahmenbedingungen des Arbeitens und Lebens der Vorgängergeneration immer wieder ein neues Zeitalter in der Arbeitswelt einläutete (Paradigmenwechsel) (SDI Research 2013). Welchem wirtschaftlichen Wertewandel die vergangenen Generationen bis heute unterliegen, von Joseph Schumpeter als Kondratieffzyklen benannt, hat der Wirtschaftswissenschaftler und Informationstechnologe Leo Nefiodow erläutert. Er argumentiert, dass die wirtschaftliche Entwicklung langen Konjunkturschwankungen und Phasen von Aufschwung und Rezession folgt (Brandstätter 2007). Diesen Wellen, ausgelöst von technischen und wirtschaftlichen Innovationen (sogenannten Basisinnovationen), wird eine Dauer von 45 bis 60 Jahren zugewiesen (s. Abb. 2.3).

Nefiodow fragt: Was kommt nach dem Informationszeitalter? Wohin entwickelt sich unsere Gesellschaft in den nächsten Jahren? Und gibt als Antwort: In Richtung Lernen und Bildung, individuelle und kollektive Gesundheit. Psychosoziale Gesundheit und der bedingungslose Zugang zu Wissen und Information über das WWW wird zum Leitfaden wirtschaftlichen Handelns und bestimmt zusehends unseren Arbeitsprozess. Die Work-Life-Balance-Generation bestätigt den Beginn des sechsten Kondratieffzyklus!

2.4 Was hat sich im Vergleich zu vorherigen Generationen geändert?

Kommen wir auf die Frage zurück, wodurch sich die Generation Y von ihren Vorgänger-Generationen unterscheidet. Muss sich das HR-Management wirklich so drastisch im Umgang mit den Millennials im Vergleich zu den Vorgängergenerationen umstellen? Die vielleicht etwas überraschende Antwort heißt: Nein, denn die Unterschiede sind eher minimal. Wie oben erläutert, sind auch wir Kinder unserer Zeit und damit Spiegel der gesellschaftlichen und sozialpolitischen Umwälzungen. Unterschiede zwischen Generationen hat es immer gegeben und wird es immer geben – die Frage ist, wie maßgeblich sich diese Unterschiede auf den Arbeitsmarkt auswirken.

Es hat eine Verlagerung in unserem Wertesystem stattgefunden. Die Millennials fordern nun eine gesündere Work-Life-Balance. Wir haben die Arbeitswelt mit einem Stimmungsbild betreten, welches kaum Zeit für sich selbst und Familie lässt; in welchem sogar schon über junge Arbeitseinsteiger mit Burnout-Syndrom in den Medien berichtet wird. In Zeiten von Mobiltelefonen und dem mobilen Internet ist es eine immer größere Herausforderung, die Arbeit einfach hinter sich zu lassen und in das Wochenende oder den Feierabend zu gehen. Piepst das Telefon, weil eine E-Mail eingegangen ist, ist die Wahrscheinlichkeit sehr hoch, dass ich diese lesen werde. Ist es dann noch eine E-Mail vom Chef mit einer „schnellen" Frage, ist der Feierabend auch „schnell" verkürzt.

Es ist die professionelle Selbstverwirklichung, wie auch die Zeit, sich im Privatleben selbst zu verwirklichen, was uns motiviert. Selbstverwirklichung in der Arbeit bedeutet, sich einbringen, eigene Ideen präsentieren und die eigene Persönlichkeit entfalten zu können. Selbstverwirklichung als Hauptmotivationsziel ist jedoch nichts Neues. Psychologen beschäftigen sich bereits sehr lange mit diesem Phänomen. 1943 machte Abraham Maslow den Begriff mit der Theorie der Bedürfnishierarchie in der Psychologie bekannt (Maslow 1943). Insbesondere wurde die Maslowsche Bedürfnispyramide in den Wirtschaftswissenschaften populär und ist heutzutage eine der grundlegendsten Modelle in der Motivationsforschung. Maslow ging davon aus, dass der Mensch von der Nachfrage angetrieben wird, einen Mangel zu beseitigen (Heidner 2005). Die Theorie beschäftigt sich mit dem Inhalt, Art und der Wirkung von menschlicher Motivation anhand von fünf Motivationsklassen, die hierarchisch angeordnet sind (s. Abb. 2.4).

Ganz unten stehen die lebensnotwendigen physiologischen Bedürfnisse, Sicherheit und soziale Einbindung. Für die Personalgewinnung würde dies bedeuten, Möglichkeiten ausreichender Erholungs- und Regenerationspausen während der Arbeit zu garantieren und zu ermöglichen, dass das Entgelt alle physiologischen Grundbedürfnisse deckt (Stock-Homburg 2010). Sicherheitsmotive beinhalten z. B. ein garantiertes Gehalt oder Arbeitsplatzsicherheit in Form von niedrigen Fluktuationsraten. Soziale Bedürfnisse beinhalten unter anderem die Unternehmenskultur und die uns so wichtige Work-Life-Balance.

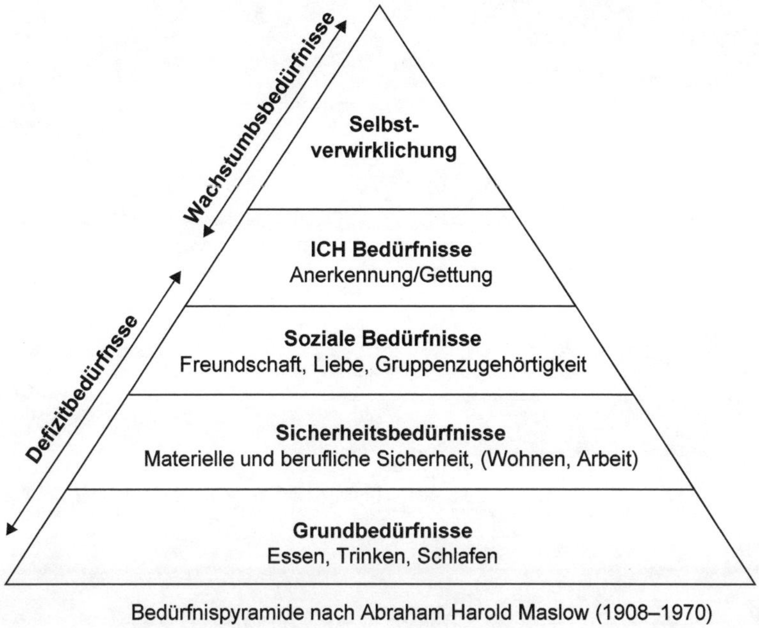

Abb. 2.4 Maslows Bedürfnispyramide. (Quelle: Maslow 1943)

Diese sogenannten Defizitbedürfnisse haben die größte Dringlichkeit mit Hinsicht auf Motivation. Sind diese Bedürfnisse auch nur zum Teil befriedigt, strebt der Mensch nach Erfüllung höherer Bedürfnisse – den Wachstumsbedürfnissen (Kerpen 2007). Sie beinhalten persönliche Wertschätzung und die allgemeine mitarbeiterorientierte Unternehmenskultur. An oberster Stelle steht in Maslows Bedürfnispyramide die Selbstverwirklichung – die Möglichkeit, eigene Ideen einzubringen, sie umsetzen und sich weiterentwickeln zu können. Im Gegensatz zu den Defizitmotiven werden nach Maslow die aus den Wachstumsmotiven abgeleiteten Wünsche niemals vollkommen befriedigt sein. Es ist schnell erkennbar, dass dieses Modell wenig Spielraum für individuelle Unterschiede lässt. Für diese allzu statische Ansicht hat Maslow Theoriekritik erhalten. Eine dynamische Darstellung sehen Sie in Abb. 2.5.

Ein sehr wichtiger Aspekt, welchen es hier zu beachten gilt, ist, dass die Befriedigung dieser Bedürfnisse eine Steigerung der Motivation bei der Arbeit hervorruft. Maslows Bedürfnispyramide verdeutlicht, dass sich die grundliegenden Bedürfnisse der Generation Y nicht geändert haben. Ja, wir legen verhältnismäßig mehr Wert auf eine gesunde Work-Life-Balance. Dies haben die oben erwähnten extrinsischen Faktoren bewirkt, wie die Digitalisierung und Virtualisierung der Arbeitswelt und/oder die wachsende Sensibilisierung des Burnout-Syndroms durch die Presse. Mit anderen Worten, die grundlegenden Bedürfnisse bleiben die gleichen, aber wir passen deren Gewichtung gemäß unserem Umfeld an. Die Generation X und die Babyboomers haben ebenso sogenannte *Wachstumsbedürfnisse*: Der nie zuvor gekannte Massenwohlstand der 1960er Jahre sowie die damit einhergehende

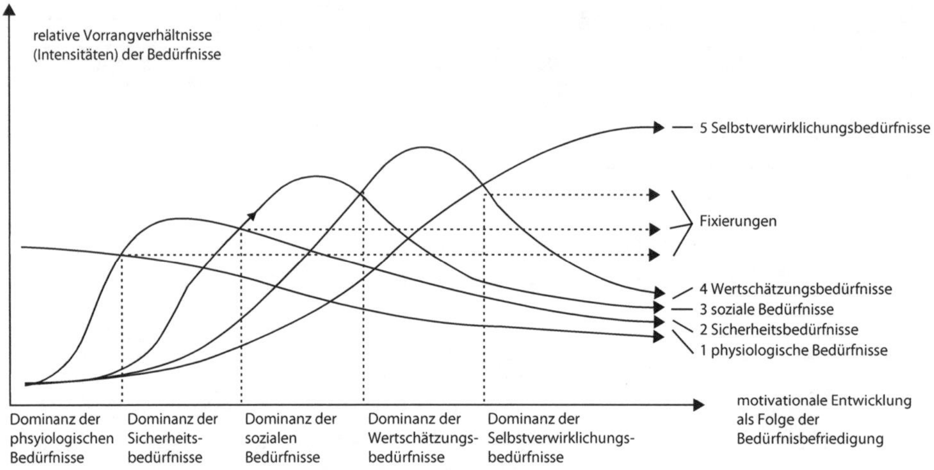

Abb. 2.5 Dynamische Darstellung der Maslowschen Bedürfnispyramide. (Quelle: Hentze und Graf 2005)

höhere Bildungsrate und ein sozialer Aufstieg breiter Bevölkerungsschichten verstärkten ebenso ein Motiv zur Selbstverwirklichung und Befriedigung individueller Bedürfnisse gegenüber althergebrachten gesellschaftlichen Normen (Frei 2008). Diese Faktoren sind nicht generationsspezifisch, sie sind menschlich. Ist es genau diese Menschlichkeit, die über die Jahre in der Arbeitswelt verlorengegangen ist und welche die Generation Y jetzt wieder einfordert?

Zwischenmenschliche Aspekte, welche die Arbeitsatmosphäre, -kultur und -moral prägen, werden immer ausschlaggebender in der Jobauswahl der Generation Y. Ich persönlich habe die Erfahrung gemacht, dass in großen Konzernen im speziellen die Menschlichkeit fehlt und damit die Freiheit, am Arbeitsplatz authentisch sein zu dürfen. Der Anspruch, sich selbst zu verwirklichen, hat auch in unserem Arbeitsalltag einen hohen Stellenwert eingenommen. Formalismus und rigides Regelwerk treten in den Hintergrund, was jedoch professionelles Arbeiten nicht ausschließt! Von Firmen definierte Prozesse und Arbeitskulturen stehen dem Zwischenmenschlichen oft im Weg.

Diese Forderungen auf hohem Niveau können in meinen Augen jedoch kaum als Rebellion, geschweige denn Revolution bezeichnet werden, wie so manches Medium behauptet. Man muss allerdings beachten, dass wir in der Sicherheit eines demokratischen Staatssystems aufgewachsen sind. Meinungsfreiheit und wirtschaftliche Stabilität ermöglichen es uns, den Fokus auf die Wirtschaft zu legen und Forderungen höheren Niveaus zu stellen. Schaut man über die Grenzen Deutschlands hinaus, in Länder, wo sich die jungen Leute die Grundrechte eines freiheitlich demokratischen Staates erst erkämpfen müssen, wird die revolutionäre Kraft der Generation Y deutlich. Soziale Mediennetzwerke wie Facebook und Twitter haben es den Ypsilonern erleichtert, sich als vereinte Kraft zusammenzuschließen und sich horizontal zu vernetzen. Diese horizontale Vernetzung durch soziale Medien

Abb. 2.6 Tweets #occupygezi. (Quelle: Handelsblatt 2013)

macht es uns möglich, uns eher an (auch weit entfernten) Gleichaltrigen statt Älteren zu orientieren und uns Gruppenbewegungen anzuschließen.

Was für Ausmaße diese Kraft haben kann, sieht man an revolutionären Bewegungen wie derzeit in der Türkei (2013). Sie kämpfen um die Selbstverwirklichung in ihrem Land mit der Waffe des Internets. Per Twitter und Co. nutzen türkische Demonstranten einfache, aber wirkungsvolle Mittel, damit ihre Appelle trotz Zensur der Berichterstattung gehört werden (Abb. 2.6). Und das werden sie – weltweit haben sich die jungen Leute inzwischen Solidarität erkämpft. Ein Shitstorm (Sturm der Entrüstung in einem Kommunikationsmedium des Internets, der zum Teil mit beleidigenden Äußerungen einhergeht, beschreibt der Duden diesen neuen Begriff) der anderen Art.

Bürgerrechts- und Studentenbewegungen dieser Art sind jedoch keine Phänomene, welche von der Generation Y definiert wurden. Schon in den späten 1960er Jahren haben die sozialen Bewegungen den berühmten „68ern" ihren Namen gegeben. Die im einzelnen verschiedenen, meist linksgerichteten Jugendbewegungen waren weltweit verbreitet. Häufige Themen waren unter anderem – sehr ähnlich wie jetzt auch in der Türkei zu sehen ist – der Kampf gegen Autorität, Erziehung sowie die Ablehnung der Großen Koalition von 1966. Auch hier wurde schon darüber diskutiert, ob es sich bei diesen Protesten um soziale Bewegungen oder Generationskonflikte handelt (Hemler 2003). Die 68er wurden ebenso mit Argusaugen von der Öffentlichkeit beobachtet, analysiert und mit Labels von uniformierenden Eigenschaften behaftet – Eigenschaften, die man heute auch über meine Generationen in der Presse wiederfindet.

Der einzige grundliegende Unterschied zwischen den heutigen Jugendbewegungen, wie z. B. derzeit in der Türkei, und den 68er-Bewegungen sind die Plattformen, auf denen die Proteste ausgetragen werden. Die 68er-Generation ging auf die Straße, um zu protestieren. Der Millennials-Schauplatz für ihre globalen Proteste hingegen ist größtenteils das Netz. Über *Likes* und *Shares* auf Facebook, Tweets (hashtagging) und Videos auf YouTube kreieren sie virale Botschaften und bewegen somit die Massen. Mit einem Klick kann man sich heute an einer Bewegung beteiligen; man muss nicht das Risiko eingehen, sich auf die Straße zu begeben.

Wenn sich maßgeblich nichts gegenüber Vorgängergenerationen verändert hat und Unterschiede zwischen Generationen schon immer zu sehen waren, stelle ich die Frage, ob der Hype um die Generation Y (und auch der um die Vorgängergenerationen) nur ein Produkt der Presse ist? Seit einigen Jahren herrscht ein inflationärer Gebrauch des Begriffes „Generation" im aktuellen Mediendiskurs. Von „Generation iPhone" bis „Generation YouTube" oder einfach „Generation Computer" hat die Werbe- und Medienbranche Generationen oft zu pauschal anhand technischer Innovationen eingeteilt. „Die" Jugend ist ein Motor des Wandels, bestehend sowohl aus Hoffnungen auf eine bessere Zukunft als auch Ängsten vor Veränderungen. Ist es die Nichterfüllung dieser Hoffnungen und der Erwartungen von älteren Generationen an die Millennials, welche sich nun in der Presse widerspiegeln? Medien haben einen immer größer werdenden Einfluss. Eigenschaftszuweisungen junger Menschen von der Öffentlichkeit haben oft keinen unmittelbaren Zusammenhang mit dem tatsächlichen Persönlichkeitsprofil der einzelnen Jugendlichen. „Vielmehr kommt eine in den Massenmedien verbreitete Sicht auf Jugendkulturen zum Vorschein, die oft sehr einseitig und stark vereinfacht ist", schreibt Bartels (2002). Ist Generation Y mit den ihr zugewiesenen uniformierten Eigenschaften demnach nur ein Marketingkonstrukt?

Wir sind aufgewachsen mit dem Internet und dem einhergehenden Informationsüberfluss, in einer Konsumwelt, in der Marken und deren offensive Kommunikation nicht wegzudenken sind. Eine Welt, die unserer Generation extrem viel Aufmerksamkeit schenkt. Durch den demografischen Wandel umworben als Zukunftsträger, aber auch mit kritischen Argusaugen beobachtet. Aussagen der Presse über die Generation Y, wie z. B. „wählerisch" oder „fordernd", spiegeln in Wirklichkeit den Fortschritt und die Veränderungen im Markt wider. Uns ist es möglich, Angebote vorher im Detail abzuwägen, um dann eine bedachte Job-Wahl zu treffen. Darin unterscheiden wir uns aber grundsätzlich nicht von den Vorgängergenerationen – es ist das Umfeld, das sich weiterentwickelt und verändert hat und welchem wir uns im Laufe der Zeit angepasst haben.

2.5 Wie können Arbeitgeber heute auf die Generation Y eingehen?

Wo und wie sprechen wir die GenY an? Ein ausschlaggebender Punkt, dem Firmen hierbei immer mehr Beachtung schenken sollten, ist die Wertschätzung und die resultierende Effektivität von Mundpropaganda bei der Umwerbung der Generation Y. Aussagen von Gleichgesinnten schenken wir eher ein Ohr als den offensichtlichen Werbenachrichten von Marken. Internetportale sind zwar ein guter Ort, um die Millennials zu erreichen, jedoch sollte der zwischenmenschliche Wert persönlichen Kontaktes nicht vergessen und außer Acht gelassen werden. Führen wir Dialoge und keine einseitigen Monologe!

Die offene Kommunikation wie auch die Demonstration der Arbeitsverhältnisse und Konditionen spielen eine ausschlaggebende Rolle. „Hat meine Firma das richtige Image, um das Lebensgefühl der Talente dieser Generation anzusprechen?" Dies ist im Bezug auf Nachhaltigkeit und Loyalität die falsche Fragestellung. Uns geht es um weitaus mehr als nur Image. Konzerne sollten sich demnach nicht ausschließlich auf ihr Employer Branding konzentrieren, sondern auf das, was dahinter steckt. Wer dies nicht tut, gerät ins Hintertreffen. Hier geht es nicht unbedingt um materielle Werte, sondern vor allem um soziale und zwischenmenschliche Aspekte. Arbeitgeber müssen sich nun intensiver mit der Entwicklung von geeigneten Rahmenbedingungen für einen kooperativen und dialogischen Arbeitsstil beschäftigen.

Als ambitionierte junge Frau frage ich mich zum Beispiel häufig, wie sich mein Wunsch einer Familie auf meine Karriere auswirken wird. Erinnere ich mich an meine Kindheit, war im Falle meiner Großeltern meine Großmutter ausschließlich im Haushalt tätig. Auch in meinem Elternhaus war es mein Vater, der am Morgen zur Arbeit ging. Unsere Mutter hat tagsüber auf uns aufgepasst. Als wir in den Kindergarten kamen, fing meine Mutter an, Teilzeit zu arbeiten. Erst als wir eine Ganztagesschule besuchten, war es meiner Mutter möglich, ihre Karriere wieder vollzeitlich aufzunehmen und mit der Zeit wieder finanziell unabhängig zu sein. Einige Großkonzerne bieten heute Kinderbetreuung in der Firma an und eine einjährige Elternzeit ist bei den meisten Arbeitsmodellen von Konzernen die Norm. Im Falle einer Festanstellung haben Frauen wie auch Männer daher die Sicherheit, an ihren Arbeitsplatz zurückkehren zu können. Ist man jedoch selbstständig oder beinhaltet das Arbeitsmodell der jeweiligen Firma keine Elternzeit, kann der Einstieg zurück in die Arbeitswelt nach einem Jahr beschwerlich sein. Man sieht nun eine gesellschaftliche Entwicklung in Richtung beidseitiger Elternzeit. Mehr als ein Viertel aller Väter nimmt inzwischen das staatliche Elterngeld in Anspruch (Die Zeit 2013). Wenn auch nur kurz (im Durchschnitt sind es zwei Monate), können Arbeitgeber sich mit dieser Art von Sozialleistungen und innovativen Arbeitsmodellen zunehmend einen Vorteil verschaffen.

Bezugnehmend auf meine Arbeitserfahrungen in England ist mir aufgefallen, dass in deutschen Konzernen, kleinen wie auch großen, ein anderer Teamgeist herrscht. Einerseits spielt der Sprachunterschied beim zwischenmenschlichen Zusammenhalt eine Rolle. Das „Siezen" in der deutschen Sprache kreiert eine automatische formelle Barriere. Ob diese Barriere eine Notwendigkeit für Respekt und den Erhalt der Privatsphäre auf dem Arbeitsplatz hat, teilt die Meinungen. Andererseits scheint in Deutschland der oben erwähnte

Darwinismus – das Resultat von technologischem Fortschritt und dessen einhergehendem Einfluss auf die Kommunikation auf dem Arbeitsmarkt – nicht nur omnipräsenter zu sein, sondern er scheint sich maßgeblich auf den Teamgeist auszuwirken. Es ist die gegenseitige Unterstützung, gerade wenn die Deadline immer näher rückt und sich der Zeitdruck intensiviert, der den Zusammenhalt im Team stärkt. Zu welchem Ausmaß ein gesunder Teamgeist und das Gefühl des Zusammenhalts die Motivation fördern, wird oft unterschätzt. Im Speziellen ist dies wahr im Bezug auf die Generation Y, die viel Wert auf einen kooperativen Arbeitsstil legt. Im Umkehrschluss muss auch meine Generation mehr auf diverse Arbeitsweisen eingehen. Wir müssen Respekt gegenüber den älteren Generationen und ihren Erfahrungswerten hervorbringen und Ratschläge annehmen. Nur dann wird eine effektive Kollaboration möglich sein.

Arbeit soll Spaß machen und das kann es auch. Eine Atmosphäre, die Zugehörigkeit und Teamgeist vermittelt – nach dem Motto „Das schaffen wir zusammen!" – kreiert Verantwortungsgefühle gegenüber dem gemeinsamen Projekt. Zum einen erhöht dies die Motivation des Einzelnen und zum anderen fördert es eine intrinsische Bindung. Zeigt uns, dass die Aussagen und Angebote des Konzerns ehrlich sind und keine in Marketingsprache verpackte Aussagen, deren einziger Zweck es ist, den Konzern attraktiver aussehen zu lassen! Kreiert Ihr zu hohe oder sogar falsche Erwartungen, kommt dies in der Langzeit nur auf Euch als Arbeitgeber zurück und endet in Enttäuschung beiderseits. Zeigt Transparenz! Lasst uns offen miteinander kommunizieren und starre Kommunikationsformen durchbrechen!

Literatur

Bartels, I. (2002). Generation X. Zum inflationären Gebrauch des Begriffes ‚Generation' im aktuellen Medienkurs". Vokus (Volkskundlich-Kulturwissenschaftliche Schriften), Heft 1 2002.

Bertelsmann Stiftung (2010). Demographischer Wandel verändert den Arbeitsmarkt tiefgreifend. http://www.bertelsmann-stiftung.de/cps/rde/xchg/bst/hs.xsl/nachrichten_101319.htm. Zugegriffen: 14. Juli 2013

Boeschen, D. (2011). *Globalisierung und ihre Auswirkung: Wissenschaftliche Abhandlung über Globalisierung und ihre Auswirkungen*. Weinheim: Grin.

Brandstätter, C. (2007). *Neue Technologien als Mittel zur Prozess- und Produktinnovation für den touristischen Unternehmer*. Weinheim: Grin.

Die Zeit. (2013). „Väter gehen häufiger, aber nur kurz in Elternzeit". http://www.zeit.de/gesellschaft/2013-05/elternzeit-statistik-vaeter.html. Zugegriffen: 14. Juli 2013

Duden, Online. (2013). „Selbstverwirklichung". http://www.duden.de/rechtschreibung/Selbstverwirklichung. Zugegriffen: 14. Juli 2013.

Fellinger, C. (2013). Recruiting Generation Y. http://recruitinggenerationy.com/2013/01/21/mit-der-generation-y-sprechen-generation-thats-y-blog/. Zugegriffen: 14. Juli 2013

Fleckenstein, U. (2013). Bachelor- und Master-Studium: Anzahl der Studiengänge in Deutschland im Wintersemester 2012/13. http://www.hauptsache-bildung.de/2013/bachelor-und-master-studium-anzahl-der-studiengaenge-in-deutschland-im-wintersemester-201213/. Zugegriffen: 14. Juli 2013.

Frei, N. (2008). *1968, Jungendrevolte und globaler Protest*. München: dtv.

Heidner, J. (2005). Die klassische Kritik Maslows – Theorie und neue Erkenntnisse. Weinheim: Grin.

Ilg, P. (2010). „Die Mitarbeiter sind treu", Die Zeit Online. http://www.zeit.de/karriere/beruf/2010-10/studie-beschaeftigunsdauer. Zugegriffen: 14. Juli 2013.

Handelsblatt (2013). „Türkische Revolution im Netz: Krieg der Bilder". http://www.handelsblatt.com/politik/international/tuerkische-revolution-im-netz-krieg-der-bilder/8388460.html. Zugegriffen: 14. Juli 2013.

Hemler, S. (2003). Soziale Bewegung oder Generationskonflikt? Ein Schlichtungsvorschlag im Deutungskampf um '1968'. Vorgänge. *Zeitschrift für Bürgerrechte und Gesellschaftspolitik 42* (2003), Nr. 164, Heft 4, 32–40.

Hentze, J., & Graf, A. (2005). *Personalwirtschaftslehre 2*. Bern: Haupt.

Jablonski, G. (2002). Generation X: Selbst- und Fremdbeschreibungen einer Generation. Eine Literaturwissenschaftliche Studie. http://docserv.uni-duesseldorf.de/servlets/DerivateServlet/Derivate-2629/629.pdf. Zugegriffen: 14. Juli 2013.

Kerpen, P. (2007). *Internes Marketing und Unternehmenskultur, Analyse der Interdepenzen unter marktorientierten Gesichtspunkten*. Hamburg: Diplomica.

Langner, S. (2009). *Viral Marketing: Wie Sie Mundpropaganda gezielt auslösen und Gewinn bringend nutzen*. Heidelberg: Gabler.

Maslow, A. (1943). A Theory of Human Motivation. *Psychological Review*, 50 (4), 370–396.

Möller, J. (2011). „Das Normalarbeitsverhältnis verschwindet – stimmt's?", Der Spiegel Online. http://www.spiegel.de/karriere/berufsleben/mythen-der-arbeit-das-normalarbeitsverhaeltnis-verschwindet-stimmt-s-a-767232.html. Zugegriffen: 14. Juli 2013.

Nefiodow, L. A. (2006). *Der sechste Kondratieff*. St. Augustin: Rhein-Sieg Verlag.

Scholz, C. (2003). *Spiele ohne Stammplatzgarantie: Darwiportunismus in der neuen Arbeitswelt*. Weinheim: Wiley.

SDI Research (2013). „Kondratieff-Zyklus". http://www.google.de/imgres?imgurl = http://www.sdi-research.at/tl_files/pics/lexikon/Kondratjew-Zyklus.jpg & imgrefurl = http://www.sdi-research.at/lexikon/kondratjew-zyklus.html & h = 330 & w = 475 & sz = 24 & tbnid = y-qJvo2xoPRuEM: & tbnh = 83 & tbnw = 120 & prev = /search%3Fq%3Dkondratieff%2Bzyklus%26tbm%3Disch%26tbo%3Du & zoom = 1 & q = kondratieff + zyklus & usg = __GI3W3Fc45HTlPTdsVlKrhAVS3Ds = & docid = yv42aQnuT9m7oM & sa = X & ei = hZC9UcieE8TVswbb2oBY & ved = 0CEIQ9QEwAg & dur = 108. Zugegriffen: 14. Juli 2013.

Stock-Homburg, R. (2010). *Personalmanagement*. Heidelberg: Gabler.

Wilde, O. (1891). *Das Bildnis des Dorian Gray, Kapitel 2, Lord Henry. In Lippincott's Monthly Magazine 1891 bei Lock*. London: Ward and Co.

Xing.com (2013). „Marktführer bündeln ihre Kräfte: XING übernimmt Arbeitgeber-Bewertungsplattform kununu", Pressemitteilung. http://corporate.xing.com/?id = 112 & L = 0 & tx_ttnews%5Btt_news%5D = 1380. Zugegriffen: 14. Juli 2013.

Jobwahl

3

Welchen Job will ich, und wenn ja, wieviele?

Martin Krengel und Claudia Maria Schmidt

„Wer weiß, welchen Beruf er ausüben möchte?" Es melden sich gerade zwei Studenten im Seminar. Es sind typischerweise Lehramtstudenten. Sie mussten sich vor dem Studium festlegen. Manche haben zwei, drei wage Ideen. Doch kaum jemand hat sich mit seinen konkreten Möglichkeiten näher beschäftigt oder arbeitet gezielt darauf hin.

Es könnte sein, dass nur solche Leute in die Seminare kommen? Verwunderlich ist es dennoch. Oder eben nicht: Ein den Autoren nahestehender Absolvent, nennen wir ihn Martin, kann sich darin gut wiederfinden. Als Abiturient wollte er in die Werbebranche. Es hieß, der Weg dahin führt über ein Design- oder ein wirtschaftliches Studium. Er entschied sich für Wirtschaftswissenschaften, so hätte er später mehr Optionen. Innerhalb des Studiums wurde geworben und gelockt. Berater, Banken, Konzerne stellten sich im besten Licht dar, versuchten von ihrer Unternehmenskultur zu überzeugen. War er vorher von der Werbung überzeugt, schien nun ein Praktikum in der Beratung reizvoll, der Auslandsaufenthalt bei einem internationalen Konzern Pflicht. Der Druck wurde größer, nicht ein, sondern *alle* Optionen auszuprobieren. Eines Tages ging er in sich und fühlte plötzlich, was er wirklich wollte. Und machte etwas Abwegiges. Er ging in die Schweiz zum Auslandsstudium, nicht in die USA (damals ein Muss). Erst wurde er komisch angeschaut, dann kamen die ersten Anrufe von Kommilitonen, wie das funktionieren würde. Am Ende folgten fünf seinem Modell. Es schien, dass gerade jene, die stark Idealbildern hinterherlaufen, besonders orientierungslos waren.

M. Krengel (✉) · C. M. Schmidt
Berlin, Deutschland
E-Mail: martinkrengel@gmail.com

C. M. Schmidt
E-Mail: claudia.maria.schmidt.cms@gmail.com

H. Künzel (Hrsg.), *Erfolgsfaktor Employer Branding*, Erfolgsfaktor Serie,
DOI 10.1007/978-3-642-40535-8_3, © Springer-Verlag Berlin Heidelberg 2013

3.1 Zuvielfalt trifft kognitive Beschränkung

Leiden wir an Zuvielitis? Wir haben die Auswahl aus bis zu 30.000 Produkten in einem typischen Supermarkt, BMW bietet 32 Karosseriemodelle, Mediamarkt.de hat 118 Handys im Angebot und Amazon listet über 400 Kühlschränke. Sucht man nach Jobangeboten der letzten 30 Tage in Vollzeit-Stellen speziell für Berufseinsteiger, bietet Monster im „Einkauf" 144, im „Vertrieb" 709, im „Marketing" 411 im „Controlling" 407 und im „Personal" 558 Stellen (Monster.de, zugegriffen: 11.10.2011).

Die Auswahl ist toll, oder? Jein! Lautet die Antwort. Die positiven und negativen Auswirkungen einer hohen Vielfalt stehen in einem Spannungsverhältnis. Dies zeigen US-Forscher, die in einem Probierstand für Marmelade in einem kalifornischen Supermarkt abwechselnd entweder 24 bzw. sechs Marmeladensorten anboten. Bei der großen Produktmenge wurden 60 % der Passanten auf das Angebot aufmerksam, bei der kleinen Auswahl nur 40 %. Die Vielfalt machte zunächst neugierig, doch von denen, die sechs Marmeladensorten zur Wahl hatten, kauften 30 % ein Glas Marmelade, bei der großen Produktmenge waren es magere 3 %. Die Vielfalt zog zunächst Aufmerksamkeit auf sich, doch die vielen Optionen konnten so schnell nicht geprüft werden, die Entscheidung wurde vertagt (Iyengar und Lepper 2000).

Vielfalt verzögert Entscheidungen! Das bestätigen weitere Studien: Ein Forscherteam stellte Ärzte vor die Wahl aus Gruppe A) einer bestehenden Therapie und einer potenziell besseren Alternative für ihre Patienten und Gruppe B) einer bestehenden Therapie und zwei weiteren Behandlungsoptionen. Während circa 50 % der Zwei-Alternativen-Gruppe zur neuen Behandlung wechselte, waren es bei drei Alternativen nur noch rund 30 %. Die zusätzliche Variante verursachte einen Konflikt und ein Zögern. Ebenso konnte in einem Datensatz mit 800.000 Versicherten gezeigt werden, das die Zahl der sich freiwillig versichernden Arbeitnehmer bei der US-Amerikanischen Rentenversicherung (404 k) sank, je mehr Alternativen zur Auswahl standen (Botti und Iyengar 2004). Bot eine Firma nur zwei Fondsoptionen, schlossen 75 % der Arbeitnehmer einen freiwilligen Versicherungsplan ab. In Betrieben, in denen 59 Optionen angeboten wurden, waren es nur noch 60 %. Die Auswahl wird schwerer, die gefühlte Gefahr einer Fehlentscheidung wächst. Viele Interessenten wollten die Optionen später, „wenn sie Zeit haben", genau prüfen.

Die zusätzlichen Optionen zu prüfen, fordert aber Aufmerksamkeit und Anstrengung. Je mehr Alternativen zur Wahl stehen, desto größer sind diese „kognitiven Kosten". Sie führen schnell zu einer Überforderung des Kurzzeitgedächtnisses. Forschungen gehen davon aus, das wir nur ca. vier Dinge gleichzeitig im Kopf behalten können (Cowan 2004). Unser Kurzzeitgedächtnis ist demnach der Flaschenhals der Informationsverarbeitung. Es erfordert Zeit und Mühe, diese Beschränkungen zu umgehen. So werden meist nur wenige Informationen für eine Entscheidung herangezogen oder die Entscheidung wird vertagt.

3.2 Emotionale Kosten der Auswahl

Unser Kopf ist das eine Hindernis, unser Bauch das andere. Die emotionalen Kosten bei zu großer Auswahl bestehen aus Kompromissen. Stellen Sie sich vor, Sie müssen sich aus zwei Jobangeboten entscheiden:

- Job A bietet zwar ein tolles Gehalt und gute Aufstiegschancen, die Firma liegt jedoch „in der Pampa" und die starre Hierarchie ist nicht zu übersehen.
- Job B hat hingegen ein tolles Team, eine vielfältigere Aufgabe und liegt mitten in der Lieblingsstadt. Der Wermutstropfen ist hingegen die recht magere Bezahlung, unter Ihrem Niveau.

Wie entscheiden sie sich? Die Frage ist wahrscheinlich nun, wie viel Schmerzensgeld Job A bieten muss, um B auszustechen. Die Präferenzen sind dabei nicht fest, an dem einen Tag scheint die Lage der Firma wichtig, an dem anderen Tag die Karriere. Und so geht es hin und her, hin und her. Das frisst Zeit, Energie und Nerven.

Nun stellen Sie sich vor, Sie haben nicht nur Job A und B, sondern auch noch Option C, D, E und F zur Auswahl. Selbst wenn kein konkretes Angebot auf dem Tisch liegt, die Frage „Was wäre wenn ...?" wiegt schwer. So vergleicht man all die Vorteile der Optionen, die man gerade nicht gewählt hat, und stellt diese nur zu gern den Nachteilen der eigenen Wahl in Rechnung. Im schlimmsten Fall summieren sich all die fiktiven Vorteile der anderen Optionen derart auf, dass man einfach unzufrieden mit dem eigenen Job wird, auch wenn dieser eigentlich in Ordnung ist. Das Gras beim Nachbarn scheint immer ein wenig Grüner als das eigene! Je mehr Nachbarn, desto grauer sieht das eigene Grundstück aus ... Es ist eine natürliche Tendenz des Gehirns, sich derart selbst zu täuschen!

Schon vor der Wahl fühlen viele sich gelähmt, weil sie diese Konflikte antizipieren. Man nennt das „antizipierter Regret", das befürchtete Bedauern und die Angst vor einer Fehlentscheidung. Wenn ich A wähle, muss ich die Vorteile von B aufgeben. Wenn ich B wähle, kann ich die Vorteile von A nicht nutzen. Und so kann man sich nicht entscheiden, sucht weiter und hofft auf eine noch tollere Variante AB, die beides miteinander vereint. Diese jedoch ist meist nur reines Wunschdenken.

Wenn Optionen gleich attraktiv sind, fällt das Entscheiden besonders schwer. Ein Konsumentenpsychologe zeigte, dass die Kaufbereitschaft für verschiedene Produkte (Laptops, Lautsprecher, Anrufbeantworter, Rasierer) sinkt, wenn statt einem tollen Angebot zwei gleich attraktive Alternativen zur Wahl standen. Dann stieg die Zahl der Probanden, die noch mit der Entscheidung warten wollten, um 11 % an. War jedoch eine der beiden Optionen deutlich besser, entschlossen sich 14 % mehr zum Kauf. Kurzum: Je klarer die Vorteile einer Option, desto leichter fällt die Entscheidung. Können Sie Ihren Bewerbern echte und klare Vorteile bieten, dass diese sich schnell für Sie entscheiden können? (Dahr 1997).

Die Situation gleicht Burdian's Esel. Der Philosoph Burdian wählte zu diesem Phänomen bereits im Mittelalter die traurige Analogie zu einem Esel, der zwischen zwei großen saftigen Heuhaufen steht und sich einfach nicht entscheiden kann, welchen Heuhaufen er fressen soll. Was passiert? Der Esel verhungert! Die Moral: Manchmal ist eine nicht optimale Entscheidung besser als gar keine Entscheidung.

3.3 Gesellschaftlicher Realisierungsdruck

Das Problem schlägt sich auch in der Gesellschaft nieder: Der Soziologe Peter Gross beschreibt in der „Multioptionsgesellschaft", wie die Pflichten im Leben gesunken sind. Gleichsam sank die Wertigkeit von Orientierung gebenden Institutionen, wie der Kirche, oder die Meinung der Familie (Gross 1997). Wie sollten diese auch Orientierung geben? Die Uroma von Martin riet diesem einst, er solle Fleischer oder Gärtner werden. Das seien „richtige" Berufe, da hätte man was zum Anfassen. Wie sollte die Oma sich auch dazu äußern können, ob man besser „Content Manager", „Affiliate Director" oder „Senior Communication Officer" werden solle?

In den letzten Jahrzehnten entwickelte sich eine unglaubliche Vielfalt von Meinungen, Lebenswegen, Szenen, Theorien und Arbeitswelten. Da wir noch nicht gelernt haben, mit dieser Auswahl umzugehen, entstand ein Realisierungsdruck, eine Tendenz, möglichst viele Optionen mitzunehmen. Daher sind eklektische Lebensstile keine Seltenheit: Man denke an den Rocker auf der Loveparade oder den Porschefahrer, der seinen Champagner im Aldi kauft.

Der Jugend steht heute die Welt offen – diese Offenheit ist aber verbunden mit Entscheidungen, Konkurrenzkampf und Unsicherheiten: Zunächst muss man sich zwischen Ausbildung oder Abi entscheiden. Dann die Frage: Bund, Zivi, Soziales Jahr, Work & Travel oder doch lieber gleich studieren? FH oder Uni? Ins Ausland? Wohin? Welches Fach will ich überhaupt studieren? Wenn ja, wo? Wie lange? Soll ich noch einen Master oder gar eine Promotion anschließen?

Die FH Ingolstadt bietet bereits stolze 33 Studiengänge – und ist damit ein Winzling im Vergleich mit der Uni Köln. Diese offeriert 441 verschiedene Bachelor-Studiengänge, darunter allein fünf verschiedene Optionen allein für ein Chemie- oder Biologiestudium. Bei all diesen Entscheidungen, engen Zeitplänen und Semesterstress finden die Studenten weder Zeit noch Muße, sich mit der Berufsfindung zu beschäftigen. Und wenn doch, dann wissen viele einfach nicht, wie. Monster.de listet 2013 für Deutschland knapp 158 Jobmessen auf. Da braucht man schon wieder eine Orientierung, welche dieser Angebote eine hilfreiche Orientierung bietet.

3.4 Zwischenfazit

Die Qual der Wahl, die Angebotsfülle und die damit verbundene Orientierungslosigkeit, Undurchsichtigkeit und Lähmung sind wichtige Rahmenbedingungen im Arbeitsmarkt. Diese sollten Employer Brands kennen, berücksichtigen und nutzen, um ihren Wert zu steigern.

Das Employer Branding muss eine stärkere Orientierungsfunktion wahrnehmen, statt an der Verschönerung seiner Fassade zu arbeiten. Das würde die Marke von innen stärken, den Marken*wert* erhöhen – nicht nur ein distanzierendes Marken*image* vermitteln. Arbeitgebermarken müssen kognitive und emotionale Kosten senken. Dies kann durch mehr *Klarheit* und *Transparenz* erreicht werden. Jedoch kann man nur Orientierung bieten, wenn man selbst weiß, wer man ist! Deswegen beginnt diese Umdenken mit der Positionierung am Markt ...

3.5 Klar Stellung beziehen

Betrachtet man Imageauftritt, Webseiten und Broschüren vieler Unternehmen, besteht der Eindruck, dass jeder nachhaltig wirtschaftet, der Beste ist und die flexibelsten Arbeitszeitmodelle anbietet. Jeder verspricht dasselbe. Wenn jeder der „attraktive" Arbeitgeber mit „interessanten Aufgaben" ist, schafft das nicht gerade Orientierung. Auch die tolle Verpackung in Hochglanzprojekte bringt nichts, wenn man sich aus denselben Fotodatenbanken bedient, dieselben erfolgreichen 08/15-Karrieregrinsen-Erfolgsabsolventen verwendet. Schlimmer noch, die eigentlichen Besonderheiten des Unternehmens verschwinden und damit wichtige Orientierungspunkte. Wie argumentiert hat die Forschung klar bewiesen: Je ähnlicher die Optionen, desto schwieriger die Entscheidung!

Sagen Sie eindeutig, was man erwarten kann und was nicht. Mit etwas Abstand und Einblick in das Spiel scheint es fast albern, wenn Unternehmensberatungen behaupten, es sei ein cooler Lifestyle, in einer aufregenden Stadt bis um ein Uhr nachts über Excel-Sheets zu brüten, um dann zu wenig Schlaf in einem Luxushotel zu bekommen. Bieten Sie, was Sie bieten können – aber versprechenden Sie bitte keine blauen Schafe! Lassen Sie auch mal einen Bewerber ziehen, wenn Sie der Meinung sind, dass er eigentlich woanders hingehört.

Durch eine klare Positionierung erwecken Sie Aufmerksamkeit, gewinnen Differenzierungskraft und können Bewerbern bei der Orientierung helfen. Damit sparen Sie Zeit, Nerven und Kosten. Bisher passiert es nicht selten, dass Bewerber in Interviews oder gar im Job landen, die ein vollkommen falsches Bild von der Stelle und der Arbeitsweise der Firma hatten. Das erinnert an einen Comic von Uli Stein, der einen frustrierten Pinguin beim Entleeren eines Mülleimers zeigt. Der Chef fragt nur verwundert: *„Was haben Sie sich denn unter einer ‚Leerstelle' vorgestellt?"*

Was bringen Ihnen junge Bewerber, die sich Dynamik und Kreativität versprechen, wenn Sie selbst ein traditionelles, technisch orientiertes Familienunternehmen mit festen Strukturen sind? Durch allgemeingültige Aussagen und inhaltsleere Platzhalter in Ihrem Image-Auftritt schaffen Sie nichts als Verwirrung.

Durch eine klare Positionierung würden Sie auf ein paar Bewerber verzichten, doch Sie könnten sich viel besser auf die Bedürfnisse der Kernzielgruppe einstellen und gleichzeitig Kosten sparen. Denn tolle Bewerber, die Sie mit diffusen oder falschen Versprechen angelockt haben, merken das schnell oder sind nach spätestens einem Jahr enttäuscht wieder weg. Immerhin freut sich Ihr Recruiting-Team über Jobsicherheit!

Machen wir ein Gedankenexperiment: Welche Vorteile der Stelle und der Firma wird Ihr Bewerber am Küchentisch seinem Partner aufzählen, wenn es um die Entscheidung für eine Bewerbung bzw. Annahme des Jobs geht?

- …
- …
- …
- …
- …

Wären Sie überzeugt?

3.6 Mehrwert-Denken

Eine Positionierung wird gern mal mit einem flotten Slogan, einem schönem Logo oder einer flott animierten Webseite verwechselt. Weit gefehlt! Eine tolle Fassade nützt nichts, wenn dahinter kein schönes Haus steht. Eine Bekannte der Autoren bewarb sich unlängst bei einer Agentur mit einer absolut fantastischen, flashbasierten Webseite. Leider dauerte es nur ewig, bis die Inhalte der Seite geladen waren, die Ausbeute an Infos war mager. Dennoch beeindruckt von der kreativen Idee und dem tollen Stil der Webseite, bewarb sich die Kandidatin bei der Agentur und traute beim Bewerbungsgespräch ihren Augen nicht: Hatte sie eine absolut professionelle Firma erwartet, wurde sie von chaotisch-abgehetzten Mitarbeitern empfangen, die ihr Curriculum Vitae (CV) nicht gelesen hatten. Der Termin mit dem Partner wurde fünf Minuten vorher gestrichen, auf eine Zu- oder Absage wartet sie bis heute vergebens. Noch schlimmer als der gescheiterte Job für die Bewerberin dürfte ihre enttäuschte Erwartung sein. Diese führte zu einer massiven Mundpropaganda, denn diese illustre Erfahrung hat sie natürlich vor anderen Interessenten, potenziellen Kunden und Konkurrenten nicht geheimhalten können.

Spricht man Recruiter von einschlägigen Unternehmensberatungen gezielt auf die von ihnen angepriesenen Work-Life-Balance-Modelle an, werden diese manchmal sehr kurzatmig. Wer in eine Beratung geht, muss hart arbeiten. Das wollen auch viele und es ist in Ordnung. Etwas anderes zu suggerieren, macht wenig Sinn. Eine Beratung sollte lieber die steile Lernkurve betonen, statt Freiheit und Individualität zu versprechen, die im Alltag hoffnungslos im Termindruck verschwinden.

Eine Firma braucht einen *echten* Nutzen und Mehrwert für den Bewerber. Wer im Kampf um Talente einen Vorteil haben will, muss über echte Alleinstellungsmerkmale nachdenken. Diese zentralen Fragen sollten am Beginn des Employer-Branding-Prozesses stehen:

- Wofür steht das Unternehmen/stehen die Produkte an sich?
- Wofür soll die Arbeitgebermarke stehen?

- Was ist ihr Kern?
- Welchen Nutzen schafft sie für die Bewerber?
- Wodurch grenzt sie sich von anderen Arbeitgebermarken ab?
- Wie schafft die Marke Glaubwürdigkeit für ihr Versprechen?

Die Antworten auf diese Fragen haben eine Orientierungsfunktion für alle weiteren Kommunikationsmaßnahmen. Ist der Markenkern bekannt, das Versprechen und der Nutzen klar herausgearbeitet, können im nächsten Schritt der Slogan und die Tonalität (die Art der Ansprache) gewählt werden. Sind sie kollegial-nonchalant oder nüchtern-seriös? Welches Schlüsselbild soll verwendet werden? All diese Detailfragen werden einfacher, ist das Fundament einmal gelegt.

3.7 Echte Alleinstellungsmerkmale schaffen

Produkt- und Arbeitgebermarken haben einige Mechanismen gemeinsam:

1. Auch hier ist der erste Schritt, genau die Zielgruppe kennenzulernen, ihre Bedürfnisse, Wünsche und Erwartungen aufzunehmen und zu verdichten.
2. Dann schaut man, ob und wie der Wettbewerb diese Erwartungen bereits anspricht und wo Lücken und Potenziale bestehen.
3. Im dritten Schritt gleicht man diese Marktforschungsergebnisse mit den eigenen Stärken und Möglichkeiten ab.

In einem anderen Licht betrachtet, ergeben sich aus Schwächen oft Stärken: Als Familienunternehmen werden Sie sicher kein perfektes Trainee-Programm bieten können, aber viel besser darin sein, individuell auf Bewerber einzugehen, und können schnell Verantwortung und ein breites Aufgabenspektrum bieten. Wer sich geborgen fühlen will, ist bei Ihnen – nicht beim Multikonzern – richtig. Das müssen sie klar machen.

Auch Nutzenansprüche zu finden, ist nicht schwer. Sie brauchen dafür keine teuren Marktstudien, greifen Sie zum äußersten Mittel: Reden Sie mit den Bewerbern! Personaler sollten nicht nur die Fragen stellen, sondern lernen, genauer zuzuhören. Ehrlich fragen, was die Bewerber bewegt, was sie sich von einer Stelle versprechen. Ein Job ist immer eine Entscheidung für einen gewissen Lebensstil und macht einen großen Teil der Identität aus. Nehmen Sie das ernst!

Auf der anderen Seite sind die gesellschaftlichen Trends der zeitlichen und örtlichen Flexibilisierung der Arbeit inzwischen weit bekannt (Florida 2003). Starre Arbeitszeitmodelle gehören eigentlich der Vergangenheit an, dennoch sind clevere Lösungen für eine gute Work-Life-Balance bisher Mangelware. Hier können Sie noch punkten!

Die Multioptions-Mentalität spielt auch in die Freizeit hinein: Die jungen Generation legt mehr und mehr Wert auf die Verwirklichung ihrer selbst in mehreren Lebensbereichen, nicht nur im Job. Auch dass Menschen länger und intensiver arbeiten, wenn sie intrinsisch motiviert sind, ist bekannt. Dafür spielen Selbstbestimmung, die Möglichkeit zur geistigen Entwicklung und Sinnstiftung eine dominierende Rolle, sobald ein gewisses Grundeinkommen gesichert ist (http://www.youtube.com/watch?v=u6XAPnuFjJc, zugegriffen: 29.6.2013).

In der Praxis gibt es einige gute Beispiele, wie Arbeitgeber ihren Mitarbeitern Gestaltungsspielräume für eigene Ideen geben. Das australische Software-Unternehmen Atlassian veranstaltet alle drei Monate eine 24-Stunden-Freigeist-Party, bei der alle Mitarbeiter an einer eigenen Idee arbeiten dürfen. Die einzige Bedingung: Diese Ideen müssen hinterher dem Management vorgestellt werden. Diese „Freigeist-Party" hat zu einem deutlichen Anstieg von Verbesserungsvorschlägen für bestehende Programme und einigen neuen Produktentwicklungen geführt. Ohne finanzielle Anreize. Ebenso ist die Politik von 3M (Post-its) bekannt, die ihren Mitarbeitern fünf Prozent ihrer Arbeitszeit für eigene Projekte einräumen. Die Manager von 3M wissen eben: Für eigene Ideen kämpft man viel entschlossener.

Selbstbestimmtheit ist das eine, die Work-Life-Balance ein anderes Bedürfnis. So fällt es positiv auf, wenn die Deutsche Telekom ihren Mitarbeitern ein Richtlinie erlässt, die Handy-Verbot am Wochenende und im Urlaub nahe legt. In diesem Fall ist auch die Kommunikationskampagne mit dem Motto „Werde Chef deines Lebens" berechtigt, die mit witzigen Headlines, die zum Nachdenken anregen, punkten, wie zum Beispiel: „Man kann leichter von zuhause aus ein guter Mitarbeiter sein als vom Büro aus ein guter Vater" (http://www.wollmilchsau.de/work-life-balance-werde-der-chef-deines-lebens-kampagne-telekom/, zugegriffen: 29.6.2013). Auch das Unternehmen 37 sec.com sorgte weit über nationale Grenzen mit seiner Vier-Tages-Woche für Aufmerksamkeit. Es schickt seine Mitarbeiter freitags nach Hause, weil es in Studien festgestellt hat, dass die Mitarbeiter in vier Tagen genauso produktiv waren wie an fünf Wochentagen (Krengel 2010, S. 130).

Diese Unternehmen bieten echte Alleinstellungsmerkmale. Das setzt sich fest im Kopf und spricht sich herum. Sie kennen ja die herausstehende Rolle von Mund-zu-Mund-Propaganda in Zeichen von Facebook, Twitter & Co.

3.8 Dialog

Apropos Facebook: In den letzten Jahren vollzog sich eine sanfte, aber weitreichende Revolution: Die „Social-Media-Revolution". Zunächst unmerklich, tauschten sich mehr und mehr Konsumenten im öffentlichen Raum miteinander aus. Aus vielen Erfahrungseigenschaften von Produkten, Reisen und Dienstleistungen, die man nur nach dem Kauf beurteilen konnte, wurden plötzlich Sucheigenschaften (Krengel 2009, S. 29). Früher konnte man durch schöne Bilder und tolle Versprechen zum Kauf verleiten und musste dieses Versprechen erst nach Bezahlung einlösen. Heute sind diese Eigenschaften durch Produktempfehlungsportale vorher überprüfbar. Jede Art der Image-Werbung und Beschönigung, jedes Versprechen, das nicht gehalten wird, schlägt mit doppelter Kraft zurück! Marken mussten umdenken. Die Kommunikation wandelte sich von einer einseitigen Massenkommunikation in einen Dialog. Auch auf Seiten wie squeaker.net, meinchef.de, kununu.com, evaluba.com oder bizzwatch.de können Angestellte anonym ihre Firma, Stelle und ihren Chef bewerten, über Netzwerke wie XING oder LinkedIn gezielt Mitarbeiter kontaktieren. Seien Sie authentisch, akzentuieren Sie Ihre Besonderheiten. Spielen Sie auch gern mit Ihren Macken, das macht Sie nahbar.

3.9 Transparenz

Es ist zu verlockend: Man gibt einer Stelle einen wohlklingenden englischen Namen, heuert eine teure Agentur an, die Allgemeinplätze mit schönsten Worten verschnörkelt und zeigt aufwendige Image-Bilder aus dem Studio. Nichts gegen einen optisch-schönen Ersteindruck, aber wir haben viele Möglichkeiten, ein ungeschminktes Bild des Jobs und des Arbeitsumfelds zu zeigen! Oder können Sie sich damit etwa nicht sehen lassen?

Einige Ideen sind:

- *Tagesprotokolle*: Machen Sie Jobprofile transparent, indem Sie die Stelleninhaber einen typischen Arbeitstag auf einer Seite berichten lassen.
- *Tage der offenen Tür*: Durch Schnuppertage, Vorträge oder kleine Events könnten sich Schüler, Studenten oder bereits Berufstätige einfach mal bei Ihnen umschauen und Fragen an verschiedene Stelleninhaber stellen. Man könnte auch fachspezifische Themen in kleinen Lektionen anbieten, damit kommen gleich auch noch besonders wissbegierige und aktive Leute.
- *You-Tube-Videos*: „Was macht ein Category-Manager?", „Wie läuft ein typischer Beratertag beim Kunden ab?" „Was sind Dos und Donts?" In kleinen Videosequenzen könnten Sie die Aufgabe einer Stelle erklären und den Arbeitsplatz zeigen. Die Videos könnten gleichzeitig helfen, neue Mitarbeiter oder Praktikanten einzuarbeiten.
- *Career Center*: Warum sponsern Sie nicht Berufsfindungsseminare oder Vorträge? Gegen zehn Minuten Firmenpräsentation am Ende hat niemand etwas einzuwenden – sofern Sie nicht die typische 08/15-Leier herunternudeln. Die meisten Infos, die bisher dabei präsentiert werden, sind Banalitäten, wie Größe und Hauptprodukte, die ohnehin auf der Webseite stehen. Das Mehrwert-Denken muss sich tief ins Recruiting einschleifen: Welche interessanten Einblicke, Abläufe, Herausforderungen und Geschichten können Sie mit den Interessenten teilen? Was ist spannend und macht Lust auf mehr?

3.10 Klar kommunizieren

Auch mit Stellenanzeigen prägen Unternehmen ihr Image. Hier entstehen aber oft erhebliche kognitive Kosten, eine Anzeige oder Stelle überhaupt zu verstehen. Im Moment, in dem sich der Markt zu einer Bewerberknappheit dreht, verlieren Sie im „war for talents", wenn Ihre potenziellen Interessenten nach wenigen Sätzen weiterklicken. Oft bietet sich viel Potenzial für eine Optimierung, die mehr Transparenz und Klarheit verschafft: Vergleichen Sie eine typische Formierungsweise einer Stellenanzeige (hier aus einer führenden Consumer-Electronics-Firma):

- Betreuung des Internetauftritts
- Lokalisierung globaler Strategien
- Aktivierung des Themas Online in den Bereichen Marketing und Vertrieb
- Search Engine Marketing
- Gestaltung, Versendung und Evaluierung von externen Newslettern
- Steuerung der Online-Kooperationen
- Projektleitung für lokale Social-Media-Aktivitäten
- Tracking, Analyse und Evaluation der Online-Aktivitäten
- Umsetzung von internen und externen Befragungen
- Prüfung und Umsetzung potenzieller Entwicklungsfelder im Onlinebereich
- Definition, Umsetzung und Überwachung von Maßnahmen zur Sicherung der Produktqualität im Rahmen des PT

Der erste Punkt klingt sehr nach „betreuten Wohnen", nicht nach einer Tätigkeit. Dazu passt wenigstens die „Aktivierung" der eingeschlafenen Online-Aktivitäten. Was heißt „PT"? Und was bitte, ist die „Lokalisierung globaler Strategien"? Eine Tautologie, ein „weißer Schimmel", ein Widerspruch in sich, über den wir bis heute grübeln, was damit gemeint sein könnte. Ihr Bewerber wird aber nicht mehr grübeln, sondern längst in einem anderen Unternehmen arbeiten!

Jede Form der Versteifung, Verkomplizierung und Substantivierung (wollen Sie, das wir so weiterschreiben?) ist eine unnötige Hürde. Wie wäre es, die oben zitierte Stelle so zu beschreiben:

- Sie verantworten den *Internetauftritt*, u. a. messen und optimieren Sie die Zugriffszahlen, aktualisieren die Inhalte und regen Kooperationen mit Online-Händlern an.
- Sie gestalten und versenden interne und externe *Newsletter*.
- Sie entwickeln unsere *Social-Media*-Aktivitäten weiter und informieren Kunden über Email, Twitter und Facebook.
- Sie erarbeiten neue *Strategien* für die Erweiterung der Webseiten anhand von *Befragungen*.
- Sie überwachen die Produktqualität.

Hier ist in fünf Bullet-Points dasselbe gesagt wie oben in 13. Zudem wird die Aufgabe klarer. Wodurch? Zusammenhängende Tätigkeiten wurden gebündelt, zentrale Schlüsselwörter gefettet und durch die Verben „verantworten", „gestalten", „entwickeln", „erarbeiten", „überwachen" entsteht im Gehirn viel schneller ein konkretes Bild von der Aufgabe als durch sperrige Substantive wie „Umsetzung" oder „Definition".

Also prüfen Sie:

- Ist Ihre Anzeige übersichtlich?
- Haben sie sich auf die wesentlichen Infos beschränkt?
- Weckt die Überschrift Interesse?
- Sind die Kernaussagen leicht erfassbar? (Zentrale Aussagen dürfen nicht in Details untergehen.)
- Kann sich ein Unternehmensfremder schnell eine konkrete Vorstellung von der Stelle machen?

Fazit: Employer Branding wiegt sich noch sanft dösend im Dornröschenschlaf. Wir wissen von einigen Agenturen, die neuerdings Employer-Branding-Konzepte und -Beratung anbieten, dass diese bisher nur wenig Aufträge akquirieren – weil Employer Branding von den Fachabteilungen nicht gewünscht, verstanden oder als zu teuer eingestuft wird. In den Fachabteilungen sitzen aber Personaler, die von ihrer Ausbildung her das Employer Branding und die „Markting-Denke" nur schwer nachvollziehen können. Deswegen ist Employer Branding ein Schnittstellten-Thema und muss zwischen Marketing, PR und Human Resources angesiedelt werden. Bis es läuft, ist es Chefsache – denn es bietet ein großes Potenzial im Kampf um Talente. Kosten könnten reduziert werden – paradoxerweise genau dadurch, das man kognitive Kosten von Bewerbern senkt.

3.11 Der Abspann

Zum Schluss noch ein weiteres Plädoyer zum Umdenken: Man sollte das „Entweder-Oder" des Jobmarktes in ein „Sowohl-als-auch" überführen: In England und den USA gehen die Arbeitskräfte noch auf Wanderschaft, der Wechsel und die Erfahrung in vielen Unternehmen gilt als wünschenswert, „Learning by doing" ist King! In Deutschland rümpft man immer noch die Nase, wenn einer viele Stellen und Branchen ausprobiert hat. Das muss sich ändern! Business-Modelle werden komplexer, die Netze verflochtener. Jemand, der gelernt hat, sich immer wieder in andere Denkmuster und Abläufe hineinzudenken, ist für viele Herausforderungen wertvoller als der geschniegelte Akademiker, der brav eine Standard-Karriere verfolgt. Personaler müssen offener werden für Unikate und nicht stur Checklisten abhaken. Auch Fehler und Irrwege schaffen wichtige Lebenserfahrungen! Im Silicon Valley folgen einige Venture Capitalists der Maxime, dass sie nicht in Unternehmer investieren, die nicht schon einmal mit einer anderen Geschäftsidee gescheitert sind. Was ist mit Ihnen? Schauen Sie auch hinter die Kulissen? Wann setzen Sie auf Vielfalt und Widerspruch, statt auf kollektive Einheit?

3.12 Zum Weiterlesen

Krengel, M. (2014). Customer Navigation – So straffen und strukturieren Sie ihre Angebote (Arbeitstitel, erscheint Frühjahr 2014).

Krengel, M. (2009). Marketing zwischen Information und Emotion. Lauchhammer: MK-Fachverlag.

Schwarz, B. (2006). Anleitung zur Unzufriedenheit: Warum weniger glücklicher macht. Berlin: Ullstein.

Iyengar, S. (2011). The Art of Choosing, New York NY: Twelve.

Literatur

Bettman, J. R., Luce, M. F., & Payne, J. W. (1998). Constructive consumer choice processes. *Journal of Consumer Research, 25*(3), 187–217.

Botti, S., & Iyengar, S. S. (2004). The Psychological Pleasure and Pain of Choosing: When People Prefer Choosing at the Cost of Subsequent Outcome Satisfaction. *Journal of Personality and Social Psychology*, 87, 312–326.

Botti, S., Orfali, K., & Iyengar, S. (2009). Tragic choices: Autonomy and emotional response to medical decisions. *Journal of Consumer Research, 36*(3), 337–352.

Cowan, N. (2001). The magical number 4 in short-term memory: A reconsideration of mental storage capacity. *Behavioral and Brain Sciences, 24*(1), 87–114.

Dhar, R. (1997). Consumer preference for a no-choice option. *Journal of Consumer Research, 24*(2), 215–231.

Florida, R. (2003). The rise of the creative class: And how it's transforming work, leisure, coummunity, and everyday life. Boston MA: basic books.

Gross, P. (1997). *Die Multioptionsgesellschaft.* Berlin: Suhrkamp.

Iyengar, S. S., & Lepper, M. R. (2000). When choice is demotivating: Can one desire too much of a good thing? *Journal of Personality and Social Psychology, 79*(6), 995–1006.

Krengel, M. (2009). *Marketing zwischen Information und Emotion.* Lauchhammer: MK-Fachverlag.

Krengel, M. (2012). *Golden Rules – Erfolgreich Lernen und Arbeiten: Alles, was man braucht.* Berlin: eazy bookz.

Krengel, M. (2014). *Kategegorisierungseffekte – Eine verhaltenswissenschaftliche Analyse der Wirkung von Sortimentskategorisierungen auf den Auswahlprozess komplexer Gebrauchsgüter.* Herbst 2013: Geplante Veröffentlichung.

Langner, T., & Krengel, M. (2012). *Reducing choice conflict for complex products through categorization. Advances in Advertising Research (Vol. III): Current insights and future trends.* Heidelberg: Springer Gabler.

Miller, G. A. (1956). The magical number seven, plus or minus two: Some limits on our capacity for processing information. *Psychological Review, 63*(2), 81–97.

Schwartz, B. (2000). Self-determination: The tyranny of freedom. *American Psychologist, 55*(1), 79–88.

Schwarz, B. (2006). Anleitung zur Unzufriedenheit: Warum weniger glücklicher macht. Berlin: Ullstein.

Shiv, B., & Fedorikhin, A. (1999). Heart and mind in conflict: The interplay of affect and cognition in consumer decision making. *Journal of Consumer Research, 26*(3), 278–292.

Tversky, A., & Shafir, E. (1992). Choice under conflict: The dynamics of deferred decision. *Psychological Science, 3*(6), 358–361.

Kundenfokus 4

Employer Branding als Erfolgsfaktor

Hansjörg Künzel

4.1 Keine Kundenzufriedenheit ohne engagierte Mitarbeiter

Wieder einmal sitze ich zu Hause und warte, wie bestellt, in der Zeit zwischen 8 und 14 Uhr auf einen Techniker – in diesem Fall, um meine defekte Spülmaschine wieder in Gang zu setzen. Das gibt mit viel Zeit nachzudenken, warum ich als Kunde zu dieser Flexibilität gezwungen bin, während der Dienstleister nicht beispielsweise einfach dreißig Minuten vor dem Eintreffen bei mir anruft. Und es ist ja nicht die Ausnahme, sondern irgendwie machen das alle so. Nachdem der Techniker schließlich um 14:30 Uhr bei mir eintrifft, mit der vagen Entschuldigung, er habe noch Ersatzteile holen müssen, spreche ich ihn darauf an. Während der Unterhaltung erfahre ich dann viel über niedrige Löhne, hohe Arbeitsbelastung, seinen durch Verlagerung bedrohten Arbeitsplatz, Demotivation, weil er eigentlich etwas ganz anderes im Leben habe machen wollen, und beinahe täglich unzufriedene Kunden. Stimmt, genau so fühle ich auch, und verspüre nicht die Lust, diese Firma noch einmal zu beauftragen. Doch was machen andere Unternehmen besser?

Szenenwechsel: Vom Handwerk zur Innovationsschmiede Google. Tätig in einer Branche, in der in dem Moment, in dem ein Produkt auf den Markt kommt, bereits die drei bis vier nächsten Innovationen erdacht, wenn nicht sogar entwickelt sein müssen. Das bedeutet viel Druck für das Unternehmen und die Mitarbeiter. Trotzdem gelingt es dem Technologieführer aus Mountain View, Kalifornien, mit Themen wie dem autonomen Fahren oder der interaktiven Multifunktionsbrille Google Glass in immer neue Geschäftsfelder vorzustoßen. Dafür arbeiten die Mitarbeiter von Google Tag und Nacht, oft 60 bis 80 Stunden die Woche – und das kreativ, innovativ, flexibel und mit hohem Output. Die Kunden zeigen sich zufrieden und danken es dem Unternehmen, indem sie dessen Produkte und Leistungen nachfragen.

H. Künzel (✉)
München, Deutschland
E-Mail: hkuenzel@t-online.de

H. Künzel (Hrsg.), *Erfolgsfaktor Employer Branding*, Erfolgsfaktor Serie,
DOI 10.1007/978-3-642-40535-8_4, © Springer-Verlag Berlin Heidelberg 2013

Was ist aber der Unterschied zwischen den beiden Beispielen? Es ist die Auswahl und der Umgang mit den Mitarbeitern. An dieser Stelle kommt schnell das Argument, dass es sich um zwei völlig verschiedene Branchen handle, die Mitarbeiter auch ganz unterschiedlich qualifiziert seien und ein börsennotiertes Unternehmen allein vom Image her nicht vergleichbar sei mit einem Handwerksbetrieb. Alles korrekt, doch ändert das nichts an der Tatsache, dass sich Unternehmen wie Google im Gegensatz zum Handwerksunternehmen schon lange mit der Beziehung zwischen Mitarbeiter und Markterfolg beschäftigen. Kaum ein Unternehmen investiert heute so viel in die Beziehung zu seinen Angestellten. Eigene Supermärkte und Reinigungen mit Abholservice am Arbeitsplatz machen die 60 Stunden-plus Woche überhaupt erst möglich. GoogleKinos, -Sportgruppen oder von Unternehmen bezahlte Luxuswochenenden lassen die Grenze zwischen Beruf und Freizeit noch weiter verschwimmen. Fahrzeugangebote und die Hinterbliebenenversorgung sind weitere Streben im goldenen Käfig der Mitarbeiter. Das Kalkül geht auf und ist eine weiter gehende Betrachtung wert.

Gut ausgebildete, motivierte Mitarbeiter schaffen nicht nur im direkten Kundenkontakt Zufriedenheit. Über das gesamt Unternehmen hinweg – im Fall des Handwerksunternehmens zum Beispiel auf Prozessebene, wo der Umgang mit Reparaturanfragen festgelegt wird – lassen sich Verbesserungen erzielen. Nötig ist dafür die gezielte Betrachtung und Beeinflussung der eigenen Arbeitgebermarke – gegenüber Bewerbern, aber auch gegenüber den Mitarbeitern. Das sogenannte Employer Branding ist also kein Selbstzweck, sondern kann zum überlebenswichtigen Faktor im Wettbewerb werden.

4.2 Die Unternehmenskultur beeinflusst das Employer Branding – nach außen wie nach innen

Die Deutsche Bahn als einer der größten deutschen Arbeitgeber musste sich seit 1994 vom monopolistischen Staatsunternehmen zum Marktteilnehmer entwickeln. Das ging mit einem gewaltigen Kulturwandel einher. Beamtenstrukturen wurden abgelöst von Arbeiter- und Angestelltenverträgen. Prozesse und Kosten mussten marktfähig werden. Und das Unternehmen sah sich Kunden gegenüber nun in der Pflicht, verglichen, bewertet und kritisiert zu werden. Gleichzeitig erlaubten die über lange Jahre gewachsenen internen Strukturen nicht die sofortige Veränderung, um den neuen Herausforderungen gerecht zu werden. Auf der Strecke blieben die Kundenzufriedenheit und die Mitarbeiter, die in vorderster Linie den Unmut der Reisenden abbekamen. Verbunden mit Kostendruck und Effizienzprogrammen hatte die Deutsche Bahn Mühe, die veränderungswilligen Mitarbeiter zu halten und neue, qualifizierte Kräfte für sich zu gewinnen. Inzwischen arbeitet das Unternehmen gezielt daran, im Rahmen eines im Jahr 2010 begonnenen Kulturentwicklungsprozesses zunächst die eigene Kultur zu erfassen. Die ersten Umfrageergebnisse stimmen positiv: Die Mitarbeiterzufriedenheit liegt laut Befragungspartner im Schnitt vergleichbarer Firmen und die Identifikation mit dem Unternehmen und den Arbeitsinhalten ist überdurchschnittlich. Parallel laufen bereits Maßnahmen, die Werte weiter zu verbessern – zum Beispiel über die systemgestützte direkte Kommunikation zwischen Mitarbeitern und Vorstandschef oder in Dialogformaten mit Führungskräften. Das ist wichtig, denn gleichzeitig läuft eine groß angelegte, bundesweite Recruiting-Kampagne. Mit dem Ziel, den großen Personalbedarf des Unternehmens zu decken, ziehen die Vermarktungsspezialisten der Bahn hier alle Register des Marketing-Mix.

Der Erfolg in der Öffentlichkeit wird also maßgeblich durch den internen Erfolg mitbestimmt. Positioniert sich das Unternehmen intern nicht als guter Arbeitgeber, sorgt die Kommunikation in soziale Medien, Arbeitgeberbewertungsportalen wie www.kununu.de oder schlichte Mundpropaganda für negative Effekte nach außen. Im schlimmsten Fall kann das eine aufwendige Kampagne wie die der Deutschen Bahn konterkarieren. Besonders deutlich wird das in Fällen, wo Unternehmen in Billiglohnländern produzieren, ihre Angestellten ausbeuten oder wo, wie im Fall eines französischen Telekommunikationsunternehmens, Mitarbeiter Selbstmord begehen. Das hat direkten Einfluss auf die Bewerberquote, die öffentliche Meinung und nicht zuletzt auf die Nachfrage. Unkultur wird damit zum Wettbewerbsnachteil.

4.3 Folgerungen für die Unternehmen

Viele Unternehmen sind sich nicht bewusst, dass sie bereits eine Employer Brand, also eine Arbeitgebermarke, besitzen: Ein Image auf dem Arbeitsmarkt, das aussagt, ob es sich lohnt, für dieses Unternehmen zu arbeiten oder eben nicht. Je weniger ein Arbeitgeber unternimmt, um seine Arbeitgebermarke aktiv zu beeinflussen, desto größer wird der Stellenwert, den Indiskretionen, Gerüchte, schlechte Nachrichten und die Meinung frustrierter Ex-Mitarbeiter einnehmen.

Ein Beispiel aus dem Handel: Eine große deutsche Kaufhauskette beklagt seit Jahren die Herausforderung, Abiturienten als Auszubildende für sich zu gewinnen. Diese sind wichtig, um neben qualifiziertem Beratungs- und Verkaufspersonal auch einen Pool von potenziellen künftigen Führungskräften aufzubauen. In der Branche liegen Umfragen vor, aus denen die mangelnde Beliebtheit einer Tätigkeit im Handel klar hervorgeht. Dazu kommen noch beständige Nachrichten, die dem Prinzip Kaufhaus künftig das Aus bescheinigen. Gleichzeitig gibt es aber auch Wettbewerber des Unternehmens, die sich ein exklusives Image erarbeitet haben und mit Shop-in-Shop-Konzepten auch wirtschaftlich erfolgreich agieren. Es kommt also darauf an, die eigenen Stärken zu kennen und im Markt zu kommunizieren.

Während sich große Unternehmen mittlerweile sehr intensiv mit ihrem Image und vielfach auch ihrer Arbeitgebermarke befassen, hat der deutsche Mittelstand häufig noch deutlichen Nachholbedarf. Die Gründe sind dabei so vielfältig wie die Unternehmen: Die Scheu vor den Kosten, fehlende Kapazitäten in Marketing und Personal, die Überzeugung, als „Hidden-Champion" attraktiv genug zu sein, und nicht selten das mangelnde Verständnis für die Notwendigkeit, sich mit dem Thema zu befassen, sind nur einige davon. Dieser Mix trifft auf gestiegene Marktanforderungen wie interkulturelle Kompetenz in globalisierten Märkten, kürzere Innovationszyklen, neue Technologien, aber auch auf den Fachkräftemangel in Deutschland, demografische Veränderungen und einen Wandel in der Einstellung von Nachwuchskräften im Hinblick auf ihre Prioritäten im Arbeitsleben. Zukunft sichern heißt, sich frühzeitig auf die unweigerlich kommenden Veränderungen einzustellen. Und die gute Nachricht dabei: Nicht nur die DAX-Unternehmen haben die Chance, hervorragende Mitarbeiter zu gewinnen und zu halten. Soziale Netzwerke werden mehr und mehr auch zur Informationsplattform über positiv erlebte Arbeitgeber. Gerade kleine und wenig bekannte Unternehmen profitieren hier von der Mundpropaganda der Generation Y.

4.4 Analyse der eigenen Arbeitgebermarke

Zunächst gilt es, die eigene Arbeitgebermarke zu analysieren. Was macht das aktuelle Image bei bestehenden und potenziellen Mitarbeitern aus? Aber auch: Welche Mitarbeiter benötige ich künftig? Welche Eigenschaften verlangt der Kunde von meinen Mitarbeitern? Welche habe ich davon bereits im Unternehmen und welche muss ich hinzugewinnen? Hier hilft es, klare Anforderungsprofile für die zu besetzenden Stellen zu definieren. Nicht immer erfüllen die austauschbaren Suchprofile, die nach dem Extremum-Prinzip gestaltet sind, ihren Zweck. Wenn ein adäquater Kandidat Englisch nicht verhandlungssicher beherrschen muss, genügt auch die Formulierung „gutes Englisch in Wort und Schrift". Unternehmen, die ihre Ansprüche präzisieren, profitieren vom größeren Bewerberspektrum.

Ziel der Überlegungen ist, zu ermitteln, wie die bestehenden Kompetenzen gehalten und weiterentwickelt werden können und wie die geeignete Verstärkung für das Unternehmen gewonnen werden kann. Steht die Beschreibung der „Zielgruppe", geht es um die Ermittlung der eigenen Stärken, aber auch der Schwächen als Arbeitgeber. Um das Ziel zu erreichen, ein möglichst objektives Bild des Unternehmens als Arbeitgeber zu gewinnen, empfiehlt sich die Erhebung und Analyse durch eine neutrale Instanz. Nur ehrliche Ergebnisse erlauben ein zielgerichtetes Employer Branding.

Liegt die Landkarte der Stärken und Schwächen vor, erfolgt die Bewertung der einzelnen Eigenschaften in ihrer positiven oder negativen Ausprägung. Das Set von Eigenschaften wird mit dem Arbeitgeberimage sowohl intern wie auch extern abgeglichen. Wo decken sich Selbstbild und Fremdbild, wo gibt es Abweichungen und was bedeuten sie? Welche Eigenschaften wiegen schwer, welche leicht? Gerade bei den Hidden Champions des Mittelstands kann es vorkommen, dass es überhaupt kein klares Image des Unternehmens gibt – weder nach außen noch nach innen. Anders als bei den Fällen, wo es zunächst Stärken zu stärken und Schwächen abzubauen gilt, kommt es in diesen Unternehmen darauf an, auf Basis der Analyse das Soll-Image zu entwickeln.

Doch auch in den vermeintlich klaren Situationen lohnt sich ein zweiter Blick auf das Analyseergebnis. Im Vergleich mit den Wettbewerbern kommt es darauf an, das eigene Profil zu schärfen und sich positiv abzusetzen. Oft keine leichte Aufgabe in gesättigten Märkten mit austauschbaren Produkten (Abb. 4.1).

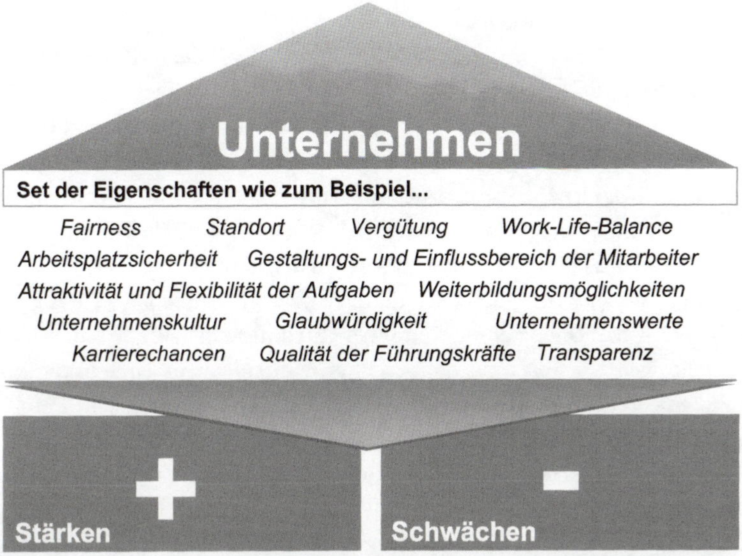

Abb. 4.1 Stärken und Schwächen als Arbeitgeber. (Quelle: eigene Darstellung)

Entsteht die Positionierung zunächst unter Berücksichtigung von Faktoren wie einer realistischen Einschätzung, die attraktiv für Nachwuchskräfte ist, aber andere Mitarbeiter nicht ausschließt, mit dem bestehenden Arbeitgeberimage harmonisiert und zur generellen Unternehmenskultur passt, fehlt ihr oft die Würze, das Quäntchen X, das das eigene Unternehmen unverwechselbar auf dem Arbeitsmarkt macht.

4.5 Employer Value Proposition – die USP der Arbeitgeber

Das was die USP (Unique Selling Proposition) für die Vermarktung von Produkten und Dienstleistungen bedeutet, nämlich das einzigartige Produktversprechen, ist im Employer Branding die Employer Value Proposition (EVP).

Die Wissenschaft definiert sie wie folgt: Die EVP muss einzigartig, relevant und glaubwürdig sein, um als Schlüssel zur Gewinnung neuer Mitarbeiter, zur Förderung des Engagements sowie zur Bindung der Mitarbeiter zu fungieren. Nur wenn die EVP unter Berücksichtigung der eigenen Mitarbeiter sowie der im Recruiting zu gewinnenden externen Zielgruppen entsteht, kann dieses Ziel erreicht werden. Dann sind die auf dieser Basis im Unternehmen arbeitenden Mitarbeiter loyal und motiviert, herausragende Leistung zu erbringen – was sich positiv auf die Zufriedenheit der Kunden auswirkt. Dabei empfinden sie ihre Arbeit bedeutungsvoll und erfüllend. Es handelt sich also kurz gesagt um die Begründung, warum das Arbeitserlebnis im aktuellen Unternehmen dem in anderen überlegen ist (Hill und Tande 2006).

Eine solide Analyse der Stärken und Schwächen sowie eine eingehende Wettbewerbsbeobachtung bilden die Ausgangsbasis zur Definition der EVP, doch sind sie nur der Anfang eines Prozesses, an dessen Ende Einzigartigkeit stehen soll. Schließlich kann der Arbeitgebervorteil nicht einfach top-down verordnet und per Kommunikation über die Kaskade implementiert werden. Vielmehr geht es darum, ein Ergebnis zu erzielen, das Inbegriff des Gefühls ist, für das Unternehmen zu arbeiten. Das bedeutet, in einem Bottom-up-Prozess unter Einbeziehung der verschiedenen Sichtweisen, Bildungsgrade und Joblevel Informationen zusammenzutragen und Einzigartigkeit herauszuarbeiten.

Unabhängig erhobene Interviews auf den verschiedenen Ebenen helfen, einen ausgewogenen Blick auf das Unternehmen aus Arbeitnehmersicht zu gewinnen. Dabei kommen Fragestellungen wie „Was macht Ihr Unternehmen für Sie einzigartig?" oder „Was motiviert Sie, in Ihrem Unternehmen Ihr Bestes zu geben?" zum Einsatz. Parallel werden Bewerber mit ähnlichen Fragen konfrontiert. So entsteht eine Sammlung von möglichen internen wie externen Arbeitgeberwerten zur Bildung der EVP. Mitarbeiter und Führungskräfte aus den Bereichen Personal, Marketing, Kommunikation sowie ausgewählte, aktive Teilnehmer der Interviews clustern und verdichten die Ergebnisse im Rahmen von Workshops weiter, um die drei bis vier wesentlichen Werte zu ermitteln. Haben die Beteiligten gemeinsam ihre Auswahl getroffen, werden sie im nächsten Schritt mit den Unternehmenswerten sowie mit dem Markenkern synchronisiert. Ohne diesen Abgleich sind eindeutige Botschaften weder nach innen noch nach außen kommunizierbar. Wenn Arbeitgeberwerte nicht mit den Unternehmenswerten sowie dem Kern der Marke korrelieren, werden das Unternehmen und dessen Botschaften unglaubwürdig wahrgenommen. Kommuniziert ein Unternehmen beispielsweise im Recruiting-Prozess Offenheit, Internationalität und die Erschließung globaler Märkte, sollten die Unternehmenswerte nicht die regionale Tradition und die zentralistische Steuerung aus dem deutschen Stammsitz zum Ausdruck bringen.

Um diese Situation zu verhindern, sollten die ermittelten Arbeitgeberwerte die Unternehmenswerte und den Markenkern im Idealfall noch bestärken. Sie bilden den ersten Eindruck des Unternehmens zum Arbeitsmarkt hin und bilden damit das Pendant zu den Markenwerten, die in Richtung Absatzmarkt wirken. Nur die einheitliche Wertekommunikation nach außen wie nach innen sichert das kongruente Markenerlebnis (Abb. 4.2).

Insbesondere für weltweit agierende Unternehmen müssen Arbeitgeberwerte und die daraus abgeleitete EVP dabei auch international gültig sein, ohne an ihre Grenzen zu stoßen oder Widersprüche zu erzeugen. Bei aller gebotenen Standardisierung ist hier die Flexibilität notwendig, regionale Gepflogenheiten individuell zu berücksichtigen und gewinnbringend zu nutzen. Gerade für dynamisch wachsende Unternehmen ist der Blick nach vorn wichtig: Gilt das, was heute definiert wird, auch noch morgen? Wachsen EVP und Werte im Rahmen einer möglichen Expansionsstrategie mit?

Aus den Arbeitgeberwerten leiten die Workshopgruppen die eindeutige, unverwechselbare EVP des Unternehmens ab, die in den meisten Fällen zu diesem Zeitpunkt jedoch eher eine Zielvorstellung darstellt. Was fehlt, sind konkrete, kommunizierbare Mehrwerte, um die EVP greifbar zu machen. Hier sollte der Schwerpunkt nicht auf der Vergütung

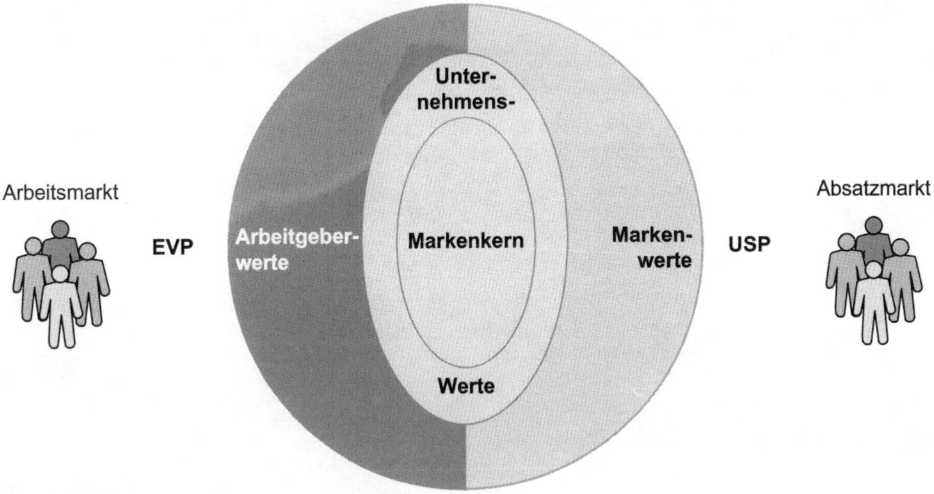

Abb. 4.2 EVP und USP transportieren Unternehmenswerte und Markenkern mit. (Quelle: eigene Darstellung)

liegen. Vielmehr geht es darum, Mehrwerte zu identifizieren, die nicht in einen Preiskampf mit dem Wettbewerb münden.

In der Regel bestehen die Mehrwerte aus einem Mix bereits vorhandener Maßnahmen sowie Ergänzungsmaßnahmen. Diese sind einerseits das Ergebnis der Stärken-Schwächen-Betrachtung und leiten sich andererseits aus den Arbeitgeberwerten ab. Dabei transportieren sie immer auch Unternehmenswerte sowie den Markenkern. Positioniert sich ein Unternehmen beispielsweise bisher sehr umweltorientiert und bietet Mitarbeitern bereits Fahrkarten für den ÖPNV an, kann eine Ergänzungsmaßnahme darin bestehen, private Umweltprojekte der Mitarbeiter finanziell zu fördern, also Sponsoring bzw. CSR zu betreiben. Eine andere Idee kann hier die Auslobung eines unternehmensinternen Umweltpreises für entsprechende KVP-Maßnahmen sein. Weitere Faktoren können ohne Wertung oder Anspruch auf Vollständigkeit folgende sein:

Unternehmensbezogene Mehrwerte

- Markterfolg des Unternehmens
- wirtschaftliche Solidität/Arbeitsplatzsicherheit
- Image des Unternehmens
- Managementqualitäten
- Wertschätzung der Arbeitnehmer
- Unternehmenskultur
- Sponsoring und Corporate Social Responsibility (CSR)-Maßnahmen
- interessante Kunden und/oder Produkte
- Standortvorteile (Urlaubsregion auf dem Land vs. Kultur- und Freizeitangebote in Ballungsgebieten)

Compensation außerhalb der Vergütung

- Belohnungs- und Bonussysteme/Gratifikationen
- Aktienoptionen bzw. Mitarbeiteraktienprogramme
- incentivierter kontinuierlicher Verbesserungsprozess (KVP)

Benefits

- flexible Arbeitszeitmodelle/Teilzeit
- Telearbeit
- Arbeitszeitkontingentierung
- Work-Life-Balance
- Elternzeit/Pflegemonate
- Betriebssportgruppen
- vergünstigte Kantine
- Rabatte für den Öffentlichen Personen-Nahverkehr (ÖPNV)
- betriebliche Kinderbetreuung
- betriebliches Gesundheitsmanagement
- Vergünstigungen bei Partnerunternehmen oder beim Kauf eigener Produkte
- Unterstützungsangebote für Mitarbeiter in Notsituationen
- Angebote an haushaltsnahen Dienstleistungen

Gestaltungsmöglichkeiten und Perspektiven

- Weiterbildungsangebote
- (internationale) Projektarbeit
- Entwicklungsprogramme
- Job Rotation
- Job Enrichment
- Mentoring
- Coaching
- altersgemischte Teams
- eigene Gestaltungs- und Einflussbereiche

Auch die Erarbeitung des Sets von Mehrwerten geschieht in interdisziplinären Workshops mit Mitarbeitern und Führungskräften unterschiedlicher Unternehmensbereiche und Abteilungen. Je besser das Team den Schnitt des Unternehmens abbildet, desto treffender fällt das Ergebnis, die EVP, aus.

Ist die EVP definiert und mit Mehrwerten zum Leben erweckt, sollte sie im ersten Schritt an die Mitarbeiter kommuniziert werden. Das interne Feedback ist ein wichtiger Anhaltspunkt, wie treffend das Ergebnis ausfällt. Auch die Mehrwerte des Unternehmens

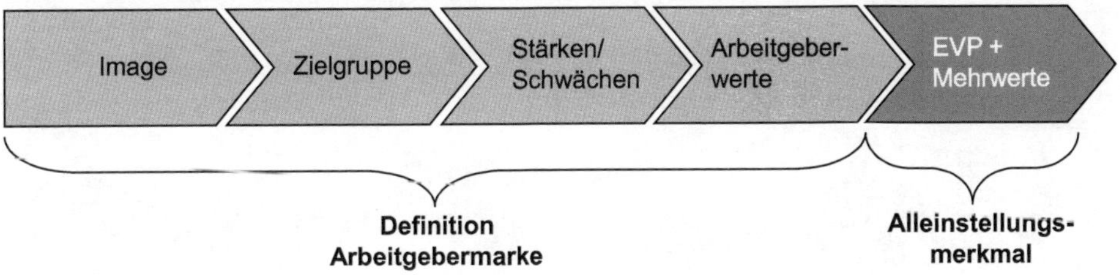

Abb. 4.3 Erfolgsfaktor EVP im Employer Branding. (Quelle: eigene Darstellung)

und die für die Mitarbeiter neuen Ergänzungsmaßnahmen sind Bestandteil dieser Kommunikation (Abb. 4.3).

Anschließend beginnt das echte Leben und die EVP muss sich intern wie extern dauerhaft an den formulierten Zielvorstellungen messen lassen. Sie wird zum Regelprozess, der in Fleisch und Blut des unternehmerischen Handelns übergehen muss und von kontinuierlicher Kommunikation zu begleiten ist.

Klar ist, zum Nulltarif lässt sich ein wirksames Employer Branding mit eindeutiger EVP nicht etablieren. Sowohl ein Start- wie auch ein kontinuierliches Budget für die Maßnahmen sowie für Vermarktung und Kommunikation sind nötig, um nachhaltig und glaubwürdig wahrgenommen zu werden.

Qualitätsschleifen im Prozess messen zu festgelegten Zeitpunkten die Nachhaltigkeit der Umsetzung und erlauben die Weiterentwicklung der EVP. Das kann beispielsweise innerhalb eines Teams aus freiwilligen Teilnehmern der Workshopgruppen geschehen. Sukzessive wird die EVP so zu einem selbstverständlichen Teil der Unternehmenskultur und zum überzeugenden Argument im Employer Branding.

4.6 Employer Branding – Personalarbeit oder Marketing?

Der Begriff EMPLOYER Branding deutet auf eine klare Verortung der Aktivitäten im Personalbereich hin. Und tatsächlich spielen Personalmanager und Personalentwickler auch eine wichtige Rolle im Prozess – zum Beispiel wenn es um die Entwicklung der EVP geht. Sie helfen, mögliche Teilnehmer für die Workshops zu identifizieren und diese umzusetzen. Innerhalb der Workshops steuern sie Stärken aus HR-Sicht bei und ordnen sie im Vergleich zum Wettbewerb ein. Nicht zuletzt sind sie auch ein Hauptansprechpartner, wenn es um die Definition von passenden Benefits geht.

Die Führung in diesem Thema gehört jedoch ins Marketing. Der gesamte Entwicklungsprozess der EVP gleicht weitestgehend der Identifikation einer USP. Sogar die Zielgruppen sind dieselben, wenn auch in unterschiedlicher Priorität. Während die USP in erster Linie als Verkaufsargument für Kunden gedacht ist und erst mittelbar auch auf Bewerber und Mitarbeiter wirkt, ist es bei den Arbeitgebervorteilen genau anders herum. Die EVP spricht zunächst Bewerber und Mitarbeiter an. Sie wirkt aber ebenso auf Kunden, indem das Unternehmen Mitarbeiter anzieht und bindet, die motiviert und engagiert

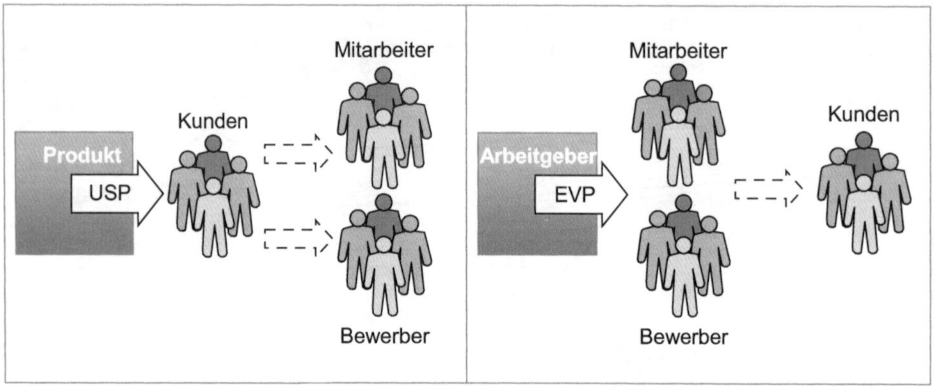

Abb. 4.4 Unmittelbare und mittelbare Einflüsse von USP und EVP. (Quelle: eigene Darstellung)

arbeiten und ihre Identifikation mit dem Unternehmen und dessen Inhalten gegenüber den Kunden ausstrahlen (Abb. 4.4).

Im Zusammenspiel mit dem Personalbereich und der Unternehmenskommunikation, steuert das Marketing ggf. unter Einbeziehung externer Experten den Prozess vom Grundkonzept bis zur Definition der EVP.

Auch der Einsatz der gewonnen EVP ist Aufgabe der Spezialisten für Marken und Märkte, denn ihnen stehen für diese Aufgabe die richtigen Instrumente zur Verfügung: Die vier „P" aus der Produktvermarktung sind das ideale Rüstzeug für das Employer Branding.

4.7 4P – die Formel für den Erfolg im Employer Branding

Die vier „P" sind die klassischen Instrumente des Marketing-Mix: Product, Price, Place und Promotion. Inzwischen sind noch weitere „P" identifiziert, wie zum Beispiel Processes, Personal Politics, Physical Facilities, Public Voice oder auch Pamper. Die nachfolgende Betrachtung ist auf die vier Standardsäulen beschränkt, da diese das allgemein anwendbare Grundgerüst der EVP-Vermarktung bilden. Bei der Konzeption des individuellen Maßnahmen-Mixes gilt es, die Gegebenheiten und Möglichkeiten des jeweiligen Unternehmens genau zu beleuchten. Je nach Ergebnis der Betrachtung kann es sinnvoll sein, weitere Vermarktungsinstrumente einzubeziehen.

Product Die *Produktpolitik (Product)* richtet den Fokus auf alle physischen Aspekte des zu vermarktenden Produkts bzw. der Dienstleistung. Angefangen mit der Produktentwicklung wird jeder Schritt im Produktentstehungsprozess auf dessen Optimierung in Richtung Markt untersucht und entsprechende Maßnahmen werden definiert. Die Produktbetrachtung umfasst zum Beispiel Farbe, Form, Qualität und Verpackungseinheiten des Produkts.

Was bedeutet aber Produktpolitik im Employer Branding? Hier geht es um die gezielte Bearbeitung der Stärken bzw. der Mehrwerte eines Unternehmens und um die Frage, wie diese noch optimaler, noch marktgerechter gestaltet werden können. Absolventen- und Mitarbeiterbefragungen liefern dafür wichtige Marktinformationen. So können zum Beispiel schon vor dem Bau eines neuen Bürogebäudes Ideen und Anregungen für die Gestaltung der Arbeitsplätze, die Auslegung der Kantine oder den Bedarf eines Betriebskindergartens eingeholt werden – Beispiele dafür, wie das „Produkt Arbeitgeber" optimiert und die Arbeitgebermarke gestärkt werden kann.

Wie bei handelbaren Produkten ist es wichtig, das Sortiment immer wieder zu überprüfen. Stimmen Angebotsbreite und -tiefe noch? Gemeint sind damit die Vielfalt der einzelnen Mehrwerte (Breite) sowie deren Individualisierungsgrad (Tiefe). Gibt es zum Beispiel eine Sportgruppe, eine Kantine mit Tagesessen, einen Betriebsarzt und noch zehn weitere Mehrwerte oder gibt es eine Kantine mit einem vegetarischem, einem fettarmem, einem asiatischen und einem Vollkostgericht, mit Salat- und Dessert-Bar?

Wie bei allen Aspekten des Employer Brandings kommt es hier nicht darauf an, das Maximalpaket anzubieten. Vielmehr müssen es die richtigen Mehrwerte für die eigene Zielgruppe sein. So kann in einem IT-Startup-Unternehmen – um beim Beispiel zu bleiben – möglicherweise eine Burger-Bar den Bedarf am besten decken.

Price Die *Preispolitik (Price)* betrachtet alle Aspekte der Preisbildung eines Produkts oder einer Dienstleistung. Dazu gehören neben den internen Kosten auch der Vergleich mit dem Wettbewerb sowie strategische Überlegungen im Hinblick auf die preisliche Positionierung der Leistungen und Produkte. Zum Maßnahmenportfolio gehören zum Beispiel:

- Preise
- Rabatte
- Zugaben
- Lieferungs- und Zahlungsbedingungen
- Garantiebedingungen
- Kredite und Leasing

Das Pendant bei der Arbeitgeberbetrachtung sind Löhne und Gehälter sowie entsprechend inhaltlich nahe weitere Bestandteile. Der Preis entspricht dabei dem Grundgehalt inklusive der erfolgsabhängigen variablen Anteile. Rabatte können zum Beispiel Vergünstigungen auf eigene Waren, in der Kantine, in Museen oder auf Produkte eines Sets von Kooperationspartnern sein. Zugaben sind unter anderem Dienstwagen, die private Nutzungsmöglichkeit des Diensthandys, aber auch leistungsunabhängige Boni. Die Lieferungs- und Zahlungsbedingungen lassen sich mit einer pünktlichen Zahlungsweise übersetzen, die z. B. auch bereits zum 15. eines Monats erfolgen kann. Garantiebedingungen können in diesem Zusammenhang beispielsweise eine Verkürzung der Probezeit oder Beschäftigungsgarantien sein. Kredite und Leasing schließlich sind Leistungen, die privat, in Form eines vergünstigten Fahrzeugleasings für Angehörige oder von Niedrigzins bzw. zinslosen Krediten in Notfällen, genutzt werden können.

Damit steht eine eindrucksvolle Klaviatur zur Verfügung, mit der – zum Teil sogar steuervergünstigt – attraktive Pakete für Mitarbeiter und Bewerber geschnürt werden können. Nicht immer entscheidet ein hohes, komplett zu versteuerndes Grundgehalt, über den Erfolg am Arbeitsmarkt. Wer hier kreative, zur jeweiligen Zielgruppe passende Modelle entwickelt, erreicht mitunter günstiger oder mit höherer Motivationswirkung das gleiche Ziel.

Dabei gilt es – wie bei allen Maßnahmen – die grundsätzliche Ausrichtung des Unternehmens am Markt im Blick zu behalten. Wer eine Hochpreisstrategie bei seinen Produkten verfolgt, Marktführer ist und entsprechend dominant auftritt, kann sich kein Gehaltssparmodell leisten, ohne auf Dauer unglaubwürdig zu werden.

Place Bei der *Distributionspolitik (Place)* geht es darum, aus der Auswahl mögliche Vertriebskanäle eines Produkts oder einer Dienstleistung, einerseits die passenden, andererseits die erfolgversprechendsten und im Idealfall auch ganz neue, die noch nicht von Wettbewerbern genutzt werden, zu identifizieren. Bei bestehenden Kanälen lautet die Aufgabe, den Erfolg zu kontrollieren und durch Optimierungen sowie die Entwicklung neuer Vertriebswege dauerhaft sicherzustellen.

Auch für das Employer Branding ist die Frage der Distribution eine wichtige, die dabei stark von der Zielgruppe abhängt. Der Einsatz von Headhuntern zur breiten Gewinnung von Absolventen ist ebenso wenig zielführend wie eine Aktion in Diskotheken zur Ansprache von Professionals. So kommt es darauf an, je nach gewünschtem Ergebnis auf einen Mix aus beispielsweise Job-Portalen, Headhuntern, klassischen Medien, Verbandsmedien und -veranstaltungen, Hochschulkooperationen oder auch Werbemaßnahmen in Bussen und Bahnen zu setzen, um die richtigen Bewerber anzusprechen.

Auch intern ist der Ort für die Distribution des Employer Brandings wichtig. Ist das Unternehmen dezentral aufgestellt, sollten Kommunikationsmaßnahmen stets alle Standorte gleichermaßen einbeziehen.

Promotion Unter *Kommunikationspolitik (Promotion)* ist die gesamte Kommunikation des Unternehmens nach innen und außen zu verstehen. Sie unterteilt sich in „above-the-line"-Maßnahmen, womit die klassische Werbung gemeint ist, und „below-the-line"-Maßnahmen, die zum Beispiel Verkaufsförderung, Messen, Sponsoring, Öffentlichkeitsarbeit, aber auch Guerilla-Marketing und viele weitere umfassen. Während die Distributionspolitik also das „Wo" beschreibt, bestimmt die Kommunikationspolitik das „Wie".

Während im Produkt- bzw. Dienstleistungsmarketing die USP als Kernbotschaft über die verschiedenen Kanäle kommuniziert wird, ist es im Employer Branding die EVP. Sie ist das zentrale Verkaufsargument für das Unternehmen als Arbeitgeber. Dieses Differenzierungsmerkmal gilt es zu nutzen, bedeutet es doch einen echten Marktvorteil. Auf Basis der Zielgruppen, der ermittelten EVP sowie der Mehrwerte des Unternehmens und nicht zuletzt auch unter ökonomischen Gesichtspunkten erfolgt die Auswahl der Kanäle.

Wichtig ist, nicht nur extern zu kommunizieren, um neue Mitarbeiter zu gewinnen und das Unternehmen im Markt zu profilieren, sondern – in der zeitlichen Reihenfolge unbedingt vorher – auch intern. Dadurch ist gewährleistet, dass die Mitarbeiter als Asset des Unternehmens wertgeschätzt werden, was zu höherer Motivation und Identifikation mit dem Unternehmen führt. Das wirkt sich positiv unter anderem auf das Arbeitsklima, den Krankenstand und die Fluktuationsrate aus. Sprechen rechtliche Gründe, zum Beispiel bei Aktiengesellschaften, gegen eine Vorabinformation der Mitarbeiter, so ist zumindest zeitgleich mit der externen Veröffentlichung auch intern zu kommunizieren.

Sowohl intern wie extern ist zu beachten, dass die Informationen in der vernetzten Welt keine Grenze kennen. Selbst unter Androhung von Sanktionen gelangen in den meisten Fällen interne Informationen auch nach außen. Gesteuert kann dieser Effekt genutzt werden, um die Mitarbeiter bewusst als Multiplikatoren in Richtung Bewerber oder Kunden einzusetzen. Im umgekehrten Fall kann es zum Beispiel passieren, dass eine aufwendige Kampagne zur Gewinnung von Nachwuchskräften, bei zeitgleichem internen Sparprogramm, zumindest einmal Unverständnis bei den Mitarbeitern hervorruft.

In vielen mittelständischen Unternehmen, insbesondere, wenn sie technisch bzw. technologisch geprägt sind, wird der Wert der Kommunikation heute noch immer unterschätzt. Schnell entscheiden Kostenargumente darüber, ob überhaupt und wie Informationen transportiert werden. Hier liegt eine gewaltige Chance für Unternehmen, die in diesem Umfeld tätig sind. Selbst mit überschaubarem Mitteleinsatz lassen sich Erfolge erzielen. Maßnahmen wie Presseartikel zu lancieren, die sozialen Medien zu bespielen, die eigene Homepage gezielt auch für das Employer Branding zu nutzen, eine Mitarbeiterzeitung einzuführen und quartalsweise Gesprächsrunden mit der Geschäftsführung benötigen keine großen Budgets. Sie zeigen aber gerade in einem kommunikationsarmen Umfeld große Wirkung.

Wie auch im Produkt- und Dienstleistungsmarketing besteht das Geheimnis des Erfolgs in der sinnvollen Kombination der einzelnen Maßnahmenarten, dem *Marketing-Mix*. Wahrgenommen werden die einzelnen Aspekte der vier „P" sowieso. Der Unterschied liegt darin, ob diese Wahrnehmung gesteuert wird oder eben nicht. Daher ist es so wichtig, auch die Arbeitgebermarke aktiv zu führen und mit gezielten Maßnahmen das Employer Branding zu beeinflussen (Abb. 4.5).

Ein Beispiel: Ein traditionsreiches deutsches Produktionsunternehmen wird innerhalb von zehn Jahren drei Mal verkauft, zuletzt an ein ausländisches Unternehmen. Die Stimmung in der Mitarbeiterschaft ist schlecht, da ein hartes Effizienzprogramm zu mehr Rendite führen soll. Der hohe Organisationsgrad der Mitarbeiter drückt sich in Streiks und Widerstand gegen die Maßnahmen aus. Das zeigt auch negative Wirkung nach außen in Richtung Nachwuchskräfte und Kunden. Gleichzeitig handelt es sich aber um eine echte Technologieperle mit loyalen, hoch qualifizierten Mitarbeitern und einem bislang guten Ruf in der Region. Auch bietet das Unternehmen eine Vielzahl von Benefits wie Urlaubs- und Weihnachtsgeld, einen Jahresbonus, flexible Arbeitszeiten, eine Kantine, ein subventioniertes Fitness-Studio und vieles mehr.

In diesem Fall kommt der internen *Kommunikation* ein hoher Stellenwert zu, denn es gilt, verlorenes Vertrauen wieder aufzubauen. Auch eine Beschäftigungsgarantie als Maßnahme der *Preispolitik* kann dazu dienen, die Wogen zu glätten und die Mitarbeiter dazu zu

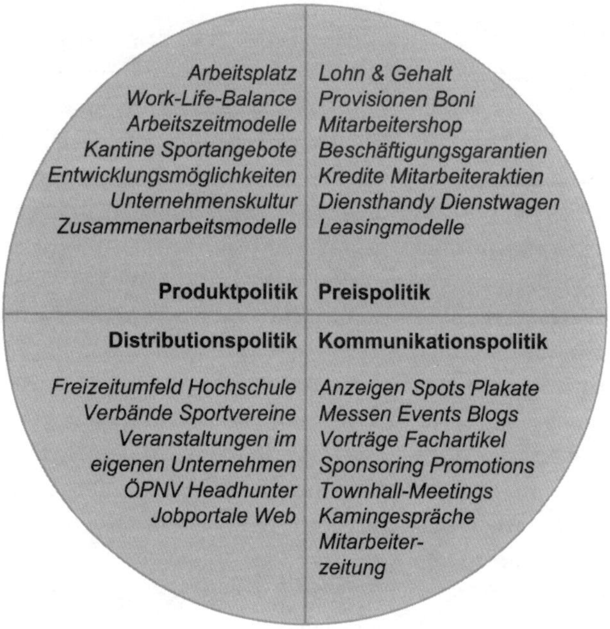

Abb. 4.5 Unmittelbare und mittelbare Einflüsse von USP und EVP. (Quelle: eigene Darstellung)

motivieren, die nötigen Veränderungen motiviert mitzutragen. Die *Distribution* erfolgt am glaubwürdigsten im direkten Dialog mit der Geschäftsführung an den einzelnen Standorten, zum Beispiel in Form von Townhall-Meetings. Beim *Produkt* ist dringend Arbeit an der Unternehmenskultur geboten. Hier gilt es, die Angst vor dem neuen Eigentümer zu nehmen. Das kann zum Beispiel im Rahmen eines gemeinsamen, interkulturellen Festes geschehen oder in kleinerem Rahmen durch einen freiwilligen, einwöchigen Mitarbeiteraustausch. Diese fungieren anschließend als Multiplikatoren in die eigene Mannschaft. Gleichzeitig ist intensive externe Kommunikation nötig, um die Kunden zu beruhigen, negative Berichterstattung auszugleichen und die Chancen der Veränderung zu veröffentlichen.

4.8 Kritische Erfolgsfaktoren

Bei aller Methodik entscheiden mitunter vergleichsweise kleine Faktoren über Erfolg oder Misserfolg. Dazu abschließend eine kleine Übersicht als Checkliste:

Alter Wein in neuen Schläuchen? Nicht nur den Leserinnen und Lesern dieses Artikels kommen viele der genannten Anregungen bekannt vor. Auch bei der Umsetzung in den Unternehmen tauchen viele bekannte Stärken, Mehrwerte und Maßnahmen wieder auf. Der Unterschied ist heute aber mehr denn je, dass das Employer Branding zunehmend zum Erfolgsfaktor wird, um die richtigen Mitarbeiter zu gewinnen und zu halten. Sie sind entscheidend, denn in immer transparenteren Märkten mit austauschbaren Produkten entscheidet die Qualität der Kundenbeziehungen über den wirtschaftlichen Erfolg.

Management als Vorbild Führung ist heute mehr als das Delegieren von Aufgaben. Auch Employer Branding funktioniert nicht als Anweisung von oben. Nur dort, wo das Management hinter der EVP steht und die Arbeitgeberwerte als Vorbild verkörpert, kann es Erfolg haben und die beschriebenen positiven Effekte erzielen.

Konsequente und kontinuierliche Umsetzung Alles schon gehabt? Das geht auch wieder vorbei? Bigbang am Anfang und dann ein laues Lüftchen? Wer Employer Branding nicht nachhaltig betreibt, schafft Veränderungsmüdigkeit in der Mannschaft und verdirbt es sich mit dem Bewerbermarkt. In Zeiten von Arbeitgeberbewertungsportalen und Blogs bleibt Inkonsequenz nicht lange unbemerkt.

Keine Inseln Je weiter weg von der Zentrale, desto weniger kommt an? Dezentrale Strukturen sind in jeder Hinsicht eine Herausforderung. Umso wichtiger ist es, Botschaften einheitlich zu transportieren. Besser weniger ausgefeilte Mehrwerte etablieren, diese dann aber unternehmensweit. Im internationalen Kontext bedeutet dies jedoch nicht, regionale Gepflogenheiten zu missachten. Mehrwerte funktionieren nur, wenn sie auch als solche wahrgenommen werden.

Cash Cows nicht vergessen Haben Sie sich nicht auch schon gefragt, warum Mobilfunkkunden während der Vertragslaufzeit nie die gleichen attraktiven Konditionen angeboten bekommen wie Neukunden? Eine ähnliche Situation herrscht in vielen Unternehmen. Während Investitionen – und seien es nur kommunikative – vor allem in neue Mitarbeiter getätigt werden, bleiben die bestehenden außen vor. Dabei haben sie zum Teil schon über viele Jahre hinweg den Erfolg des Unternehmens erarbeitet. Gerade ältere Arbeitnehmer bergen unglaubliche Erfahrungsschätze. Diese bleiben für immer verschlossen, wenn das Know-how nicht zum Beispiel durch den Einsatz gemischter Teams auf die nächste Generation übertragen wird.

Kunden im Fokus Employer Branding ist kein Selbstzweck! Die Kunden zahlen mit ihrer Nachfrage auch für die passenden Mitarbeiter in Ihrem Unternehmen – und das gilt nicht nur für die sichtbaren Schnittstellen. Nehmen Sie diese Verantwortung ernst – der Markt wird es Ihnen mit Erfolg danken.

Literatur

Künzel, H. (2012). *Erfolgsfaktor Kundenzufriedenheit. Handbuch für Strategie und Umsetzung.* 2. Aufl. Heidelberg/Dordrecht/London/New York: Springer.

Nagel, K. (2011). *Employer Branding.* Wien: Linde.

Hill, B., & Tande, C. (2006). workspan 10/06, Tandehill Human Capital Consulting sowie http://www.brettminchington.com. Zugegriffen: 7. November 2013. Chairman/CEO Employer Brand International: Brett Minchington.

Internationales Bewerbermanagement

5

Chancen und Herausforderungen für deutsche Unternehmen

Claudia Drews und Stephan Höfer

Von der Stellenanforderung bis zur erfolgreichen Rekrutierung eines internationalen Mitarbeiters: Dieser Artikel zeigt auf, mit welchen Chancen und Herausforderungen deutsche Unternehmen konfrontiert sind und durch welche Methoden der Erfolg einer Rekrutierung maximiert werden kann. Der Fokus liegt speziell auf Hochschulabsolventen internationaler Herkunft und spiegelt die langjährige Erfahrung der Autoren mit ihnen wider. Erkenntnisse aus dem Praxisalltag in Unternehmen aus der Industrie und Wirtschaft vermitteln die Perspektive der Arbeitgeber.

Ergänzt wird dieses Wissen durch Interviews mit einer Auswahl von Studenten aus verschiedenen Ländern, wobei zu berücksichtigen ist, dass die meisten der Studenten über bislang keine oder wenig Berufserfahrung verfügen. Ihre Eindrücke und Vorstellungen über deutsche Unternehmen beruhen daher unter anderem auf kulturellen Hintergründen, ihrer Vorstellung bzw. ihrem Wunschbild des idealen Arbeitgebers sowie auf persönlichen Erfahrungen, die sie in Praktika erworben haben. Unabhängig davon, ob ihre Erfahrungen der Realität entsprechen: Dieses diversifizierte Meinungsbild verdeutlicht die unterschiedliche Wahrnehmung von internationalen Bewerbern des Arbeitsmarktes. Diese Kombination unterschiedlicher Perspektiven liefert wichtige Impulse für den erfolgreichen Aufbau eines internationalen Bewerbermanagements.

C. Drews (✉) · S. Höfer
Reutlingen, Deutschland
E-Mail: claudia.drews@gmx.net

S. Höfer
E-Mail: stephan.hoefer@reutlingen-university.de

H. Künzel (Hrsg.), *Erfolgsfaktor Employer Branding*, Erfolgsfaktor Serie,
DOI 10.1007/978-3-642-40535-8_5, © Springer-Verlag Berlin Heidelberg 2013

5.1 Internationale Fachkräfte studieren an deutschen Hochschulen

Der Mangel an qualifizierten Bewerbern ist gerade im Technologiebereich in Deutschland nicht neu, jedoch heute so drastisch wie nie zuvor. Junge Talente sind schwer zu finden und noch schwerer zu gewinnen. In der Folge stehen Unternehmen untereinander im engen Wettbewerb um die „besten Köpfe" (engl.: „war for talents"). Aus diesem Grund gehen viele Human-Resources-Abteilungen in die Offensive: Sie ermöglichen vermehrt die häufig auch duale Ausbildung im Unternehmen. Gleichzeitig forcieren sie über Hochschulkooperationen die frühzeitige Ansprache geeigneter Absolventen. Wer bei der Personal-Rekrutierung innovative Wege geht, hebt sich von den Wettbewerbern auf dem Arbeitsmarkt ab, macht sich gleichzeitig attraktiv und erhöht so die Erfolgsquote. Denn Standard war gestern – heute stellen die Studenten hohe Ansprüche an potenzielle Arbeitgeber.

Was genau ist zu tun? In der politischen Diskussion gilt längst die Erkenntnis, dass ausländische Fachkräfte für die Zukunftssicherung der deutschen Wirtschaft unabdingbar sind. Mit der Einführung der Blue Card Germany hat die EU seit dem 1. August 2012 auch die rechtliche Voraussetzung für die Anstellung internationaler Fachkräfte geschaffen – bis hin zu einem Daueraufenthaltsrecht in Deutschland. Dadurch wird die Globalisierung auch auf dem deutschen Arbeitsmarkt mehr und mehr zur Realität. Räumlich flexiblen Spezialisten aus dem Ausland eröffnen sich neue Chancen in deutschen Unternehmen. Diesen wiederum eröffnet sich ein gewaltiges Potenzial zur Deckung ihres Personalbedarfes, das es zu heben gilt. Hochschulen sind dabei ideale Multiplikatoren zur Ansprache internationaler Talente noch vor ihrem Eintritt ins Berufsleben.

Im internationalen Vergleich sind deutsche Universitäten und Hochschulen aufgrund ihres hohen Bildungsniveaus sowie der hervorragenden Verbindungen zur deutschen Wirtschaft besonders beliebt bei Studenten aus dem Ausland. Ihr seit 1999 um mehr als ein Fünftel auf heute über elf Prozent gestiegener Anteil belegt das deutlich. Unter den deutschen Instituten fundiert beispielsweise die Hochschule Reutlingen ihren Ruf als international agierende Hochschule durch jahrzehntelange Erfahrung in der Vorbereitung und Integration von ausländischen Studenten in den deutschen Arbeitsmarkt. Professoren, Alumni-Organisationen, Hochschulmitarbeiter und Kommilitonen begleiten ausländische Studenten intensiv von der Stellensuche bis zur Vermittlung. Denn genau während ihrer Studienzeit haben junge internationale Fachkräfte erste Berührungspunkte mit dem Arbeitsmarkt und viele Absolventen stellen sich die Frage: Möchte ich in Deutschland bleiben und mir eine Karriere bzw. ein neues Leben aufbauen? Oder sammle ich wertvolle Erfahrungen und gehe später wieder in meine Heimat zurück? Für diese und viele weitere Fragen sind die Hochschulen eine wichtige Anlaufstelle und können im Bedarfsfall passende Kontakte zu Unternehmen herstellen. Ein Einsatz, der sich lohnt: Die Mehrzahl der jungen Studenten aus dem Ausland ist offen für Impulse ihre weitere Zukunft betreffend. Sie möchten von der Globalisierung profitieren. Dazu prüfen sie auch die Möglichkeit des Berufseinstiegs in dem Land, in dem sie gerade studieren, Kultur und Leute kennenlernen. In diesem Findungsprozess entstehen viele Fragezeichen bei den Absolventen. Gibt es innerhalb der kurzen Aufenthaltszeit generell die Einsatzmöglichkeit in einem Unternehmen? Besteht bei der Bewerbung eine Chance im Wettbewerb mit deutschen Studenten?

Hochschule

- Einsatz von praktischen Pflichtsemestern
- Vorlesung vor Ort bei und mit Unternehmen
- Aktive Projektgestaltung
- Alumni-Organisationen

Unternehmen

- Einsatz von Lehrbeauftragten
- Errichtung von Ausbildungszentren
- Werbung auf Messen
- Einstellung von Praktikanten und Werkstudenten
- Anbieten von Abschlussarbeiten
- Aktive Projektgestaltung
- Halten von Vorträgen

Abb. 5.1 Beispielinitiativen zu Verbindung von Student und Unternehmen. (Quelle: eigene Darstellung)

Wie sieht ein Unternehmen in der Internationalität des Bewerbers überhaupt einen Mehrwert? Und nicht zuletzt die Frage der Integration sind nur einige davon.

Die Firmen bieten in dieser Situation immer wieder neue praxisnahe Projekte an und liefern den Studenten damit die Möglichkeit, erste Erfahrungen zu sammeln. Dadurch ergibt sich für die Unternehmen eine attraktive Möglichkeit, neue qualifizierte Talente zu entdecken, ihre Ambitionen und Perspektiven zu ergründen und Absolventen für sich zu gewinnen.

In der Zusammenarbeit zwischen Universitäten, Hochschulen und Unternehmen kommt es zum Einsatz einer Vielfalt von Instrumenten zur Kontaktaufnahme, Selbstdarstellung, Vermittlung gegenseitiger Kompetenzerwartung und -überprüfung. Abbildung 5.1 stellt einen Überblick des Engagements dar, Studenten und Unternehmen schnellstmöglich und effektiv zusammenzubringen:

Eine Symbiose ergibt sich, denn die Hochschule hat die einmalige Chance, zwischen internationalen Fachkräften und deutschen Unternehmen als verbindendes Element tätig zu sein. Gleichzeitig ist es die Aufgabe der Unternehmen, diese wertvolle Chance effektiv zu nutzen.

Dies beginnt bereits bei der Akquise. Aufbauend auf einer Darstellung der unterschiedlichen Motivationen und Erwartungen internationaler Bewerber wird dargestellt, wie bereits im Akquiseprozess (Kap. 5.2) Türen geöffnet und Wege geebnet werden können. Die geringe Sichtbarkeit der Unternehmen, die – abseits der Konsumgüterindustrie – insbesondere im Mittelstand zu beobachten ist, wird als Herausforderung thematisiert. Im Weiteren wird der adaptierte Auswahlprozess (Kap. 5.3) vorgestellt. Darin geht es um die optimale Gestaltung einer Stellenbeschreibung sowie um die idealen Kriterien zur Erstauswahl der Kandidaten und die Gestaltung eines Vorstellungsgespräches. Der adaptierte Integrationsprozess (Kap. 5.4) beschäftigt sich abschließend mit den Fragen rund um die Vorbereitung der Unternehmensbereiche auf den Einsatz internationaler Fachkräfte. Das erfordert eine intensive Auseinandersetzung mit den Gegebenheiten sowie die Kenntnis möglicher Anforderungen. Dazu gehören beispielsweise wichtige organisatorische Aktivitäten für einen neuen Mitarbeiter.

Als Autoren aus Wissenschaft und Industrie vertreten wir die Meinung, dass kulturelle Unterschiede und deren Potenzial zu häufig unterschätzt werden. Diffuse Ängste vor dem Fremden, religiöse Unterschiede spielen dabei eine große Rolle. Ein weiterer wesentlicher

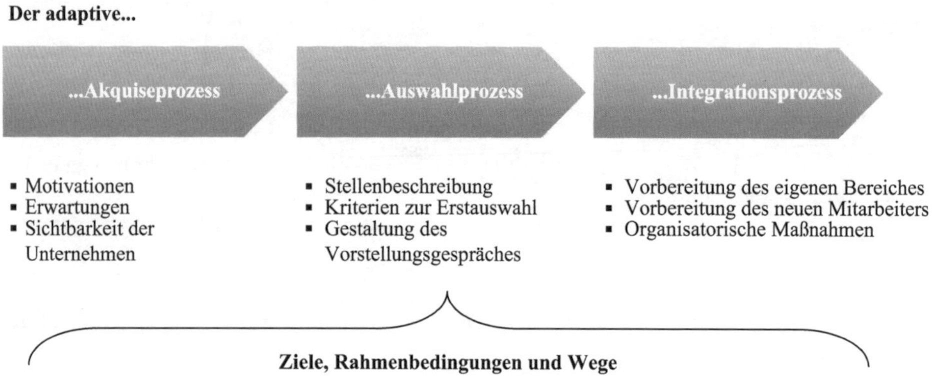

Abb. 5.2 Die Besonderheiten des internationalen Bewerbermanagements. (Quelle: eigene Darstellung)

Aspekt ist für viele die Angst vor zusätzlicher Konkurrenz auf dem Arbeitsmarkt. Hier gilt es, Wege zu finden, die Ängste erfolgreich zu überwinden. Auch dieser Bereich findet in diesem Artikel deutliche Beachtung. Die folgende Abbildung zeigt, welche Besonderheiten im Fokus stehen sollten (Abb. 5.2).

Der folgende Text verdeutlicht die Aussagen junger internationaler Studenten aus der Hochschulpraxis und von Managern aus bekannten Unternehmen. Entsprechende Zitate dienen als „eye opener" für die jeweils diskutierten Aspekte. Es wird die Vielfalt von individuellen Bedürfnissen, Zielen und persönlichen Schwierigkeiten verdeutlicht, ohne Vorurteile kreieren zu wollen, Trendaussagen zu treffen oder gar Bewertungen durchzuführen. Dieser Artikel spiegelt lediglich die erlebte Praxis der beiden Autoren wider. Es geht hier nicht darum, Standards aufzuzeigen, sondern die Besonderheiten in den Vordergrund zu rücken. Unterschiedliche Wünsche, Bedürfnisse und Motivation vereint zu einer wertvollen „Substanz" gilt es zu entdecken.

5.2 Der adaptierte Akquiseprozess

Ziel des adaptiven Akquiseprozesses ist es, sich der Motivationen und der Erwartungen des internationalen jungen Potenzials bewusst zu werden. „Von sich auf andere schließen" ist in diesem multikulturellen Umfeld nicht ratsam. Was junge Menschen aus dem Ausland mit ihren unterschiedlichen Werten, Erziehungsmustern und Vorstellungen ausmacht, ist eine wichtige Voraussetzung für einen idealen Einsatz. Weiterhin spielt die geringe Sichtbarkeit eines Unternehmens eine große Rolle: Wie soll ein Student aus dem Ausland das Unternehmen in nur kurzen Aufenthaltsphasen entdecken, verstehen und einen Fuß hineinbekommen?

Tab. 5.1 Typische Motivationen internationaler Studenten. (Quelle: eigene Darstellung)

Studenteninteresse	Motivation
Kurzfristig Interessierte	Notsituation überbrücken Kompetenz erweitern Persönliche Sicherheit Abenteuerlust Geld verdienen, um der Heimat etwas aufzubauen Lernen, um in der Heimat etwas aufzubauen
Langfristig Interessierte	Akzeptanz (gerade auch von Frauen) in der Arbeitswelt Wohlstand Gesundheit und Zukunft für die Familie Ausleben der eigenen Individualität
Unentschlossene	Kennen die eigenen Ziele noch nicht Sind sich über Deutschlands Vor- und Nachteil unsicher

5.2.1 Die Motivation der Bewerber

„Wenn ich noch etwas mehr Erfahrungen in anderen Ländern gesammelt habe, möchte ich diese meinem Land zugute kommen lassen" (Vanessa R. aus Kolumbien).

„Deutschland bietet mir und meiner Familie einen hohen Lebensstandard und eine gute Absicherung durch existierende Sozialsysteme" (Ngyien D. aus Vietnam).

Die Motivation des einzelnen Bewerbers ist so individuell wie vielfältig. Dabei spielen oft schwierige Ausgangslagen oder gar Krisen im Herkunftsland eine entscheidende Rolle. So gibt es die Verfolgten, die vor bewaffneten Konflikten in ihrem Heimatland flüchten und Schutz suchen, bis sich die Lage entspannt, oder diejenigen, die mit der Politik, Wirtschaft oder Kultur in ihrem Land uneins sind. Sie leben während ihrer Auslandssemester zum Beispiel in Deutschland und ziehen Vergleiche mit ihrer Heimat. Sie stellen sich ernsthafte Fragen, die beantwortet werden wollen. Die Perspektiven der Studenten reichen von kurzfristigen bis zu langfristigen Zielen – parallel gibt es die „Unschlüssigen", die eine allgemeine Berufsvorstellung haben, jedoch kein konkretes Ziel definieren können. Die zitierten Aussagen der vietnamesischen und kolumbianischen Studenten zeigen einen Ausschnitt der unterschiedlichen Motivationen.

Zusammengefasst zeigt Tab. 5.1 typische Motivationen internationaler Studenten. So unterschiedlich die Motivationen, so unterschiedlich müssen auch die Reaktionen der Unternehmen ausfallen.

Bei den kurzfristig Interessierten sollten sich Firmen bewusst sein, dass eine eher geringe Bindungsabsicht an das Unternehmen besteht. Aufwendige Integrationsprozesse zur Mitarbeiterbindung können weitestgehend entfallen. Wie in Tab. 5.1 aufgelistet, dient der Aufenthalt in deutschen Firmen häufig nur als Sprungbrett.

Anders sieht es bei den langfristig Interessierten aus, bei ihnen ist ein höherer Druck erkennbar. Ihre Angst zu scheitern ist groß. Gleichzeitig sind sie außerordentlich dankbar für eine aus ihrer Sicht so wertvolle Chance. Sie möchten ihr Potenzial zeigen und sind bereit, sich ernsthaft im neuen Land zu integrieren. Dazu haben sie sich bereits über Land und Leute informiert und schätzen viele Eigenschaften der deutschen Kultur. Insbesondere werden Grundrechte wie die allgemeine Freiheit des Einzelnen hervorgehoben, die für viele Bewerber in ihrer Heimat keine Selbstverständlichkeit sind. Vor allem Frauen haben dieses Empfinden, werden doch viele im eigenen Land unterdrückt oder gelten – wie eine koreanische Studentin im Interview erwähnte – als unbeliebte Arbeitskräfte, da „eine mögliche Schwangerschaft für Arbeitsausfall sorgen könnte". Deutschland gilt auch hier als fortschrittlich und familienfreundlich und das Sozial- und Bildungssystem werden gelobt. Das gute Gesundheitswesen, das jedem Kranken eine entsprechende Versorgung gewährleistet, ist ein weiterer wichtiger Aspekt für die Kandidaten.

Die Unschlüssigen, die die Frage ihrer persönlichen Zukunft noch nicht geklärt haben, bedeuten für Unternehmen eine wesentlich größere Herausforderung und ihre Bindung setzt viel Sensibilität voraus. Wichtig ist hier, geeignete Instrumente zu entwickeln, um gemeinsam herauszufinden, wie die Zukunft aussieht. Dabei soll keine Überzeugungsarbeit geleistet werden, sondern vielmehr die Beratung für den Bewerber unterstützend sein. Wie bei den langfristig Interessierten sind auch bei ihnen teilweise Versagensängste oder auch Druck durch deutsche Konkurrenten vorhanden.

5.2.2 Die Erwartung der Bewerber

> „Wir genießen lieber unser Leben, als die Zeit im Büro zu verbringen" (Douglas N. aus Schweden).

> „Arbeite hart und stelle nicht zu viele Fragen" (Melniks M. aus Lettland).

Die Bewerber stellen sehr differenzierte Erwartungen an künftige Arbeitgeber. Die Tab. 5.2 fasst diese gemäß der Kategorisierung der Interessierten zusammen. Daraus lassen sich folgende Schlüsse ziehen:

Für die kurzfristig Interessierten empfiehlt sich eher der Einsatz in zeitlich begrenzten Funktionen, z. B. als Projektmitarbeiter oder in der Position des Sachbearbeiters. Dabei steht die maximale Wertschöpfung im Fokus, die der Mitarbeiter für das Unternehmen in kurzer Zeit generieren kann.

Für den langfristig Interessierten ist eine gute Vernetzung in das bestehende System für eine nachhaltige Integration elementar. Dabei helfen den Kandidaten Mentorenprogramme, Eingliederungsmaßnahmen, Familienzusammenführung und Aktivitäten zur interkulturellen Integration.

Bei den Unschlüssigen gilt es schon während des Akquiseprozesses, Unsicherheiten in Perspektiven zu wandeln. Ängste und Vorurteile jeglicher Form sind möglichst auszuräumen und schließlich ist für den Bewerber eine deutliche Bindung an das Unternehmen entscheidend.

Entsprechend müssen bereits während des Akquiseprozesses entsprechende Optionen und Angebote seitens des Unternehmens aufgezeigt werden.

Tab. 5.2 Erwartungen internationaler Studenten je nach ihrem Interesse. (Quelle: eigene Darstellung)

Studenteninteresse	Erwartungen
Kurzfristig Interessierte	In kürzester Zeit so viel wie möglich lernen Möglichst viel für die eigene Zukunft im Herkunftsland lernen Positive, schnelle Erlebnisse erzielen Neugierde stillen Potenzielle Kundenkontakte aufbauen
Langfristig Interessierte	Stabilität erreichen Sicherheit bekommen Integration erleben Karrierechancen nutzen Familienintegration/-gründung erleben Sprache erlernen Hobbies pflegen Verwurzelung in die Gesellschaft/Nachbarschaft erreichen
Unentschlossene	Orientierung erhalten Perspektiven aufgezeigt bekommen Chancen erhalten Ängste abbauen Unsicherheiten reduzieren

5.2.3 Vermutungen und Kenntnis über Erwartungen eines deutschen Unternehmens an internationale Bewerber

„Tatsächlich suchen die Unternehmen in erster Linie gehorsame Arbeitnehmer. Kreativität kommt erst viel, viel später" (Ji Y. aus Korea).

„Um einen Arbeitsplatz zu bekommen, ist es bei uns üblich, Geld zu bezahlen. Das geht so weit, dass Mitarbeiter ihre Kündigung erhalten, wenn der Nachfolger besser zahlt" (Jana G. aus der Ukraine).

Die Studenten sind durch die Wertesysteme und gesellschaftlichen Regeln ihres Landes geprägt worden. Viele von ihnen haben dort über Praktika erste Berührungspunkte zur heimischen Wirtschaft gehabt. Mit dieser Erfahrung vergleichen sie neue Eindrücke. So vermissen etwa Bewerber aus Osteuropa die Zwischenmenschlichkeit in deutschen Unternehmen: „Bei uns halten alle Mitarbeiter fest zusammen, fast wie in einer Familie." Durch ein hohes Maß an Disziplin in Verbindung mit einer klar strukturierten Organisation fördere dies hierzulande zwar das effektive Arbeiten, gleichzeitig entstehe jedoch der Eindruck von Kühle und Strenge. Die Vermutungen der Studenten zur Arbeit in deutschen Unternehmen erreichen eine große Bandbreite: Sie reichen von der Möglichkeit, vor allem selbstständig und kreativ zu arbeiten, über eine gute Work-Life-Balance bis hin zur Vorstellung, nur nach Anweisung zu handeln, um beispielsweise die Vorgesetzten nicht zu enttäuschen. Der Einsatz von Assessment Center bei der Rekrutierung neuen Personals sorgt für große Unsicherheit und Ängste. Arbeitnehmerrechte, die im Streitfall greifen, oder auch das Sozialsystem, das bei Arbeitslosigkeit eingreift und bei der Suche nach einem neuen Arbeitgeber unterstützt, sind dagegen wohlbekannt und werden geschätzt.

5.2.4 Die geringe Sichtbarkeit des Unternehmens

„Meine deutschen Kommilitonen haben viel bessere Kontakte in der Industrie. Ich hatte keine Chance, durch Praktika, durch Besuche oder durch persönliche Kontakte ein Netzwerk aufzubauen“ (Ana S. aus Polen).

„Woher soll ich wissen, welches deutsche Unternehmen gerade meine interkulturelle Kompetenz als Mehrwert ansieht?“ (Khadija A. aus Marokko).

Die Mehrzahl der mittelständischen Unternehmen in Deutschland – abgesehen von der Konsumgüterindustrie – ist den internationalen Bewerbern weitgehend unbekannt. Folglich bieten sich diesen Firmen wenige Chancen, durch Praktika und Werkstudententätigkeiten auf sich aufmerksam zu machen. Die kurze Dauer ihres Studienaufenthalts erschwert den Studenten den Aufbau eines eigenen Netzwerks in der Industrie. Die gleiche Schwierigkeit haben auch die Unternehmen. Auch sie haben nur eine sehr kurze Zeitspanne, um sich den Bewerbern zu präsentieren und Vertrauen aufzubauen. Insbesondere hoch spezialisierte Unternehmen mit komplexen Aufgabengebieten leiden darunter. So gibt es unter den in Deutschland so wichtigen Ingenieuren besonders wenig ausländische Studenten – entsprechend deutlich fällt der Fachkräftemangel in der Branche aus.

Das Fazit für den adaptiven Akquiseprozess ist eine enorme Herausforderung für deutsche Unternehmen: Dadurch, dass die internationalen Bewerber völlig fremd sind in Deutschland, erleben ihn nicht wenige Kandidaten als erheblichen Kulturschock. Neben physischen Unterschieden in Klima, Sprache etc. spielt der fehlende Rückhalt von Familie und Freunden eine entscheidende Rolle. In vielen Nationen ist der familiäre Kontakt wesentlich enger als in Deutschland, was sich nicht ohne Weiteres ausgleichen lässt. Auch der Umgang mit hiesigen Bewerbungs- und Geschäftsgepflogenheiten ist für viele eine Herausforderung: „bürokratisch“, „kompliziert“ und „unpersönlich“ sind nur einige beispielhafte Nennungen der Absolventen. Verfügten die Studenten im Herkunftsland noch über ein gutes Netzwerk, entfällt es während des Auslandsaufenthalts zur Gänze. Doch der Aufbau eines tragfähigen Netzwerks kostet viel Zeit – die die Studenten nicht haben. Umso wichtiger ist hier die Kooperation der Unternehmen mit Hochschulen, die speziell auf internationale Studenten ausgerichtet sind. In der Gesamtbetrachtung nicht zu unterschätzen ist das Phänomen des „viralen Marketings“. Durch den generell hohen Informationsbedarf und Austausch innerhalb der Studentengruppe verbreiten sich Informationen über „gute“ Unternehmen und deren Bewerberpolitik, Chancen und Schwierigkeiten innerhalb kürzester Zeit. Die Personalabteilungen sollten daher gezielt Messen auswählen, die internationale Studenten anziehen, und dafür eigens geschultes, internationales Messepersonal einsetzen, um erste sprachliche Hürden zu umgehen. Ein weiterer Schwerpunkt sollte die systematische Ansprache von Alumni-Organisationen der international orientierten Hochschulen sein sowie das Angebot von Werkstudententätigkeiten, Praktika und Thesisarbeiten mit internationalem Bezug.

5.3 Der adaptive Auswahlprozess

Ziel des adaptiven Auswahlprozesses ist es, auf die Besonderheiten im Bewerbungsverfahren von jungen internationalen Fachkräften einzugehen. Bereits in der Stellenausschreibung können Stellhebel gesetzt werden, die den Erfolg maßgeblich beeinflussen. Die Kriterien in der Erstauswahl passen sich den Besonderheiten an und sichern den Erhalt der „Richtigen" ab. Die Gestaltung des Vorstellungsgespräches weicht hier wesentlich von den Standards und Vorgehensweisen mit deutschen Bewerbern ab, welches zu beachten gilt.

5.3.1 Die Gestaltung der Stellenbeschreibung

> „Ich habe allein schon wegen meiner geringen Deutschkenntnisse gegenüber meinen deutschen Kommilitonen keine Chance" (Carlos C. aus Spanien).

> „Wieso sollte ein deutscher Manager das Risiko eingehen, einen internationalen Bewerber wie mich einzustellen?" (Juliette K. aus Frankreich).

Das gezielte und bewusste Recruiting von Studenten entsprechend ihrer Orientierung kurzfristig, langfristig und unentschlossen muss Ziel der Stellenausschreibung sein. Welcher Typ soll angesprochen werden? Kurzfristig Interessierte fühlen sich bei Projekttätigkeiten angesprochen und bevorzugen Training-on-the-Job. Für die langfristig Interessierten sollten Traineeprogramme oder Nachwuchsführungskraftentwicklung beschrieben werden. Die Unentschlossenen bedürfen der Vertrauensbildung über Firmenimage, soziale Absicherung, Mentoren- und Diversityprogramme oder Weiterbildungsangebote für ausländische Mitarbeiter.

Für die Gestaltung der Stellenausschreibung gelten die beiden Wege der positiven oder negativen Motivation von internationalen Bewerbern:

Ein Slogan wie: „Wir sind stolz darauf, als international operierendes Unternehmen mit Menschen unterschiedlichster Kulturen und Erfahrungen den Herausforderungen der Zukunft zu begegnen", motiviert internationale Bewerber.

Ein Slogan wie: „Wir sind ein international operierendes stolzes mittelständisches, lokal verankertes Unternehmen", motiviert die gleiche Zielgruppe eher weniger.

5.3.2 Die Kriterien zur Erstauswahl

> „Den ausländischen Zeugnissen traue ich nicht. In manchen Ländern erhalten sie für 50 Euro jedes Zertifikat, das sie wollen" (Alexander F., Personalmanager).

> „Erworbene Berufserfahrungen im Ausland sind für mich irrelevant. Im Gegenteil, teilweise wurden sie in eine Richtung sozialisiert, die für uns kontraproduktiv ist" (Christoph A., Projektmanager).

Das Ziel bei der Erstauswahl der Kandidaten ist für den Recruiter – neben Fachkenntnissen – die Identifikation des Mehrwerts eines internationalen Bewerbers für das Unternehmen. Die Erweiterung der Kernkompetenzen hinsichtlich kultureller Kenntnisse, Spracheinsatz, Netzwerkausbaus, Wertesystems und neuer Methodenkenntnisse muss für den Arbeitgeber wie für den Bewerber im Vordergrund stehen. Gerade im Zusammenspiel mit internationalen Kunden und Lieferanten ist häufig der internationale Background des Bewerbers ein stärkeres Asset als seine Fachkompetenz. Neben dem klassischen Weg zur Kandidatenauswahl setzen vor allem Unternehmen im englischsprachigen Raum auf die „anonyme Bewerbung". Was dort bereits seit vielen Jahren übliche Praxis ist, wird auch in einigen europäischen Ländern pilotweise eingesetzt. Vorteile ergeben sich für beide Seiten, denn ein internationaler Bewerber, der möglicherweise aufgrund seiner Kleidung (wie zum Beispiel Sari, Galabia, Kopftuch) mitteleuropäische Geschäftsgepflogenheiten abweicht, vermeidet, durch ein Foto Vorurteile hervorzurufen. Ähnliches gilt für die Nennung von Geschlecht oder Familienstand. Der Recruiter kann sich aufgrund der „anonymen Bewerbung" gänzlich auf Qualifikation und Berufserfahrung konzentrieren. Dadurch steigt für qualifizierte Bewerber die Wahrscheinlichkeit eines Vorstellungsgespräches und für den Recruiter die Auswahl adäquater Kandidaten. Unternehmen, die diese Form der Bewerbung einsetzen, heben sich deutlich vom gängigen Standard ab, haben Zugriff auf einen erheblich größeren Talentpool und reduzieren Diskriminierungsängste bei den Bewerbern – von den positiven Aspekten in der Öffentlichkeitsarbeit ganz abgesehen.

5.3.3 Die Gestaltung des Vorstellungsgespräches

> „Eigentlich wäre der internationale Bewerber bei mir im Interview durchgefallen" (Dirk H., Fachabteilungsleiter).

> „Teilweise ist es aufgrund unserer Unkenntnis der kulturellen Verhaltensmuster bei internationalen Bewerbern viel schwieriger, die wirklichen Potenziale und Stärken des Menschen zu bewerten" (Corinna G., Leiterin der Personalabteilung).

Im Vorstellungsgespräch gilt es, die Motive des Bewerbers möglichst schnell zu identifizieren, um für sich und den Bewerber die richtige Entscheidung zu treffen. Ziel ist es, genau die Bedürfnissen abzufragen, die später für die Integration bedeutsam sind. Kreuzfragen eignen sich am besten, um die tatsächlichen Motive des Kandidaten zu erkennen. Dafür sollte ein spezieller Leitfragen hinsichtlich der Besonderheiten des internationalen Bewerbers im Vorfeld erarbeiten werden. Außerdem ist es von wesentlicher Bedeutung, die kulturellen Unterschiede zu erfahren und die Fragen zu beantworten, was dem Bewerber Angst macht und was ihn bestätigt. Es sollten Informationen über das Land mit einbezogen werden, um dem Studenten ein vertrautes Gefühl und Wertschätzung zu vermitteln.

Das Fazit für den adaptiven Auswahlprozess heißt: Bereits in der Auswahl wird der Grundstein für die erfolgreiche Integration gelegt. Diese Phase sollte gut vorbereitet sein, um

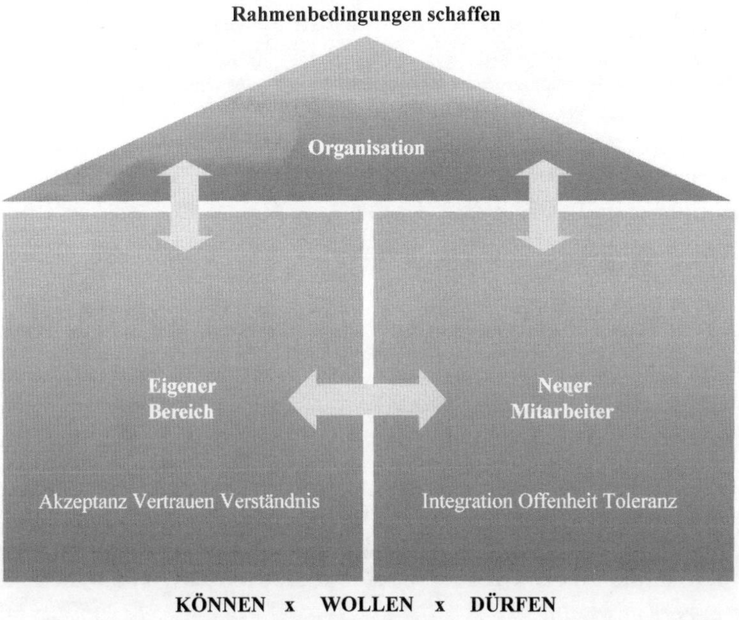

Abb. 5.3 Die Abhängigkeiten des adaptiven Integrationsprozess. (Quelle: eigene Darstellung)

größtmöglichen Profit für das Unternehmen und auch für den Bewerber zu erzielen. Es ist die einzige Möglichkeit, den wahren Umfang der kulturellen Unterschiede zu erkennen und zu bewerten. Weiterhin ist es die einzige Chance zu erkennen, ob eine gegenseitige Win-win-Situation unter diesen besonderen Voraussetzungen möglich ist.

Dabei kann es zielführend sein, den persönlichen Kontakt zu den Kandidaten zu suchen. Ein Mittag- oder Abendessen, ein Kamingespräch – all dies stärkt die Beziehung zum Bewerber und erleichtert das Herausfinden der individuellen Motivatoren und persönlichen Präferenzen des Bewerbers.

5.4 Der adaptive Integrationsprozess

Ziel des adaptiven Integrationsprozesses ist es, Berührungsängste zu nehmen, gegenseitiges Verständnis zu erzeugen sowie Sicherheit und Vertrauen aufbauen. Das dient dazu, dem Mitarbeiter und seiner Familie ein Heimatgefühl zu geben. Das Unternehmen, die eigenen Mitarbeiter und der neue Mitarbeiter müssen gleichermaßen zu einer erfolgreichen Integration befähigt werden. Die Formel „Können, Wollen und auch Dürfen" steht dabei im Vordergrund. Das „Können" ist die Voraussetzung für eine erfolgreiche Integration, das „Wollen" die eigentliche Motivation zur Integration und das „Dürfen" ein wichtiger kultureller und wertebedingter Stellhebel innerhalb der Organisation (Abb. 5.3).

5.4.1 Die Vorbereitung auf den neuen Mitarbeiter

„Die Beziehungen zwischen Arbeitgeber und Arbeitnehmer sind bei uns sehr herzlich und persönlich" (Polina Z. aus Russland).

„Bei uns halten alle Mitarbeiter fest zusammen, fast wie in einer Familie" (Martha K. aus Bulgarien).

„Wir wollen keine Diktatoren als Führungskräfte mehr" (Ji Y. aus Korea).

Das Unternehmen bzw. den entsprechenden Bereich auf internationale Mitarbeiter vorzubereiten, fängt bei dessen künftigen Teammitgliedern an. Es ist wichtig, die Besonderheiten seines Herkunftslandes zu kommunizieren, Ängste zu nehmen und Vorbehalten entgegenzuwirken. Ein Mentor sollte definiert werden, um den neuen Mitarbeiter von Beginn an persönlich zu begleiten. All dies bedeutet eine intensive Einarbeitung, die in die Arbeitsplanung einkalkuliert werden sollte. Zusätzlich bietet es sich an, mit den Mitarbeitern Ideen zu sammeln, welche Maßnahmen den Integrationsprozess weiter verbessern können. Das sensibilisiert die Mitarbeiter für die Aufgabe und steigert die Akzeptanz der Maßnahmen in der Umsetzung.

Die Vielfalt der Motivation und Erwartungen von Studenten und potenziellen Bewerbern ist in diesem Prozess von größter Bedeutung. An den internationalen Kursen der Hochschule Reutlingen nehmen Studenten aus aller Welt teil. Nahezu alle Kontinente sind vertreten und es kommt nicht selten vor, dass Studenten aus 15 und mehr Ländern in einem Hörsaal sitzen. Sie alle verfolgen dieselbe Vorlesung und diskutieren im Anschluss die Lehrinhalte. All das unter Berücksichtung unterschiedlicher Sprachen, gesellschaftlicher Werte und Regelsysteme sowie ihrer Herkunft aus Ländern unterschiedlicher Entwicklungsstände in Wirtschaft und Politik. Die Hochschule zeigt hier, dass über eine gelungene Integration das Bewältigen von gemeinsamen Herausforderungen, wie bei der Absolvierung des Lehrplans, funktioniert. Professoren der Universität und Lehrbeauftragte aus der Industrie bereiten dazu ihre Arbeit gemeinsam mit den Studenten sorgfältig vor. Diskussionen, das Lösen von Business Cases und der gemeinsame wie individuelle Lernfortschritt sind das Ziel. Dieses inklusive Vorgehen ist auch die Aufgabe von deutschen Unternehmen, wenn sie internationale junge Fachkräfte in ihr Unternehmen integrieren wollen.

5.4.2 Die Vorbereitung des neuen Mitarbeiters

„Bei uns empfinden die Arbeitnehmer das Arbeiten unter Anordnung des Vorgesetzten als angenehm, was gleichzeitig dessen Position stärkt" (Jasmin D. aus Bosnien Herzegowina).

„Unternehmen mögen besonders kreative oder zu schlaue Mitarbeiter nicht. Arbeitnehmer sollen dem folgen, was die Manager sagen" (Dan T. aus Südafrika).

Um einen reibungslosen Start zu ermöglichen, könnten Sprachkurse notwendig sein. Für eine gute Einarbeitungsphase sollte gesorgt sein, die auch mehrere Feedbackschleifen enthält. Ein Coach oder Mentor sollte den neuen Mitarbeiter aktiv lenken und ihm Werte und Verhaltensgrundsätze des Unternehmens vermitteln. Die Bildung des neuen gemeinsamen Teams wird durch Teambuilding-Workshops unterstützt. Ein der Festanstellung vorausgehendes Praktikum oder der Einsatz als Werkstudent erleichtert die langfristige Integration, indem der Kandidat erste Erfahrungen sammelt und relevante Personen und Prozesse kennenlernt.

Grundsätzlich sollten Hinweise geben werden, durch welche vertrauensbildenden Maßnahmen der neue Mitarbeiter die Akzeptanz und das Vertrauen seiner neuen Kollegen steigern kann (zum Einstand ein indisches Essen kochen oder ein japanisches Sushi organisieren, einen Bildband aus seiner Heimat mitbringen etc.).

Um die gegebenen Unsicherheiten des neuen Mitarbeiters abzubauen, ist es fundamental wichtig, die Voraussetzungen für Konfliktmanagement zu schaffen, jederzeit Lösungswege finden zu können.

5.4.3 Organisatorische Maßnahmen

> „Gleich zu Beginn wurde mir ein Mentor zur Seite gestellt. Er hat mich nicht nur bei administrativen Problemen unterstützt. Dank ihm fühle ich mich in meinem Team gut integriert" (Eini L. aus Finnland).

> „Es ist nur eine Banalität, aber eine Wohnung zu finden, war nicht leicht für mich. Erst durch die Unterstützung unserer Personalabteilung ist es mir gelungen, wofür ich sehr dankbar bin" (Taneja F. aus Indien).

Die organisatorischen Maßnahmen bedeuten den Einsatz des gesamten personalpolitischen Instrumentariums eines Unternehmens. Dazu zählen Mentorenprogramme, die Etablierung von Diversity-Programmen bis hin zur Anpassung des Weiterbildungskatalogs auf die ausländischen Mitarbeiter. Gut vorbereitete Mediatoren und Trainer für die Teambildungsworkshops müssen bereitgestellt werden. Und auch für andere organisatorische Einheiten wie zum Beispiel den Rechtsbereich kann ein erhöhter Unterstützungsbedarf beispielsweise bei steuer- und einwanderungsrechtlichen Fragen entstehen. Je nach Anzahl der mit ausländischen Mitarbeitern zu besetzenden Stellen kann hier die frühzeitige Gründung eines „Integrationskomitees" sinnvoll sein, das sich mit der eigenen Organisation und den nötigen Anpassungen und Unterstützungsangeboten befasst. Wichtig ist, dass die Vorbereitungen schon vor dem Eintritt des neuen Mitarbeiters abgeschlossen sind – nicht erst, wenn er bereits an Bord ist.

5.5 Fazit

Das Fazit in der Gewinnung von jungen internationalen Fachkräften heißt schlicht: „You never get a second chance for a first impression". Dies gilt für die Phasen der Akquise, Auswahl und Integration gleichermaßen. Gelingt es, durch gute Vorbereitung und aufmerksame Begleitung dem Mitarbeiter „aus der Fremde" vom ersten Augenblick an das Gefühl der Sicherheit und Geborgenheit zu geben, ist das die beste Voraussetzung für eine Win-win-Situation aller Beteiligten.

Literatur

„Anteil ausländischer Studierender an deutschen Hochschulen vom Wintersemester 1998/99 bis 2011/12". (2013). statista. Das Statistik-Portal. http://de.statista.com/statistik/daten/studie/222/umfrage/anteil-auslaendischer-studenten-an-hochschulen/. Zugegriffen: 12.11.2013.

„Fachkräftemangel: Ingenieur-Nachwuchs noch knapper als gedacht". FAZ-online 25.08.2013. http://www.faz.net/s/Rub8D4D94F71B3A43159C78FB196DED6A94/Doc~E82DBD5F921104D-0FB080F41376CC0B64~ATpl~Ecommon~Scontent.html. Zugegriffen: 12.11.2013.

Melzer-Ridinger, R.; & Neumann, A. (2009). *Dienstleistung und Produktion.* Heidelberg: Springer.

Mosneaga, S. (2012). Building a more attractive Europe: the Blue Card experience. *Romanian Journal of International Relations and European Studies (ROJIRES)* (2)2012. http://www.ceeol.com/aspx/issuedetails.aspx?issueid=71b7b0aa-8246-4843-ab6a-8adfaee72772&articleId=f64e2b7d-d4c3-405f-95a9-295a67287566. Zugegriffen: 12.11.2013.

Spath, D., & Walter, A. (2012) Mehr Innovationen für Deutschland. acatech STUDIE. Heidelberg: Springer, 5–9. http://link.springer.com/book/10.1007/978-3-642-24533-6. Zugegriffen: 12.11.2013.

„Was ist die Blaue Karte EU/EU Blue Card? Wer kann sie bekommen? Wo bekomme ich sie?" (2013). Auswärtiges Amt online. http://www.auswaertiges-amt.de/DE/Infoservice/FAQ/ArbeitLeben-Deutschland/02a-Blue%20Card%20EU.html?nn=383016. Zugegriffen: 12.11.2013.

Die chinesische Perspektive

6

Was macht Arbeitgeber attraktiv in China?

Florian Becker und Xiaojuan Ma

6.1 Relevanz und Überblick

China ist mittlerweile in vielen Bereichen der wichtigste Wirtschaftspartner für Deutschland. Im Jahr 2011 betrugen die deutschen Ausfuhren nach China, so das Statistische Bundesamt, 64,8 Mrd. € mit einem Wachstum von 20,4 % gegenüber dem Vorjahr. Im Jahr 2012 sind laut auswärtigem Amt mehr als 5.000 deutsche Unternehmen in China aktiv. Insgesamt beschäftigen diese dort mehr als 200.000 Mitarbeiter.

In einer Umfrage der Deutschen Handelskammer gaben 90 % der Unternehmen an, ihre Investitionen in China zu erhöhen. *China bleibt somit weiterhin sehr attraktiv* für deutsche Unternehmen. Dabei ist – anders als oft angenommen – nicht der Faktor Personalkosten der Hauptgrund für die deutschen Unternehmen, in China zu investieren, sondern der gewaltige Absatzmarkt.

Auch wenn die genannten Zahlen zunächst nach „heiler Welt" aussehen, gibt es massive *Herausforderungen* für deutsche Unternehmen in China. Die wichtigsten Herausforderungen für deutsche Unternehmen in 2012 waren laut Deutscher Handelskammer in China in dieser Reihenfolge:

1. Fachkräftemangel,
2. hohe und zudem stark wachsende Personalkosten sowie
3. qualifizierte Mitarbeiter zu behalten.

F. Becker (✉) · X. Ma
München, Deutschland
E-Mail: florian.becker@wpgs.de

X. Ma
E-Mail: dr.ma@china-expertise.com

H. Künzel (Hrsg.), *Erfolgsfaktor Employer Branding*, Erfolgsfaktor Serie,
DOI 10.1007/978-3-642-40535-8_6,

Diese Punkte zeigen, wie zentral die Bedeutung einer erfolgreichen Personalstrategie in China ist und welche hohe Relevanz das Thema Employer Branding in China derzeit bereits für die deutschen Unternehmen hat.

Dazu kommt, dass die Herausforderungen im Personalbereich für die deutschen Unternehmen in China noch weiter zunehmen werden. Laut Studien der Industrie- und Handelskammer (IHK) wird Forschung und Entwicklung in den nächsten Jahren ein zentrales Thema für die Unternehmen in China sein. Einerseits folgt das der alten Daumenregel, dass die Entwicklung immer der Produktion folgt. Dazu kommt andererseits, dass die chinesische Regierung mit nationalen Entwicklungsstrategien die „research and development"-Aktivitäten (R&D) der Joint Ventures in China massiv fördert. Diese Entwicklung wird dann den *„war for talents"* zwischen den Unternehmen in China noch mal verstärken.

Dieses Buchkapitel beschreibt und erklärt Ursachen und Strategien zum Meistern der Herausforderung Nummer eins für deutsche Unternehmen in China: Das Gewinnen und Behalten von qualifizierten Mitarbeitern.

Es folgen Teilkapitel zu wesentlichen Aspekten:

- Im nächsten Teil wird der Arbeitsmarkt in China mit seinen Besonderheiten beschrieben. Beispielsweise herrschen hier Fluktuationsraten jenseits aller Maßstäbe, die aus Deutschland unbekannt sind. Das hat gute Gründe, die hier analysiert werden.
- Es folgt ein Beitrag zu kulturellen Werten der chinesischen Mitarbeiter, der hilft, diese Zielgruppe und ihr Verhalten am Arbeitsmarkt besser zu verstehen. Beispielsweise besteht bei chinesischen Mitarbeitern eine wesentlich stärkere kollektivistische Orientierung als in Deutschland, andere Werte dagegen sind viel schwächer ausgeprägt. Dies gilt es zu berücksichtigen.
- Der anschließende Abschnitt beschreibt Präferenzen und wichtige Kriterien der chinesischen High Potentials bei der Auswahl von Arbeitgebern. So wählen deutsche Bewerber im Durchschnitt nach ganz anderen Prioritäten ihren Arbeitgeber als Chinesen. In diesem Kapitel steht, was zu beachten ist.
- Der Beitrag schließt mit einem Fazit, das die gewonnenen Perspektiven integriert und zusammengefasst Handlungsstrategien darstellt.

Zunächst folgt ein vertiefter Einblick in den chinesischen Arbeitsmarkt.

6.2 Hintergrundwissen zum Arbeitsmarkt in China

Der Arbeitsmarkt in China ist hoch dynamisch und hat wesentliche Besonderheiten, die es bei Engagements vor Ort zu beachten gilt (Abb. 6.1). Diese werden im Folgenden diskutiert.

Ein Schlüsselereignis mit deutlichen Auswirkungen auf den Arbeitsmarkt ist die Ein-Kind-Politik, die 1979 eingeführt wurde. Insbesondere in den Städten haben die Familien seitdem nur ein Kind. Die Ein-Kind-Politik führt zur typischen chinesischen Familienstruktur „1-2-4" – ein Kind, zwei Eltern und vier Großeltern.

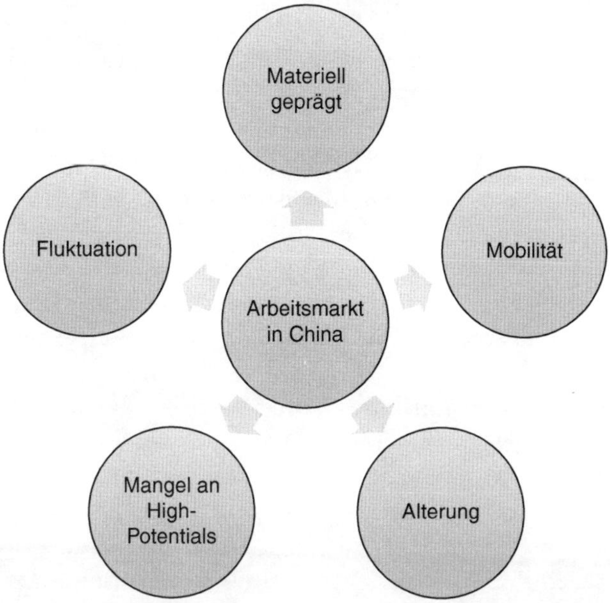

Abb. 6.1 Der Arbeitsmarkt in China. (Quelle: eigene Darstellung)

Die *Konsequenzen der Ein-Kind-Politik* mit Relevanz für den Arbeitsmarkt sind spürbar.

Eine Konsequenz ist die *starke materielle Orientierung* chinesischer Mitarbeiter. Wie kommt das? Im alten China waren die Kinder traditionell die Altersversorgung für die Eltern. Daran hat sich bis heute nichts geändert, nur ist es jetzt eben nur noch ein Kind, an dessen Erfolg der Gedeih- und Verderb der ganzen Familie hängt: Die Arbeitnehmer selbst als Eltern, das eigene Kind und die Großeltern. Staatliche Renten-, Sozialhilfe- und Gesundheitsrundumversorgung wie aus Deutschland bekannt, existiert, wenn überhaupt, in China nur auf sehr niedrigem Niveau.

Das bedeutet, ein Arbeitnehmer muss meist zwei bis nicht selten auch vier oder mehr ältere Menschen (mit stark steigender Lebenserwartung) und den eigenen Nachwuchs finanzieren, sonst können Gesundheitskosten und Lebensunterhalt nicht gewährleistet werden. Die verständliche Konsequenz aus dieser individuellen Kostenbelastung für den gesamten Arbeitsmarkt ist eine für deutsche Verhältnisse ungeahnt starke materielle Orientierung der chinesischen Mitarbeiter. Diese Orientierung ist bei Personalmarketing und Mitarbeiterbindung zu berücksichtigen, um Erfolg zu haben.

Ein interessanter Nebeneffekt ist auch die generell hohe gesellschaftliche Akzeptanz für eine materialistische Orientierung. Wegen einem besseren Gehalt Arbeitgeber zu wechseln, ist ein absolut akzeptierter Grund und wird von Job-Wechslern meist angegeben. Tatsächlich verbergen sich dahinter mitunter auch andere Gründe, wie etwa schlechte Führung, die aber sozial nicht so akzeptiert werden und daher nicht angegeben werden. Es empfiehlt sich daher, auch bei generell hohen Fluktuationsraten dennoch Bewerber gründlich zu durchleuchten, ob sich hinter scheinbaren materiellen Motiven nicht zusätzlich Probleme des potenziellen Mitarbeiters verbergen.

Die *Mobilität der chinesischen Mitarbeiter* ist wesentlich stärker ausgeprägt als in Deutschland. Wenn das Gehalt und die Perspektive stimmen, nehmen Mitarbeiter auch weite Verlagerungen des Wohnsitzes in Kauf, auch eine räumliche Trennung vom Ehepartner ist in der Regel kein Problem. Im Eigeninteresse für eine gesicherte Zukunft engagieren sich die Großeltern bei der Betreuung ihres Enkelkindes meist sehr stark, oftmals arbeiten beide Elternteile, häufig an entfernten Orten. Nicht selten sind daher für deutsche Maßstäbe ungewöhnliche Konstellationen die Folge. Beispiel: Der Vater lebt mit dem Sohn in München und arbeitet dort, die Mutter lebt mit der Tochter in Peking und arbeitet dort. Beide führen aber eine intakte und aus chinesischer Sicht normale Ehe. Andere Chinesen reagieren auch nicht mit Mitleid, sondern mit Respekt und Anerkennung, wie gut die berufliche Entwicklung voranschreitet und was die Ehepartner leisten.

Für den Personalbereich bedeutet dies, dass Unternehmen auch an entfernten Orten akquirieren und im Personaleinsatz auf Mobilität setzen können. Eines ist aber zu beachten: Durch teilweise exorbitant gestiegene Immobilienpreise und Mieten in den Metropolen wird die Mobilität aktuell finanziell beschränkt, da die Lebenskosten an einigen Orten auch bei hohem Gehalt zu hoch sind. Für die Attraktivität von Arbeitgebern bedeutet dies: Unternehmen sollten Mitarbeitern in kostenintensiven Umgebungen Wohnungen anbieten sowie sich einen entsprechenden Ruf als fürsorgliches Unternehmen erarbeiten.

Ähnlich wie in Deutschland, wenn auch aus anderen Ursachen (Ein-Kind-Politik vs. freiwilliger Verzicht auf Kinder), unterliegt die chinesische Gesellschaft einem raschen *Alterungsprozess*, der zudem wesentlich schneller als in Deutschland voranschreitet. Im Jahr 2000 waren die Chinesen durchschnittlich 30 Jahre alt, im Jahr 2050 werden sie voraussichtlich durchschnittlich 45 Jahre alt sein. Zum Vergleich waren die Deutschen nach UN Population Database im Jahr 2000 durchschnittlich 40 Jahre alt, im Jahr 2050 geht man von durchschnittlich 47 Jahren aus. Unternehmen in China müssen sich also ebenfalls auf eine alternde Belegschaft einstellen.

Für die Attraktivität von Arbeitgebern bedeutet dies, dass die materielle Orientierung der Mitarbeiter noch steigt, denn die Kosten für die höhere Altersversorgung müssen von immer weniger arbeitenden Personen gestemmt werden. Unternehmen können sich durch Angebote und Subventionen für Altersvorsorge und Gesundheitsversorgung für den Arbeitnehmer und dessen Familie profilieren. Ein wesentlicher Faktor dafür ist die starke familiäre Orientierung der Chinesen.

Ein Trend, der auch daraus entspringt ist, dass die Beamtenposition für Chinesen wieder deutlich in der Attraktivität gestiegen ist. Hier ist eine gute Altersabsicherung gepaart mit geringen Leistungsanforderungen, Privilegien (günstige Wohnung, Subventionen) und der Möglichkeit über die weit verbreitete Korruption (die aber nicht als solche betrachtet wird) zu zusätzlichem Wohlstand und Annehmlichkeiten (Essen, Unterkunft, Reisen, Schulbildung für Kinder etc.) zu gelangen ein attraktives Gesamtpaket, gerade für ältere Arbeitnehmer. Weil man als Beamter Macht hat, ist man sozial auch sehr respektiert und kann leicht einflussreiche Freunde gewinnen und sein Netzwerk vergrößern. Die Bedeutung des sozialen Netzwerks ist in China ungleich größer als in Deutschland. Tätigkeiten in westlichen Unternehmen bieten diese Möglichkeit nicht. Der gesellschaftliche

Prestigegewinn durch Tätigkeit in einem westlichen Unternehmen ist daher überraschen begrenzt geworden. Anders als vor einigen Jahren bekommt man als Mitarbeiter eines deutschen Automobilkonzerns in China zunehmend zu hören: Da arbeitest Du … da werdet Ihr ja unterbezahlt? Die Elite in China orientiert sich daher nicht wie in Deutschland nur an der Privatwirtschaft, sondern sehr stark an Politik und Verwaltung, die in China meist auch mit der Wirtschaft intensiv verflochten ist. Für ausländische Arbeitgeber ist das eine wachsende Herausforderung im Wettbewerb um die Talente. Der Kampf um die Talente wird voraussichtlich in Zukunft dadurch noch viel stärker. Unternehmen müssen sich deshalb frühzeitig um einen Ruf als guter Arbeitgeber kümmern, gutes Gehalt alleine wird in Zukunft nicht mehr reichen.

Zudem besteht ein *Überschuss an gering qualifizierten Mitarbeitern* und ein *Mangel an hoch qualifizierten Mitarbeitern*. Die rasche Industrialisierung und Urbanisierung in China hat zu einer deutlichen Veränderung der Beschäftigungsstruktur geführt. Zahllose Wanderarbeiter sind auf der Suche nach Arbeit vom Land in die Städte gezogen. Dies führt zu einem extremen Wettbewerb zwischen den Arbeitnehmern auf dem Arbeitsmarkt im niedrig qualifizierten Bereich und dort auch zu vergleichsweise geringen Löhnen. Rasche Zuwanderung führt aber auch zu schnell steigenden Lebenskosten in den Städten, die durch Gehaltssteigerungen abgefedert werden müssen. Auch die Renten der Großeltern können den rasch steigenden Lebenskosten in der Stadt nicht folgen, was den Kostendruck auf Arbeitnehmer weiter erhöht.

Konsequenz für Unternehmen ist, dass im Employer Branding massiv zwischen gering qualifizierten Mitarbeitern (hier ist ein Investment auf absehbare Zeit wenig erforderlich) und hoch qualifizierten Mitarbeitern (hier ist es zwingend erforderlich, massiv zu investieren) differenziert werden sollte. Alle Aktivitäten sind klar auf die letztere Gruppe auszurichten.

Qualifikation ist eine Kernherausforderung in China. Nicht nur gesamtgesellschaftlich, sondern auch in den einzelnen Unternehmen. Es ist nicht selten, dass hohe Zahlen an Mitarbeitern dem starken Qualifikationsdruck bei der raschen Entwicklung der chinesischen Wirtschaft nicht folgen können oder wollen. Konsequenz sind teilweise überforderte und unproduktive Arbeitnehmer. Im Employer Branding sollten sich Unternehmen daher gezielt auf die lernfähigen und lernwilligen Bewerber und Arbeitnehmer konzentrieren und diesen Angebote für Qualifikation und Weiterbildung machen.

Auch getrieben durch die starke materielle Orientierung und den umkämpften Arbeitsmarkt für Hochqualifizierte steigen die *Fluktuationsraten* in China je nach Branche bis auf 25 % jährlich und höher. Das ist eine erschreckende Zahl für Arbeitgeber, die aus Deutschland vergleichsweise niedrige Fluktuationsraten gewohnt sind. Für die Personalstrategie bedeutet das: Zielgerichtete Akquise und Mitarbeiterbindung bei Hochqualifizierten sind essenziell, um in diesem Markt erfolgreich zu sein. Der Ruf eines Arbeitgebers muss stimmen, die durch den guten Ruf geweckten Erwartungen müssen erfüllt werden. Rasche Wechsel der Arbeitgeber sind in China kein Malus im Lebenslauf und durchaus akzeptiert, wenn materielle Gründe angeführt werden, die durchaus häufig auch ein Grund sind. Dennoch ist Vorsicht geboten. Tatsächliche Gründe wie Führungsprobleme oder Un-

Abb. 6.2 Chinesische Werte. (Quelle: eigene Darstellung)

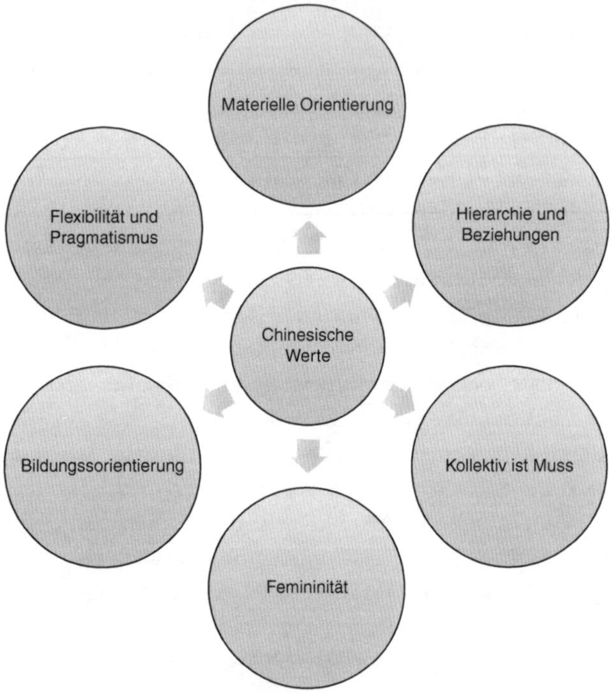

behagen in westlichen Unternehmenskulturen gepaart mit Integrationsproblemen können nicht selten im Hintergrund stehen und durch materielle Argumente im Bewerbungsgespräch überdeckt werden.

Fazit zum chinesischen Arbeitsmarkt: Durch die Struktur der Gesellschaft und Rahmenbedingungen folgt der chinesische Arbeitsmarkt vollkommen anderen Gesetzen als der deutsche.

Im nächsten Teil folgt ein Blick auf kulturelle Werte chinesischer Mitarbeiter, die für die Attraktivität von Arbeitgebern eine wichtige Rolle spielen.

6.3 Kulturelle Werte der chinesischen Mitarbeiter

Neben der bereits im vorigen Kapitel beschriebenen materiellen Orientierung von chinesischen Mitarbeitern sind auch weitere kulturelle Werte für das Verständnis des chinesischen Arbeitsmarktes von Bedeutung (Abb. 6.2). Diese sollen im Folgenden beschrieben werden.

Orientierung an Hierarchie und Beziehungen ist ein zentrales kulturelles Wertelement in China. Deutschland ist eine egalitäre Gesellschaft. Der Vorstand ist ebenso ein Mensch wie der Busfahrer, der Abstand in der Wertzumessung und in den zugestandenen Rechten ist vergleichsweise gering. Bestehen große Unterschiede, etwa im Gehalt, dann ist die Ent-

rüstung in Deutschland groß. Die Deckelung von Managergehältern, Reichensteuer, Erbschaftssteuer, Anhebung der Sozialhilfe etc. sind beliebte politische Themen.
In China ist der Unterschied, je nach sozialer Stellung, dagegen massiv, die soziale Akzeptanz dafür aber ebenso groß. Das politische System Kommunismus chinesischer Prägung vs. Marktwirtschaft deutscher Prägung ist dafür weitaus weniger relevant als oftmals gedacht, entscheidend ist immer die kulturelle Akzeptanz für soziale Unterschiede. Das gilt auch für andere sozialistische Länder wie etwa Vietnam. Nicht zu vergessen ist dabei auch, dass sozialistisches Denken nicht zuletzt etwa sehr Deutsches ist, unter anderem von den Deutschen Karl Marx und Friedrich Engels stark geprägt und entwickelt wurde. Überraschenderweise ist daher häufig in sozialistisch/kommunistisch geprägten Ländern eine wesentlich stärkere soziale Ungleichheit zu beobachten als in marktwirtschaftlichen Systemen.

Was bedeutet das für den Personalbereich, speziell den Ruf des Arbeitgebers in China? Der Vorgesetzte ist nicht auf Augenhöhe mit den Mitarbeitern, ebenso wenig der Lehrer mit den Schülern. Damit geht auch einher, dass die Bedeutung der Beziehung zum Vorgesetzten ungleich wichtiger in China ist. Bei der Personalstrategie und der Vorbereitung von Führungskräften ist es daher essenziell, Führungskräfte auf diese Anforderungen der Mitarbeiter in China vorzubereiten. Das Entscheidungsverhalten muss wesentlich autoritärer als in Deutschland praktiziert werden. Andernfalls droht dem Arbeitgeber der Ruf: „Die Führungskräfte haben keine Ahnung und müssen uns immer fragen, was zu tun ist. Vermutlich hat man sie nach China geschickt, damit man sie zu Hause los ist."

Ein weiterer wichtiger Wert für chinesische Mitarbeiter ist *Kollektivismus*. Zwar sind Chinesen nicht besonders teamfähig (unter anderem zu beobachten im eher schlechten Abschneiden bei allen Mannschaftssportarten), sie möchten sich aber unbedingt in einer Gruppe menschlich nah fühlen. Das ist erst einmal nicht leicht verständlich für Deutsche, wie geht das, Kollektivismus ohne Teamfähigkeit? Bringen wir es überspitzt auf den Punkt: Deutsche orientieren sich als Team an der Aufgabe und kooperieren sehr gut und selbstverständlich, auch wenn sie sich menschlich nicht sehr nah werden. Chinesen orientieren sich an der Gruppe und die Aufgabe steht im Hintergrund, Gruppenaktivitäten gehen vor, Kooperation bei der Aufgabe ist sekundär. In dieser Innengruppe können chinesische Mitarbeiter ihr soziales Anschlussmotiv stillen. Gemeinsame Aktivitäten außerhalb der Arbeitszeit wie Ausflüge, Essen, Karaoke und Ähnliches haben einen wesentlich höheren Stellenwert als in Deutschland. Mitarbeiter wollen sich mit den Kollegen wie in einem Freundeskreis, einer Familie fühlen, die soziale Distanz ist wesentlich geringer als in Deutschland. Häufig wird dies von ausländischen Arbeitgebern nicht deutlich genug berücksichtigt. Entsprechend gelingt es den Unternehmen nicht, den Mitarbeitern ein Gefühl von Bindung an eine Innengruppe und Zugehörigkeit zu bieten. Mit der Konsequenz einer hohen Fluktuation.

Hier liegt eine weitere Chance für die Personalstrategie. Wer die hohen sozialen kollektivistischen Bedürfnisse der chinesischen Mitarbeiter aufgreift, kann von einem guten Ruf als Arbeitgeber profitieren und vergleichsweise kostengünstig Mitarbeiter binden. Man muss sich aber klar sein: Chinesische Mitarbeiter werden meist nicht so fokussiert an einem Projekt arbeiten wie deutsche und so schnell kooperieren wie aus Deutschland gewohnt.

In China gibt es eine starke *Ausprägung der Kulturdimension Femininität*. Was bedeutet das konkret? Maskuline Werte wie Effizienz, Leistung und Wettbewerb sind in Deutschland noch stärker ausgeprägt, das gilt auch vor allem am Arbeitsplatz. Feminine Werte wie Fürsorge und Interesse für persönliche Themen sind in Deutschland gering ausgeprägt, werden schnell als Einmischung in persönliche Belange erlebt. Das deutsche Prinzip „Dienst ist Dienst und Schnaps ist Schnaps!" steht im deutlichen Widerspruch zu diesem Bedürfnis nach Familiarität und Nähe. Angemessenes persönliches Lob, Anerkennung und eine gute zwischenmenschliche Beziehung zu Führungskräften sind essenziell für Mitarbeiter und ihr Wohlbefinden.

Die zwischenmenschlichen Beziehungen zu den Mitarbeitern müssen einen deutlichen Aufmerksamkeitszuwachs erfahren, andernfalls kommt es häufig zur Einstellung bei den chinesischen Mitarbeitern: „Die Deutschen haben ein kaltes Herz." Der Vorgesetzte nimmt eher eine Rolle ein, wie ein mächtiger und autoritärer, aber fürsorglicher älterer Bruder oder Vater. Der Gedanke an einen wohlwollenden Diktator drängt sich aus deutscher Perspektive auf. Hier liegt auch eine weitere wesentliche Chance für Unternehmen, sich einen guten Ruf zu erarbeiten. Es geht darum, sich als fürsorglichen Arbeitgeber zu präsentieren. Das kann mit Leistungen für Eltern und Kinder der Arbeitnehmer geschehen, etwa in Bildung, Gesundheit, Wohnen und Freizeit.

Eine weitere Chance liegt im Bereich soziale Verantwortung und soziales Engagement, das in China überraschenderweise noch relevanter als in Deutschland für die Reputation ist, entgegen allen Klischees von rücksichtlosen chinesischen Unternehmen in deutschen Medien. Schlechte Arbeitsbedingungen und geringe soziale Verantwortung werden in China bei Unternehmen meist noch kritischer gesehen als in Deutschland. Unternehmen können durch sichtbare Unterstützung sozialer Projekte Fürsorglichkeit und soziale Verantwortung zeigen.

Die chinesische Kultur ist gekennzeichnet durch *Flexibilität* und *Pragmatismus*, die Deutsche durch Regelbewusstsein und Unsicherheitsvermeidung. In Deutschland hält man sich vergleichsweise stark an Verkehrsregeln, Vorschriften, Gesetze und steht brav in der Schlange an, bis man an die Reihe kommt. In China herrscht Flexibilität im Straßenverkehr, bei Gesetzen, Verträgen und in der Reihe anstellen kennt man auch nicht. So kann es beispielsweise während einer Untersuchung im Krankenhaus bei einem Arzt durchaus sein, dass eine fremde Familie das Zimmer stürmt und fragt, wann sie endlich an der Reihe sind. Diese Personen lassen sich dann auch nur mit erheblichem Aufwand wieder hinausbewegen und haben keinerlei Unrechtsbewusstsein, wie es bei Deutschen zu erwarten wäre. Ähnlich wird der Taxifahrer die geplante Route sehr flexibel uminterpretieren, während einer Fahrt ggf. weitere Personen fragen, wo sie hinwollen und diese unter Umwegen mitbefördern. Vom Kunden wird der Taxifahrer aber natürlich den vollen Fahrtpreis verlangen. Auch im Arbeitsleben werden einmal besprochene Prozesse und Vereinbarungen ohne Hemmungen flexibel umgeändert, wenn es den momentanen Bedürfnissen entspricht. Diese fundamentalen Unterschiede führen häufig in der Kooperation mit chinesischen Partnern zu Konfliktpotenzial, sind aber auch für die Attraktivität von Arbeitgebern relevant. Einerseits sind die Mitarbeiter sehr anpassungsfähig und können sich und die Tätigkeiten rasch verändern und umstellen. Andererseits führen die Flexibilität und der Pragmatismus auf deutscher Seite schnell zu einem Eindruck, dass die chinesischen Mitarbeiter kein Regelbewusstsein haben und sich an keine Vorschriften halten. Häufig wird dann als Reaktion umso stärker reglementiert. Das kann zu einem Teufelskreis führen, bei dem sich die chinesischen Mitarbeiter am Ende überreguliert fühlen und der Ruf des Unternehmens leidet.

Für die Attraktivität von Arbeitgebern bedeutet dies: Unternehmen können nicht erwarten, dass chinesische Mitarbeiter sich an Vorschriften, Regeln und Gesetzte gleichermaßen halten wie deutsche Mitarbeiter. Es gilt daher, von Anfang an möglichst wenige aber sehr wichtige Regeln klar aufzustellen. Auf jeden Fall sollte eine Überregulierung vermieden werden, um den Ruf nicht zu schädigen.

China hat eine traditionell ausgeprägte *Bildungsorientierung*. Aufgrund der Ein-Kind-Situation wird nun eine zusätzlich verschärfte Erwartung an den Nachwuchs gerichtet. Das Kind muss Erfolg haben, damit die Familie finanziell abgesichert ist. Dennoch mangelt es an hoch qualifizierten Mitarbeitern. Wie ist das erklärbar? Einerseits ist die Entwicklung so schnell, dass die erhöhten Abschlussraten der Hochschulen und Universitäten nicht hinterherkommen. Auch mangelt es den Absolventen häufig trotz guter Noten an praktischer Kompetenz. Auswendig gelerntes totes Wissen hemmt Innovationsfähigkeit und Kreativität. Eine Übertragung in die Praxis oder auf neue Anwendungsbereiche gelingt häufig schlecht. Andererseits ist gute Bildung in China sehr teuer. Hohe Beträge werden in die Ausbildung der Kinder investiert, häufig höher als das Jahreseinkommen eines Normalverdieners. Die jetzigen Arbeitnehmer haben als Eltern dadurch zusätzlich starken finanziellen Druck. Zudem verlagert nicht selten ein Teil der Familie den Wohnsitz in eine größere Stadt mit dem Kind, um dort den Besuch einer guten Schule sicherzustellen. Beispielsweise wird in der Großstadt eine Wohnung angemietet oder sogar gekauft und Oma zieht mit dem Enkel in die Großstadt und kümmert sich dort um ihn, damit er eine gute Schule besuchen kann.

Unternehmen sollten sich als Konsequenz bemühen, den hoch qualifizierten Mitarbeitern Ausbildungsmöglichkeiten für den Nachwuchs anzubieten bzw. die Ausbildung zu fördern. Vorteile, die zum Beispiel beim Verlassen des Unternehmens wieder verloren gingen, was auch ein Ansatz zur Mitarbeiterbindung sein kann. Dabei können auch Kooperationen mit Bildungseinrichtungen außerhalb Chinas sehr attraktiv sein. Beispielsweise haben einige westliche Unternehmen Akademien in China gegründet, die nicht nur für Mitarbeiter Weiterbildung anbieten, sondern such den Nachwuchs bei dessen Ausbildung berücksichtigen.

Als Fazit bei den chinesischen Kulturelementen lässt sich festhalten: Chinesische kulturelle Werte unterscheiden sich deutlich von deutschen kulturellen Werten. Darin liegen Chancen und Gefahren für den Ruf eines Arbeitgebers in China. Unternehmen müssen in China einen größeren Fokus legen auf Integration in eine kollektive „Familie", wohlwollende Bevormundung und Fürsorge, Autorität bei Entscheidungen und eine Vermeidung des

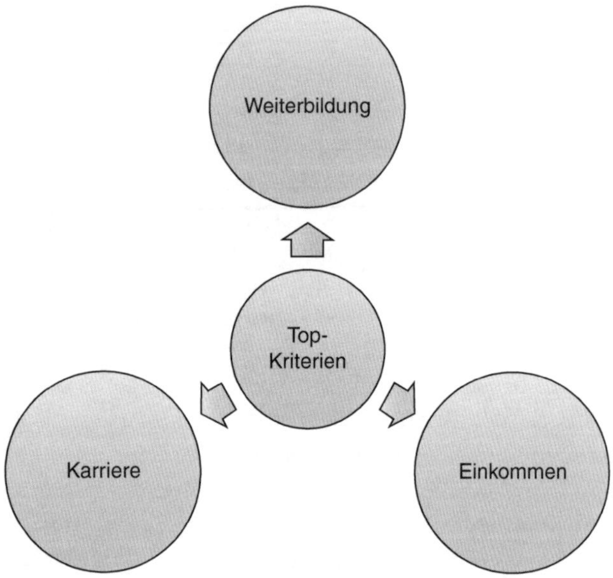

Abb. 6.3 Kriterien bei High Potentials. (Quelle: eigene Darstellung)

Eindrucks von Überstrukturierung und Überregulierung. In der starken Bedeutung von Bildung liegen ebenfalls Chancen, sich als guter Arbeitgeber zu positionieren, Mitarbeiter zu binden und neue Talente zu gewinnen.

Die gering qualifizierten Mitarbeiter sind nicht das Problem für Unternehmen in China. Schwierig ist es dagegen, hoch qualifizierte Mitarbeiter zu gewinnen und zu binden. Deshalb behandelt der nächste Abschnitt die konkreten Präferenzen von chinesischen High Potentials bei der Auswahl von Arbeitgebern.

6.4 Kriterien von chinesischen High Potentials bei der Auswahl von Arbeitgebern

Ein umfangreiches Forschungsprojekt von Xiaojuan Ma (2007) hat einen vertieften Einblick in die Bedeutung verschiedener Kriterien bei Unternehmen für chinesische High Potentials gewonnen. Dafür wurden 999 chinesische Mitarbeiter von westlichen Unternehmen in China befragt, alle davon mit Hochschulabschluss.

Auf Basis von Interviews und Literaturrecherchen wurden wesentliche Kriterien für Arbeitnehmer in China identifiziert (Abb. 6.3). Diese Kategorien wurden den High Potentials vorgelegt, mit der Bitte, deren Relevanz für sie persönlich zu bewerten. Aus der Rangordnung der Bewertungen lassen sich die Präferenzen der High Potentials erkennen. Dabei zeigt sich, dass die Annahmen aus den vorherigen Kapiteln sich hier auch nochmals empirisch bestätigen.

Die *Top-Kriterien* sind in dieser Reihenfolge:

- Die *Weiterbildungspolitik* des Arbeitgebers. Der hohe Stellenwert dieses Aspektes hängt sehr plausibel mit der Bildungsorientierung in China und mit der hohen Bedeutung von Einkommen zusammen. Bildung und Einkommen sind in China wesentlich stärker korreliert als in Deutschland. Ein gering qualifizierter Arbeiter (etwa ein Bandarbeiter) verdient derzeit etwa vier bis acht Prozent eines vergleichbaren Arbeiters in Deutschland. Ein hoch qualifizierter Mitarbeiter in China (etwa ein Ingenieur) verdient derzeit etwa vierzig Prozent eines deutschen Ingenieurs. Nicht selten verdient der Ingenieur in China etwa 15 Mal mehr als ein gering qualifizierter Arbeiter. Auf deutsche Löhne übertragen bedeutet dies, dass ein deutscher Ingenieur im Monat beispielsweise um die 30.000 Euro bekommen würde, wenn der Abstand zum gering qualifizierten Arbeitnehmer gleich wäre. Entsprechend höher wäre vermutlich in Deutschland auch die Bildungsorientierung in allen Schichten. Hier ist zusätzlich zu beachten, dass sich die Schere zwischen Deutschland und China im hoch qualifizierten Bereich rasch schließt. Das gilt weniger für den gering qualifizierten Bereich.

- Als zweiter Punkt kommt schon das *Einkommen*. Die Ursachen für die hohe Relevanz des Einkommens für chinesische Mitarbeiter wurden im bisherigen Text hinlänglich analysiert. Ohne Geld gibt es in China keine soziale Akzeptanz und daher keine Freunde, keine Gesundheitsversorgung und kein Leben, das deutschen Vorstellungen von Menschenwürde entspricht. Auch die Zukunft des Nachwuchses hängt massiv von Geld ab, denn gute Bildung kostet in China.
- Es folgen *Karriereentwicklung* und *Aufstiegschancen*. Auch das ist bei genauerer Kenntnis der chinesischen Kultur und der Struktur des Arbeitsmarktes wenig verwunderlich. Wegen der starken hierarchischen Orientierung der chinesischen Gesellschaft profitiert man sozial umso mehr von einer gelungenen Karriere. Zusätzlich ist das soziale Ansehen Chinesen als Mitgliedern einer kollektivistischen Kultur ungleich wichtiger als Deutschen. Drittens sind, wie bereits angeführt, die finanziellen Unterschiede je nach Hierarchieebene wesentlich größer, als in Deutschland vorstellbar. Insofern ist auch der Bezug der Karriereentwicklung zu materiellem Wohlstand sehr eindeutig, was vor dem Hintergrund der materiellen Orientierung in China einer starken Orientierung an Karriere und Aufstieg im Unternehmen zusätzlich Vorschub leistet.

Weitaus weniger relevant für chinesische High Potentials, als häufig von deutschen Arbeitgebern vermutet, sind Kriterien wie die Arbeitsplatzgestaltung, eine flexible Arbeitszeitgestaltung, fachliche Führung durch die Vorgesetzten oder eine effektive interne Kommunikation und Information sowie eine effektive Verwaltung.

Man kann also mit Recht eine sehr unterschiedliche Ausprägung von Präferenzen gegenüber deutschen Arbeitnehmern attestieren. Tauchen doch in Deutschland bei Befragungen von High Potentials regelmäßig andere Präferenzen ganz oben in den Rankings auf, wie etwa abwechslungsreiche Arbeitsgestaltung, Freiraum für persönliche Entfaltung und gute Balance zwischen Berufs- und Privatleben. Etwas platt zugespitzt könnte man sagen: Deutsche High Potentials arbeiten primär zur Selbstverwirklichung, chinesische Talente versuchen eher, ihren Marktwert zu steigern, Geld zu verdienen und soziales Prestige zu erhalten. Der Gedanke an Maslows Bedürfnispyramide drängt sich auf. Hier wird postuliert, dass erst wenn untere Motivgruppen wie physiologische Bedürfnisse, Sicherheit (wozu man auch Geld zählen kann) und soziale Bedürfnisse befriedigt sind, höhere Motivgruppen wie Selbstverwirklichung aktiviert werden. Mag sein, dass westliche Länder hier einfach schon weiter in der Bedürfnisbefriedigung der Bevölkerung entwickelt sind und Talente deshalb andere Kriterien bei der Auswahl von Arbeitgebern priorisieren. Es könnte sein, dass sich die Unterschiede in Jahrzehnten angleichen werden, wir wissen es nicht. Vielleicht auch dadurch, dass in Europa wegen wirtschaftlichem Niedergang das Thema Geld wieder präsenter wird. Tatsache ist aber, dass derzeit massive Unterscheide in den Präferenzen zwischen Talenten in Deutschland und China bestehen, die sich so schnell nicht ändern werden.

Viele Unternehmen berücksichtigen zu wenig kulturelle Besonderheiten, wenn sie sich in einem anderen Land engagieren. Entsprechend verfehlt sind derzeit leider meist die eingesetzten Anreize westlicher Unternehmen in China, wie eine bei den Kriterien durchgeführte Abfrage des Ist-Zustands zeigt. Dieselbe Stichprobe an chinesischen High Potentials attestiert ihren Arbeitgebern in Schnitt relativ niedrige Ausprägung bei eben den wichtigsten Punkten: Einkommen, Weiterbildungspolitik und Karrieremöglichkeiten. Eher weniger wichtige Aspekte wie etwa das Vorschlagswesen werden dagegen als besser ausgeprägt wahrgenommen. Das bedeutet: In wichtige Kriterien wird nicht ausreichend investiert, in eher unwichtige Kriterien wird zu viel investiert. Es besteht also erhebliches Optimierungspotenzial.

Fazit zu den konkreten Präferenzen chinesischer High Potentials: Es bestehen massive Unterscheide in den Erwartungen an einen Arbeitgeber zwischen deutschen Talenten und chinesischen Talenten. Eine rasche Veränderung dieser Unterschiede ist nicht zu erwarten. Die aktuelle Gestaltung der Anreize bei westlichen Unternehmen in China ist zudem leider meist wenig gelungen, um Mitarbeiter zu binden und einen Ruf als guten Arbeitgeber aufzubauen. Teilweise liegt das am vorschnellen Import westlicher Erfolgsmodelle oder einfach nur an Gewohnheiten im chinesischen Kontext, wo diese Modelle aber leider oftmals nicht funktionieren.

Was bedeuten die hier dargestellten Erkenntnisse für die Präsentation als Arbeitgeber in China?

Kostspielige Investitionen in abwechslungsreiche Arbeit, Gestaltung der Arbeitszeiten, Optimierung der Arbeitsumgebung oder die Vereinbarkeit von Freizeit, Familie und Beruf sind in China verfehlt. Es ist wesentlich zielführender, die Rolle der Arbeitnehmer als derzeitige Versorger und Überlebensgarantie für Eltern und Großeltern und als Sponsoren der Ausbildung der Kinder in den Mittelpunkt zu stellen. So ungewohnt es für westliche Ohren klingt: In China ist (aus bei genauerer Betrachtung auch hoch verständlichen Gründen) Selbstverwirklichung und die Arbeit an sich nicht an oberster Stelle der Präferenzen, sondern „cold hard cash“ und weitere Aspekte, die mit der Versorgung der Familie einhergehen.

6.5 Resümee und Handlungslinien

Das Kapitel hat mehrere zentrale Gebiete beleuchtet, um sich der Herausforderung zu nähern, als ein attraktiver Arbeitgeber in China wahrgenommen zu werden.

Als Erstes wurde dazu der *chinesische Arbeitsmarkt* analysiert.

Der chinesische Arbeitsmarkt ist geprägt durch hohe materielle Orientierung der Arbeitnehmer, hohe Mobilität, Überschüsse bei gering qualifizierten Arbeitnehmern, Mangel an hoch qualifizierten Fachkräften, gewaltige Fluktuationsraten bei High Potentials und eine starke Alterung der Gesellschaft.

Diese erst einmal zusammenhanglos erscheinenden Merkmale können gut auf zwei Rahmenbedingungen zurückgeführt werden: Erstens die Ein-Kind-Politik seit 1979 und zweitens die Abwesenheit von sozialen Sicherungssystemen bzw. Umverteilungssystemen, wie wir sie aus Deutschland gewohnt sind. Arbeitnehmer in China müssen ihre Eltern versorgen und in die Ausbildung der Kinder investieren, sie arbeiten nicht aus Spaß oder zur Selbstverwirklichung.

Wesentliche Handlungslinien aus diesem Kapitel für Arbeitgeber in China sind:

- *Gehalt* spielt eine ungleich größere Rolle als in Deutschland. Es entscheidet in letzter Konsequenz über Leben, Gesundheit und Zukunft der gesamten Familie. Daher empfiehlt sich eine überdurchschnittliche Bezahlung von gefragten Mitarbeitern. Kompensatorisch sollten eher gekürzt werden: Investments in abwechslungsreiche Arbeit, Gestaltung der Arbeitszeiten, Optimierung der Arbeitsumgebung oder die Vereinbarkeit von Freizeit, Familie und Beruf.
- Die Mobilität der Mitarbeiter ist hoch, sie können in weit entfernten Gebieten akquiriert werden und haben meist die volle Unterstützung ihrer Familien. Aber Unternehmen sollten in kostenintensiven Umgebungen den Mitarbeitern *Wohnungen* anbieten sowie sich einen entsprechenden *Ruf als Versorger* erarbeiten.
- Der Fokus muss *von der Einzelperson auf die gesamte Familie*, also Eltern und Kinder, erweitert werden. Unternehmen können sich durch Angebote und Subventionen für *Gesundheitsversorgung* (vor allem für die Großeltern und Eltern) und *Bildungsleistungen* (für die Kinder) positiv profilieren.

Im nächsten Kapitel erfolgte ein vertiefter Einblick in *kulturelle Werte* von chinesischen Mitarbeitern. Auch daraus lassen sich Leitlinien für das Employer Branding ableiten.

Besonders wichtig für den hier behandelten Kontext sind Werte wie Orientierung an Hierarchie und Beziehungen, Kollektivismus, Flexibilität und Pragmatismus sowie starke Ausprägung von Femininität.

Strategien für die Steigerung der Attraktivität von Arbeitgebern in China, die sich hieraus ableiten lassen, sind:

- Mitarbeiter wollen sich mit den Kollegen wie in einem Freundeskreis, einer Familie fühlen. Diese *hohen sozialen Anschlussbedürfnisse* gilt es zu berücksichtigen.
- Auf jeden Fall sollte eine *Überregulierung vermieden* werden, um dem chinesischen Pragmatismus entgegenzukommen. Es gilt von Anfang an, klar wenige wichtige Regeln aufzustellen, damit sich kein negatives Bild des Unternehmens (Überregulierer) bei Mitarbeitern und potenziellen Bewerbern aufbaut.
- Es geht auch aus Sicht der kulturellen Werte darum, sich als *fürsorglicher Arbeitgeber* zu präsentieren, und zwar für die ganze Familie (etwa Bildung, Gesundheit und Wohnen).

Zu den konkreten Präferenzen chinesischer High Potentials für Arbeitgeber wurde eine umfangreiche empirische Untersuchung durchgeführt. Auch hier lassen sich klare Handlungslinien ableiten, die sich mit den Erkenntnissen der vorausgehenden Kapitel decken und diese eher theoretischen Annahmen empirisch nochmals untermauern.

- Eine Übertragung von *Schwerpunkten, die in Deutschland aktuell bewährt sind,* ist *derzeit nicht empfehlenswert.* Abwechslungsreiche Arbeitsgestaltung, Freiraum für persönliche Entfaltung und eine gute Balance zwischen Berufs- und Privatleben spielen in China keine große Rolle und laufen am Bedarf der Talente vorbei ins Leere.
- Attraktive Arbeitgeber für chinesische High Potentials zeichnen sich durch alles aus, was der gesamten Familie des Arbeitnehmers dient. In erster Linie sind das materielle Aspekte. Zudem sind auch Anreize attraktiv, die hoch *mit materiellen Vorteilen korrelieren*, wie Karriereoptionen und Weiterbildungsangebote.

Es lässt sich festhalten: Westliche Arbeitgeber gehen häufig mit falschen Vorstellungen nach China, da die kulturellen Unterschiede doch recht groß sind. Essenzielle Aufgaben wie Gesundheitsversorgung, materielle Hilfe bei Armut und Altersversorgung übernimmt im Westen derzeit (noch) oftmals der Staat – häufig auf Schuldenbasis. Jedem Bürger und Zugewanderten ermöglicht das weitreichende Entfaltung und Selbstverwirklichung, auch ohne eigene materielle Basis. Die Bedeutung von Geld ist beispielsweise für Arbeitnehmer und die Gesellschaft in Deutschland daher eine vergleichsweise untergeordnete, denn Geld, Wohnung und Gesundheitsvorsorge sind immer da. Keiner hat materielle Not zu befürchten, nahezu jeder kann sich selbst verwirklichen, auch ohne eigene wirtschaftliche Leistungsbasis. Bildung und Zukunftssicherung der Kinder übernimmt der Staat. Entsprechend ist im Westen oftmals ein Gefühl verloren gegangen: Was bedeutet es, wenn kein Geld da ist?

Häufig entsteht bei Menschen im Westen deshalb ein negativer Eindruck, wenn sie nur oberflächlich die materielle Orientierung der Chinesen beurteilen, ohne die tieferen Ursachen zu verstehen. Chinesische Mitarbeiter sind materialistisch orientiert, wie die genaue Analyse in diesem Kapitel zeigt, aus Verantwortung für ihre Familien; Verantwortung in einem Ausmaß, wie das in westlichem Kulturraum nicht selten zu vermissen ist. Bei Mitarbeitern in Deutschland aktuell dominante Motive wie z. B. Selbstverwirklichung haben deshalb in China bisher – noch – wenig Platz. Es geht hier um die nackte materielle Existenz und Zukunft der Familie. Zeiten können und werden sich aber ändern – doch das wird langsam sein.

Literatur

Ma, Xiaojuan. (2007). *Personalführung in China.* Göttingen: Vandenhoeck & Ruprecht.

Recruiting

7

Talent Relationship Management von Audi

Tobias Becker

7.1 Ausgangslage

Experten sind sehr begehrt. Ihre Erfahrung und Expertise macht sie für Arbeitgeber attraktiv, vor allem in Zeiten drohender Engpässe an Fachkräften. Darum ist deren Rekrutierung eine Herausforderung, die Audi als Arbeitgeber gerne annimmt. Das Unternehmen beweist auf diesem Gebiet – genau wie in der Forschung und Entwicklung – Pioniergeist, um „Vorsprung durch Technik" auszubauen und nachhaltig zu bewahren. Folgende Zahlen bestätigen den steigenden Bedarf bei Audi an Fachkräften: Im Geschäftsjahr 2012 wurden insgesamt 1,45 Mio. Automobile der Marke Audi ausgeliefert, die Umsatzerlöse betrugen 48,8 Mrd. Euro und die Umsatzrendite erreichte 11,0 %. Im selben Jahr wurde das Markenportfolio mit der Motorradmarke Ducati erweitert. Bis 2015 will Audi rund 11 Milliarden Euro in neue Technologien und Innovationen sowie den Ausbau der weltweiten Fertigungsstrukturen investieren. Auch 2013 will Audi weiter wachsen und mit zwei neuen Werken seinen Führungsanspruch nachhaltig untermauern.

Die in den letzten Jahren kontinuierlich gesteigerten Verkaufszahlen und fortgesetzte Expansion gehen einher mit einer Steigerung der Mitarbeiterzahlen: Allein 2012 stellte Audi rund 1.500 Experten ein und 2013 will das Unternehmen weitere 1.500 Mitarbeiter gewinnen sowie rund 700 jungen Menschen einen Ausbildungsplatz bieten. Mitunter kann der Bedarf in verschiedenen Bereichen eines Unternehmens nicht ausschließlich über die klassischen Rekrutierungskanäle oder aus dem Bewerber-Pool gedeckt werden. Selbst bei einem beliebten Arbeitgeber wie der AUDI AG gelingt dies nicht immer. Die in den letzten Jahren kontinuierlich gesteigerten Verkaufszahlen gehen einher mit einer Steigerung der Mitarbeiterzahlen.

T. Becker (✉)
Ingolstadt, Deutschland
E-Mail: tobias.becker@audi.de

H. Künzel (Hrsg.), *Erfolgsfaktor Employer Branding*, Erfolgsfaktor Serie,
DOI 10.1007/978-3-642-40535-8_7, © Springer-Verlag Berlin Heidelberg 2013

Um zu jeder Zeit die passenden Spezialisten im Unternehmen zu haben, entwickelte der Personalbereich strategische Analyseinstrumente wie eigene Studien und neue Recruiting-Instrumente. Zu den Analyseinstrumente gehören eigene Befragungen über die Zufriedenheit der Mitarbeiter zu verschiedenen Themen, um zu ermitteln, wie sie die Angebote und Maßnahmen des Arbeitgebers bewerten. Die Ergebnisse werden anschließend mit den Bewertungen der neu ins Unternehmen gekommenen Mitarbeiter verglichen. Aktuell wird mittels des sogenannten „Stimmungsbarometers" der „Wohlfühlfaktor" der Mitarbeiter im Arbeitsalltag ermittelt, beispielsweise, wie zufrieden sie mit der Zusammenarbeit mit ihren Vorgesetzten oder im Team sind. Neben der Befragung der neuen Mitarbeiter liegen somit im Ergebnis zwei nachhaltige interne Erhebungsstudien vor.

Als Recruiting-Instrumente hat Audi eine Vielzahl an sogenannten CareerDays, internationale Karrieretage für spezielle Zielgruppen, geschaltet. Beim „Audi CareerDay Produktion" im Jahr 2013 in der Münchner AllianzArena hatten Young Professionals mit mehr als zwei Jahren Berufserfahrung und Professionals mit langjähriger Berufserfahrung beispielsweise die Möglichkeit, die Bandbreite der Berufsfelder im Geschäftsbereich Produktion bei Audi kennenzulernen – und das an diesem Tag stattfindende Halbfinale des Audi-Cups live zu erleben. Weitere veranstaltete CareerDays richteten sich z. B. speziell an Frauen mit technischem Background oder (young) Professionals mit persönlichem Bezug zu China. Im Rahmen von Dialogveranstaltungen und Vortragsreihen trafen Experten von Audi und Jobsuchende zusammen, die in ihrem Feld Experten sind und Expertise mitbringen. Eine gute Gelegenheit für sie, herauszufinden, wer von ihnen sozusagen „Audiaffin" ist und sich seine berufliche Zukunft bei Audi vorstellen könnte (Abb. 7.1).

Das Recruiting-Instrumentarium schließt auch die Unterstützung von Initiativen für die Zielgruppen mit ein. Wie zum Beispiel die von der Bonding Studenteninitiative e. V. in München veranstaltete „bonding Engineering Competition/bEC", wo Studenten Aufträge erteilt bekamen und Konstruktionsaufgaben selbstständig umsetzen mussten. Des Weiteren führt Audi Workshops für die Zielgruppen durch, unter anderem gemeinsam mit anderen bayerischen Unternehmen und bietet hier Studierenden an, sich in einer Fachaufgabe mit Assessment-Charakter zu üben.

Aber auch der „Personalbaukasten" selbst wurde erweitert. Bestandteile dieses Baukastens waren bereits maßgeschneiderte Einstiegskanäle für neue Mitarbeiter: neben dem Direkteinstieg auch das internationale Traineeprogramm sowie Einstiegsprogramme für Akademiker und Doktoranden. Sie haben unterschiedliche Laufzeiten, sind verschieden getaktet und sehen teilweise Auslandsaufenthalte vor. Berufsanfänger bei Audi werden in ein umfassendes, sogenanntes „Welcome-Programm" integriert, um ihnen den Start im Unternehmen und in ihrem neuen Umfeld zu erleichtern. Hierzu gehören Angebote wie Informationsveranstaltungen, Vernetzung mit anderen Berufseinsteigern für verschiedene Aktivitäten, Produkterlebnisse, um sich mit den Audi-Produkten vertraut zu machen, aber auch „lokale Stadtrallyes" und Stadt-Kennenlernaktionen, um sich im neuen Umfeld schnell zurechtzufinden. Beim On-the-Job-Training wird jedem Berufseinsteiger ein Pate zur Seite gestellt. Dieser unterstützt ihn dabei, fachlich möglichst schnell Fuß zu fassen

Abb. 7.1 Anzeige Audi CareerDay China. (Quelle: Audi AG)

und das Unternehmen kennenzulernen. Ergänzt wird dieser Personalbaukasten für den Neueinstieg durch Personalmarketing-Aktivitäten auf allen Kanälen von Social Media: Wo können Mitarbeiter zu Wort kommen? Wo können sich künftige Mitarbeiter bewerben? Welche Informationsquellen gibt es? Wie kann man sich austauschen?

Mitarbeiter, die schon längere Zeit im Unternehmen sind, können sich zur Weiterqualifizierung für Stipendienprogramme bewerben, um beispielsweise einen Master- oder Technikerabschluss oder die Meisterprüfung zu absolvieren. Hiefür besteht die Möglichkeit, auch ein Sabbatical zu nehmen oder sich freistellen zu lassen. Beides kann zum Beispiel auch für die häusliche Pflege eines Angehörigen beantragt werden. Hinzu kommen Angebote wie mobile Arbeitsplätze, Telearbeit oder flexible Arbeitszeitgestaltung.

Alle diese Instrumente des „Personalbaukastens" sind geprägt durch das Thema „Individualität": Bei Audi steht der Mensch im Mittelpunkt. Alle Menschen, die mit Audi-Vertretern in Kontakt kommen, ob beim Erstkontakt, über Facebook oder Service-Hotline bis hin zu Messen, sollen dies erleben. Die beschriebenen Programme sind allesamt auf „langfristige Bindung" ausgelegt: Audi will Mitarbeiter ab dem Erstkontakt nicht nur gewinnen, sondern an das Unternehmen binden.

Die dritte Kategorie, die dem Personalbaukasten zugrunde liegt, ist die „Internationalisierung", insbesondere vor dem Hintergrund, dass Audi international ein attraktiver Arbeitgeber ist, der weiter expandiert. Aktuell wird ein neues Werk in Mexiko gebaut. Es stellt sich daher die Frage: Wie lassen sich unterschiedlichste Nationalitäten – allein an den deutschen Standorten arbeiten über 90 Nationalitäten – und deren Bedürfnisse einbinden?

Vor diesem Hintergrund ist festzuhalten, dass Individualität, langfristige Bindung und Internationalität das Fundament des „Personalbaukastens" von Audi bilden. Eines der zusätzlichen neuen Werkzeuge dieses Baukastens ist das Audi Talent Relationship Management (TRM), das in diesem Artikel näher beleuchtet wird.

Dass Audi zu den attraktivsten Arbeitgebern zählt, zeigen die Arbeitgeber-Rankings der renommierten Beratungsinstitute trendence und UNIVERSUM. So hat Audi 2012 zum dritten Mal in Folge einen Doppelsieg eingefahren: Absolventen der Ingenieur- und Wirtschaftswissenschaften wählten Audi zum attraktivsten Arbeitgeber Deutschlands. Auch bei Informatikern und Naturwissenschaftlern belegt Audi vordere Plätze. Die Attraktivität zeigt sich auch in der großen Zahl von qualifizierten Bewerbungen.

Die Attraktivität als Arbeitgeber und eine große Zahl an passenden Bewerbungen ist für die AUDI AG Gradmesser für den Erfolg. Gleichzeitig verschärft sich – auch aufgrund der demografischen Entwicklung – die Situation bei zu besetzenden Expertenpositionen. Ende 2012 berechnete Prognos im Auftrag der Vereinigung Bayerische Wirtschaft in einer Studie den künftigen Bedarf: „In Deutschland werden bis 2020 rund 1,7 Mio. Fachkräfte fehlen, bis 2035 sogar vier Millionen." Folgt man der vbw-Berechnung, werden nur auf Bayern gerechnet 2035 rund 36.000 Ingenieure fehlen. Ähnlich ist das Bild bei den Naturwissenschaftlern und Mathematikern: Im Jahr 2035 werden rund 12 % aller Stellen nicht besetzt werden können, das entspricht einer Lücke von 19.000 Fachkräften.

Damit Audi auch künftig Expertenstellen mit passenden Kandidaten besetzen kann, beschäftigt sich das Unternehmen intensiv mit dem Anforderungsprofil der ausgeschriebenen Stellen – und zwar gleichermaßen mit dem Anforderungsprofil an die Bewerber und dem der Bewerber an den künftigen Arbeitgeber. Dabei kam beispielsweise heraus, dass sowohl für die Bewerber, die der sogenannten Generation Y angehören, als auch für die Berufserfahrenen das wichtigste Kriterium bei der Arbeitgeberwahl ist: eine spannende Aufgabe. Beide Bewerbergruppen favorisieren gleichermaßen Teamarbeit in Projekten mit flachen Hierarchien.

7.2 Generationen im Wandel: GenY

Die Generation Y hingegen legt mehr Wert auf Feedback als vorhergehende Generationen – oder fordert es zumindest selbstbewusster ein. Was sämtliche Studien zum Thema aber auch zeigen, ist: Wenn Arbeitsaufgabe oder -umfeld nicht passen, sind die Angehörigen der Generation Y schneller als vorhergehende Generationen bereit, sich nach einem neuen Job umzuschauen. Weil gerade für die Generation Y ein attraktiver Arbeitgeber zu sein, künftig also noch wichtiger wird, lohnt ein genauerer Blick darauf, welches Anforderungsprofil die Bewerber von ihrem Arbeitgeber haben.

Nicht nur Berufseinsteiger, auch gestandene Manager verzichten lieber auf beruflichen Glanz als auf ihr Familienleben. Der „klassische" hierarchische Aufstieg erscheint vielen heute nicht mehr erstrebenswert. Bei einer 2012 vom manager magazin in Auftrag gegebene Umfrage gaben 25 % der befragten 284 Ypsiloner an, schon einmal eine neue Position, die mit Führungsverantwortung verbunden war, abgelehnt bzw. sich zumindest nicht um diese bemüht zu haben. Folgerichtig war der Wunsch nach Work-Life-Balance mit 76 % sehr ausgeprägt. Nach den Gründen für ihre ablehnende Haltung gegenüber einer Führungsposition gaben 51 % an, es würden zu viele „Machtspielchen" stattfinden, 46 % waren nicht bereit, den höheren Zeitaufwand für diese Funktion in Kauf zu nehmen, sie wollten lieber mehr Zeit mit ihrer Familie und ihrem Privatleben verbringen. Als weitere Gründe wurden der größere Druck (41 %), lieber fachlich-inhaltliches Arbeiten (27 %) und zu sehr im Fokus der (unternehmensinternen) Öffentlichkeit (11 %) zu stehen angegeben. Entsprechend gaben nur 3 % der Befragten an, dem Beruf oberste Priorität zuzumessen, im Zweifel auch gegenüber Familie und Privatleben, und nur 5 % haben sich den Aufstieg in der Hierarchie zum Ziel gesetzt.

Gleichwohl waren 75 % der Meinung, dass es Spaß machen würde, in Führungspositionen etwas zu bewegen. Auffallend aber ist die Skepsis gegenüber diesen Positionen und ein neues Verständnis ihrer Ausübung. Der angesprochene Druck auf die Führungskräfte sei in den vergangenen Jahren größer (54 %), ihr Spielraum hingegen kleiner geworden (29 %). Selbst in Führungspositionen seien die Vorgaben von oben und außen so dicht, dass man wenig selbst gestalten könne. So gesehen würden unter dem Strich mehr Verantwortung und höheres Gehalt die Nachteile einer Führungsposition wie weniger Zeit für die Familie oder Erfolgsdruck nicht ausgleichen. Auch das Führungsverständnis hat sich gewandelt: 55 % der Befragten sagten, Führungskräfte müssten vor allem moderieren und sich als Teamplayer begreifen. Klassischen Positionen wie „Wer führen will, muss hart sein – gegen sich und gegen andere“ konnten nur 13 % etwas abgewinnen.

Wie soll man die Generation Y begreifen? Sie wollen die Welt verbessern, aber nur ein bisschen. Sie wollen hart arbeiten, aber eher nicht Boss werden. Viele Vorgesetzte sind irritiert. Thomas Sigi, Personalvorstand bei Audi, beschreibt die Ypsiloner, die circa 20 % der Beschäftigten im Unternehmen ausmachen, in einem Spiegel Interview (2012) folgendermaßen: „Sie ist die erste Generation, die mit dem Internet von Kindesbeinen an aufgewachsen ist, dazu in materieller Sicherheit sowie meist bestens ausgebildet und mit internationalem Horizont. Sie tritt sehr selbstbewusst auf, auch, weil der demografische Wandel und der Fachkräftemangel es für Unternehmen notwendig machen, stärker auf sie einzugehen. (…) Die jungen Menschen suchen Herausforderungen, ein Job muss für sie spannend sein. Sie wollen auch Verantwortung übernehmen, aber stärker für Inhalte und Sachthemen. (…) Insgesamt sind die Jungen eben sehr pragmatisch und kooperativ, sie denken in Netzwerken. Niemand, der oben sitzt und Befehle erteilt, passt da in das Bild. Sie suchen Lösungen lieber in einer Community, nicht bei den Autoritäten. (…) Wer bei einem Thema am besten Bescheid weiß, darf bestimmen. Man darf eins nicht vergessen: Diese Generation ist behütet aufgewachsen. Aufmerksamkeit, Förderung und Lob der Eltern spielten eine große Rolle, später dann Diskussionen mit Lehrern und Professoren. Sie wurden zur Selbstständigkeit erzogen und sind es gewohnt, mit Autoritäten auf Augenhöhe zu sprechen.“

Auf die Defizite der Generation Y angesprochen, antwortete Thomas Sigi: „Ihr kollaborativer Arbeitsstil hat viele Vorteile. Aber nicht alle Probleme lassen sich im Netzwerk lösen, manchmal muss man auch harte Entscheidungen treffen. Da tun sich die Ypsiloner noch etwas schwer. Und wirklich überrascht hat uns in unserer Studie, dass die Mobilität abnimmt. Die Jungen wollen nicht mehr so oft umziehen, und im Ausland waren sie meist schon während des Studiums. Diese Einstellung ist völlig gegenläufig zum Bedarf der Unternehmen.“

Worauf müssen sich Unternehmen angesichts dieser Entwicklung in Zukunft gefasst machen? „Alles, was eine hierarchische Organisation ausmacht, wird auf den Prüfstand kommen: Herrschaftswissen, Kontrolle, zentrale Steuerung, Machtspielchen. Stattdessen werden offenes Wissensmanagement, flache Organisationen, gelebte Work-Life-Balance, gute Fehlerkultur, hierarchielose Kommunikation und Vertrauen wichtiger – für Führungskräfte und für Mitarbeiter. Heute gibt es Mitarbeiterbeurteilungen – künftig wird es auch Chefbeurteilungen geben. Vor allem aber werden Werte entscheidend. Die Generation Y will Sinn in dem, was sie tut. Unternehmen müssen den sozialen Aspekt ihres Tuns stärken. Das gilt übrigens auch für Führungskräfte persönlich“, erklärte der Audi-Vorstand.

7.3 Maßgeschneiderte Entwicklungsprogramme

Wie beschrieben streben die Ypsiloner eine Führungskarriere nicht mehr um jeden Preis an, sie betrachten die Fachkarriere zunehmend als ebenso attraktiv. Natürlich wollen sie sich auch entwickeln und gut bezahlt werden – das kann aber auch als Fachexperte sein. Audi bietet daher individuelle Einstiegs- und Entwicklungsmöglichkeiten. Neben den bereits erwähnten Einstiegsprogrammen für Hochschulabsolventen bietet Audi zudem die Möglichkeit, nach Abschluss des Abiturs oder Fachabiturs in Ingolstadt und Neckarsulm im Rahmen eines dualen Programms ein Studium anzuschließen. Internationale Arbeitskräfte können das Förderprogramm „StartUpEurope" in Anspruch nehmen. Hinzu kommen Entwicklungsprogramme sowohl im außertariflichen Bereich, im tariflichen Bereich mit Leitungsverantwortung, im Management und im Top-Management. Die Führungs- und Fachlaufbahn verlaufen bei Audi parallel, das heißt Top-Fachleute können auch ohne Führungsverantwortung Teil des Managements werden.

Auch das gesellschaftliche Engagement eines Unternehmens wird für die junge Generation, aber auch für Experten bei der Wahl eines Arbeitgebers immer wichtiger. Beispiele aus der Praxis sind die Kulturförderung von Audi, die weit aufgestellt ist von Jazz-Festivals über Rock-Pop-Festivals bis hin zur Nachwuchsförderung, oder die Initiative „Audi Ehrensache". Mit dieser Initiative trägt Audi dem Wunsch der Mitarbeiter nach freiwilligem, ehrenamtlichem Engagement Rechnung. Sie haben die Möglichkeit, an den Standorten Ingolstadt und Neckarsulm ehrenamtlich mitzuarbeiten, zum Beispiel bei der Renovierung einer Kita, beim Pflastern eines neuen Weges in einem Seniorenheim – oder ein Rotes-Kreuz-Fahrzeug neu zu lackieren. Der Bedarf für wohltätige, karitative und ehrenamtliche Unterstützung wird auf einer Online-Plattform bekannt gemacht, auf der sich die Mitarbeiter für die einzelnen Projekte eintragen oder selbst Vorschläge machen können. 2013 haben sich über 700 Mitarbeiter einen Tag lang – in ihrer Freizeit – für soziale Projekte an den beiden deutschen Audi-Standorten engagiert.

7.4 Neues Verständnis der Personalarbeit

Sich mit dem Anforderungsprofil zu beschäftigen, das Bewerber an ein Unternehmen richten, zahlt sich aus. Eine Organisation, die dieses ignoriert, dürfte sich schwer tun, sowohl die Generation Y als auch die Zielgruppe der Experten für sich zu gewinnen. Darum ist es mehr als ratsam, die Erkenntnisse aus der Profilanalyse dort mit einzubeziehen, wo die Arbeitgebermarke geformt und für Interessenten und Bewerber erlebbar gemacht wird.

Bei den meisten Unternehmen führt das seit einiger Zeit zu einem neuen Verständnis der Personalarbeit. Sahen sich die Human-Resources-Abteilungen in den meisten Firmenorganisationen bisher in der Rolle eines Dienstleisters, ändern sich deren Tätigkeiten hin zu einer strategischen Aufgabe. „Das bedeutet, dass alle Personalentwicklungsinstrumente an der Unternehmensstrategie ausgerichtet werden und die Personalabteilung als gleichberechtigter Partner die anderen Organisationseinheiten im Unternehmen bei der

Erreichung ihrer strategischen Vorgaben unterstützt. Durch diese strategisch ausgerichtete Unterstützung der anderen Organisationseinheiten leistet die strategische Personalarbeit einen Beitrag zum Erfolg eines Unternehmens", definieren die Autoren Robert Wolf, Stefan Urbasek, Ronny Vogel und Matthias Wessel in ihrer Studienarbeit aus dem Jahr 2011 zum Thema „Strategische Personalentwicklung" den Status quo.

Zur Erläuterung ein Blick auf die „klassische" Vorgehensweise des Recruitings: Bei Bedarf wurde eine Stelle ausgeschrieben und abgewartet, bis sich Interessenten mit einem abgeschlossenen Maschinenbaustudium inklusive Praktikumsnachweis auf diese Stelle bewarben. Diese Vorgehensweise reichte aus, weil der Fokus auf dem Know-how des Bewerbers lag. Heute sind ein adäquater Hochschulabschluss mit entsprechendem Motorentechnik-Praktikum bei der Talentsuche sicherlich ebenfalls Voraussetzung, im Blick ist aber auch die Anforderung des Bewerbers für das Unternehmen der Zukunft: im Kontext von internationalem Wachstum, sich verändernden Märkten mit der Notwendigkeit der Entwicklung unterschiedlicher Fahrzeugkonzepte für unterschiedliche Marktsegmente und anderes mehr. Gesucht wird heute jemand für morgen. Deshalb ist der Fokus nicht nur auf die fachliche Qualifikation des Bewerbers zu richten, sondern auch auf die Perspektiven von Audi, zum Beispiel die Mobilität des Bewerbers bei der Notwendigkeit eines späteren Standortwechsels. Das Augenmerk hat sich vom Recruiting zur strategischen Personalbesetzung verlagert.

Mit Konsequenzen für die angesprochenen Kommunikationskanäle zur Talentsuche: Insbesondere die Generation Y will zunehmend persönlich angesprochen werden und nicht über Printmedien oder allgemeine Informationen auf der Homepage des Unternehmens. Die Herausforderung für den TRM-Manager ist es, zu den Talenten über persönliche Beziehungen, Recherchen, einen Fachartikel, Datenbanken etc. Kontakt aufzunehmen. Bei Audi steht hierbei nicht – wie beim Headhunting – der Rekrutierungsgedanke im Vordergrund, sondern vielmehr der persönliche Erstkontakt, aus dem sich etwas entwickeln kann, was aber seine Zeit benötigt – und ein persönliches Vertrauensverhältnis. Das Unternehmen stellt sich sozusagen bei einem Talent vor, es bewirbt sich bei ihm: eine Umkehrung des „klassischen" Schaltens von Stellenausschreibungen.

Um im Sinne dieses Paradigmenwechsels in den Personalabteilungen Schritt zu halten, muss man die traditionellen Verfahren erweitern beziehungsweise Grenzen überschreiten:

„Im Kern sind es drei Dinge, auf die es ankommt. Erstens: Schnelligkeit, zweitens: Transparenz im Recruiting-Prozess bezogen auf den aktuellen Status und die Zielsetzung der angewandten Auswahlmethoden. Drittens und mit am wichtigsten: persönliche Wertschätzung gegenüber dem Bewerber", schreibt Diplom-Psychologe Professor Armin Trost.

Das gestiegene Qualitätsbewusstsein, das man bei Autokäufern beobachten kann, lässt sich auch bei Bewerbern verfolgen. Qualität in die Recruiting-Prozesse zu implementieren, ist zentrale Aufgabe des Managements – vor allem, wenn Stellen nicht besetzt werden können, deren Aufgaben spezifische Kenntnisse und Kompetenzen voraussetzen. Dabei gilt es besonders, den Personalbedarf auch auf lange Sicht zu planen.

7.5 TRM: neue Kanäle zur persönlichen Ansprache

Audi ist bei der Suche nach speziellen Zielgruppen über die üblichen Verfahren hinaus neue Wege gegangen, ohne dabei Recruiting-Maßnahmen des Personalmarketings wie Hochschul- und Kontaktmessen, CareerDays oder Stellenbörsen und Anzeigen zu vernachlässigen. Um auf die Spezialisten aktiv zuzugehen, installierte Audi als erstes Automobilunternehmen 2008 das Talent Relationship Management (TRM).

TRM ist in der Audi-Definition das Verfahren zur Identifizierung, Förderung und Bindung von potenziellen Mitarbeitern aus Engpasszielgruppen. Der Grundgedanke basiert auf dem Prinzip des Customer Relationship Managements (im Denkmodell von TRM ist das Talent der Kunde). Der gemeinsame Leitfaden ist die Ausrichtung auf die individuellen Bedürfnisse des Kunden, also eine Verschiebung der klassischen Perspektive.

Dieses Verfahren erwies sich im Laufe der Jahre als eine absolut sinnvolle Ergänzung zu den üblichen Instrumenten der Personalgewinnung, ist jedoch nicht mit dem üblichen Ablauf einer Stellenbesetzung zu vergleichen. Das Prinzip von TRM liegt darin, nicht auf Basis einer Stellenbeschreibung für eine zu besetzende Stelle den passenden Bewerber zu suchen, sondern zunächst das Profil des idealen Mitarbeiters für einen speziellen Bereich zu erarbeiten – und das, bevor der akute Bedarf entsteht. Das geschieht in enger Zusammenarbeit mit den Verantwortlichen der Fach- und der Personalabteilungen und wird mit unabhängigen Marktanalysen unterfüttert, zum Beispiel Analysen und Prognosen des Vereins der Deutschen Ingenieure (vdi) und des Bundesverbandes der Deutschen Ingenieure (BDI). Hochschulnetzwerke und -kontakte bieten Aufschlüsse darüber, was Studenten wünschen und wie viele Absolventen die Hochschulen verlassen. Aufschlussreich sind auch Beobachtungen im Unternehmen selbst, z. B. für welche der angebotenen 800 bis 1.000 Praktikumstellen an beiden deutschen Produktionsstandorten sich Praktikanten weniger häufig bewerben, etwa für Praktika in neuen Technologien wie der Alu-Hybrid-Mischbauweise, einer noch sehr jungen Disziplin in der Materialwirtschaft. Solche Informationen befähigen Audi, zu agieren statt zu reagieren und frühzeitig Interessenten auch aus kleineren Talentpools zu identifizieren.

Viele Unternehmen mit speziellen Personalanforderungen betreiben heute bereits als Grundlage zur Deckung des langfristigen Expertenbedarfes eine Art „Adressenvorratshaltung“ möglicher Mitarbeiter. Aber Audi als TRM-Pionier geht mit dem Ansatz noch mehr in die Tiefe.

7.6 Zuordnung des TRM im Unternehmen

Das Verfahren berücksichtigt die verschiedensten personalpolitischen Aspekte und ist zunächst keine im „klassischen“ Personalbereich einzuordnende Funktion. Beabsichtigen andere Unternehmen, sich dieses Verfahrens zu bedienen, müssen bestehende Strukturen erweitert und der TRM-Verantwortliche organisatorisch zugeordnet werden. TRM kann nämlich nur dann erfolgreich funktionieren, wenn die Akteure Bewegungsfreiheit innerhalb der Organisation haben. Dies ist zum Beispiel dann der Fall, wenn der TRM-Manager Rahmenbedingungen vorfindet, die es ihm erlauben, sich ganz auf die Identifikation von Talenten, auf die Ansprache und das Relationship-Management auf der Beziehungsebene zu konzentrieren. Da der persönliche Kontakt auf einem Vertrauensverhältnis beruht, erfährt er von den Talenten auch persönliche Informationen. Unter diesen Umständen wäre es beispielsweise kontraproduktiv, wenn er als TRM-Manager mit einem Talent eine Gehaltsverhandlung führen müsste. Hier schließt die Bewegungsfreiheit auch die Abgrenzung mit dem für solche Verhandlungen zuständigen operativen Personalreferat ein.

Zur Bewegungsfreiheit gehört auch, dass andere Akteure, z. B. der Planer aus dem Produktionsbereich und der Ingenieur der technischen Entwicklung, ihre Terminplanung so gestalten, dass sie den ersten Fachgesprächen des TRM-Managers mit Talenten beiwohnen oder bei einem Willkommenstermin mit einem Talent teilnehmen können. Denn im Gegensatz zu herkömmlichen Vorstellungsgesprächen, zu denen der Bewerber anzutreten hat und wo ihm „auf den Zahn gefühlt" wird, handelt es sich bei den Talenttreffen um Kennenlerntermine, bei denen der Fachaustausch des Talents mit Experten des Unternehmens, Kollegen der Personalabteilung und verschiedenen Fachbereichen sowie dem TRM-Manager im Vordergrund steht. Aber auch andere Aktivitäten, zum Beispiel der Besuch des Talents in seinem Heimatort durch den TRM-Manager, sind Teil dieser Bewegungsfreiheit.

Da der TRM-Manager bei Audi solche Voraussetzungen vorfindet, kann er seine Aufgaben so wahrnehmen, dass er sich im Unternehmen mittlerweile den Ruf „Anwalt der Talente" erworben hat.

Audi hat das TRM als Bindeglied zwischen Employer Branding und Recruiting im Bereich Personalmarketing verankert. Doch das ist, wie bereits erwähnt, nicht auf jede Organisation übertragbar und sollte individuell entschieden werden. In manchen Unternehmen erweist es sich vielleicht als sinnvoll, den TRM-Manager direkt in den Fachbereichen anzusiedeln, die auf eine definierte Engpasszielgruppe angewiesen sind.

7.7 Definition der Engpasszielgruppen

Nachdem die Zuordnung des TRM getroffen ist, sollten im nächsten Schritt die Engpasszielgruppen definiert werden, das heißt Fachabteilungen, die für diese individuelle Form der Personalgewinnung infrage kommen. Dabei legte man nach der Vorgabe beim Audi TRM-Modell folgende drei Maßstäbe an: Relevanz für den Unternehmenserfolg, Verfügbarkeit am Arbeitsmarkt und der zukünftig zu erwartende Personalbedarf.

Kennzeichnend für Engpasszielgruppen ist, dass sie auf dem Markt schwer verfügbar und für das Unternehmen erfolgskritisch sind. Um sie wirklich begreifen und erfassen zu können, ist ein hoher Rechercheaufwand erforderlich, unter anderem umfangreiche Befragungen von Mitarbeitern und Führungskräften der untersuchten Bereiche, aber auch Doktoranden, Dualstudierenden und Teilnehmern anderer Einstiegs- und Entwicklungsprogramme. Aus den Befragungsergebnissen werden Rückschlüsse auf die Engpasszielgruppen abgeleitet. Sind diese ausreichend charakterisiert, beginnt die Suche nach den überaus begehrten High Potentials, mit dem Ziel einer Kontaktaufnahme. In diesem sehr engen Markt erfolgt die Ansprache sehr persönlich, um den Kontakt auszubauen und langfristig aufrechtzuerhalten. Ist der Kontakt zu Talenten dieser Zielgruppe erst einmal hergestellt, bleibt er – nicht nur wegen der aufwendigen Vorarbeit – bestehen. Denn selbst wenn ein solcher High Potential möglicherweise niemals zu Audi wechseln sollte, ist ein persönlicher Kontakt zu ihm als potenzieller Multiplikator aufgebaut, der dem Unternehmen möglicherweise andere Talente und Multiplikatoren aus seinem beruflichen Umfeld zuführen könnte. Insgesamt ist die Betreuung dieser Zielgruppen mit hohem Aufwand verbunden: von der Poolbildung bis hin zur mehrjährigen Betreuungszeit dauert es erfahrungsgemäß zwei bis vier Jahre, bis ein High Potential bei Audi „anheuert".

Im Detail bedeutet das, dass diese Engpasszielgruppe eine überdurchschnittliche strategische Bedeutung für das Unternehmen einnimmt. Zudem geht man davon aus, dass die gesuchten Spezialisten derzeit höchstens als „latent Suchende" bezeichnet werden können, das heißt nicht auf dem Bewerbermarkt zu finden sind. Dazu kommt noch, dass die Engpasszielgruppe einen kontinuierlichen Besetzungsbedarf aufweisen muss, damit sich TRM lohnt.

TRM-Maßnahmen können im Prinzip auf alle Abteilungen eines Unternehmens angewendet werden. Vorab sollte man jedoch im Sinne der Effizienz filtern, wo im Unternehmen künftig Bedarf entstehen könnte. Ein TRM-Verfahren lohnt sich aber nicht, wenn es sich nur um einzelne zu besetzende Positionen handelt. Diese Aufgabe kann mit herkömmlichen Recruiting-Maßnahmen besser gelöst werden. Interessant sind vor allem die Abteilungen, die über einen langen Zeitraum hinweg einen hohen Bedarf an Spezialisten haben. Ein Beispiel in der Autobranche ist das Entwicklungsumfeld oder die internationale Werksplanung. Aufgrund immer neuer technologischer Herausforderungen gibt es auch Bedarf an neuen Berufsgruppen wie etwa Textilexperten im Leichtbau.

7.8 Erstellung eines Talentprofils

Hat man sich für eine relevante Zielgruppe entschieden, sollte man sich vergegenwärtigen, dass sich das passende Qualifikationsprofil des idealen Kandidaten erst nach mehrjähriger Berufserfahrung ausbildet, sodass sich für Schlüsselqualifikationen in den seltensten Fällen Berufseinsteiger eignen. Doch was macht eigentlich einen idealen Kandidaten aus? Das Definieren der notwendigen Voraussetzungen ist einem Profiling gleichzusetzen. Bei Audi wendet man zur exakten Zielgruppenanalyse das Ermittlungsverfahren „SWOT" an. Das steht für „Strengths, Weaknesses, Opportunities und Threats", also die Bewertung von Stärken, Schwächen, Chancen und Risiken, die sich für den identifizierten Fachbereich ableiten lassen. Gilt aus Sicht des Talents z. B. ein hohes Reiseaufkommen in der einen Zielgruppe als Stärke der Stellenbeschreibung, stellt sie für ein anderes Talent eine Schwäche dar. Ziel ist es, durch eine Fokusgruppe bestehend aus Mitarbeitern, Führungskräften und Personalreferenten ein aussagekräftiges Talentprofil zu erstellen. Doch bevor es losgeht, sollte das Unternehmen die „Selling Story" (warum Unternehmen und Talent besonders gut zusammen passen) definieren, um potenzielle Kandidaten ansprechen zu können. Sind am Ende des SWOT-Prozesses die Eigenschaften des Wunschkandidaten und die Selling Story ermittelt, macht sich der TRM-Manager aktiv auf die Suche.

Anzumerken sei, dass beim SWOT-Prozess neben den Eigenschaften des Wunschkandidaten auch die Engpassbereiche von Audi identifiziert werden. Vor der Erstellung des „Schnittmusters" für das Talent wurde ein „Schnittmuster" der betreffenden Fachabteilung entwickelt, auf Grundlage eingangs genannter Befragungen und Interviews. Eine Auswertung der beiden „Schnittmuster" ergab ein Bild über die Stärken und Schwächen sowie die Chancen und Risiken. Dies und gab Antwort auf die Frage: Was macht den idealen Kandidaten aus und was bietet ihm die Fachabteilung?

Die Praxis lehrt, dass der TRM-Beauftragte über Fachkenntnisse und das entsprechende Fachvokabular verfügen sollte, um sich mit möglichen Kandidaten auf Augenhöhe zu unterhalten. Darüber hinaus sollte er noch andere Qualifikationen mitbringen: Selbstorganisation, analytisches Denken, Kommunikationskompetenz und ganz wichtig: Die Begeisterung, aktiv auf Menschen zuzugehen.

7.9 Wege der Talentfindung

Die Talente selbst findet man auf verschiedene Art und Weise: Audi konnte bereits beim Prozessstart von TRM auf ein persönliches Netzwerk zurückgreifen. Es empfiehlt sich auch, bestehende Bewerbungsunterlagen nach passenden Kandidaten zu durchforsten, denn die sogenannten Second-Best-Bewerber sind oft für die weitere Betreuung durch das TRM geeignet. Eine weitere Quelle sind Teilnehmer aus Bindungsprogrammen wie etwa ehemalige hervorragende Praktikanten oder auch Auszubildende aus dem Zielbereich, die das Unternehmen für eine Weiterbildung verlassen haben. Auch Diplomanden, Dualstudenten, Doktoranden oder deren Kommilitonen zählen dazu. Darüber hinaus können ehemalige Mitarbeiter, aber auch aktuell Beschäftigte aus anderen Unternehmensbereichen die gesuchten Eigenschaften mitbringen.

Ein bewährter Weg zur Talentfindung ist die Ansprache auf Veranstaltungen und Messen. Für ein technikaffines Unternehmen wie Audi bietet sich beispielsweise die Hannover Messe an. Fachkongresse und -foren sind ebenfalls „places to be", da der TRM-Manager hier die gesuchten Talente erwartet. Dort sind neben Unternehmenspräsentationen auch persönliche Fachgespräche am Rande der Veranstaltung möglich (Abb. 7.2).

Audi ist bei der Erstansprache eines wichtig: Offenheit ist die Basis eines Vertrauensverhältnisses und die Grundlage für eine langfristige Beziehungsentwicklung. Der TRM-Beauftragte sollte den Angesprochenen nie über seine Funktion im Unklaren lassen und gleich klarstellen, dass es nicht um die kurzfristige Besetzung einer aktuellen Vakanz geht. Im Vordergrund steht der Aufbau eines Fachnetzwerks. Dadurch grenzt sich der TRM-Manager klar vom klassischen Headhunter ab.

Und genau darin liegt eine der Stärken der TRM-Methode: Der langfristige und persönliche Kontakt- und Beziehungsaufbau, bei dem der Wechselgedanke des Talents nicht

Abb. 7.2 Audi-Stand auf der Industriemesse in Hannover. (Quelle: Audi AG)

im Vordergrund steht. Im Gegensatz dazu steht das Headhunting: Talente werden häufig durch Personalberater und über Karrierenetzwerke kontaktiert oder erhalten ungefragt Stellenangebote. Das empfinden die meisten als störend. Nach einer repräsentativen Befragung des Forschungsinstituts trendence werden sogenannte High Potentials innerhalb eines halben Jahres im Durchschnitt 4,7-mal von einem Headhunter angesprochen.

7.10 Kriterien erfolgreicher Kontaktpflege

Im Beziehungsmanagement, für das der TRM-Beauftragte viel Sensibilität bei der Kontaktpflege mitbringen muss, ist ein weiterer Erfolgsgarant enthalten: Ein Talent kann dem TRM-Beauftragten die Tür zu weiteren Talenten aus seinem persönlichen Umfeld öffnen, weshalb auch eine direkte Jobansprache nicht der zielführende Weg ist. Mit sich vertiefender Beziehung gilt es einerseits, die Persönlichkeitseigenschaften und individuellen Bedürfnisse des Talents zu verstehen und ihm andererseits Einblicke in die Wertewelt und Attraktivitätsfaktoren des Unternehmens zu geben. Im Rahmen einer individuell zugeschnittenen Selling-Story für das eigene Unternehmen könnten neben einem faszinierenden und herausfordernden Tätigkeitsfeld oder flachen Führungsstrukturen auch die individuellen Arbeitsbedingungen (zum Beispiel: Teilzeitmodelle, flexible Kinderbetreuung, Telearbeitsplatz etc.) überzeugende Argumente sein. Die Praxis lehrt ferner, dass bei der

Erstansprache das Thema Gehalt nicht die entscheidende Rolle spielt, obgleich sich die gesuchten Talente ihres Seltenheitswertes bewusst sind.

Mit wachsendem Vertrauen wird schließlich auch die eventuelle Wechselwilligkeit des Talents zum gemeinsamen Thema der Gesprächspartner. Diese wird häufig dadurch motiviert, dass das Talent nach einer neuen fachlichen Herausforderung sucht, familiäre Gründe für einen neuen Arbeitsplatz sprechen oder eben der TRM-Beauftragte mit einer überzeugenden Selling-Story begeistert.

Hat man einmal den Kontakt aufgenommen, ist der nachhaltige Dialog wichtig. Die zielgerichtete Ansprache des Talents kann über Mail-Korrespondenz, Foren, Telefon oder aber im persönlichen Gespräch stattfinden. Das Erfolgsgeheimnis ist das ehrliche gegenseitige Interesse. Aber eine Einladung ins Unternehmen für einen exklusiven Einblick hinter die Kulissen ist genauso attraktiv wie zu einer für Spezialisten spannenden Veranstaltung, beispielsweise der „Formula Student" (ein internationaler Konstruktionswettbewerb für Rennfahrzeuge von Studenten). Aber auch das Treffen zu Fachvorträgen oder ein Gespräch beispielsweise über gemeinsame Hobbies kann den Austausch mit dem Talent fördern.

7.11 TRM als kontinuierlicher Prozess

Im Verständnis von Audi ist TRM ein kontinuierlich laufender Prozess, unabhängig von der aktuellen Konjunkturlage: Die Notwendigkeit wurde von den Karriere-Coaches Iris Beuerle und Angelika Westerwelle im Fachartikel „Gute Zeiten, schlechte Zeiten" begründet. Darin weisen die beiden Autorinnen zu Recht darauf hin, „dass viele Unternehmen den fatalen Fehler begehen, in einer wirtschaftlich schlechten Lage Personalmarketingaktivitäten einzufrieren. Dies gilt unter Einbeziehung des demografischen Faktors mehr denn je: Darum wird es immer bedeutender, konsequent qualifizierte Mitarbeiter zu identifizieren und nicht erst dann aktiv mit der Suche zu beginnen, wenn der Mangel eintritt."

Für den, der schnelle Erfolge erwartet, ist TRM ungeeignet. Zwischen dem Erstkontakt und der erfolgreichen Einstellung eines Talents liegen im Schnitt drei bis vier Jahre. Die aufzuwendenden Ressourcen und Kosten sind bei TRM überschaubar. Eigentlich beschränkt es sich auf den Personalkostenaufwand des TRM-Managers. Dazu addieren sich Reisespesen und mitunter Bewirtungskosten. Darüber hinaus verringert TRM die Rekrutierungskosten, indem man beispielsweise den Einsatz von Personalberatungen beim Besetzen von Spezialistenstellen einspart.

7.12 Fazit

Audi kann nach fünf Jahren Erfahrung folgendes Fazit ziehen: TRM hat sich über die Jahre als probates Mittel erwiesen, frühzeitig mögliche Engpässe bei Spezialistenstellen zu erkennen und zu besetzen. Darüber hinaus ermöglicht erfolgreiches TRM, weitere Quellen potenzieller Mitarbeiter zu erschließen und unter den besten die richtigen Talente zu gewinnen. Durch regelmäßige Kontakte und die Pflege des aufgebauten Talentpools kann man unabhängig vom Marktangebot mögliche Kandidaten ansprechen. Sie wiederum sind dank der individuellen Ansprache und der gewonnenen Einblicke motiviert, bei einem Wechselwunsch von sich aus auf das ausgewählte Unternehmen zuzugehen. Das Unternehmen gewinnt so mit dem Einsatz von TRM zur richtigen Zeit die richtigen Mitarbeiter.

Literatur

Trost, A. (2013). Perspektivenwechsel. Harvard Business Manager Online, Blog. http://www.harvardbusinessmanager.de/blogs/artikel/a-654698.html. Zugegriffen: 7. März 2013.

Beuerle, I., & Westerwelle, A. (2002). *Gute Zeiten, schlechte Zeiten.* Personalwirtschaft, 09/2002, 30 ff.

„Die Generation Y ändert das Unternehmen", Der Spiegel vom 9. August 2012. http://www.spiegel.de/karriere/berufsstart/generation-y-audi-personalvorstand-thomas-sigi-im-interview-a-848764.html. Zugegriffen: 5. Juli 2013.

Wolf, R., Urbasek, S., Vogel, R., & Wessel, M. (2011). *Strategische Personalentwicklung: Was bedeutet strategische Mitarbeiter- und Personalentwicklung.* Leipzig: HTWK.

Coaching

Keine Arbeitgebermarke ohne Persönlichkeiten

8

Elke Menzel

8.1 Wie viele schlechte Führungskräfte verkraftet ein Unternehmen?

Wer eine Führungsfunktion innehat, hat neben der Erreichung von Unternehmenszielen vorrangig eine weitere Aufgabe: Menschen in die Verfolgung dieser Ziele so zu integrieren, dass sie mit Lust und Engagement dabei sind und gleichzeitig ihr Potenzial so entwickeln, wie ihnen das ohne die Führung ihres Vorgesetzen nicht möglich wäre.

Die gelebte Realität sieht anders aus. Der Engagement Index Deutschland 2012 der Gallup Organisation (Gallup GmbH 2013) kommt bei seiner Befragung von mehr als 2.000 Arbeitnehmerinnen und Arbeitnehmern in Deutschland zu alarmierenden Ergebnissen (Abb. 8.1):

Die Quote der inneren Kündigung ist damit um acht Prozentpunkte im Vergleich zu den 16 % des Jahres 2002 gestiegen.

Das hat erhebliche wirtschaftliche und gesellschaftliche Auswirkungen:

- Mitarbeiter ohne Bindung haben mit 7,1 krankheitsbedingten Fehltagen eine mehr als 75 % höhere Abwesenheitsquote als Mitarbeiter mit guter Bindung. Die Folge: Der deutschen Wirtschaft entstehen durch fehlende oder nur geringe emotionale Bindung der Beschäftigten zu ihrem Unternehmen Kosten in Höhe von 18,3 Mrd. Euro im Jahr – nur aufgrund von Fehlzeit (66,4 Mio. Fehltage).
- Von 100 Mitarbeitern ohne Bindung beabsichtigen 56 innerhalb der nächsten drei Jahre den Arbeitsplatz zu wechseln; Motivation und Produktivität der übrigen 44 sind zu bezweifeln. Die durchschnittlichen Fluktuationskosten belaufen sich auf 37.188 Euro x 0,41 pro Mitarbeiter auf der Grundlage von Daten des Statistischen Bundesamtes für die Bundesrepublik Deutschland aus dem Jahr 2012 (Volkswirtschaftliche Gesamtrech-

E. Menzel (✉)
Berg bei Starnberg, Deutschland
E-Mail: em@hoffmaninstitut.de

H. Künzel (Hrsg.), *Erfolgsfaktor Employer Branding*, Erfolgsfaktor Serie,
DOI 10.1007/978-3-642-40535-8_8,

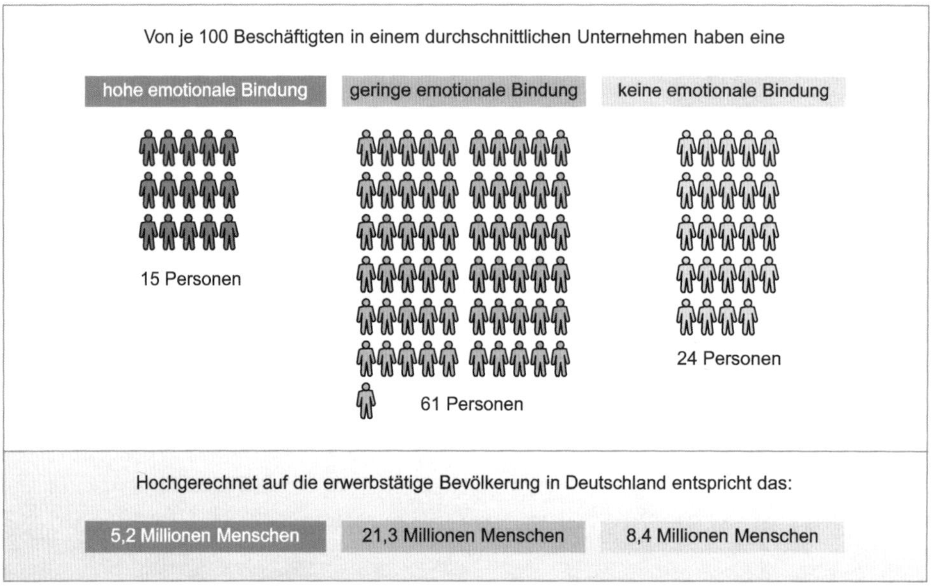

Abb. 8.1 Verteilung der emotionalen Bindung zum Unternehmen. (Quelle: eigene Darstellung)

nung. Inlandsproduktrechnung. Erste Ergebnisse. Fachserie 18 Reihe 1.1) unter Berücksichtigung der Berechnungsgrundlage des Corporate Leadership Council, Corporate Executive Board („Workforce turnover and firm performance. The new business case for employee retention"). Die ausgewiesenen Fluktuationskosten sind als konservativ anzusehen. Andere Quellen führen als Fluktuationskosten pro Mitarbeiter das Doppelte der reinen Gehaltskosten und Nebenkosten eines Jahres an.

- 50 von 100 Mitarbeitern ohne Bindung fühlten sich innerhalb der letzten 30 Tage ausgebrannt aufgrund von Arbeitsstress.
- Insgesamt kommt Gallup auf volkswirtschaftliche Kosten aufgrund innerer Kündigung von 112 bis 138 Milliarden Euro jährlich.

Bei der Untersuchung der Gründe für mangelnde oder fehlende Bindung zum Unternehmen stehen geringe zeitliche Verfügbarkeit der direkten Führungskraft und ein fehlendes Vertrauensverhältnis weit oben auf der Skala. Und auch Führungskräften zuzuordnende Themen wie „Anerkennung erfahren", „Meinung zählt", „als Mensch gesehen werden" sowie „wachsen und weiterentwickeln" sind bei Mitarbeitern mit geringer oder fehlender Bindung stark unterentwickelt.

Schlechte Führung kostet also Geld. Und im schlimmsten Fall macht sie zusätzlich noch die Employer-Branding-Maßnahmen des Unternehmens zunichte. Eine überdurchschnittliche Vergütung, ein attraktiver Arbeitsplatz oder eine Vielzahl von Benefits verlängern mitunter nur die Leidenszeit, bis Mitarbeiter Konsequenzen aus mangelhaftem Vorgesetztenverhalten ziehen.

Zeichen der Zeit ist, dass diese Konsequenzen sich nicht mehr nur zwischen Führungskraft bzw. Unternehmen und Mitarbeiter abspielen. Häufig noch bevor er die Kündigung ausspricht, teilt der Arbeitnehmer seine Erfahrungen und Enttäuschungen im Netz mit – nicht selten geht es dabei um das Verhältnis zu Vorgesetzten. Über Blogs, Foren und Netzwerke sucht er Rat und Entscheidungshilfe in der Community oder macht seinem Ärger Luft. Da die wenigsten Plattformen die Verwendung von Klarnamen voraussetzen, haben Unternehmen nahezu keine Möglichkeit, diesen Austausch mit Sanktionen einzugrenzen. Aufwendige eigene Kampagnen werden schließlich nötig, um das Arbeitgeberimage zu retten.

Auf der anderen Seite bieten die sozialen Medien eine Fülle von wichtigen, ungefilterten Eindrücken des eigenen Unternehmens. Wer diesen Informationsschatz als Stimme der ewig Unzufriedenen abtut, bringt sich um die Chance, wichtige Optimierungsansätze zu entdecken.

Doch wo liegen die Ursachen für mangelhaftes Vorgesetztenverhalten?

Das Dilemma vieler Führungskräfte besteht darin, dass sie, um eine Führungsposition zu erreichen, nahezu gegensätzliche Qualitäten perfektionieren mussten als die, die sie in der neuen Position benötigen. Auf dem Weg dorthin haben sie sich mit einer Mischung aus Ellbogenmentalität und politischem Geschick von der Gruppe abgehoben. Oben angekommen, sind völlig andere Fähigkeiten maßgebend für den Erfolg: soziale und emotionale Kompetenz, Interesse an Menschen und die Gabe, die Mitglieder des eigenen Teams individuell zu Höchstleistungen zu motivieren. Das ist auch damit verbunden, ihr Potenzial zu erkennen und sie dorthin weiterzuentwickeln, wo sie aus eigener Kraft nicht hinkommen würden.

Ein weiterer Faktor ist die noch immer geübte Praxis, Beförderungen auf Basis fachlicher Erfolge vorzunehmen. Das Leistungs-Belohnungsprinzip ist nachvollziehbar, doch müssen die Auswirkungen einer ungeeigneten Führungskraft mit ins Kalkül gezogen werden. In manchen Fällen wäre sowohl dem Potenzialträger als auch den Mitarbeitern und dem Unternehmen mehr geholfen, wenn er sich als Experte ohne Personalverantwortung hätte weiterentwickeln können. Führung will gelernt sein – und ist heute immer noch selten Teil der Studiengänge.

In Unternehmen mit vielen Leitungspositionen folgen die Quoten von hervorragenden, mittelmäßigen und schlechten Führungskräften der Gaußschen Normalverteilung. Ein kleiner Prozentsatz verfügt über eine natürliche Autorität, hat Spaß daran, die Potenziale seiner Mitarbeiter zu entwickeln und Verantwortung zu übernehmen.

Der größte Prozentsatz speist sich aus den zuvor beschriebenen Fachkarrieren. Meist haben sie die Position als nächsten Schritt auf der Erfolgsleiter erreicht oder sind durch Machtmechanismen und Netzwerke an die Führungsposition gekommen. So gut wie nie sind ihre Führungsqualitäten der Grund. In dieser Gruppe kann es dennoch eine große Zahl von Talenten geben, die das nötige Potenzial mitbringen, aber die Mittel nicht kennen, es zu heben.

Einen ebenfalls geringen Prozentsatz machen ungeeignete Führungskräfte aus, die ohne positives Menschenbild oder als Kompensation von persönlichen Defiziten eine Führungsposition mit allen skizzierten negativen Folgen ausüben.

Vor dem Hintergrund dieser Ist-Situation macht die Generation Y künftig benötigte Führungsqualitäten besonders deutlich. Zwischen 1980 und 2000 geboren, ist sie weitestgehend mit Frauen groß geworden: Mütter, Erzieherinnen, Grundschullehrerinnen. Die Väter waren entweder durch Trennung von der Familie oder aufgrund eines hohen Arbeitspensums wenig präsent. Wo männliche Leitbilder in der Sozialisation gefehlt haben, werden besonders die männlichen Führungskräfte mit hohen Erwartungen belegt: Sind sie verlässlich? Kann ich ihnen vertrauen? Haben sie Werte, für die sie einstehen? Kann ich von ihnen lernen und mich an ihnen orientieren? Sind sie integer in ihrer Persönlichkeit? Sind sie beziehungsfähig – und wirklich an einer Beziehung mit mir interessiert? Sind sie bereit, in meine berufliche und persönliche Entwicklung zu investieren? Verstehen sie mich überhaupt? Sind sie, so wie sie leben, Vorbild für mich? Wissen sie überhaupt, was ein lebenswertes Leben ausmacht? Dabei geht es der Generation Y nicht um die Etablierung einer „Kuschelatmosphäre" oder um die Vermeidung von Leistungsdruck. Vielmehr geht es um die Überzeugung, dass gute Führungskräfte als Vorbilder der Schlüssel dazu sind, Höchstleistung abzurufen und einem Team Ausrichtung zu geben.

Mit den genannten Fragen formuliert die künftige Arbeitnehmergeneration klare Forderungen an gute, wirksame Vorgesetzte. Fragen, auf die heute vielerorts noch keine Antworten gegeben werden können.

8.2 Was zu tun ist

Für die Unternehmen geht es zunächst darum, die Qualität der eigenen Führungsmannschaft festzustellen. Wie viele gute, mittelmäßige und schlechte Führungskräfte arbeiten im Unternehmen und wo sitzen sie? Keine einfache Aufgabe, denn Führungsmängel äußern sich ausschließlich gegenüber Mitarbeitern, nicht gegenüber Vorgesetzten. Dazu kommt die politische Dimension, dass die Vorgesetzten häufig an der Beförderung der Führungskraft beteiligt waren und negative Aspekte entsprechend ungern zur Kenntnis nehmen. Die Analyse muss also breiter ansetzen als bei einer Bewertung durch die nächst höhere Ebene. Dazu kommt, dass auch die oberste Führungsebene Gegenstand der Untersuchung sein muss, um nachhaltige Ergebnisse zu erzielen.

Daher kommen heute vor allem folgende Methoden zur Anwendung:

- Mitarbeiterbefragungen
  Diese sollten anonymisiert ablaufen und explizite Fragen zum Thema Vorgesetztenverhalten und Führungskultur enthalten. Oft haben Mitarbeiter dennoch Vorbehalte, da sie den meist systemgestützten Abfrageverfahren nicht trauen. Schwarze Schafe in der Unternehmenslandschaft haben zur Verfestigung des Eindrucks beigetragen, indem sie allzu kritische Mitarbeiter identifiziert und entlassen haben.
- 360°-Feedback
  Gut geeignet, wenn die Führungskräfte offen dafür sind, an sich zu arbeiten. Es ist eine hervorragende Methode, um Defizite, aber auch Stärken zu ermitteln und die Rundum-

wirkung zu spiegeln. In der Regel sind schlechte Führungskräfte dazu nicht bereit oder deren Mitarbeiter trauen sich nicht, ihre ehrliche Meinung zu äußern.

- Assessment Center
  Sie finden meist unter Laborbedingungen nach voraussehbaren Regeln statt. Daher gibt es mittlerweile eine Vielzahl von Online-Ratgebern, Büchern und Seminaren, die gezielt auf die Teilnahme an Assessment Centern vorbereiten. Um unverfälschte Ergebnisse zu erzielen, kommt es darauf an, den Ablauf individuell, die Aufgaben überraschend und wirklichkeitsnah zu gestalten.
- Mitarbeiterinterviews
  Sie liefern sehr detaillierte Rückschlüsse auf das Verhalten von Führungskräften. Voraussetzung ist, dass deren Mitarbeiter ein Vertrauensverhältnis zum Interviewer aufbauen. Meist lässt sich das nur mit externer Hilfe erreichen. Um die Aussagen in den richtigen Kontext zu bringen, sind auch nähere Informationen über die Mitarbeiter nötig. Die Interviews können stichprobenartig oder teamweise erfolgen.
- Shadowing
  „Shadowing" ist die ganztägige Begleitung der Führungskraft in ihrem beruflichen Alltag. Dabei lässt die Beobachtung des Führungsverhaltens in verschiedenen Situationen Rückschlüsse auf grundlegende Muster zu. Der Beobachter hält sich dabei im Hintergrund. Er greift nicht ein, sondern erstellt erst im Nachgang ein Profil der Führungskraft. Damit das Verfahren Erfolg haben kann, empfiehlt sich eine erfahrene, externe Begleitung. Nur so ist sichergestellt, dass die beobachtete Führungskraft natürlich und ohne Beobachtungseffekt agiert.

Die Entscheidung über das geeignete Analyseverfahren bzw. in den meisten Fällen eher über die effektive Kombination mehrerer Methoden ist nur der erste Schritt zum Ziel. Viel entscheidender ist die Frage nach dem Umgang mit den Ergebnissen.

Dass ein Unternehmen alles daran setzen muss, talentierte Führungskräfte aufzubauen und gute zu halten, steht außer Frage. Doch welche Konsequenzen sollten als ungeeignet identifizierte Führungskräfte erfahren? Die klare Antwort heißt: Trennung vom Unternehmen. Schlechte Vorgesetzte kosten viel Geld, beschädigen die Arbeitgebermarke und haben damit nicht selten auch negative Auswirkungen auf die Kundenbeziehungen. Kritisiert der Vorgesetzte zum Beispiel eigene Mitarbeiter im Beisein von Kunden, wirft das ein schlechtes Licht auf das Gesamtunternehmen und dessen Kultur. Mithilfe einer Outplacement-Maßnahme kann diese Führungskraft darin unterstützt werden, eine für sie passende Stelle zu finden.

Gute und mittelmäßige, dabei aber talentierte Führungskräfte gilt es zu entwickeln, damit sie ihr maximales Potenzial entfalten können. Dafür ist vor allem die Fähigkeit wichtig, eigenes Verhalten zu reflektieren, Selbst- sowie Fremdbild miteinander abzugleichen und sich der eigenen emotionalen Reaktionen und ihrer Herkunft bewusst zu sein. Um dieses Ziel zu erreichen, gibt es ein breites Angebot an Weiterbildungsmaßnahmen unterschiedlicher Dienstleister. Wichtig bei der Auswahl ist die Frage, inwieweit sich das jeweilige Programm mit der Persönlichkeit der Teilnehmer befasst. Klassische Führungskräfteseminare, wie sie häufig unternehmensintern angeboten werden, versuchen den Teilnehmern allzu oft als erfolgreich geltende Verhaltensbilder anzutrainieren. Aus Erfahrung fallen die Teilnehmer jedoch nach einiger Zeit in alte Muster zurück. Klar, denn *„was nicht durch den Bauch geht, bleibt im Kopf nicht hängen"*, hat Hirnforscher Gerald Hüther (2013, S. 62) festgestellt. Mit anderen Worten: Nur wenn die Maßnahme tief genug geht, über viele Jahre von Erziehung und Erfahrungen geprägtes, mit Erlerntem kombiniertes und in der Praxis erprobtes Verhalten zu ändern, kann sie das gewünschte Ziel erreichen: Die Entwicklung einer Führungspersönlichkeit.

8.3 Der Blick von außen

An diesem Punkt setzen Einzelcoachings an. Ihr Ziel ist es, dem Coachee, also der zu coachenden Führungskraft, Unterstützung und Begleitung bei der persönlichen Weiterentwicklung zu bieten. Nur wer sich selbst kennt, seine Stärken, aber auch seine Grenzen, kann den Herausforderungen einer Führungsaufgabe gerecht werden. Im Rahmen der Coachings bekommen die Coachees deshalb ihr Verhalten und ihre Wirkung ehrlich und mit dem Blick von außen gespiegelt. Dadurch eröffnen sich ihnen neue Sichtweisen. Sie ermitteln und vereinbaren gemeinsam mit dem Coach Ziele, entwickeln im Dialog Umsetzungsschritte und arbeiten konsequent an der Zielerreichung.

Diese können zum Beispiel darin bestehen, …

…	sich der eigenen Ressourcen bewusst zu werden
…	eine klare Perspektive zu gewinnen
…	Mut zur Entscheidung zu fassen
…	offen für Veränderung zu werden
…	eigene Fehler einzugestehen und daraus Konsequenzen zu ziehen
…	Frieden mit sich selbst zu schließen und ein besseres Verhältnis zu anderen aufzubauen oder auch, den Spagat zwischen Abgrenzung und Nähe beherrschen zu lernen

Auftraggeber für das Coaching kann die Führungskraft selbst sein, im Rahmen eines privaten Coachings oder eines genehmigten Weiterbildungsantrags. Die Initiative kann aber auch vom Unternehmen ausgehen, denn nicht alle potenziellen Coaching-Kandidaten stehen der intensiven Auseinandersetzung mit sich selbst aufgeschlossen gegenüber. Meist sind jedoch genau dies die Führungskräfte, bei denen der Bedarf an Selbstreflexion am größten ist. In diesen Fällen baut ein guter Coach Vorbehalte ab und führt den Kandidaten behutsam an die Entwicklungsziele heran. Um zu wirken, benötigt Coaching Vertrauen, Offenheit und den Willen zur Veränderung. Daher geht es auch immer nur so weit in die Tiefe, wie der Teilnehmer es zulässt.

Dennoch muss die Zielformulierung nicht allein in der Verantwortung des Coachees liegen, sondern kann auch unter Beteiligung des Unternehmens geschehen. In diesem Fall definieren der Coachee und die weiteren Beteiligten, zu denen meist der Vorgesetzte und/

oder die Personalentwicklung zählen, in einem gemeinsamen Auftragsklärungsgespräch ihre jeweiligen Ziele für das Coaching. Am Ende des Coachingprozesses werden in derselben Runde die Ergebnisse mit den Zielen verglichen, um Erfolge und eventuell vorhandene weitere Bedarfe zu identifizieren. Alle Inhalte des Coachings selbst sind dagegen vertraulich zwischen Coach und Coachee.

Das gilt auch für die sogenannten Hausaufgaben. Das sind Übungen, die neue Verhaltensmuster im Tagesgeschäft zu verfestigen helfen und dem Coachee direkte Reaktionen auf bereits kleinste Veränderungen im Umgang mit seinen Mitarbeitern zeigen. Oft geht es dabei auch um den Mut, etwas Neues auszuprobieren und die Motivation, den eingeschlagenen Weg weiterzugehen.

Die Coachings haben meist ein festes Format, was die Dauer der Sitzungen und deren Anzahl angeht. Ist das Unternehmen an der Zieldefinition beteiligt, sollten ein Auftragsklärungsgespräch zu Beginn sowie ein Abschlussgespräch stattfinden.

Wie lange die Begleitung durch den Coach nötig ist, hängt von den Themen sowie der Bereitschaft und dem Engagement des Coachees ab. Grundsätzlich sollten die Teilnehmer durch den Prozess befähigt werden, den weiteren Bedarf selbst abschätzen zu können. Häufig kommt es vor, dass in großem, unregelmäßigem Abstand immer wieder einmal Termine in Anspruch genommen werden, an denen der Coachee von seinen Fortschritten berichten und weitere Impulse für die Zukunft mitnehmen kann.

Neben den allgemeinen Führungskräftecoachings gibt es zielgerichtete Unterstützung für eine ganze Reihe von speziellen Situationen. Beispiele sind Konfliktcoachings bzw. Mediation, wenn die Auseinandersetzung zweier Parteien eskaliert, Potenzialcoachings, in denen die persönliche Entwicklung im Vordergrund steht oder auch Coachings zu Themen wie Work-Life-Balance oder Selbstführung.

8.4 Ohne Herkunft keine Zukunft

Doch wie macht Coaching die Teilnehmer zu besseren Führungskräften?

Ursachen und Zusammenhänge lassen sich intellektuell verstehen. Veränderungen lassen sich jedoch nur erzielen, indem wir uns auf eine intensive emotionale Auseinandersetzung mit unserer Persönlichkeit und unseren Gefühlen einlassen.

Dazu Hirnforscher Gerald Hüther (2011, S. 69): „Nicht das viele Wissen, nicht die auswendig gelernten Lehrsätze, nicht die vielen gelesenen Ratgeber und Lehrbücher, sondern die Vorstellungen, die inneren Überzeugungen, die Welt- und Menschenbilder, mit denen wir herumlaufen, bestimmen unser Denken und Handeln."

Da unsere emotionalen Prägungen zu über 90 % in unseren ersten Lebensjahren entstanden sind, bedeutet das: Auf dem Weg zu einer gereiften Persönlichkeit kommen wir nicht an dem Kind vorbei, das wir einmal waren. Die Erfahrungen, die wir in unserer Kindheit gemacht haben, sind so tief verankert, dass sie zu unserer Realität geworden sind. Daher handeln wir ganz selbstverständlich aus diesem unbewussten Hintergrund heraus.

Das ist die Grundlage für die persönliche Entwicklung. Der Coach nimmt den Coachee mit zurück zu den Auslösern der heutigen Verhaltensmuster. Hier liegen auch die Ursachen von gutem und schlechtem Führungsverhalten. Das Verstehen und Annehmen unserer eigenen Geschichte sind die ersten und notwendigen Schritte auf dem Weg der Veränderung. Nur wer weiß, wo er gestartet ist, kann feststellen, ob er sich bewegt und ob die Bewegung in die richtige Richtung erfolgt.

Einige Beispiele aus der beruflichen Praxis zeigen nachfolgend Ursachen typischer Entwicklungsfelder von Führungskräften:

Praxisbeispiel 1: Enttäuschung

Ein Klient war wegen massiver Konflikte mit seinem Vorgesetzten und unberechenbarem Verhalten fast nicht mehr tragbar für seinen Arbeitgeber. Im ersten Coachinggespräch erzählte er mit vor Entrüstung hochrotem Kopf von seinem Chef, auf den einfach kein Verlass sei. Er hielte sich an keine Vereinbarungen oder Zusagen.

Da starke emotionale Reaktionen so gut wie immer Hinweise auf zurückliegende Kränkungen sind, war die Frage zu klären, wie es in seiner Kindheit um die Verlässlichkeit seines Vaters stand. Als der Klient dann von seinem alkoholkranken Vater erzählte, der nie hielt, was er versprach, kam der Jungen von damals mit seiner ganzen Enttäuschung zum Vorschein.

Ohne das enttäuschte Kind mit einzubeziehen und zu verstehen wäre es kaum möglich, die Konflikte mit dem Chef wirksam zu lösen.

Praxisbeispiel 2: Wunsch nach Anerkennung

Eine Führungskraft eines Großunternehmens hatte im Alter von Mitte 30 bereits eine beeindruckende Karriere gemacht. Für das Coaching hatte sie sich entschieden, da sie nur noch Druck und Fremdbestimmung verspürte. Freie Lebenszeit war zur Mangelware geworden.

Auf die Frage, wofür sie sich im Leben so anstrenge, folgte der Rückblick in die eigene Kindheit. Es zeigte sich, dass sie von früher Kindheit an immer mit dem Bruder verglichen wurde. Dieser sei – anders als der Klient – ein fröhliches, sonniges Kind gewesen, dem alles leicht von der Hand ging und der überall gut ankam.

In diesem Fall lag die Lösung darin, den kleinen Jungen im Klienten direkt anzusprechen, damit er sich in die Situation zurückversetzen konnte. Die Frage: „Papa, schau doch mal, was ich erreicht habe, bist Du jetzt stolz auf mich?" erschütterte den kleinen Jungen im erwachsenen Mann so sehr, dass er nun fühlte, was ihn so gnadenlos antrieb.

Indem die emotionalen Prägungen bewusst werden und mittels des inneren Kindes aufgegriffen werden, kann sich das Muster „ich muss Leistung bringen, um gesehen und anerkannt zu werden" verändern und lösen. Dann kann der Klient seine Karriere engagiert weiterverfolgen, muss es aber nicht mehr.

Hochleistern mangelt es meist an Anerkennung vom Vater. Daher strengen sie sich ihr Leben lang an, um die ersehnte Anerkennung nachträglich zu erhalten. Die Folge ist oft eine Burnout-Symptomatik, denn ihr Motiv bleibt gewöhnlich unbewusst, sodass sie immer mehr Einsatz zeigen. Die Hoffnung, irgendwann am imaginären Ziel anzukommen, wird jedoch nie erfüllt.

Praxisbeispiel 3: Emotionale Distanz

Ein Mann, auf mittlerer Führungsebene tätig, kam wegen des autoritären und rigiden Verhaltens gegenüber seinen Mitarbeitern ins Coaching. Dort beschrieb er sein Verständnis von Führung, das dem der 60er und 70er Jahre entsprach. Es ging dabei mehr um Herrschaft auf Basis von Macht, Unterordnung und Gehorsam.

Sein Verhältnis als Kind zum Vater beschrieb er als sehr gut. Die Erzählung war von großem Respekt und von Achtung geprägt, aber auch von Distanz und Sehnsucht nach dem Vater. Der Klient konnte sich zum Beispiel nicht daran erinnern, dass sein Vater ihn je in den Arm genommen hätte.

Aus emotionaler Sicht kein Wunder, dass er dieses Führungsmodell seines Vaters übernommen hatte, ohne sich je die Frage zu stellen, ob es heute noch angemessen ist.

Führungsthemen haben meist einen deutlichen Vaterbezug, da er in der Familie aus archaischer Prägung heraus die Aufgabe hat, Sicherheit und Orientierung zu geben. Er lebt den Umgang mit Zielen und Erfolg vor. In dieser Führungsrolle definiert er auch den Wertemaßstab und prägt in vielen Punkten die persönliche Einstellung entscheidend mit.

Praxisbeispiel 4: Ungleiche Kompensation

Der Leiter einer großen Abteilung entschied sich aufgrund von Burnout-Symptomen für ein Coaching. Er war äußerst beliebt, da er sich für die Förderung der Menschen in seiner Abteilung engagierte und allgemein sehr fürsorglich war. Sein Team arbeitete hervorragend zusammen, doch ging es ihm persönlich immer schlechter.

In der Auseinandersetzung mit seiner Kindheit kam ans Licht, dass seine Mutter sehr früh erkrankte und starb, als er Jugendlicher war. Die Fürsorge, die er von seiner Mutter gebraucht hätte, aufgrund ihrer Krankheit aber nicht bekommen konnte, gab er an sein Team weiter. Dabei blieb er, wie auch schon als Jugendlicher, auf der Strecke. Er hatte nicht gelernt, auch an sich selbst zu denken und für sich zu sorgen.

Praxisbeispiel 5: Orientierungslosigkeit

Eine junge Nachwuchsführungskraft nahm auf Initiative seines Arbeitgebers ein Coaching in Anspruch, da er zwar als Talent identifiziert wurde, aber sein Potenzial nicht zur Entfaltung bringen konnte. Die Möglichkeiten, sich im Unternehmen in eine bestimmte Richtung zu entwickeln, ließ er ungenutzt verstreichen.

Im Coaching beschrieb er ein Elternhaus, in dem er als Kind eher nebenher lief. Die Eltern waren beide berufstätig und vor allem auf die Bewältigung ihres eigenen Alltags fixiert.

Dort, wo Eltern sich für ihre Kinder nicht wirklich interessiert, ihr Potenzial erkannt und sie gefördert haben, wo es an klarer Führung und Orientierung im Leben fehlte, wirkt sich das häufig auch im Erwachsenenalter noch stark aus. Talente bleiben ungenutzt – im schlimmsten Fall so lange, bis auch die Förderung von außen aufhört.

Die bisherigen Beispiele drehen sich nicht aus Zufall um männliche Führungskräfte. In der Tat betrifft die Beziehung zum Vater vor allem die Prägung der Männer. Hinzu kommt jedoch auch, dass einerseits heute die Anzahl männlicher Führungskräfte noch immer überwiegt, Frauen andererseits oft sensitiver für die Entwicklung ihrer Persönlichkeit sind und schon vor dem Eintritt in eine Führungskarriere an Kindheitsdefiziten arbeiten. Dennoch gibt es auch bei weiblichen Führungskräften ein typisches Beispiel aus der Praxis:

Praxisbeispiel 6: ‚Der' Thronfolgerin

Die Klientin war eine sehr erfolgreiche Abteilungsleiterin, Doktorin der Physik, die in einigen Jahren das elterliche Unternehmen führen sollte. Sie entschied sich für das Coaching, da sie zwar mit ihren männlichen Kollegen auf fachlicher Ebene sehr gut zusammenarbeiten, jedoch auf persönlicher Ebene und besonders zu Frauen in ihrer Umgebung keine Beziehung aufbauen konnte. Dadurch gewann sie den Eindruck zunehmender gesellschaftlicher Isolation im Unternehmen

Das kleine Mädchen in ihr berichtete schließlich, wie die Eltern es nie mit Puppen hatten spielen lassen und eher zu Disziplin und Zielstrebigkeit erzogen. Schon früh war klar, dass sie in die Fußstapfen des Vaters treten und die Unternehmensführung übernehmen sollte.

Diese Frauen spüren, dass ihre Eltern, in erster Linie der Vater, gern einen Sohn gehabt hätten. Die Folge ist oft, dass sie eher burschikos wirken, ungern Weiblichkeit ausstrahlen und häufig gezielt technische Berufe erlernen. Als Mädchen trugen sie meistens Hosen, rührten keine Puppen an und spielten stattdessen Fußball mit den Jungen. Oft jedoch führt dieses Leugnen der eigenen Identität später in die Krise.

Inzwischen sind viele Führungskräfte sensibilisiert – Medienberichte und auch Veränderungen in der Personalarbeit der Unternehmen haben dazu beigetragen. Die Hemmschwelle, sich mit der eigenen Persönlichkeit und den frühkindlichen Prägungen zu befassen, ist dadurch glücklicherweise gesunken – ein wichtiger Schritt zur erfolgreichen Führungskarriere.

Damit die Persönlichkeitsentwicklung nachhaltig gelingt, muss sie aus eigener Motivation erfolgen. Die Auseinandersetzung mit der eigenen Geschichte und deren Konsequenzen im Leben kann nicht verordnet werden. Sie erfordert Aufrichtigkeit und nicht selten auch eine Portion Mut.

Der Weg nach innen macht im ersten Schritt bewusst, mit welchen Kompensationsmechanismen Erfahrungen und äußere Einflüsse abgewehrt werden:

- fehlende Anerkennung durch Arroganz, große Anstrengung oder Machtgehabe
- Angst vor Fehlern durch Rechthaberei, Verweis auf Position bzw. Hierarchie und das Abwälzen von Fehlern auf Mitarbeiter

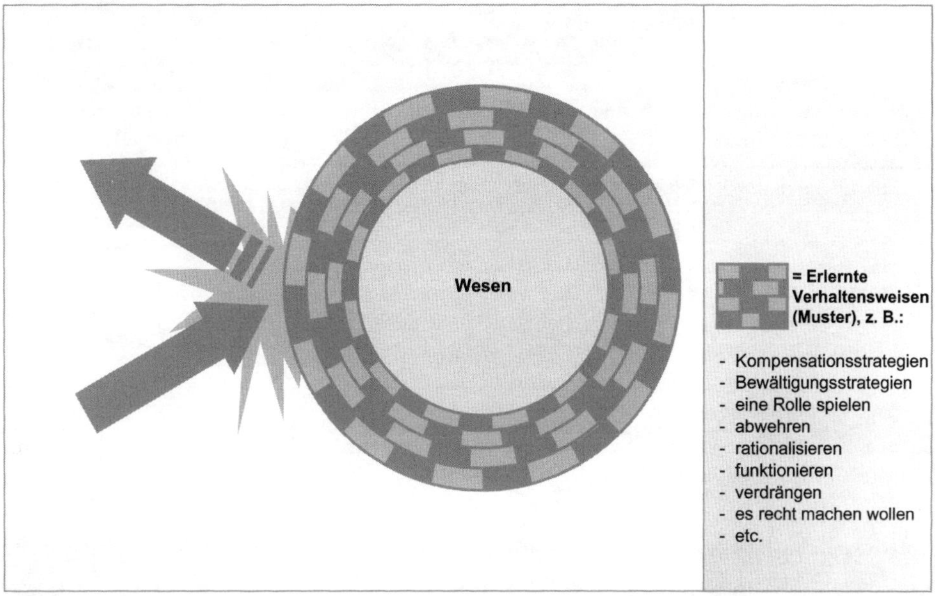

Abb. 8.2 Erlernte Muster dienen der permanenten Abwehr äußerer Einflüsse. (Quelle: eigene Darstellung)

- Angst, sich nicht durchsetzen zu können, durch aufgesetzte Autorität, geliehene Macht und Unterdrückung
- Angst vor Konfrontation durch Konformismus und Anpassung bis hin zur Anbiederung
- Angst vor Blamage durch das Spielen einer Rolle, Unerreichbarkeit und gefühlloses Agieren

Diese Kompensationsmechanismen haben sich von der Kindheit an schichtweise wie ein Schutzwall um unser Wesen gelegt. Entstanden sind dessen einzelne Bausteine, um die damals ungeschützte Kinderseele vor Verletzung zu bewahren (Abb. 8.2).

Was oft gefehlt hat, ist die Erfahrung, dass dieser Schutz im Erwachsenenalter nicht länger gebraucht wird. Vielmehr schadet er, indem er den Kontakt zu unserem Wesen blockiert. Gefühle werden grundsätzlich kontrolliert oder versteckt, um sich nicht verletzbar zu machen. Stattdessen wird ein Ego aufgebaut, das sich in einem dauerhaften Abwehrmodus befindet. Damit kann es gelingen zu funktionieren – es ist jedoch so nicht möglich, erfolgreich Mitarbeiter zu führen. Denn: Führung basiert auf Beziehungen, und deren Grundlage sind Gefühle.

Die persönlichen Folgen sind Anstrengung, gefühlte Sinnlosigkeit, Beziehungslosigkeit und fehlende Lebendigkeit.

Nur das Durchdringen der Schutzschichten führt zum eigenen Wesen. Diese Verbindung ist die Voraussetzung, um sich zur gereiften und authentischen Persönlichkeit zu

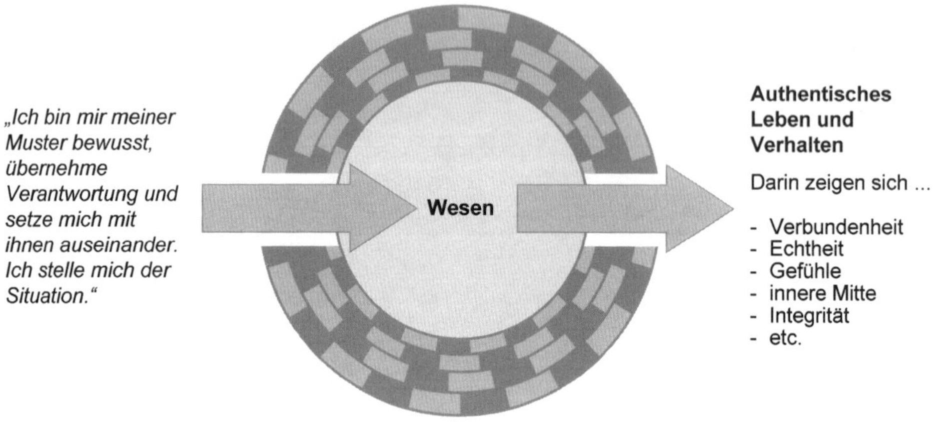

Abb. 8.3 Die Überwindung der blockierenden Muster ermöglicht Änderung des Verhaltens. (Quelle: eigene Darstellung)

entwickeln. Sie ist ebenfalls nötig, um integrativ zu führen. Das bedeutet Führung, die die Menschen erreicht, inspiriert und motiviert (Abb. 8.3).

Das kann auf verschiedenen Wegen erreicht werden, deren gemeinsame Basis die Arbeit mit den persönlichen Erfahrungen ist:

- durch ein bewusstes Leben mit begleitendem Coaching, das regelmäßig und über einen längeren Zeitraum die Veränderung der Persönlichkeit spiegelt und die eigene Perspektive erweitert
- durch ein intensives, professionelles Persönlichkeitsentwicklungstraining
- durch lange meditative Praxis und Kontemplation (was nicht leicht mit dem Alltag einer Führungskraft vereinbar ist)

8.5 Vom Ego zur Persönlichkeit

Die Persönlichkeit macht in Zeiten austauschbarer Produkte und vergleichbarer Arbeitgeber den Unterschied. Die Medienresonanz auf Topmanager ist so groß wie nie, stehen sie doch mit ihrer Persönlichkeit in vorderster Front für die Kultur des Unternehmens. So beschädigten eine flapsige Aussage von Hilmar Kopper und eine unbedarfte Geste von Josef Ackermann das Image der Deutschen Bank über Jahre hinweg.

Vor diesem Hintergrund ist die Qualität der Führungskräfte ein zunehmend wichtiger Faktor im Employer Branding geworden. Denn wer hat Lust, sich von einer mittelmäßigen Führungskraft führen zu lassen und als Neueinsteiger im Unternehmen von ihr auch noch zu lernen? Führung heißt nicht, frei von Fehlern zu sein. Im Gegenteil – Mitarbeiter honorieren den selbstkritischen Umgang mit Fehlern deutlich stärker. Hier liegt die Anforderung an die persönliche Entwicklung von Menschen mit Führungsverantwortung. Sie beginnt mit der Bereitschaft, sich selbst infrage zu stellen: Wie gehe ich mit meinen

Fehlern um? Was kostet es mich, in meinem eigenen Bewertungssystem einen Fehler einzugestehen und damit sichtbar zu werden? Die Einschätzung, dass das Eingestehen von Fehlern einem Gesichtsverlust gleichkommt, führte in der Vergangenheit häufig dazu, Schuld zuzuweisen statt Verantwortung zu übernehmen. Für Fehler des Vorgesetzten verloren Mitarbeiter als Bauernopfer ihren Arbeitsplatz - dieses Verhalten geht unter heutigen Bedingungen nicht lange gut.

Die Überwindung des Egos und die Übernahme der Verantwortung für das eigene Handeln werden zum Markenzeichen guter Führungskräfte. Auch Hirnforscher Gerald Hüther (2011, S. 71) ist sicher: „Die wichtigsten Erfahrungen machen Menschen immer dann, wenn sie gezwungen sind, bestimmte Probleme eigenständig zu bewältigen. Dabei eignet sich jeder Mensch neben bestimmten Fähigkeiten und Fertigkeiten auch Wissen an, das er für die Lösung künftiger Probleme nutzen kann."

Für viele Topmanager ist die Unterstützung durch einen guten Coach auf diesem Weg mittlerweile selbstverständlich. Sie wollen auch die letzten paar Prozent Steigerungspotenzial realisieren, nach dem Motto: „Es geht immer noch besser, Stillstand ist Rückschritt".

Das ist wichtig, da die Führungskultur top-down geprägt wird. Hervorragende Manager auf der mittleren Ebene verlassen Unternehmen früher oder später entnervt, wenn sie zwar ein gutes Verhältnis zu ihren Mitarbeitern, aber einen schlechten Vorgesetzten haben. Auf der anderen Seite bleiben Arbeitnehmer trotz ungünstiger Rahmenbedingungen und Opportunitäten im Unternehmen, wenn die Beziehung zum Vorgesetzten und zu den Kollegen gut ist. Unternehmen, die daran arbeiten, diese Führungsqualität von der Spitze bis hin zu den Potenzialträgern zu etablieren, haben Employer Branding verstanden. Die Belohnung besteht aus engagierten Mitarbeitern mit hoher emotionaler Bindung zum Unternehmen, die bereit sind, für ihren Arbeitgeber auch noch die extra Meile zu gehen.

Literatur

Gallup GmbH. (2013). *Engagement Index Präsentation 2012. Berlin.* http://www.gallup.com. Zugegriffen: 14. Juli 2013.

Hüther, G., Schwing, R., & Fryszer, A. (2013). *Systemische Beratung und Familientherapie*. Göttingen: Vandenhoeck & Rupprecht.

Hüther, G. (2011). *Was wir sind und was wir sein könnten – Ein neurobiologischer Mutmacher*. Frankfurt/Main: S. Fischer.

Resilienz

9

Stehauf-Qualitäten im rauen Fahrwasser

Alexandra Schmied

9.1 Kontextueller Hintergrund

Manche Menschen zerbrechen daran: private oder berufliche Krisen, Stress am Arbeitsplatz, Turbulenzen in der Firma oder schwierige Lebensumstände. Anderen wiederum scheinen solche Widrigkeiten nur wenig auszumachen, im Gegenteil: Sie sehen Misserfolge und Rückschläge als Chance oder ein „notwendiges Übel", an dem man wächst. Sie lernen aus den damit verbundenen Erfahrungen und nutzen ihre Erkenntnisse für die Zukunft. Sie entwickeln sozusagen Stehaufmännchen-Qualitäten, die sie befähigen, in turbulenten Zeiten besser zur bestehen.

Die Rede ist von „Resilienz", einem der Schlüsselfaktoren für die betriebliche Kompetenzentwicklung. Was meint dieser Begriff genau? Aus dem Lateinischen „*resilire*" übersetzt bedeutet er „zurückspringen" oder „abprallen". Im Deutschen wird er als Synonym für Widerstandsfähigkeit, Belastbarkeit oder Elastizität gebraucht. Man kann ihn aber auch als Krisenfähigkeit verstehen, die auf Menschen genauso anwendbar ist wie auf Betriebe. Resilienz, wie wir sie verstehen, ist daher die Fähigkeit, von außen oder innen hervorgerufene Irritationen auszugleichen oder zu ertragen, ohne nachhaltigen Schaden zu erleiden.

Das Phänomen ist im beruflichen Umfeld täglich zu beobachten: Die Menschen erleben eine zunehmende Arbeits- und Informationsverdichtung, werden häufiger mit Veränderungen konfrontiert und müssen immer komplexere Aufgaben bewältigen. Mit den Turbulenzen des heutigen Arbeitsalltags umzugehen, ist eine Herausforderung. Nicht jeder fühlt sich für diese vielfältigen Anforderungen ausreichend gerüstet.

Eines der auffälligsten Symptome dieser Entwicklung ist der zu beobachtende rasante Anstieg der psychosozialen Erkrankungen in Deutschland wie auch in anderen Industrie-

A. Schmied (✉)
Gütersloh, Deutschland
E-Mail: Alexandra.Schmied@bertelsmann-stiftung.de

H. Künzel (Hrsg.), *Erfolgsfaktor Employer Branding*, Erfolgsfaktor Serie,
DOI 10.1007/978-3-642-40535-8_9, © Springer-Verlag Berlin Heidelberg 2013

nationen. Ein klares Indiz dafür, dass das Gleichgewicht zwischen Herausforderung und Fähigkeit zur Bewältigung ihrer Aufgaben bei vielen Menschen, in Teams, aber auch in ganzen Unternehmen außer Balance geraten ist.

Die Folge: ein Anstieg von Krankheitstagen und Frühverrentungen, aber auch Zunahme des „Präsentismus": Viele Mitarbeiter sind nur noch körperlich im Unternehmen anwesend und haben innerlich resigniert. Der häufigste Grund neben dem stetig steigenden Zeitdruck ist eine Schieflage zwischen Anforderung, fehlendem Handlungsspielraum (dem Phänomen, „fremdgesteuert sein") und Kompetenz. Die Folge: Leistungsfähigkeit und Leistungsbereitschaft liegen weit unter dem tatsächlich erreichbaren Niveau. Diese Entwicklung ist nicht nur für die Beschäftigten unbefriedigend, sondern auch für die Unternehmen, denn Präsentismus kommt sie teuer zu stehen.

So weit muss es aber nicht kommen, denn es gibt Alternativen, wie Beschäftigte und Führungskräfte mit diesen Anforderungen konstruktiv umgehen können: Resilienz, genau diese Fähigkeit, mit schwierigen Situationen im Leben und in der Berufstätigkeit umzugehen und an deren Herausforderungen zu wachsen. Hier vorab die gute Nachricht: Resilienz als solche ist nicht angeboren, aber erlernbar. Die gilt für Individuen gleichermaßen wie für ganze Unternehmen. Die Bertelsmann Stiftung hat mit der Resilienz-Expertin Sylvia K. Wellensiek ein Konzept veröffentlicht, das den Fokus positiv auf Ressourcen und Möglichkeiten richtet statt auf Defizite. Es impliziert, dass jeder Mensch und jedes Team resiliente Fähigkeiten hat, die es zu entdecken, auszubauen und anzuwenden gilt

Hier entsteht der Mehrwert für die Arbeitgebermarke: Ein Unternehmen, das erkennt, wo Stressoren und letztlich auch Belastungsgrenzen liegen, wird dem Erreichen solcher Grenzen durch vorausschauendes Management rechtzeitig gegensteuern, anstatt die Gesundheit und Beschäftigungsfähigkeit seiner Mitarbeiter zu gefährden. Diese erkennen sehr wohl, dass ihr Arbeitsgeber sie dabei unterstützt, mit ständig neuen Herausforderungen, Stress und Krisen gut umgehen zu können – und das hat Auswirkungen auf deren Commitment zum Unternehmen. Das Phänomen „Resilienz" wird in der Fachliteratur zu Employer Branding eher „stiefmütterlich" behandelt. Ein Grund mehr, einen Einblick in dieses Thema zu geben – und anzuregen, es in Unternehmen offensiv anzugehen Dieser Beitrag liefert Ihnen Hintergründe, Lösungsansätze und Praxisbeispiele zu diesem spannenden Thema.

9.1.1 Wie ist die Ausgangslage?

In Deutschland ist der Anteil der psychischen Erkrankungen in den letzten Jahrzehnten kontinuierlich angestiegen. Insgesamt ist seit 1994 bei den Arbeitsunfähigkeitsfällen ein Anstieg von mehr als 100 %, bei den Arbeitsunfähigkeitstagen um nahezu 90 % zu verzeichnen. Sie sind heute die viertwichtigste Krankheitsgruppe und machen insgesamt 12 % aus – Tendenz steigend.

Der *AOK Fehlzeiten-Report 2011* weist darauf hin, dass in einer rohstoffarmen und hoch industrialisierten Dienstleistungswirtschaft wie in Deutschland das wichtigste Leistungspotenzial eines Unternehmens seine Mitarbeiter sind. Sie entscheiden mit über den zukünftigen Unternehmenserfolg. Laut diesem Report spielen die Führungskräfte für die Motivation und Leistungsfähigkeit der Beschäftigten eine besondere Rolle.

Mehr als ein Drittel (35,5 %) der Befragten ist davon überzeugt, dass durch einen gezielteren Einsatz des Vorgesetzten für die Mitarbeiter die gesundheitliche Situation am Arbeitsplatz verbessert werden kann. Mehr Anerkennung, mehr Transparenz und konstruktives Feedback – das wünschen sich Beschäftigte von ihrer Führungskraft. Allerdings nutzen viele Unternehmen dieses Potenzial guter Führung nicht aus. 54,5 % der befragten Mitarbeiter nehmen Lob von ihrem Vorgesetzten nur selten beziehungsweise nie wahr. 41,5 % sagen, ihre Meinung werde vom Vorgesetzten bei wichtigen Entscheidungen nicht beachtet.

Dabei können betriebliche Gesundheitsförderung und Prävention zu erheblichen Einsparpotenzialen führen: Bei der Reduktion von Fehlzeiten ließen sich zwischen 12 bis 36 % Kosten einsparen. Der Return on Investment (ROI) für die Fehlzeitenkosten liegt zwischen 1:4,9 € und 1:10,1 €. Betrachtet man die Einsparungen bei den Krankheitskosten, liegt das Verhältnis zwischen 1:2,3 € und 1:5,9 € (iga-Report 13).

9.1.2 Was macht resiliente Menschen aus?

Bei resilienten Menschen sind insbesondere folgende Eigenschaften ausgeprägt: *Optimismus, Akzeptanz, Lösungsorientierung, Verlassen der Opferrolle, Übernahme von Verantwortung, Netzwerkorientierung und Zukunftsplanung.* Diese „sieben Säulen der Resilienz" (Reivich und Shatté 2003) beschreiben die sogenannten „internen" und auch „externen Ressourcen" eines Menschen, etwa seine Fähigkeit, mit unveränderbaren Gegebenheiten und Stressoren umzugehen oder ein soziales Netz aufzubauen, auf das er, „wenn's brennt", zurückgreifen kann. Aber auch die Fähigkeit zu erkennen, wann das eigene Reservoir an Kraft zur Neige geht und das Wissen darum, wie gegengesteuert werden kann, zeichnen resiliente Menschen aus.

Im wirtschaftlichen Kontext schließt der Begriff „Resilienz" auch das Vermögen von Betrieben und ihren Akteuren ein, sich schnell und erfolgreich sich verändernden Anforderungen anzupassen. Dies kann sehr unterschiedlich ausgeprägt sein. Tab. 9.1 zeigt typische Reaktionsweisen von Mitarbeitern, Führungskräften und Geschäftsleitung:

Resiliente Menschen gehören nicht zu denen, die den Kopf in den Sand stecken, wenn es mal turbulent zugeht. Sie suchen vielmehr immer wieder auf's Neue nach Chancen und Möglichkeiten, aus solchen Situationen gestärkt hervorzugehen. Sie sind sich ihrer Ressourcen bewusst. Folgendes zeichnet sie aus: Sie erkennen den eigenen Handlungsspielraum – mag er auch noch so klein sein. Und sie können ihre Situation immer wieder aus einem neuen Blickwinkel betrachten. Aus diesen neuen Sichtweisen leiten sie eigene Lösungsansätze ab. Diese von Grundsatz her bejahende Grundhaltung gibt ihnen eine innere Zufriedenheit, aus der sie Kraft zum Weitermachen schöpfen.

Tab. 9.1 Merkmale (nicht) resilienten Verhaltens bei Mitarbeitern, Führungskräften und Geschäftsleitung. (Quelle: Wellensiek 2013, S. 13)

	Nicht resilientes Verhalten (destabilisierend, schwächend)	Resilientes Verhalten (stärkend)
Mitarbeiter	Ist gegenüber Veränderungen grundsätzlich ablehnend und skeptisch eingestellt. Hat wenig Gespür für konkrete persönliche Bedürfnisse, Grenzen, Anliegen, Gefühle. Übernimmt wenig Verantwortung für sich selbst, erwartet eher Fürsorge von anderen. Entspricht dem Typ „Flurfunk". Erstarrt angesichts von Veränderungsprozessen in abwartender Opferhaltung.	Steht Veränderungen und persönlicher Entwicklung offen gegenüber. Hat Kenntnis über und Verständnis für die eigenen Belastungsgrenzen und Kraftquellen (Ressourcen). Sorgt gut für sich selbst (Pausen, Ausgleich, Grenzen etc.). Kommuniziert aktiv mit Kollegen und Vorgesetzten. Gestaltet Veränderungsprozesse konstruktiv mit.
Führungskraft	Ist getrieben von operativen Aufgaben, sieht wenig Möglichkeit bzw. hat wenig Fähigkeit zum Delegieren und Priorisieren. Nimmt sich zu wenig Zeit für die Personalführung, entwickelt keine echte Beziehung zu den Mitarbeitern. Verhält sich häufig unklar und intransparent.	Achtet auf sich und seine Ressourcen, weiß um seine Leistungsgrenzen und Prioritäten.Lebt „begleitende Führung", hat eine klare, vertrauensvolle Beziehung zu seinen Mitarbeitern und fördert bzw. unterstützt deren Eigenverantwortung/Lösungsorientierung. Kommuniziert klar und transparent – auch unangenehme Veränderungen.
Geschäftsleitung	Bereitet sich nicht proaktiv auf Krisenzeiten vor. In Krisen fällt sie häufig durch überraschende, unangekündigte Strategiewechsel auf. Ihre Information und Kommunikation mit Beschäftigten und Führungsebenen weist Mängel auf. Fokus auf Zahlen, Daten, Fakten – der Mensch bleibt außen vor, wenn die Geschäftsleitung sich mit Veränderungen im Unternehmen beschäftigt.	Denkt vorab mögliche Krisen und Veränderungen an – und entwickelt mögliche Strategien und Lösungswege. Weist eine fest verankerte, transparente Informations- und Kommunikationspolitik auf. Informiert zeitnah auch über unangenehme Tatsachen. Berücksichtigt neben der sachlichen auch die menschliche Ebene und die Kultur des Unternehmens.

9.1.3 Welche Vorteile haben resiliente Unternehmen?

Die zunehmende Unvorhersehbarkeit von weltwirtschaftlichen Entwicklungen ist eine Tatsache, der sich aufgrund einer global vernetzten Wirtschaft nahezu alle Unternehmen stellen müssen. Hieraus entstehen Stressoren. Krisenfähigkeit, d. h. innere Kraft und Robustheit, bringen einem Unternehmen daher immense Vorteile und möglicherweise einen

Wettbewerbsvorsprung. Sie verleihen der Geschäftsentwicklung eine nachhaltige Dynamik. In ruhigeren wie auch unruhigen Zeiten müssen Betriebe flexibel agieren können. Diese Anpassungsfähigkeit stellt hohe Anforderungen an Geschäftsleitung wie auch Mitarbeiter. Ein resilientes Unternehmen ist hierfür auf allen Ebenen gewappnet, denn es hat seine Leistungsträger stets im Blick und sorgt für den Erhalt der Leistungsfähigkeit und die notwendige Flexibilität am Markt.

Resiliente Betriebe haben damit bessere Marktchancen und dies wird zunehmend von Unternehmern als Differenzierungsmerkmal erkannt. So nannten Entscheidungsträger aus Wirtschaft, Politik und Gesellschaft im Rahmen der „Arena Analyse"(Osztovics, Kovar und Mayrbäuml 2012) bei der Frage, welche Themen aus ihrer Sicht zukünftig brisant werden, bereits sehr häufig das Thema Resilienz.

9.1.4 Wo sind die zentralen Schaltstellen der Resilienz im Unternehmen?

Die Auseinandersetzung mit dem Thema „Resilienz" bedeutet, sich konsequent dem Gedanken zu widmen, Widrigkeiten und Herausforderungen nicht zu umgehen, sondern sie anzunehmen und an ihnen zu wachsen. Wesentliche Ansatzpunkte für dieses Umdenken in Unternehmen sind die *Unternehmens-* und *Führungskultur* sowie das *betriebliche Gesundheitsmanagement (BGM)*. Letzteres deshalb, weil die Gesundheit und das Miteinander in einem Unternehmen – früher als „soft skills" bezeichnet – maßgeblich die Leistungs- und Wettbewerbsfähigkeit – also die „hard skills" – im Firmenalltag beeinflussen.

Insbesondere das BGM sollte ein fester Bestandteil der Unternehmensstrategie sein und nicht als nette „Beigabe" verstanden werden. Wie das zu verstehen ist? Viele Betriebe verfügen für die rein körperlichen Bedürfnisse der Beschäftigten bereits über zahlreiche Angebote: den Wasserspender, ergonomische Büromöbel, Rückenschule in der Mittagspause, Laufgruppen, Ernährungsberatung, regelmäßige Gesundheitschecks, den reich gefüllten Obstkorb in der Cafeteria etc. In einer zunehmend erschöpften Arbeitswelt sind diese Maßnahmen nicht ausreichend.

Hier kommt der *Unternehmens-* und *Führungskultur* eine enorme Bedeutung zu. Sie muss definiert, konsequent aufgebaut und gelebt werden. Die Führungskräfte aller Ebenen haben hier eine Schlüsselfunktion, denn sie sind es, die bei ihren Mitarbeitern Widerstandskraft fördern müssen. Um diese Rolle kompetent wahrnehmen zu können, benötigen sie Unterstützung, Orientierung und oft auch eine entsprechende Weiterbildung. Ausschlaggebend ist die Verankerung des Resilienzgedankens in der *Unternehmenskultur*. Die besten Grundsätze, Leitbilder und Fortbildungen können nur Früchte tragen, wenn die zugrunde liegenden Werte im Geschäftsalltag auch gelebt werden.

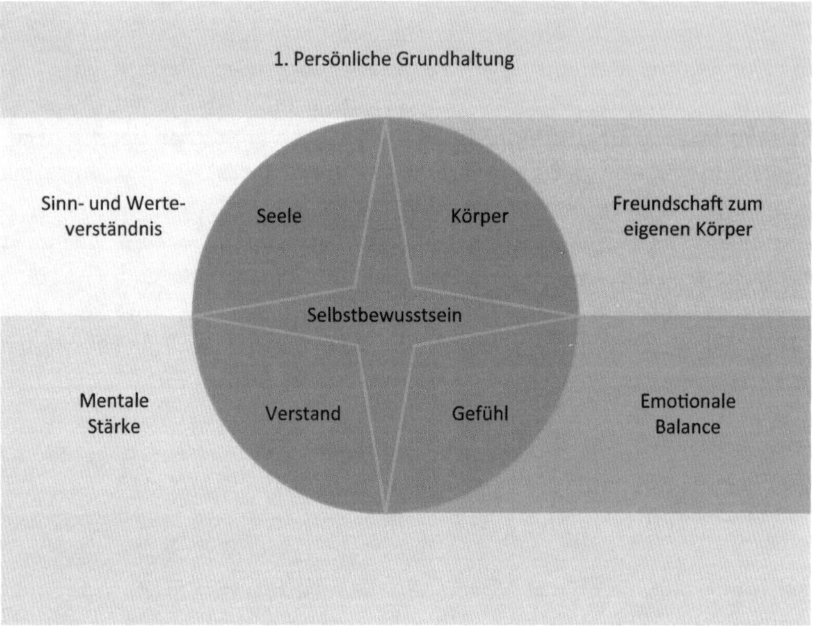

Abb. 9.1 Resilienzfaktoren der persönlichen Grundhaltung. (Quelle: Wellensiek 2013, S. 15)

9.1.5 Welche Faktoren beeinflussen die Resilienz?

Die Entwicklung von Resilienz setzt auf drei Ebenen an: den angeborenen individuellen Eigenschaften einer Person, ihrer in Interaktion mit den Umfeld erworbenen Fähigkeiten und den Faktoren, die sie in ihrer Umwelt vorfindet.

9.1.5.1 Persönliche Grundhaltung

In vielen Fällen ist das Selbstvertrauen, das ein Mensch im Laufe seiner Biografie entwickelt hat, ausschlaggebend dafür, wie er sich sieht, erlebt und nach außen auftritt. Diese Grundeinstellung zu sich selbst beeinflusst seine Gefühle, Gedanken und Aktivitäten im privaten wie auch im beruflichen Kontext. Den meisten Menschen ist jedoch nicht bewusst, in welchen Verhaltens- und Gefühlsmustern sie agieren und welche Werte ihr Denken und Handeln beeinflussen. Deshalb werden in den Trainings des unten beschriebenen Resilienzkonzeptes gewohnte Denk- und Verhaltensweisen differenziert auf den Prüfstein gelegt und, wenn erforderlich, weiterentwickelt. Ziel ist die Stärkung des wirklichen „Selbst-Bewusstseins" (Abb. 9.1).

9.1.5.2 Soziale Ressourcen

Hier stehen die Dimensionen im Vordergrund, die den sozialen Kontakt des Einzelnen zu anderen Menschen und zu seiner Umgebung beeinflussen. Sie beschreiben, wie Menschen mit den Personen in ihrer Umgebung agieren – seien es Kollegen, Kunden oder Vorgesetz-

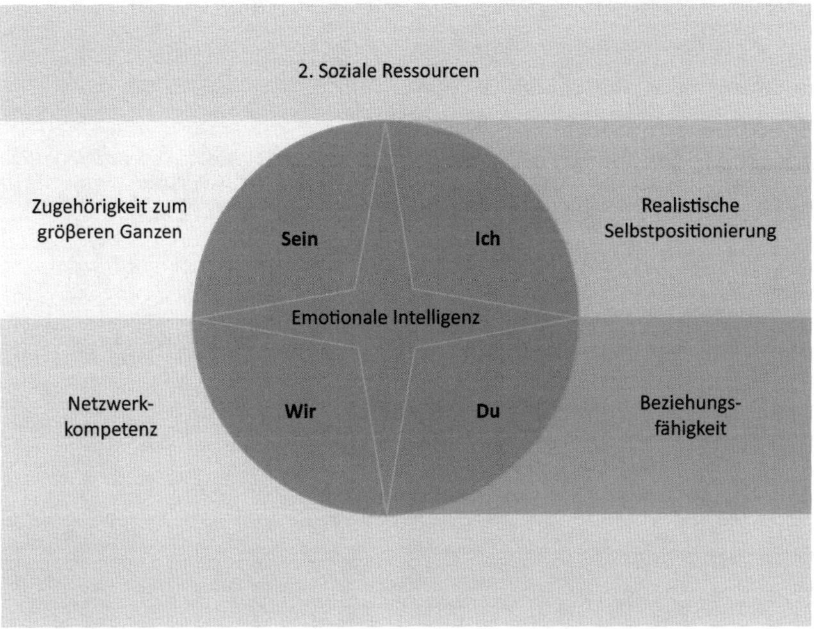

Abb. 9.2 Resilienzfaktoren der sozialen Ressourcen. (Quelle: Wellensiek 2013, S. 16)

te. Wie sehr die soziale Ressource den Einzelnen stärkt, hängt direkt damit zusammen, wie gut diese vier Dimensionen bei jedem Einzelnen entwickelt sind und ihm zur Verfügung stehen (Abb. 9.2).

9.1.5.3 Arbeitsbezogene Ressourcen

Diese Trainingsebene bezieht sich auf die Bedingungen, die mit der Qualität des Arbeitsplatzes zusammenhängen. Die steigenden Zahlen der psychosomatischen Erkrankungen zeigen, dass die Menschen durch die heutigen Arbeitsbedingungen überbelastet sind. Gleichzeitig ist der Beruf eine wichtige Ressource für viele Menschen. Dies wird maßgeblich beeinflusst von Faktoren wie Unternehmenswerten, Sinnhaftigkeit der Tätigkeit, Fairness im gegenseitigen Umgang, Respekt und sozialer Gerechtigkeit. Den Führungskräften bietet sich hier großer Gestaltungsspielraum (Abb. 9.3).

Die drei Faktoren lassen sich im Alltag nicht trennen – sie sind miteinander verzahnt. Finden auf der einen Ebene Verbesserungen statt, haben sie mitunter positive Auswirkungen auf eine andere Ebene. Für die Umsetzung bedeutet dies: Das Unternehmen kann dort ansetzen, wo es ihm aufgrund der eigenen betriebsinternen Gegebenheiten leicht fällt und schnelle Erfolge zu erwarten sind. Wichtig ist dabei, zu berücksichtigen, dass der Weg zu mehr Resilienz ein Prozess ist, der häufig Jahre benötigt. Ziel sollte es sein, dass sich die entsprechende Führungskultur etabliert und nachhaltige Strukturen geschaffen wer-

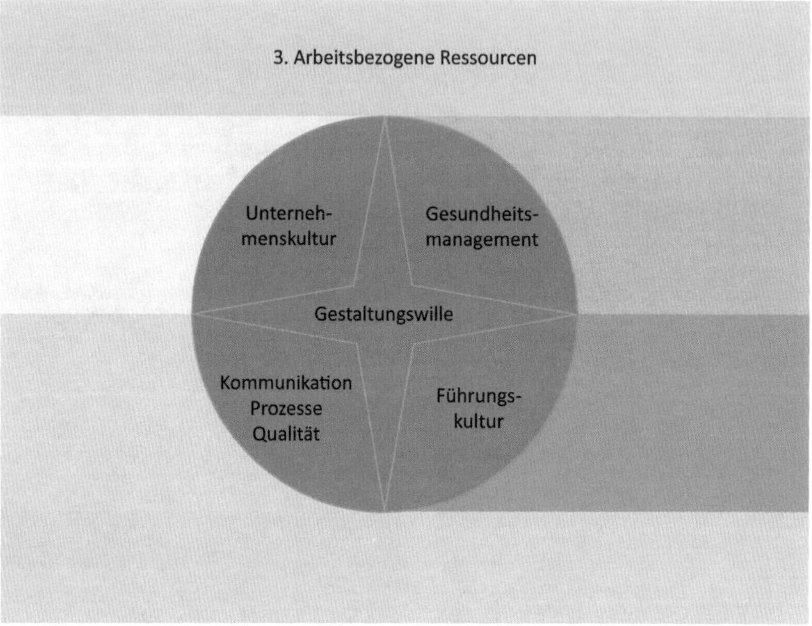

Abb. 9.3 : Resilienzfaktoren der arbeitsbezogenen Ressourcen. (Quelle: Wellensiek 2013, S. 15)

den, um die Widerstandsfähigkeit der Beschäftigten zu unterstützten und zu fördern, aber auch, die Geschäftsleitung einzubinden.

9.2 Das Resilienzkonzept

9.2.1 Der „Resilienz-TÜV": Check der Widerstandskraft, Belastungsfähigkeit und Flexibilität

Das von der Bertelsmann Stiftung gemeinsam mit der Resilienz-Expertin Sylvia K. Wellensiek entwickelte Resilienzkonzept beinhaltet einen „Resilienz-TÜV" für Mitarbeiter und Führungskräfte. Mithilfe des Fragebogens können die Tester überprüfen, wie viel Widerstandskraft, Belastungsfähigkeit und Flexibilität sie haben und wo noch Potenzial ruht. Der Fokus richtet sich immer wieder auf die Kernthemen resilienter Fähigkeiten: Selbstkenntnis, Selbststeuerung, Selbstwirksamkeit, Kooperationsfähigkeit, Kommunikation, Verantwortungsbereitschaft und Gestaltungskraft. Im ersten Teil des „Resilienz-TÜVs" werden die Indikatoren für die Resilienz eines einzelnen Menschen beschreiben. Im zweiten Teil geht es um die resilienten Fähigkeiten von Führungskräften und im dritten um die Resilienz des Unternehmens. Die Inhalte orientieren sich an den in Abb. 9.1 bis 9.3 dargestellten Kompassen und Resilienzfaktoren und sie fassen die wichtigsten Aussagen aus der Publikation „Ressourcenförderung in Zeiten ständiger Wandlung" (Wellensiek 2013) zusammen.

9.2.1.1 „Resilienz-TÜV" für Mitarbeiter

Im Mitarbeiterfragebogen werden Aspekte zu den Dimensionen „Selbstbewusstsein", Freundschaft zum Körper", „emotionale Balance", „mentale Stärke" sowie „Sinn und Werteverständnis" abgefragt, die mit „eher ja" und „eher nein" zu beantworten sind. Alle mit „eher ja" beantwortete Aussagen zeigen, wo der Tester bereits widerstandsfähig, belastungsfähig und flexibel ist. Mit „eher nein" beantwortete Aspekte geben Aufschluss darüber, welche Bereiche noch ausbaufähig sind.

Interessant ist, wo der Tester besonders gut aufgestellt ist und wo Handlungsbedarf ist. Mit Blick in die Zukunft entscheidet er, an welchen Punkten er ansetzen möchte. Dabei wählt er zwei oder drei Themen aus, die ihn aktuell am meisten belasten: Hier lohnt es sich, die Fähigkeiten auszubauen. Wichtig dabei ist eine klare und greifbare Zielsetzung. Tendiert er beispielsweise im Bereich „Sinn- und Werteverständnis" dazu, sich und andere zu überfordern, dann könnte er sich vor jedem Projekt einen „Machbarkeits-Check" verordnen. Etwa anhand einer kleinen Liste mit Eckdaten, die ihm zeigt, wo Engpässe entstehen können. Auf diesem Blatt kann er auch das realistische Ziel für das Projekt notieren und so seiner persönlichen Tendenz, über's Ziel hinauszuschießen und die Ansprüche zu hoch zu stecken, vorbeugen. Analog „arbeitet" er die weiteren Punkte ab.

9.2.1.2 „Resilienz-TÜV" für Führungskräfte

Der Fragebogen für Führungskräfte trägt der Tatsache Rechnung, dass diese in einem vielschichtigen Netzwerk oft als „Stoßdämpfer" zwischen unterschiedlichen Anspruchsgruppen agieren. Sie müssen sich selbst und ihre Mitarbeiter ruhig und stabil durch „raues Fahrwasser" navigieren und mit den unterschiedlichsten Einflussfaktoren zurechtkommen. Deshalb unterscheiden sich ihre Fähigkeiten in der Interaktion mit Beschäftigten, Vorgesetzten und Kunden ein Stück weit von denjenigen Faktoren, die die persönliche Resilienz eines Menschen ausmachen.

Abgefragt werden hier Aspekte zu den Dimensionen „emotionale Intelligenz", „realistische Selbstpositionierung", „Beziehungsfähigkeit", „Netzwerkkompetenz" sowie „Zugehörigkeit zu einem größeren Ganzen". Bei Aspekten, die mit „eher nein" beantwortet werden, lohnt es sich genauer hinzuschauen, was die Führungskraft selbst verbessern kann und wo die Struktur des Unternehmens sie daran hindert, ihre Tätigkeit resilient zu gestalten.

Möglicherweise muss sie sich bei dem Aspekt „Zugehörigkeit zu einem größeren Ganzen" eingestehen, dass sie sich „eher nicht" als Teil eines großen Ganzen fühlt, sondern als Einzelkämpfer, und dass ihr die Unternehmenswerte gleichgültig sind. Häufige Ursache dafür ist, dass es die Geschäftsleitung versäumt hat, klare Werte vorzugeben. Oder aber, dass sie sich selbst um bestehende Werte „wenig schert".

Wenn die Führungskraft an ihren „eher nicht"-Punkten arbeiten möchte, sucht sie sich diejenigen heraus, bei denen sie möglichst autonom etwas verändern kann, etwa die Themen „Meine Kraftquellen" oder auch „Netzwerkkompetenz". Hier wird sie schnell Erfolge verbuchen. Das motiviert, auch auf höherer Ebene Veränderungen anzustoßen. Auf jeden Fall sollte sie aber vermeiden, sich „an den Fehlern des Unternehmens“ abzuarbeiten. Sie vergeudet nur ihre Kraft und verschenkt ihr kreatives Potenzial.

Wichtig ist, sich für jedes Thema ein realistisches Ziel zu setzen und zu definieren, in welchen Schritten sie diesem Ziel näher kommen will. Denkbar wäre zum Beispiel beim Thema „Netzwerkkompetenz“, dass sie auf einem Blatt Papier einen Kreis in die Mitte zeichnet, ihren Namen hineinschreibt – und um diesen Kreis herum die Menschen notiert, die für sie als Netzwerkpartner oder Informanten in ihrer aktuellen beruflichen Situation interessant sind – oder sein könnten. Dann wählt sie jemanden, mit dem sie noch wenig Kontakt hat, und verabredet sich zum Beispiel mit ihm oder ihr zum Mittagessen.

Bei dem TÜV-Check ist wichtig, ehrlich zu sich selbst zu sein. Ein wenig Fantasie hingegen ist durchaus erlaubt. Eine Kombination aus beidem kann beflügelnd und kreativ wirken. Man könnte jetzt einwenden: Alles schöne Theorie, die Praxis schaut immer schwieriger aus. Viele Menschen wissen doch schon seit langer Zeit, wo ihre „Knackpunkte“ liegen, und können sie trotzdem nicht abstellen. Das mag stimmen. Denn oftmals besitzen sie schlichtweg nicht das richtige Handwerkszeug, um ihre guten Erkenntnisse strukturiert auszuwerten und methodisch Schritt für Schritt in die Praxis zu bringen. Hier aber wäre der Anfang gemacht. Und: Übung macht den Meister.

9.2.1.3 „Resilienz-TÜV“ für Unternehmen

Wie viel Widerstandskraft, Belastungsfähigkeit und Flexibilität besitzt Ihr Unternehmen? Ist es schnell, flexibel und anpassungsfähig genug für die rauen Gewässer der globalen Wirtschaft? Um dies herauszufinden, stehen beim Unternehmens-Check die Themen „Gestaltungswille“, „Gesundheitsmanagement“, „Führungskultur“, „Kommunikation/Prozesse/Qualität“ und „Unternehmenskultur“ im Vordergrund.

Wie aber kann ein Unternehmen resilienter werden? Die Entwicklungsmöglichkeit für die gesamte Organisation liegt im Zusammenspiel von Führungs- und Unternehmenskultur. Der Ausbau Ihrer persönlichen Resilienz und Ihrer Widerstandskraft als Führungskraft ist ein erster wichtiger Schritt. Auch die Resilienz-Trainings setzen häufig auf dieser individuellen Ebene an. Wenn dann immer klarer wird, welche Rolle die Unternehmensstruktur spielt, kann die Geschäftsleitung nach und nach ein Bewusstsein dafür entwickeln, wie und wo sie die Unternehmenskultur verändern kann.

9.2.1.4 Schritte der Resilienzentwicklung

Die Entwicklung organisationaler Resilienz im Unternehmen erfolgt in folgenden Schritten:

1. Vortrag oder Infoveranstaltung
2. Interne Maßnahmen und praxisnahe Unterstützung
3. Pilottraining und Maßschneiderung von Schulungen
4. Workshop mit der Geschäftsführung
5. Resilienztrainings für Führungskräfte und Mitarbeiter

6. Stärkung der Teams und Schnittstellen
7. Einzelcoaching von „Schlüsselpersonen"
8. Installierung eines internen Resilienzberaters, der den Trainingstransfer begleitet
9. Überprüfung und Weiterentwicklung von Strukturen
10. Erfolge feiern
11. Resilienz für das Employer Branding nutzen

9.2.1.5 Entwicklung eines passenden Resilienztrainings

Da der Erfolg der Resilienzentwicklung im Unternehmen stark davon abhängt, in welchem Maße die Mitarbeiter und Führungskräfte von der Bedeutung dieses Themas überzeugt und zur Mitwirkung bereit sind, lohnt ein Blick, worauf bei der Konzeption eines auf das Unternehmen zugeschnittenen Resilienztrainings zu achten ist.

Die Notwendigkeit für mehr Resilienz im Unternehmen erkennen Voraussetzung aller Aktivitäten ist, dass die verantwortlichen Akteure im Unternehmen erst einmal die Notwendigkeit erkennen, sich mit diesem Thema auseinanderzusetzen. Und das tut Not, denn angesichts der sich verschiebenden Alterspyramide, Engpässen bei bestimmten Berufsgruppen und steigender Zahl psychosozialer Erkrankungen wird es immer schwieriger, gute Mitarbeiter zu bekommen. Unternehmen sind gut beraten, sich gut um ihre Mitarbeiter zu kümmern. Deshalb lautet der Dreisatz der Personalabteilung heute: Die richtigen Mitarbeiter finden, sie binden und langfristig gesund halten. Eng verknüpft mit der Devise: Prävention erspart viel Ärger, Zeit – und Geld. Eine breit aufgestellte, von Führungskräften und Mitarbeitern getragene Resilienzentwicklung zahlt sich schnell für ein Unternehmen aus. Deshalb gilt: Frühzeitig Warnsignale erkennen und aktiv dagegensteuern!

Sorgfältig den Trainer auswählen Bei der Suche nach einem externen Anbieter für Trainingsmaßnahmen ist es ratsam, verschiedene Angebote zu vergleichen. Weil das Thema „Resilienz" viele verschiedene Inhalte vereinigt, die sowohl im beruflichen als auch im privaten Terrain eines Mitarbeiters liegen können, ist ein erfahrener Anbieter vorzuziehen, der neben dem Handwerkszeug von Training, Beratung und Coaching auch psychotherapeutische und gegebenenfalls medizinische Grundkenntnisse mitbringt.

Titel für die Einführungsveranstaltung positiv formulieren Richtet sich das Augenmerk auf die Stärken und Potenziale des Resilienzkonzeptes, ist es leichter, einen einladenden Titel für die erste Veranstaltung zu finden. Das Thema „Burnout" ist abgenutzt, sodass Titel wie „Belastungsfähig in Zeiten ständiger Veränderung" oder „Veränderungsbereit trotz hohen Drucks" vorzuziehen sind. Oder Titel, die bildliche Assoziationen anregen, wie zum Beispiel „Fels in der Brandung statt Hamster im Rad". Ist erst einmal das Interesse für die Thematik geweckt, können auch subtilere Zusammenhänge angesprochen werden, die einer differenzierteren Betrachtung bedürfen.

Alle Entscheider und Multiplikatoren berücksichtigen Vor der Einführung des Themas sollte sichergestellt sein, dass alle beteiligten Personen und infrage kommenden Akteure frühzeitig informiert und in den Entwicklungsprozess integriert werden. Dies schließt ein, dass möglichst alle Hierarchieebenen von Anfang an mit einbezogen werden. Dazu gehören auch der Betriebsrat, die Personalentwicklung, der Betriebsarzt und soziale Dienste. Die neuen Trainingsinhalte sollten nahtlos an bisher erfolgte Schulungen anknüpfen.

Ein schlüssiges Konzept erstellen Eine nachhaltige Resilienzentwicklung ist im Unternehmen nicht von heute auf morgen machbar. Deshalb sollte das Budget eine längerfristig angelegte Konzeptentwicklung berücksichtigen, von der Entwicklung und Einführung schlüssiger Maßnahmen über deren sorgfältige Begleitung bis hin zur differenzierten Evaluation und Auswertung. Transparente Kommunikation unterstützt zusätzlich die Akzeptanz des Projektes.

9.2.2 Bewusstseinsschärfung für BGM

Nachdem nun die wichtigsten Parameter für die Implementierung eines Resilienzkonzeptes in Unternehmen beschrieben sind, lohnt ein genauerer Blick auf seine Verankerung und Weiterentwicklung im Unternehmen.

Wie in Abschn. 9.1.4 erwähnt, ist eine der zentralen Schaltstellen für die Auseinandersetzung mit diesem Thema und seiner Entwicklung im Unternehmen das betriebliche Gesundheitsmanagement (BGM). In vielen Unternehmen ist das Thema „Gesundheit" nach wie vor ein Randthema. Oft sind langwierige Überzeugungsprozesse nötig, um die Geschäftsführung der Unternehmen von der Bedeutung und dem Nutzen eines modernen Gesundheitsmanagements zu überzeugen. Sich mit der steigenden Zahl psychosomatischer Krankheitssymptome ernsthaft auseinanderzusetzen oder sogar Ursachenforschung zu betreiben, ist noch immer die Ausnahme. Hier werden oft Chancen verpasst, rechtzeitig Präventivprogramme zu entwickeln. Die Kosten, die den einzelnen Betrieben hierdurch entstehen, sind nur schwer abzuschätzen. Der Kompass in Abb. 9.4 zeigt die unterschiedlichen Einflussfaktoren für physische und psychische Gesundheit in ihrem Zusammenhang.

Anhand dieser Grafik wird deutlich, wie sehr das BGM mit anderen Themen der Organisationsentwicklung verwoben ist: z. B. Führung, Kommunikation, Teambildung, Unternehmenskultur. Es sollte daher nicht isoliert betrachtet werden, sondern im Rahmen einer Gesamtstrategie in die unterschiedlichen Themenblöcke integriert werden.

Physische und psychische Gesundheit hängen von so vielen Faktoren ab, dass von der fragmentierenden Sichtweise abgerückt der Blick darauf gerichtet werden sollte, mit welcher Dynamik die einzelnen Aspekte aufeinander einwirken. Die gängigen BGM-Konzepte greifen meist zu kurz – sie sollten daher neu interpretiert werden. Der Resilienzansatz bietet eine gute Möglichkeit, bisherige Zuordnungen zu überdenken und das Thema gemeinsam in einem erweiterten Kontext zu betrachten.

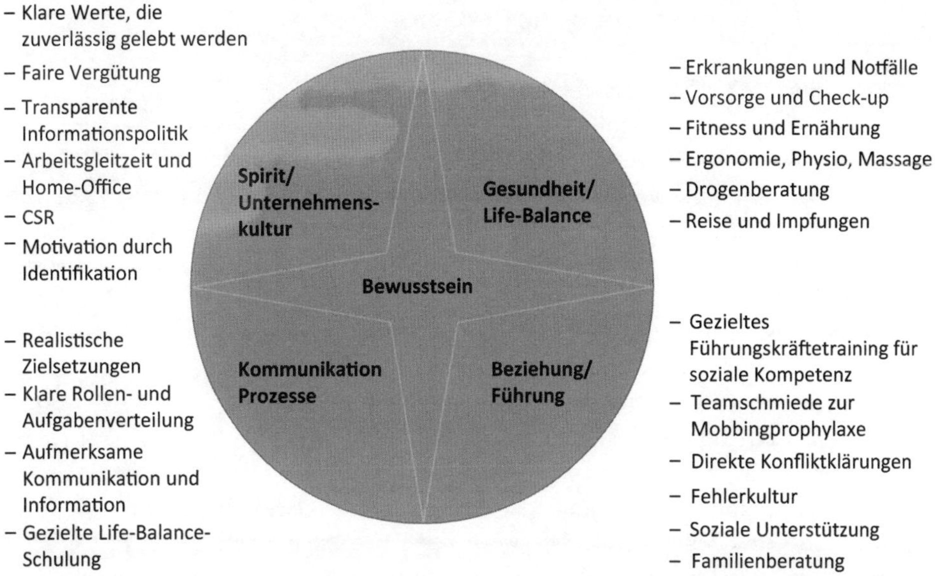

Abb. 9.4 Einflussfaktoren für physische und psychische Gesundheit. (Quelle: Wellensiek 2013, S. 54)

9.2.2.1 Vorteile für die Arbeitgebermarke

Unternehmen, die ihre Kultur leben und sich die Mühe machen, den Resilienzgedanken nachhaltig zu entfalten, haben es sich verdient, die Ergebnisse stolz nach außen zu präsentieren. Denn damit haben sie einen Vorsprung gegenüber ihren Konkurrenten auf dem Arbeitskräftemarkt, sich angesichts akuter werdenden Fachkräftemangels und demografischer Verschiebungen als attraktiver Arbeitgeber zu positionieren.

Potenzielle Arbeitnehmer machen ihre Entscheidung zugunsten eines Arbeitgebers zunehmend abhängig von der Kultur, der Arbeitsatmosphäre, der Arbeitsbedingungen und den Entwicklungsmöglichkeiten in dem Unternehmen. Gerade bei den Jüngeren ist nicht mehr die Höhe des Gehalts ausschlaggebend. Sie haben vorrangig ihre Gesundheit, ihre Partnerschaft, den Bezug zu ihren Kindern und ihren Eltern sowie ihr soziales Netzwerk im Blick und interessieren sich daher besonders für die Rahmenbedingungen ihres künftigen Arbeitgebers. Diese Entwicklung wird bei der Rekrutierung neuer Mitarbeiter weiterhin zunehmend an Bedeutung gewinnen. Das Thema „Resilienz" wird dabei eine tragende Rolle spielen. Kultur ist somit nicht mehr nur eine Frage ethischen Handelns – sie zahlt sich bei der Suche nach qualifizierten Fachkräften schlichtweg aus.

9.2.3 Tipps für Ihre persönliche Resilienz

9.2.3.1 Eigene Verhaltensweisen verstehen

Weil unser Handlungsspektrum hauptsächlich von den Verhaltensweisen bestimmt wird, die wir in frühester Kinder- und Jugendzeit aufgenommen haben, ist es notwendig bestehende und oft einschränkende Verhaltensmuster zu erkennen und zu hinterfragen. Alle Erfahrungen haben uns geprägt. Was wir erlernt haben, wurde in neuronalen Netzen festgeschrieben. Je öfter wir eine ähnliche Situation erlebt haben, desto nachhaltiger wurde dieser Eindruck verankert. Dies zu wissen hilft, eigene Verhaltensweisen verstehen, nachvollziehen – und wenn nötig – sie ändern zu können.

9.2.3.2 Erlernte Bewältigungsstrategien durchschauen

Viele unserer derzeitigen Bewältigungsstrategien basieren auf den Handlungs- und Denkmustern unserer Eltern, Lehrer oder anderer Bezugspersonen. Wir haben von ihnen gelernt, wie man Kommunikation gestaltet, Probleme bewältigt, Konflikte austrägt und vieles mehr. Bis heute helfen uns diese erworbenen Fähigkeiten, unser Leben zu meistern, geben uns Halt und Orientierung. Gleichzeitig haben sich bei uns aber auch Denk- und Verhaltensformen verfestigt, die damals sicherlich Sinn machten, heutzutage aber oft genau das Gegenteil bewirken.

Warum? Unsere Großeltern und Eltern sind durch Krieg, Nachkriegszeit und Industriegesellschaft geprägt worden. Sie hatten völlig andere Herausforderungen zu bewältigen, als sich heute in der globalisierten Wissens- und Informationsgesellschaft stellen. Sie haben gelernt, in körperlichen und psychischen Extremsituationen zurechtzukommen. Aber sie fanden Wege, ohne die Möglichkeit, professionelle Hilfe in Anspruch zu nehmen, tiefe Traumatisierungen zu überwinden und ein weitgehend normales Leben zu führen. Vor diesem Hintergrund wurden wir erzogen und geprägt.

9.2.3.3 Alte Denkmuster ablegen

Betrachten wir unsere Prägungen zum Thema „Leistung und Disziplin“. Die Ideale und Grundsätze unserer Eltern basieren auf Fleiß, Durchhalten und „Zähnezusammenbeißen“. Aussagen wie „Erst die Arbeit, dann das Vergnügen!“ machen das deutlich. Diese Glaubenssätze haben wir verinnerlicht und sie leiten uns im täglichen Leben.

Sie beeinflussen stark unser Selbstwertgefühl und unsere Eigeneinschätzung. Schlimmer noch: Sie verdecken den Blick auf neue und kreative Handlungsstrategien und verhindern so ein Ausbrechen aus der täglichen Tretmühle. Nur wer dies erkennt und durchschaut, ist in der Lage, auszubrechen und einen neuen Kurs einzuschlagen.

9.3 Fazit

„Resilienz" bezeichnet die Fähigkeit, Irritationen auszugleichen und sich besser aufzustellen. Dies wird immer bedeutsamer angesichts der steigenden Zahl psychischer Erkrankungen und der damit verbundenen Ausfallzeiten von Mitarbeitern, insbesondere den Führungskräften. Unternehmen sind gut beraten, sich dieses Themas anzunehmen, weil auch sie in Bezug auf Resilienz deutliche Unterschiede aufweisen: Die einen haben die innere Kraft und Robustheit, um sicher und gelassen durch raue See zu fahren, während andere bereits bei kleinen Irritationen in „Schieflage" geraten oder gar zu kentern drohen. Hinzu kommt: Unternehmen, die sich ernsthaft mit diesem Thema auseinandersetzen, können viele Vorteile verbuchen – und dazu noch Kosten sparen. Denn Prävention spart nicht nur Zeit und Nerven, sondern auch Geld, wie der Leiter des betrieblichen Gesundheitsmanagements am Flughafen München, Friedrich Graßl, errechnet hat.

Seine These zur Kosteneinsparung lautet: Das wirtschaftliche Ergebnis eines Unternehmens wird durch ein gutes, ganzheitliches, vernetzt aufgebautes und von der Geschäftsführung getragenes Gesundheitsmanagement deutlich verbessert, durch:

- stabilere Prozesse
- eine höhere Qualität der Produkte oder Dienstleistungen
- eine höhere Produktivität der Mitarbeiter
- eine höhere Innovationsfähigkeit

In seinem Beispiel stellt sich die Renditemöglichkeit bezogen auf ein Jahr folgendermaßen dar:

Ein Unternehmen mit 1.000 Mitarbeitern und 220 Arbeitstagen pro Jahr kann den Krankenstand durch gesundheitsfördernde Maßnahmen um ein Prozent senken. Ebenso wirken sich die Maßnahmen auf den Präsentismus positiv aus: Er sinkt um 2,5 %. Das heißt: das Unternehmen erhält insgesamt 3,5 % mehr produktive Arbeitszeit. Die Gesamtkosten für einen Ausfalltag werden mit 250,- Euro beziffert. In der Summe macht dies pro Jahr 1.925.000 € aus. Ein überzeugendes Argument. Das noch getoppt wird durch die Tatsache, dass sich ein Unternehmen mit einer resilienten Ausrichtung sehr positiv auf seine Arbeitgebermarke auswirkt.

Fazit: Ein Unternehmen, das dem Thema Resilienz die notwendige Bedeutung einräumt, hat einen eindeutigen Wettbewerbsvorteil. Voraussetzung ist eine professionelle Übersetzung des Themas auf die betrieblichen Belange. In der Regel wird das die Einführung eines wirksamen betrieblichen Gesundheitsmanagements sein. Von entscheidender Bedeutung hierfür sind Glaubwürdigkeit, verfügbare Ressourcen und eine professionelle Herangehensweise.

Literatur

Initiative Gesundheit & Arbeit (iga). (2008). iga-Report 13. Wirksamkeit und Nutzen betrieblicher Gesundheitsförderung und Prävention. Zusammenstellung der wissenschaftlichen Evidenz 2000 bis 2006. Hrsg. BKK Bundesverband, Essen. www.iga-info.de/veroeffentlichungen/iga-reporte/iga-report-13.html. Zugegriffen: 10 Juli 2012.

Osztovics, W., Kovar, A., & Mayrbaeur, C. (2012). Arena analyse 2012. Die ZEIT (Hrsg.), *Resilienz oder katastrophe.* Wien: Die Presse und Kovar & Koeppl Public Affairs Consulting GmbH. www.publicaffairs.cc/index.php?id = 193. Zugegriffen: 10. Juli 2013.

Reivich, K., & Shatté, A. (2003). *The Resilience Factor. 7 Keys to Finding Your Inner Strength and Overcoming Life's Hurdles.* New York: Three Rivers Press.

Wellensiek, S. K., & Kleinschmidt, C. (2013). *Ressourcenförderung in Zeiten ständiger Wandlung.* Bertelsmann Stiftung (Hrsg.), *Resilienz für Mitarbeiter, Führungskräfte und Unternehmen.* Gütersloh. wwww.bertelsmann-stiftung.de/cps/rde/xchg/bst/hs.xsl/publikationen_114634.htm.

Wellensiek, S. K. (2012). *Resilienz-Training für Führende: So stärken sie Ihre Widerstandskraft und die Ihrer Mitarbeiter.* Weinheim und Basel 2012: Beltz.

WIDO – Wissenschaftliches Institut der AOK. (2011). „AOK Fehlzeiten-Report 2011. Mit dem Chef als Partner sind Mitarbeiter gesünder". Pressemitteilung 16. August 2011. www.wido.de/uploads/media/pm_wido_2011-16-08_FZR2011_final.pdf. Zugegriffen: 10. Juli 2013.

Work-life-competence

10

Strategie zur Vereinbarung von Beruf und Privatem

Astrid Laudage und Birgit Wintermann

10.1 Unternehmen im Wandel der Zeit

Der Wandel der Zeit stellt Unternehmen zunehmend vor neue Herausforderungen: knapper werdende Ressourcen auf dem Arbeitsmarkt aufgrund des demografischen Wandels, wirtschaftlicher Strukturwandel hin zu einer Wissensgesellschaft, Globalisierung, neue Technologien – und nicht zuletzt eine selbstbewusste junge Generation von Mitarbeitern, die traditionelle Wertvorstellungen und Anforderungen an Arbeitgeber „über Bord werfen". Und das vor dem Hintergrund eines Arbeitsmarktes, der sich aufgrund des demografischen Wandels zunehmend hin zu einem Arbeitnehmermarkt entwickelt. Denn der Fachkräftemangel wird weiter zunehmen: Im Jahr 2009 hatten trotz der Wirtschaftskrise fast 29 % der Unternehmen Schwierigkeiten, ausreichend qualifiziertes Personal zu finden (Familienreport 2010, BMFSFJ). Dieser Trend wird sich weiter verstärken: Bereits für 2015 werden drei Millionen fehlende Arbeitskräfte prognostiziert, davon eine Million Fachkräfte mit Hochschulabschluss, 1,3 Mio. Arbeitskräfte mit Abschluss und 550.000 Arbeitskräfte ohne Berufsausbildung. Bis 2030 wird der Mangel an Arbeitskräften auf rund fünf Millionen anwachsen (Arbeitslandschaft 2030, Prognos).

Keine leichte Ausgangslage für Unternehmen angesichts der Tatsache, dass im Wettbewerb um die besten Mitarbeiter der Konkurrenzdruck immer weiter zunimmt. Um sich als attraktive Arbeitgeber zu positionieren, sind sie zunehmend gezwungen, Anreize für ihre Mitarbeiter zu schaffen: für die bereits Vorhandenen, damit diese bleiben und nicht wegziehen, als auch für die Potenziellen, damit sie im Unternehmen „anheuern". Damit wären wir beim Employer Branding: Mit welchen Alleinstellungsmerkmalen können Unterneh-

A. Laudage (✉) · B. Wintermann
Telgte, Deutschland
E-Mail: a.laudage@laudage-konzept.de

B. Wintermann
E-Mail: birgit.wintermann@bertelsmann-stiftung.de

H. Künzel (Hrsg.), *Erfolgsfaktor Employer Branding*, Erfolgsfaktor Serie,
DOI 10.1007/978-3-642-40535-8_10, © Springer-Verlag Berlin Heidelberg 2013

men eine Arbeitsgebermarke erarbeiten, die ihnen einen Vorsprung im „war for talents" ermöglicht? In der Literatur findet sich hierzu eine Vielzahl an Empfehlungen und Ratschlägen, unter anderem auch, Mitarbeitern mit Angeboten zur Vereinbarung von Familie und Beruf zu locken.

Wie sich solche Angebote strukturiert und methodisch „maßgeschneidert" auf die Bedürfnisse der Mitarbeiter und des Arbeitgebers entwickeln lassen, beschreibt dieser Beitrag am Beispiel des „work-life-competence"-Modells (wlc). Vorab wird veranschaulicht, wie sich die Schnittstelle von Beruf und Privatem konkret darstellt und was – insbesondere Eltern – bei diesem Thema besonders auf dem Herzen liegt. Abschließend wird aufgezeigt, wie sich work-life-orientiertes Personalmanagement erfolgreich in die Praxis umsetzen lässt.

10.2 Work-Life-Balance: Hintergründe

Bei der Betrachtung der Schnittstelle von Arbeit und Privatem ist der Blick auf die Herausforderungen von Arbeitgeben aufgrund von veränderten Anforderungen und Wertvorstellungen gerichtet – insbesondere der jüngeren Generationen, die beispielsweise – im Gegensatz zu den vorherigen – nicht primär ihre Karriere im Blick hat, sondern mindestens in gleichem Maße die Zeit mit ihrer Familie oder in ihrem Privatleben genießen möchten. Wer also als Arbeitgeber diese Altergruppe im Wettbewerb um Fachkräfte binden will, kommt nicht umhin, sich mit solchen Trends auseinandersetzen und entsprechende Lösungen zu entwickeln und anzubieten.

10.2.1 Generationen-Mix im Unternehmen

Doch das ist gar nicht so einfach, zumal die Schnittstelle von Beruf und Privatleben in der Lebensverlaufsperspektive sehr vielschichtig ist und mehrere Dimensionen berührt. Um sie in dieser Perspektive besser zu erfassen, hilft ein Blick auf die Arbeitnehmerstruktur auf dem Arbeitsmarkt. Heutzutage – das ist ein Novum – ist es nicht ungewöhnlich, dass bis zu sechs Generationen in Unternehmen arbeiten. Wie lassen sie sich klassifizieren? Die älteste noch arbeitende Generation ist derzeit die Nachkriegsgeneration der bis 1955 Geborenen, ihr folgt die sogenannte Baby-Boomer-Generation bis zum Geburtsjahrgang 1965. Die bis 1975 Geborenen sind die Generation X bzw. Generation Golf, gefolgt von der Generation dotcom, die alle Geburtsjahrgänge bis 1985 erfasst. Die zweitjüngste Gruppe auf dem Arbeitsmarkt ist die sogenannte Generation Game. Die Generation Multimedia ist mit allen ab 1995 Geborenen die jüngste.

Bei einem Aufeinandertreffen von sechs Generationen prallen teilweise sehr unterschiedliche Wertemuster aufeinander, die „unter einen Hut gebracht" werden müssen. Jeweils geprägt von der Zeit ihrer Sozialisation haben sich die Werte-Sets der einzelnen Generationen über die Jahrzehnte verschoben: von der Anpassung an Gebote, Rangordnungen und Konventionen, Bescheidenheit und Pflichterfüllung über die entgegengesetzte

Haltung von Selbstverwirklichung, Individualismus und Genussorientierung hin zu heutigen Mustern aus neuem sozialem Bewusstsein, Ganzheitlichkeit, Synergie und Selbst-Management.

10.2.2 Wünsche der Elterngenerationen

Entsprechend unterscheiden sich auch die Ansprüche der Generationen. Aufschlussreich ist ein Blick auf die Wünsche der Eltern. Eine im Auftrag des Elternmagazins „Eltern" durchgeführte Forsa-Studie (Spiegel 2013) brachte ein interessantes Wunschprofil von arbeitenden Eltern in Bezug auf die Rollenverteilung im Alltag und Kinderbetreuung zutage:

1. Es besteht eine Kluft zwischen Wunsch und Wirklichkeit. Nur wenige Eltern können ihre favorisierte Rollenverteilung auch im Alltag umsetzen:
   - Nur 6 % der befragten Eltern favorisieren das traditionelle Alleinverdienermodell, aber 14 % befinden sich in einem solchen.
   - 40 % sind dafür, dass er Vollzeit arbeitet und sie Teilzeit, aber de facto arbeitet in 57 % der Fälle er Vollzeit, sie Teilzeit.
   - 38 % sprechen sich für die Variante „beide arbeiten 300 Stunden und teilen sich Hausarbeit und Kinder, realisiert haben dieses Modell aber nur 6 % der Befragten, die mit einem Partner zusammenleben.
   - 16 % der Eltern gaben an, dass sie in ihrer Ehe beide Vollzeitjobs hätten und gleichermaßen Hausarbeit und Kinderbetreuung teilen, aber nur 13 % der Befragten sind für dieses Modell.
   - Einer der Hauptgründe für diese Kluft zwischen Wunsch und Wirklichkeit ist das Geld: 45 % gaben an, bei Umsetzung ihres Wunschmodells würde ihr Einkommen zu gering ausfallen-
2. Das wichtigste Anliegen der Eltern bleibt eine gesicherte Kinderbetreuung:
   - Nur ein Viertel der Eltern vertritt die Ansicht, dass genügend Kita-Plätze vorhanden sind. Jeder Zweite (48 %) würde den Rechtsanspruch auf einen Kita-Platz einklagen, sollte sein Kind keinen bekommen. Schätzungen zufolge fehlen in Deutschland aber immer noch rund 200.000 Betreuungslätze.
   - 24 % der Frauen würden ein Jahr nach der Geburt wieder arbeiten gehen. Hingegen sind erstaunliche 42 % der Frauen der Ansicht, der richtige Zeitpunkt sei nach drei Jahren oder später.

Befunde wie diese geben Arbeitgebern eine Vorstellung über die Wünsche arbeitender Eltern, in diesem Beispiel in Bezug auf die Rollenverteilung im Beruf und die Betreuung ihrer Kinder. Insbesondere die drei jüngsten Generationen, „dotcom", „Game" und „Multimedia", legen großen Wert auf die Vereinbarkeit von Beruf und Familie. Das schließt Leistungsdenken und Ehrgeiz keineswegs aus, allerdings in einer neuen Balance zwischen dem Arbeitsleben und anderen Lebensbereichen wie Freizeit, Sozial- und Familienleben.

Wer zu Hause Angehörige pflegt, denkt darüber anders als ein jugendlicher Single. Eine alleinerziehende Mutter setzt andere Prioritäten als ein älterer Beschäftigter kurz vor der Pensionierung.

10.2.3 Wunsch-Mix der Generationen

Weitere Umfragen ergaben deutlich unterschiedliche Schwerpunktsetzungen bei den Ansprüchen der verschiedenen Generationen. Für junge Akademiker ab 24 Jahren beispielsweise ist soziale Verantwortung das drittwichtigste Kriterium der Arbeitgeberwahl, Work-Life-Balance sogar das wichtigste berufliche Ziel – noch vor intellektuellen Herausforderungen, Personalverantwortung oder Jobsicherheit! Wenn sie dieses nicht erreichen, sind diese jungen Menschen sehr flexibel und wechseln einfach den Arbeitgeber. Für ältere Beschäftigte über 50 hingegen sind vor allem bessere Trainings- und Weiterbildungsangebote wichtig, gepaart mit mehr Rücksicht auf ihre Bedürfnisse in den Bereichen Gesundheit und Karriereentwicklung sowie eine angemessenere Entlohnung. Ein Indiz dafür, dass ihre Work-Life-Balance häufig eher in Schieflage ist, wenngleich aus anderen Gründen als bei den Jüngsten.

Wertemuster wie diese sind entscheidend für die jeweiligen Vorstellungen von einem ausgewogenen Verhältnis von Arbeits- und Privatleben. Will ein Arbeitgeber gezielt Maßnahmen zur besseren Vereinbarung von Beruf und Privatleben, muss er sich der Wertevorstellungen seiner Mitarbeiter bewusst werden und auf diese eingehen – generationenübergreifend.

10.3 Das Personalkonzept „work-life-competence": Arbeitswelt und Lebenswelt in der Lebensverlaufsperspektive

Die exemplarisch beschriebenen Trends verdeutlichen, welche Vielzahl an Kriterien Unternehmen berücksichtigten müssen, die mit bedarfsorientierten Angeboten zur Vereinbarung von Beruf und Familie für die unterschiedlichen Generationen sowohl innerhalb der bereits vorhandenen Belegschaft als auch bei externen Talenten punkten wollen.

Um sie dabei zu unterstützen, hat die Bertelsmann Stiftung im Rahmen eines Pilotprojektes von 2007 bis 2011 eine Methode entwickelt, mit der insbesondere kleine und mittelständische Unternehmen in die Lage versetzt werden können, die oben skizzierten Herausforderungen zu bewältigen: „work-life-competence". Es trägt der Komplexität und Bandbreite der Schnittstelle von Beruf und Privatleben in den generationenspezifischen Lebenslagen Rechnung und zeigt auf, wie sich dieses Ziel strategisch und strukturiert realisieren lässt.

Zunächst wird die gesamte Dimension der work-life-competence vor Augen geführt, anschließend detailliert beschrieben, wie nach Maßgabe der Unternehmenskultur individuelle und spezifische Lösungen zur besseren Work-Life-Balance erarbeitet werden können.

Zu den wichtigsten Zielen des work-life-orientierten Personalmanagements gehören:

- Wettbewerbsvorteil beim Recruiting von qualifizierten Fach- und Führungskräften
- stärkere Bindung guter und wichtiger Mitarbeiter an das Unternehmen
- höhere Identifikation und Loyalität der Beschäftigten mit dem Unternehmen
- gesteigerte Flexibilität und höheres Engagement der Beschäftigten
- bessere Motivation der Mitarbeiter für Produkt- und Dienstleistungsinnovation
- Erhalt der Leistungsfähigkeit von Beschäftigten
- Kernersparnis durch geringere Fluktuation und niedrige Krankernstände
- Imagegewinn durch innovative Mitarbeiterführung und gelebte Unternehmenskultur
- Sensibilisierung für den Beitrag jedes Einzelnen zur work-life-competence

Und all dies durch die Positionierung des Unternehmens als attraktiver Arbeitgeber.

10.3.1 Die Dimensionen der WLC und Führungsverständnis

Vor der genaueren Betrachtung des wlc-Modells werden die Ebenen seiner Dimensionen und das ihm zugrunde liegende Führungsverständnis beschrieben. Ein wichtiger Schritt zur Erfassung der Komplexität des kontextuellen Zusammenhangs. Das wlc-Modell umfasst die individuelle und die betriebliche Ebene. Um sich strukturiert und strategisch mit dem Thema Work-Life auseinandersetzen und es nachhaltig verankern zu können, müssen beide Ebenen betrachtet und zusammengeführt werden.

10.3.1.1 Die individuelle Ebene der wlc

Auf der individuellen Ebene wird anhand der fünf Dimensionen Familie, Beruf, persönliche Interessen, Bildung und gesellschaftliches Engagement die Bandbreite der Schnittstelle Beruf und Privatleben in der Lebensverlaufsperspektive betrachtet (Abb. 10.1).

Die einzelnen Dimensionen der individuellen Ebene sind generell gleich gewichtet und stellen je nach Lebensphase des Mitarbeiters ein unterschiedliches Spannungsfeld dar: Bei Berufsanfängern beispielsweise eines zwischen Beruf und persönlichen Interessen: Hobbies und Freunde treten in den Hintergrund zugunsten beruflicher Ambitionen und Herausforderungen. Bei der ersten Beförderung tritt häufig ein Interessenkonflikt zwischen Beruf und Familie auf, denn nicht selten gehen Hausbau und Familienplanung zeitgleich mit dem Karriereschritt einher. Je nach individueller Haltung und Wertevorstellung verlagert sich die Gewichtung zugunsten der einen oder anderen Dimension. Eine perfekte „Balance" gibt es nicht, vielmehr kommt es darauf an, die einzelnen Dimensionen miteinander so in Einklang zu bringen, dass sie den individuellen Bedürfnissen möglichst nahe kommt. Andernfalls können langfristig aufgrund der unbefriedigenden Schieflage gesundheitliche Belastungen auftreten. Tatsache ist, dass psychische Erkrankungen in den letzten Jahren zugenommen haben, weil Mitarbeiter dem beruflichen Druck nicht standhalten können. Ältere Arbeitnehmer können aufgrund gesundheitlicher Einschränkungen

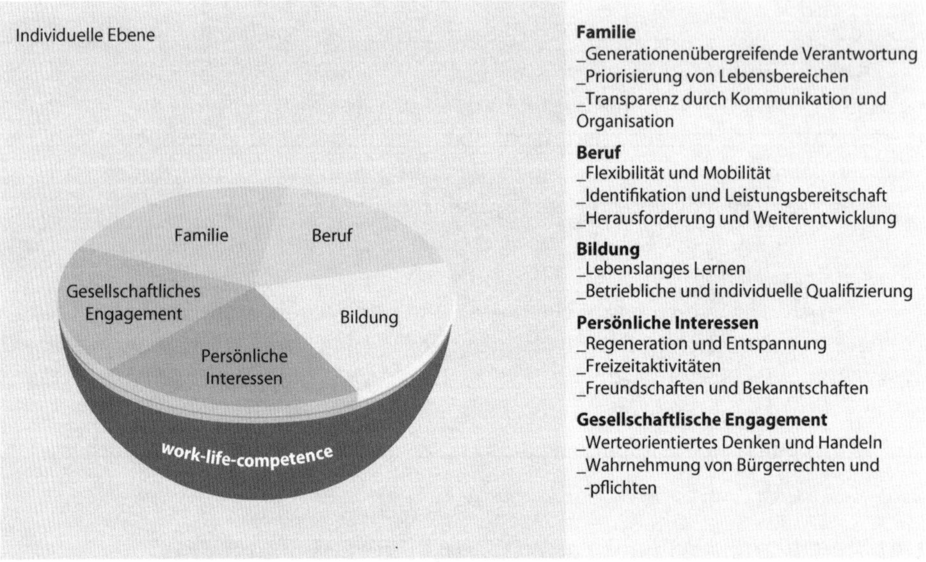

Abb. 10.1 Individuelle Ebene der work-life-competence. (Quelle: Bertelsmann Stiftung)

an Überlastung leiden. Deshalb kommt der Gesundheit bei der strategischen Auseinandersetzung mit work-life-competence eine zentrale Bedeutung zu.

Neben der Lebensphase nimmt auch die Mitarbeiterstruktur Einfluss auf die Interaktion der individuellen Dimensionen der work-life-competence. Bei einer mehrheitlich jungen Belegschaft werden die Dimensionen Beruf und Familie dominieren, bei einer älteren die Dimensionen Beruf und Bildung, vor allem dann, wenn die Leistungsfähigkeit der Mitarbeiter bis zum Renteneintritt erhalten bleiben soll. Aspekte wie diese sind bei der Entwicklung einer wlc-Konzeption zu berücksichtigen.

10.3.1.2 Die betriebliche Ebene der wlc

Die betriebliche Ebene der work-life-competence betrachtet anhand der Dimensionen Führung/Mitarbeiter, Unternehmenskultur, Veränderungskultur, Organisation und Kommunikation die Unternehmens- bzw. Organisationskultur und deren spezifische Ausprägung (vgl. Abb. 10.2).

Auf der betrieblichen Ebene richtet sich das Augenmerk auf den Rahmen für die Gestaltung der work-life-competence im Unternehmen. Auch hier sind die Dimensionen generell gleich gewichtet, legen aber je nach unternehmensspezifischen Rahmenbedingungen verschiedene Spannungsfelder offen: Lassen sie eine strategische Einführung von Work-Life zu? Gibt es Hürden? Wenn ja, wie können diese überwunden werden?

Erfahrungsgemäß sind Unternehmen in manchen Dimensionen der betrieblichen Ebene bereits gut aufgestellt und können diese bei der weiteren Betrachtung „außen vor" lassen, dafür aber das Augenmerk darauf richten, wo noch Handlungsbedarf besteht. Ein Unternehmen bringt mit einer offenen Führungs- und Unternehmenskultur beste Vor-

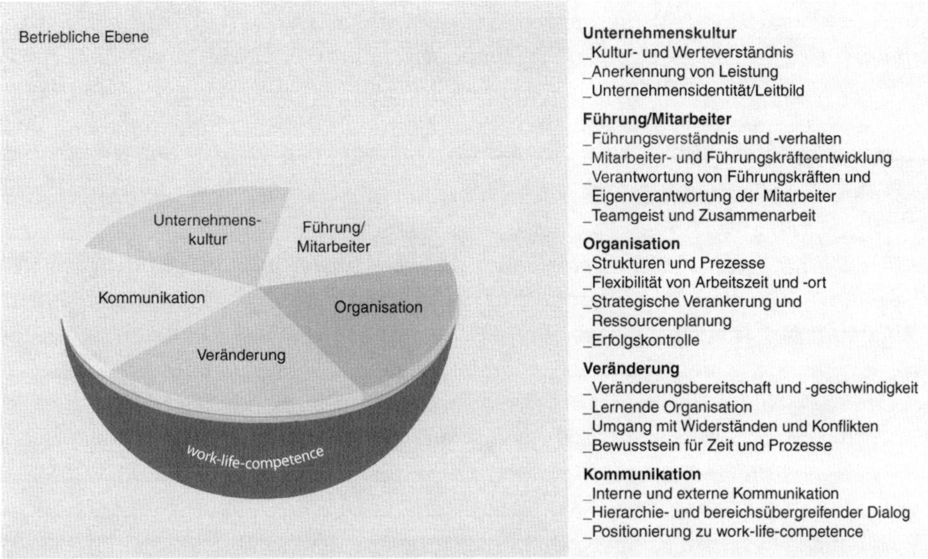

Abb. 10.2 Betriebliche Ebene der work-life-competence. (Quelle: Bertelsmann Stiftung)

aussetzungen für die Implementierung des wlc-Konzeptes mit, muss jedoch z. B. seine Arbeitsorganisation „nachbessern"; bei einem anderen kann gerade die Führungskultur einen Stolperstein für wlc-Projekte darstellen.

Bei der Auseinandersetzung mit der Vereinbarung von Beruf und Privatleben müssen beide Ebenen betrachtet und in Einklang zueinander gebracht werden. Auf der individuellen Ebene steht dabei die Information über die Wünsche und Bedarfslagen der Mitarbeiter im Vordergrund – Voraussetzung für die Entwicklung von Work-Life-Angeboten. Auf der betrieblichen Ebene sind Anpassungen für die Realisierung solcher Angebote vorzunehmen. Dabei ist zu berücksichtigen, dass diese Angebote insgesamt einen Mehrwert für das Unternehmen erbringen und mit den strategischen Unternehmenszielen korrelieren. Im Vordergrund steht nicht die Erfüllung der Wünsche von Mitarbeitern „um jeden Preis", sondern die Schaffung von Rahmenbedingungen, die ihre Leistungsfähigkeit optimieren und somit auch die Produktivität des Unternehmens erhöhen. Neben der Betrachtung der vorgestellten Ebenen ist das Führungsverständnis im Unternehmen von besonderer Bedeutung.

10.3.1.3 Das Führungsverständnis von wlc

Bei der Implementierung der work-life-competence kommt der Führungskraft eine zentrale Rolle zu. Sie ist es, die sich mit den Mitarbeitern und deren Anliegen auseinandersetzt, gleichzeitig aber auch das Thema in das Unternehmen trägt. Hierbei nimmt insbesondere die mittlere Führungsebene als Bindeglied zwischen Mitarbeitern und Geschäftsleitung eine entscheidende Schlüsselposition ein. Auch wenn die Geschäftsleitung Work-Life offen gegenübersteht und seine Einführung im Unternehmen fördert, ist es die mittlere

Führungsebene, die die entsprechenden Maßnahmen umsetzt und an die Mitarbeiter weitergibt. Gleichzeitig ist sie auch das Sprachrohr der Mitarbeiter an die Geschäftsleitung.

Welche Voraussetzungen muss sie dafür mitbringen? Vor allem ein Führungsverständnis, das die Belange der Mitarbeiter berücksichtigt: sowohl die ihrer Lebensumstände und persönlichen Werte als auch ihre Beschäftigungsfähigkeit bzw. Employability. In welcher Lebensphase befindet sich der Mitarbeiter? Welche wichtigen Ereignisse beschäftigen ihn? Hat er einen Pflegefall in der Familie? Baut er gerade ein Haus? Ist er frisch verheiratet? Neben den Lebensumständen werden auch die Wertevorstellungen des Mitarbeiters berücksichtigt: Worauf legt er Wert? Sucht er einen Ausgleich zum Beruf im Privatleben? Geht ihm seine berufliche Karriere über alles? Engagiert es sich ehrenamtlich? Bei der Betrachtung der Beschäftigungsfähigkeit kommen alle drei Ebenen zum Tragen. Denn vorrangige Aufgabe der Führungskraft ist, die Voraussetzungen zu schaffen, dass die Arbeit gut erledigt wird. Kann ein Mitarbeiter aufgrund besonderer Lebensumstände oder anderer Wertevorstellungen seinen Job nicht optimal erfüllen, ist die Führungskraft gefordert. Auch aus Verantwortung gegenüber dem Mitarbeiter. Ist seine Belastungsgrenze erreicht oder Gesundheit gefährdet, muss eine Lösung gefunden werden.

10.3.2 Die Implementierung der wlc

Neben der Analyse der Spannungsfelder zwischen den Dimensionen auf der individuellen und betrieblichen Ebene als auch dem Führungsverständnis der Vorgesetzten ist für die Implementierung der work-life-competence im Unternehmen ein weiteres Kriterium wichtig: das dafür erforderliche Know-how. Um dieses zu gewährleisten, bietet die Bertelsmann Stiftung eine Qualifizierung für Führungskräfte und Personalverantwortliche an.

10.3.2.1 Qualifizierung der Führungskräfte und Personalverantwortlichen

Ziel der Qualifizierung ist es, dass die Teilnehmer das Thema „Work Life" strategisch bearbeiten, in ihrem Unternehmen einführen oder weiterentwickeln und dabei individuelle und passgenaue Lösungen an der Schnittstelle von Beruf und Privatleben finden können. Die Qualifizierung der Führungskräfte bietet ihren Unternehmen zahlreiche Vorteile:

- Sie erhalten interne Experten für die Etablierung und kontinuierliche Weiterentwicklung von strategischem work-life-competence-Management.
- Sie lernen neue Wege der Umsetzung kennen.
- Sie werden befähigt, unternehmensbezogene Handlungsfelder sinnvoll zu erarbeiten und passgenaue Lösungen im Rahmen eines Praxisprojektes zu entwickeln.
- Sie können Netzwerke bilden und sich unternehmensübergreifend über die wlc-Thematik austauschen.
- Sie können Wissenstransfers zwischen teilnehmenden und bereits qualifizierten Unternehmen durchführen.

- Durch bundesweite Multiplikation des Projektes können sie eine positive Öffentlichkeitswirkung erzielen.

Die Zielgruppe lernt anhand eines konkreten Problems aus dem eigenen betrieblichen Umfeld, Lösungswege für work-life-competence-Fragen zu entwickeln – sei es für eine Führungskraft mit einer pflegebedürftigen Mutter oder die Elternzeit-Rückkehrerin in einen Betrieb mit Schichtarbeit. Über den konkreten Fall hinaus werden die strategischen Ankerpunkte in der eigenen Organisation ausgelotet und können mit Blick auf die Auswirkungen, die der demografische Wandel und die Globalisierung mit sich bringen, fortlaufend und ganzheitlich gestaltet werden. Parallel zur Qualifizierung der Arbeitgeber werden auch Kammern und Verbände für das Thema sensibilisiert und ebenso mit den vielfältigen persönlichen und organisationalen Aspekten des Themas vertraut gemacht. So können diese wichtigen Multiplikatoren ihr Wissen an Betriebe und Organisationen weitergeben. Die sogenannten „work-life-competence-Experten" stehen ihren Unternehmen dann als Fachleute für Familienfreundlichkeit zur Verfügung oder unterstützen die jeweiligen Mitgliedsunternehmen.

Die beteiligten Unternehmen profitieren von der Qualifizierung, da sie im Wettbewerb um Fach- und Führungskräfte mit eigenen Experten nicht nur eine Infrastruktur für Familien, sondern auch entsprechende Angebote für Mitarbeiter und Bewerber erarbeiten und bereitstellen können. Die teilnehmenden Kammern und Verbände verfügen nach der Qualifizierung über professionelle Berater, die ihre Mitgliedsunternehmen zum Thema Familienfreundlichkeit kompetent unterstützen.

Zudem bieten zahlreiche in der Publikation „Lebenswerte Arbeitswelten" modular aufbereitete Arbeitsmaterialien einen Überblick über das theoretische Modell und Instrumentarium für die Analyse des Bedarfes an wlc-Maßnahmen und deren Wirkung sowie für die Entwicklung eigener wlc-Projekte. Die Qualifikation bietet das erforderliche Rüstzeug für die betriebliche Umsetzung des wlc-Konzeptes, sowohl selbstständig als auch mit Unterstützung von erfahrenen, lizensierten Trainern der Bertelsmann Stiftung.

10.3.2.2 Bestandsaufnahme auf Basis vorgegebener Handlungsfelder

In einem ersten Schritt wird auf Basis einer strukturierten Bestandsaufnahme erhoben, wo das Unternehmen beim Thema Vereinbarkeit von Beruf und Privatleben aktuell bereits aufgestellt ist und wie die vorhandenen Maßnahmen in folgenden sechs Handlungsfeldern konkret ausgestaltet sind:

- Verankerung des Work-Life-Themas in der Unternehmens- und Wertschätzungskultur,
- transparente interne und externe Kommunikation des Themas und Dialog mit den Mitarbeitern,
- Angebote flexibler Arbeitszeit- und -ort-Gestaltung,
- Verankerung des wlc-Themas in der Führung und Führungskräfteentwicklung,
- Verzahnung des Themas mit Konzepten der Personalgewinnung und
- Service- und Unterstützungsangebote für Mitarbeiter in schwierigen Lebenslagen.

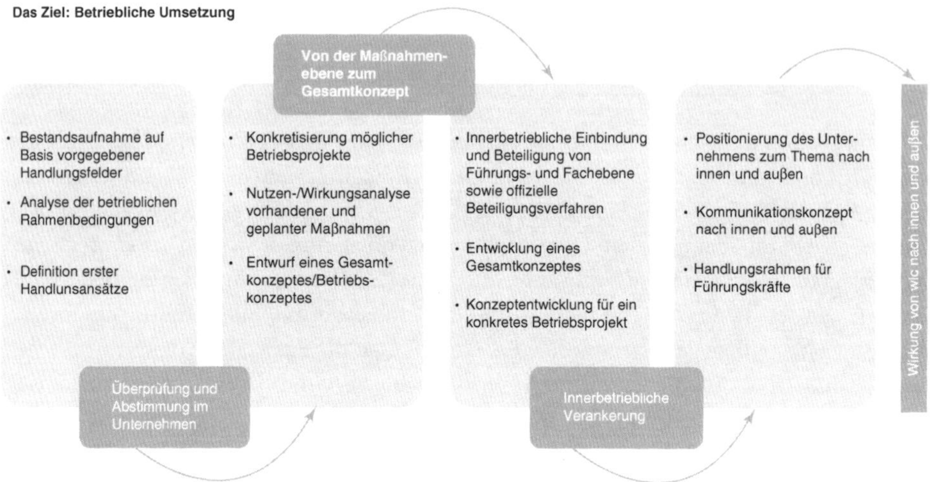

Abb. 10.3 Betriebliche Umsetzung der work-life-competence. (Quelle: Bertelsmann Stiftung)

Die Bestandsaufnahme gibt Aufschlüsse darüber, wie das Unternehmen bislang in Bezug auf Work-Life aufgestellt ist, wo es Lücken aufweist und möglicherweise, wie diese geschlossen werden können (Abb. 10.3).

Für die Bestandsaufnahme ist jedem Handlungsfeld ein Arbeitsblatt des Moduls „Arbeitsmaterialien zur Bestandsaufnahme" zugeordnet. Einheitliche Gestaltung und selbsterklärender Aufbau ermöglichen es dem Personalverantwortlichen, sich schnell zurechtzufinden, zügig voranzukommen und auszufüllen. Auf jedem Arbeitsblatt ist zunächst nochmals eine kurze Beschreibung des einzelnen Handlungsfeldes aufgeführt. Leitfragen helfen, die einzelnen Aspekte des jeweiligen Handlungsfeldes zu erfassen. Sie sind als „Ja-Nein-Fragen" formuliert. Lautet die Antwort „ja", wird konkret nachgefragt, woran die Realisierung dieser Work-Life-Maßnahme im Unternehmen erkennbar ist. Die ausgefüllten Arbeitsblätter dienen als konzeptionelle Grundlage für die Entwicklung von Maßnahmen zur Vereinbarkeit von Beruf und Privatleben im Unternehmen und für deren Umsetzung.

Anschließend werden die betrieblichen Rahmenbedingungen genau „unter die Lupe" genommen, mit Blick unter anderem auf die Personalstruktur, Arbeitszeitstruktur, Kundenerwartungen bis hin zu externen Herausforderungen. Dabei werden auch Fachthemen zum Thema Work-Life, die über das Personalkonzept work-life-competence hinausgehen, berücksichtigt: Wertewandel und Generationen, Megatrends unseres Jahrhunderts und weiterführende Theorie zur lebensphasenorientierten Personalpolitik u. a.

Anhand der so ermittelten Befunde kann die wlc-Arbeitsgruppe des Unternehmens erste Handlungsansätze ableiten und der Unternehmensleitung zur Abstimmung vorlegen.

10.3.2.3 Überprüfung und Abstimmung im Unternehmen

Ist die Abstimmung mit der Unternehmensleitung darüber erfolgt, welche Vorschläge realisiert werden sollen, wird überlegt, welche konkreten Maßnahmen sich für die Realisierung eignen. Das entwickelte Maßnahmenbündel ist Grundlage für die Erstellung eines Gesamtkonzeptes für die Implementierung der work-life-competence-Modells im Unternehmen. Dieser geht aber noch ein wichtiger Zwischenschritt voraus: eine Nutzen- und Wirkungsanalyse.

Der Personalverantwortliche kann die Arbeitsblätter aus dem Modul „Arbeitsmaterialien zur Wirkungsanalyse" im Rahmen einer Selbstreflexion oder gemeinsam mit seinem Führungs- oder Mitarbeiterteam ausfüllen. Die Analyse knüpft an die erste Arbeitsunterlage der strukturierten Bestandsaufnahme an und bietet im Ergebnis ein umfassendes Stimmungsbarometer: Es zeigt an, wie die Maßnahmen zur Vereinbarkeit von Beruf und Privatleben im Unternehmen „ankommen", in welchen Bereichen es Weiterentwicklungspotenziale gibt und welche Stellschrauben nachjustiert werden sollten. Diese Erkenntnisse dienen als Grundlage für die Entwicklung des Gesamtkonzeptes für die betriebliche Umsetzung der work-life-competence.

10.3.2.4 Von der Maßnahmenebene zum Gesamtkonzept

Bevor es aber soweit ist, muss gewährleistet sein, dass alle Mitarbeiter, Führungskräfte und die Fachebene des Unternehmens „ins Boot geholt" werden, das heißt innerbetrieblich in die Entwicklung des Konzeptes über geeignete Beteiligungsverfahren eingebunden werden. Denn nur Konzepte, die von der überwiegenden Mehrheit der Belegschaft getragen werden, werden entsprechend positiv nach außen kommuniziert.

Sind diese Voraussetzungen erfüllt, ist ein Konzept für work-life-competence entwickelt und können darauf aufbauend Praxisprojekte abgeleitet und umgesetzt werden. Dies schließt eine umfassende Auseinandersetzung mit der betrieblichen Ausgangssituation und den betrieblichen Rahmenbedingungen des Unternehmens ein. Dafür bietet der erste Teil der Arbeitsblätter aus dem Modul „Arbeitsmaterialien zum Praxisprojekt" eine gute Orientierungshilfe, indem er Kriterien für Basisdaten, Zielsetzungen und betriebliche Ausgangslagen von Unternehmen abfragt. Die Beantwortung dieser Fragen setzt ein genaues Bild der Kundenanforderungen und der Arbeitszeitmodelle im Unternehmen, der Personal- und Altersstruktur, der Führung sowie der Art, wie das Unternehmen nach innen und nach außen kommuniziert, voraus. Auch die Belange der Mitarbeiter und die Frage, was das Unternehmen tut, um Fachkräfte zu akquirieren und zu halten, fließen in die Bewertung mit ein.

Konzepte sind in die Zukunft gerichtet und erfordern daher auch eine intensive Auseinandersetzung mit den Herausforderungen im Kampf um die „besten Leute": ob im Wettbewerb mit konkurrierenden Arbeitgebern, aufgrund regionaler Bedingungen oder angesichts von Megatrends. Sie bietet einen Überblick über die Herausforderungen bei der Akquise und Bindung von Fachkräften in den nächsten Jahren. Werden alle diese Aspekte in der Analyse berücksichtigt, lassen sich aus dieser gezielt Lösungsansätze für die untersuchten Themenbereiche ableiten.

Bei der Entwicklung des Konzeptes geben die Arbeitsmaterialien ebenfalls Hilfestellung: Wie beschrieben, ist jedem Themenfeld ist Arbeitsblatt zugeordnet, einheitliche Gestaltung und selbsterklärender Aufbau erlauben eine zügige Bearbeitung. Auf jedem

Arbeitsblatt sind die einzelnen Themenfelder nochmal kurz beschrieben. Leitfragen helfen, die einzelnen Aspekte des jeweiligen Handlungsfeldes zu erfassen. Bei offenen Fragen finden sich Beispiele für Antwortmöglichkeiten. Es finden sich auch Felder mit vorgegebenen Antwortmöglichkeiten, insbesondere für gruppierte Zahlenangaben. Sie erleichtern die Auswertung der Angaben.

10.3.2.5 Innerbetriebliche Verankerung

Mit der Fülle an recherchierten Informationen ist die Voraussetzung geschaffen für die Konzeption und Durchführung eines Praxisprojektes, das weit über die Implementierung von Einzelmaßnahmen hinausgeht. Das Augenmerk richtet sich hierbei auf die Verankerung des Konzeptes für work-life-competence in die Unternehmensstrategie. Dafür wird die Projektidee sukzessive entwickelt, beginnend mit der Beschreibung des gewählten Projektes, seiner Ziele und Merkmale, der Vorgehensweise und der Kriterien für die Erfolgsmessung. Bei der anschließenden Detailbetrachtung hilft ein Maßnahmenplan in den Arbeitsmaterialien für eine detaillierte Beschreibung der Umsetzung – mit Einzelmaßnahmen, Beteiligten, Zeitplan, Budget, Zuständigkeiten u. a.

Neben der Verankerung des wlc-Konzeptes in die Strategie des Unternehmens ist auch wichtig, seine Positionierung nach innen und außen zu bestimmen, das heißt herauszuarbeiten, was genau es als attraktiven Arbeitgeber ausmacht, wo es mit seinen Angeboten zur Vereinbarung von Arbeit und Privatem punkten kann. Ist diese Kalibrierung erfolgt, sollte im Kommunikationskonzept festgeschrieben werden, wie und über welche Kanäle die Belegschaft im Unternehmen sowie potenzielle Mitarbeiter über die damit einhergehenden Pluspunkte bei der Vereinbarung von Beruf und Privatleben informiert werden sollen. Nicht minder wichtig ist es, den für die Umsetzung der wlc-Angebote erforderlichen Handlungs- und Entscheidungsrahmen für die Führungskräfte abzustecken.

10.4 Netzwerktreffen

Mit Qualifizierungen allein ist es nicht getan. Den Teilnehmern wird auch die Möglichkeit gegeben, Kontakte zu knüpfen, Erfahrungen austauschen und sich zu vernetzen. Dafür hat die Bertelsmann Stiftung im November 2012 im Berliner Quadriga-Forum ein zweitägiges Netzwerktreffen – das zweite dieser Art – durchgeführt. Rund 80 Teilnehmer aus Unternehmen, Kammern, Verbänden und sonstigen Institutionen kamen, um sich über das aktuelle Programm „Unternehmen in der Gesellschaft“ zu informieren und sich über die Inhalte auszutauschen.

Höhepunkt des Treffens war die Auszeichnung der Arbeitgeber, die im vergangenen Jahr das Prüfverfahren des Qualitätssiegels „Familienfreundlicher Arbeitgeber“ erfolgreich durchlaufen oder an work-life-competence-Qualifizierungsmaßnahmen teilgenommen hatten.

Zuvor wurde im Rahmen von Workshops das „S-Tool“ in Deutschland und die gesellschaftliche Verantwortung von Unternehmen vorgestellt und thematisiert. Bei dem von der Gesundheitsförderung Schweiz entwickelten „S-Tool“ handelt es sich um ein Stressbarometer, das Unternehmen passende Angebote zur Weiterentwicklung des Organisationssystems unterbreiten soll. Basis des Prozesses ist die Datenerhebung auf Mitarbeiterseite, in deren Rahmen gezielt Fragen beantwortet werden müssen. Ziel ist die Stärkung der Resilienzfähigkeit eines Betriebes.

Mit abschließenden Workshops am zweiten Tag wurde das Treffen abgerundet. Insbesondere wurde hier die zukünftige Zusammenfassung des work-life-competence-Konzeptes mit dem Qualitätssiegel „Familienfreundlicher Arbeitgeber“ erläutert und wurden Änderungen in diesem Zusammenhang vorgestellt. Folglich ist es nun möglich, dass ein Arbeitgeber die Wahl zwischen Beratung oder einem Prüfverfahren hat – dieses erhält er nach Wunsch und individuellem Bedarf auf der Grundlage eines Ansatzes und aus einer Hand. Weitere Informationen sind unter www.work-life-competence.de abrufbar.

10.5 Fazit

Das Thema Familienfreundlichkeit hat mit Blick auf die demografische Entwicklung und den regionalen Mangel an Fachkräften an Bedeutung gewonnen und wird in den nächsten Jahren weiter in den Fokus erfolgsorientierter Unternehmen rücken. Immer mehr Unternehmen haben bereits erkannt, dass eine familienbewusste Unternehmenspolitik eine wichtige Employer Value Proposition (EVP) ist, um qualifizierte Fachkräfte für sich zu gewinnen und sie langfristig an das Unternehmen zu binden. Auch in konjunkturell schwierigen Zeiten rechnen sich familienorientierte Maßnahmen betriebswirtschaftlich für Unternehmen aller Größenordnungen und führen nachweislich zu Kosteneinsparungen.

Neueste Zahlen einer Studie des Forschungszentrums Familienbewusste Personalpolitik (FFP), in der rund 1.000 Geschäftsführer bzw. Personalverantwortliche deutscher Unternehmen befragt wurden, bestätigen, dass sich Familienpolitik auch für den Arbeitgeber rechnet. Die Studie zeigte auch ein Bild über die Ausprägung familienbewusster Personalpolitik: 15 % der deutschen Unternehmen zählen zur Gruppe der Spitzenreiter, die sich durch ein besonders hohes Maß an Familienbewusstsein auszeichnen. Neben einem breiten Mittelfeld mit Entwicklungspotenzial, dem rund 70 % der Unternehmen angehören, weisen 15 % noch einen deutlichen Nachholbedarf auf (Gerlach et al. 2013).

Das Thema Vereinbarkeit von Familie und Beruf oder sogar Privatleben und Beruf ist zunehmend in Politik, Wissenschaft und Wirtschaft vertreten. Das Bewusstsein, sein Unternehmen familienfreundlich aufzustellen, nimmt deutlich zu. Insbesondere vor dem Hintergrund, dass die Bewerber aktiv nach familienfreundlichen Unternehmen suchen. Allzu häufig allerdings haben Arbeitgeber und Inhaber Bedenken wegen der damit verbundenen Kosten und der ökonomischen Relevanz. Die FFP-Studie belegt, dass die Auswirkungen einer familienfreundlichen Personalpolitik auch in Zahlen ausgedrückt deutlich positiv sind. Hierzu einige Beispiele zu den Auswirkungen zwischen familienfreundlichen und nicht familienfreundlichen Unternehmen.

Familienbewusste Unternehmen stellen sich in allen relevanten betriebswirtschaftlichen Kennzahlen eindeutig besser. Sie weisen eine um 17 % höhere Mitarbeiterproduktivität auf. Dieser Mehrwert lässt sich unter anderem zurückführen auf eine um 17 % höhere Motivation der Beschäftigten, 13 % geringere Fehlzeiten und eine um 17 % höhere Bindung von Fachkräften. Damit gelingt es familienbewussten Unternehmen, ihre Kunden langfristiger an sich zu binden (12 %).

Argumente, die für sich sprechen: Der langfristige Erfolg nahezu aller Betriebsformen hängt von qualifizierten und motivierten Mitarbeiterinnen und Mitarbeitern ab. Vereinbarkeit von Familie und Beruf sowie eine von der Unternehmensleitung und den Arbeitnehmern partnerschaftlich vereinbarte „Work-Life-Balance" trägt wesentlich zu Kreativität, Motivation, Leistungsbereitschaft und Sinnerfüllung in der Arbeitswelt von morgen bei. Wer heute damit beginnt, diese Employer Value Proposition als Employer Brand zu positionieren, stellt sich für die Arbeitswelt von morgen gut auf.

Literatur

Bertelsmann Stiftung (Hrsg.). (2011). *Lebenswerte Arbeitswelten. Das Konzept „work-life-competence"*. Gütersloh.

Bundesministerium für Familie, Senioren, Frauen und Jugend – BMFSFJ. (2010). *Familienreport 2010. Leistungen Wirkungen Trends*. Berlin.

Gerlach I., Schneider H., Schneider A. K. & Quednau A. (2013). Status quo von *Vereinbarkeit von Beruf und Familie in deutschen Unternehmen sowie betriebswirtschaftliche Effekte einer familienbewussten Personalpolitik. Ergebnisse einer repräsentativen Studie*. Münster und Berlin.

Prognos AG. (2009). *Arbeitslandschaft 2030. Auswirkungen der Wirtschafts- und Finanzkrise*. Hrsg. vbw – Vereinigung der Bayerischen Wirtschaft e.V. Basel.

„Studie zur Familienpolitik: Eltern scheitern an Work-Life-Balance". (2013). SPIEGEL Online 9.4.2013. http://www.spiegel.de/politik/deutschland/elternstudie-familien-leben-anders-als-sie-wollen-a-893199.html. Zugegriffen: 10. Juli 2013.

Corporate Social Responsibility

11

Integration sozialer Verantwortung in die DNS von Unternehmen

Carsten Rübsaamen und Susanne Luisa Wechsler

11.1 Vom „Hype" der Corporate Social Responsibility zur Realität

11.1.1 Die Bedeutung von Social Responsibility für Employer Branding

Was früher mit Hippies, Reformhäusern und Birkenstocks verbunden wurde, ist heute selbstverständlicher Teil eines modernen Lebensstils. Die heutigen nachhaltigen Produkte sind „hip" und sexy, haben ein tolles Design und verkaufen uns zum fair und ökologisch hergestellten Produkt die Gewissheit, einem Milieu anzugehören, in dem Ideen von Nachhaltigkeit, Individualität und Selbstverwirklichung in einem globalen Netzwerk verwirklicht werden.

Und so gehört nachhaltiger Konsum für die gut ausgebildete Bevölkerung mittlerweile zum guten Ton. Was bei Lebensmitteln anfing, wird sukzessive auf sämtliche Lebensbereiche ausgeweitet. Dabei haben sich jedoch nicht nur die Produkte verändert, sondern auch die Rolle der Konsumenten: So ist es nicht nur die Verantwortung des Käufers, sich für ein Produkt zu entscheiden, sondern die eigenen Entscheidungen auch begründen zu können.

Es ist naheliegend, dass sich dieses Bestreben nach nachhaltigem Lebensstil auch in die Arbeitswelt überträgt. Mehr und mehr Arbeitgeber betonen daher in ihren Employer-Branding-Maßnahmen die Bedeutung von Social Responsibility für ihr Unternehmen. Beispielsweise lobte Ernst & Young den „Student of the Year in Social Responsibility"-Preis aus, und bei einem anderen bekannten Unternehmen in der Medienbranche ist die CSR-Leiterin fester Bestandteil des Teams bei Job-Messen.

C. Rübsaamen (✉) · S. L. Wechsler
Basel, Schweiz
E-Mail: carsten@bookbridge.org

S. L. Wechsler
E-Mail: susanne.wechsler@gmail.com

H. Künzel (Hrsg.), *Erfolgsfaktor Employer Branding*, Erfolgsfaktor Serie,
DOI 10.1007/978-3-642-40535-8_11, © Springer-Verlag Berlin Heidelberg 2013

Interessanterweise stammen die meisten Artikel und Diskussionen zum direkten Zusammenhang zwischen Employer Branding und CSR auf Netzwerkplattformen wie XING aus dem Jahr 2010. Wird seither weniger getan oder verschiebt sich CSR in andere Unternehmensbereiche?

11.1.2 Das Problem mit der sozialen Verantwortung

Corporate Social Responsibility (CSR) ist schon seit geraumer Zeit ein bekannter Begriff, der in letzten Jahren besonders viel Aufmerksamkeit erfuhr. Ausbildungen zum „CSR-Manager" werden an Universitäten neuerdings angeboten, genauso wie gefühlt jede zweite Bachelorarbeit zu dem Thema geschrieben wird.

Die Europäische Kommission hat die soziale Verantwortung der Unternehmen „als ein Konzept" definiert, „das den Unternehmen als Grundlage dient, auf freiwilliger Basis soziale Belange und Umweltbelange in ihre Unternehmenstätigkeit und in die Wechselbeziehungen mit den Stakeholdern zu integrieren. Die soziale Verantwortung der Unternehmen betrifft Maßnahmen, die die Unternehmen über ihre rechtlichen Verpflichtungen gegenüber Gesellschaft und Umwelt hinaus ergreifen" (Europäische Kommission 2011, S. 29 ff.).

Zur Vollständigkeit eine kurze Erläuterung des Konzeptes der Nachhaltigkeit/Sustainability: Es ist die Art und Weise des Handelns, nicht nur auf die Wirtschaft beschränkt, „die den Bedürfnissen der heutigen Generation entspricht, ohne die Möglichkeiten künftiger Generationen zu gefährden, ihre eigenen Bedürfnisse zu befriedigen. Nachhaltige Entwicklung umfasst drei Komponenten, die ökonomische, die soziale und die ökologische Dimension" (Brundtland Kommission 1987: http://www.un-documents.net/ocf-02.htm#I). CSR hingegen bezieht sich, wie der Name sagt, spezifisch auf Unternehmen und in Definitionen werden meist nur die soziale und ökologische Dimension genannt. Langfristig sinnvolle wirtschaftliche Entscheidungen sollten wohl in Unternehmen selbstverständlich sein.

Dass sozial und ökologisch verantwortliches Handeln erstrebenswert ist, steht bei den allermeisten Unternehmen nicht infrage. Hingegen weniger klar ist das „Wie". Vor ein paar Jahren tauchte das Thema plötzlich auf der Agenda der Kommunikationsabteilungen in Unternehmen auf. Beispielsweise Ernst & Young versuchte durch die Vergabe eines CSR-Awards, Aufmerksamkeit auf den Stellenwert von CSR im eigenen Unternehmen zu lenken (Careerstep 2010).

Heute liegt der Fokus häufig auf Maßnahmen, die negative Auswirkungen des Geschäftsgeschehens auf die Gesellschaft und Umwelt vermeiden sollen. Auch das Thema Sustainability Reporting/Integrated Reporting verlangt einige Ressourcen. Viele Unternehmen engagieren sich schon seit Jahren über diese Beispiele hinaus, ohne dies nach außen zu kommunizieren.

Sobald sich ein Unternehmen mit seinen CSR-Aktivitäten in der Öffentlichkeit präsentiert, bietet es eine Angriffsfläche, des „Greenwashings" verdächtigt zu werden. Gutes tun mit dem Zweck, das Image zu polieren. Beispielsweise befasste sich das CSR-Magazin ENORM im Jahr 2011 mit dem Engagement von Danone und Adidas in Bangladesch.

Die beiden Unternehmen gingen Kooperationen mit lokalen „Social Businesses" ein, um vor Ort sozial verantwortliches Handeln zu leben. Danone entwickelte basierend auf ihren Kernkompetenzen Kraftjoghurt gegen Mangelernährung, der von Händlerinnen an die Bevölkerung verkauft werden sollte, um so Einkommen und bessere Gesundheit zu ermöglichen. ENORM zog wenige Jahre nach dem Start eine ernüchternde Zwischenbilanz und stellte die Frage nach den richtigen Intentionen (ENORM 2011). Die Frage ist allerdings, ob diesen Unternehmen Greenwashing unterstellt werden darf oder ob es schlichtweg ein hoch komplexes und langatmiges Unterfangen ist, solch ein Projekt erfolgreich zu starten. Die Realität bei Danone zeigte, dass das Modell auf die ursprünglich geplante Weise nicht umsetzbar war, im Artikel in der ENORM werden Gründe wie Hitze, Gewicht des mobilen Kiosks, soziale Ablehnung, mangelnde Zahlungsfähigkeit der Kunden genannt.

So wie in diesem Beispiel wurden in den letzten Jahren viele idealistische Macher von der Realität eingeholt. Soziale Unternehmer bekamen plötzlich zahlreiche Kooperationsanfragen, sodass einige davon vom Hype getragen wurden und teils das „on the ground business" vernachlässigt haben. Hinzu kommt, dass viele Social Entrepreneurs einen Hintergrund mehr im „social"- als im „entrepreneurial"-Bereich mitbringen, wodurch es ihnen in manchen Fällen schwerfällt, eine wirtschaftlich tragfähige Organisation aufzubauen. Die Folge war, dass viele gut gemeinte CSR-Projekte, sowohl inhouse von Firmen als auch von Social Entrepreneurs gegründet, wieder eingestellt werden mussten. Die Frage nach sinnvollen und realistischen Projekten und dem richtigen Einstieg ins Thema ist jedoch nach wie vor hochaktuell.

11.1.3 Hohe Anforderungen an das „richtige CSR"

Auch die Wissenschaft befasste sich mit dem Thema, und der bekannte Michael E. Porter veröffentlichte 2006 ein wegweisendes Papier dazu. Mit Mark R. Kramer formuliert er die Unterscheidung von Responsive und Strategic CSR (Abb. 11.1) (Porter und Kramer 2006). Responsive CSR ist die Minimalanforderung an ein Unternehmen, die negativen Folgen von Aktivitäten entlang seiner Wertschöpfungskette zu beheben. Die Wirkung ist allgemein zu beschreiben als minimal erwartetes gutes Verhalten eines Mitglieds der Gesellschaft. Ein Beispiel hierfür ist die eigens dafür eingerichtete Stelle, das vom Pharmakonzern Roche in den Rhein geleitete Wasser zu prüfen und sicherzustellen, dass es keine Schadstoffe enthält. Responsive CSR trifft relativ genau die oben beschriebenen Maßnahmen, die in den meisten Unternehmen momentan implementiert werden, und womit selbige zeitlich und organisatorisch sehr gefordert sind.

Schwieriger wird dann die Umsetzung von Strategic CSR. Es geht in Strategic CSR darum, die Fähigkeiten von Unternehmen so zu nutzen, dass sie sowohl eine soziale Wirkung haben als auch dem Unternehmen für die Zukunft Vorteile bieten. CSR wird bewusst ins Kerngeschäft eingebaut, um daraus Innovation und letztlich Wettbewerbsvorteile zu schöpfen. Die soziale Wirkung reicht weit über die Wertschöpfungskette hinaus in die Gesellschaft im Umfeld des Unternehmens.

In dem Zusammenhang von Strategic CSR sind weitere immer wieder genannte Anforderungen an CSR:

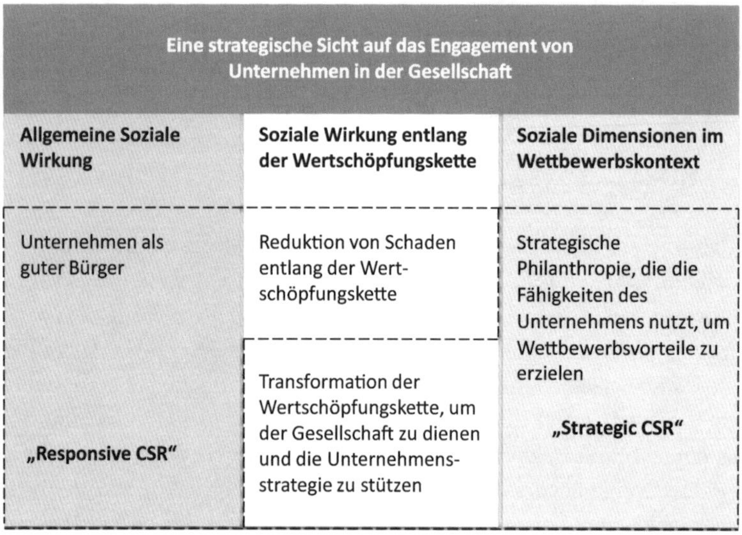

Abb. 11.1 Einteilung von CSR nach Porter und Kramer. (Quelle: Porter & Kramer 2006: S. 9 f.)

Strategische Positionierung:

- weg von spendenorientierter Sicht
- langfristiger gesellschaftlicher Beitrag
- von der Unterstützung eines „netten" Projektes hin zur Zusammenarbeit mit innovativen Sozialunternehmen, zum Beispiel vom Brunnenbauprojekt in Afrika zum wirksamen Projekt mit Verbindung ins Kerngeschäft

Rolle der Mitarbeiter:

- von der isolierten CSR-Abteilung zum engagierten Mitarbeiterengagement
- Anwendung von Business-Kompetenzen zur Lösung sozialer Probleme

Kommunikation:

- von der Kommunikation nach außen zur Kommunikation nach innen
- von der offensiven Kommunikation mit Gefahr des Greenwashings hin zu einer sehr faktenbasierten Darstellung
- weg vom CSR-Bericht hin zum integrierten Reporting

11.1.4 CSR hat sich institutionalisiert

Zwischenzeitlich haben sich Strukturen und Ziele im Bereich CSR bei Unternehmen konkretisiert und weiterentwickelt. Vielleicht sogar mehr als bislang öffentlich wahrgenommen finden schon umfangreiche tatsächliche Maßnahmen und Berichterstattungen zu CSR statt. Der Trend seitens der Europäischen Union geht weg von Freiwilligkeit hin zu angekündigten Verpflichtungen zum Ende des Jahrzehnts. Nicht nur deshalb sind Konferenzen wie die G4 im Jahr 2013 von sämtlichen namhaften Unternehmen besucht.

Die CSR-Leiterin eines großen deutschen Medienkonzerns beschreibt in einem privaten Interview beispielhaft die Entwicklungen: Die CSR-Abteilung wurde ursprünglich aufgrund von Umwelterwartungen institutionalisiert und im Bereich Kommunikation angesiedelt. Inzwischen ist sie Teil von Human Resources (HR) und berichtet direkt an den Vorstand. Das Team ist jetzt interdisziplinär besetzt und inkludiert einen Juristen, einen Umweltexperten, eine Person aus Accounting und zahlreiche Mitarbeiter aus anderen Bereichen. Die größten Themen sind momentan:

- die nötigen Strukturen zu schaffen, beispielsweise von integriertem Reporting (IIRC und GRI G4),
- auf Anfragen von Geschäftspartnern zu reagieren, die beispielsweise einen „ethics"- and „compliance"-Teil sowie Auditing von Sublieferanten in ihren Verträgen mit dem genannten Konzern erwarten,
- den Vorstand zu dem Thema zu unterrichten und zu sensibilisieren.

11.2 Welche Rolle spielt CSR für Employer-Branding?

Der Generation Y wird häufig zugeschrieben, sie lege darauf Wert, dass der ideale Arbeitgeber sich im Bereich CSR engagiert. Jedoch kommen verschiedene Studien zu gemischten Ergebnissen. Beispielsweise erreicht das Kriterium CSR im Jahresvergleich 2011/2012 bei der Wahl des Arbeitgebers sogar 0,1 Punkte weniger als im Vorjahr (0,6:0,5) (manager magazin 2012). In einem Forum auf Xing zu CSR und Employer Branding weist ein Firmenvertreter auf die Schwächen solcher Erhebungen hin: „Es gibt da nämlich das schöne Phänomen, sozial erwünschte Antworten zu geben. Wer sagt denn bitte schön „Ich finde CSR unwichtig"? Wenn Teilnehmer einer Studie aber offene Fragen beantworten müssen, wie „Was ist Ihnen bei der Arbeitgeberwahl wichtig?", dann kommt CSR nur bei einer verschwindend kleinen Minderheit zur Sprache (Diskussion auf XING zum Thema: Neues Buch: CSR im Zeichen der Employer Brand). Unabhängig von minimalen Differenzen in mehr oder weniger wissenschaftlich erhobenen Zahlen: Soziale Verantwortung hat für Bewerber ganz klar eine gewisse Bedeutung, allerdings steht sie nicht an vorderster Stelle der zahlreichen Kriterien bei der Wahl eines Arbeitgebers, auch wenn manchmal in Berichten über die fordernde Generation Y der Eindruck entstehen könnte. Die Frage ist eher, wovon die Bedeutung abhängig ist und zu welchem Zeitpunkt sie bei welcher Bewerbergruppe besonders ausgeprägt ist. Im Folgenden einige Beispiele, wo für befragte Mitglieder der Generation Y soziale Verantwortung wichtig ist und an welcher Stelle sie „erwachsen" und realistisch genug sind, zu erkennen, dass andere Faktoren gegebenenfalls doch mindestens einen so hohen Einfluss auf ihre Entscheidung für einen Arbeitgeber haben.

11.2.1 CSR als Ausschlusskriterium

Betriebswirten und Naturwissenschaftlern wurde lange keine große Affinität zu sozialen Themen zugesprochen. Schließlich könnte man meinen, dass diejenigen, denen soziales Engagement besonders am Herzen liegt, einen Beruf im sozialen Bereich wählen und sich vor dem Berufseinstieg klar für ihren Einsatz in der Gesellschaft entscheiden. Dies hat sich geändert. Unter Wirtschaftsabsolventen ist die soziale Wirkung des Wirtschaftens von Unternehmen zwar für den Berufseinstieg weniger ein ausschlaggebendes Kriterium, jedoch beeinflusst es doch die Entscheidungsfindung für oder gegen Unternehmen. Beispielsweise als Negativ-Kriterium schreckt negative Presse über das Verhalten eines Unternehmens Bewerber ab. Das Unternehmen sollte in der Öffentlichkeit nicht als unsozial gesehen werden. Sozusagen CSR als „Hygienefaktor" im Herzbergischen Sinne, der Unzufriedenheit vermeidet, aber noch nicht zu hoher Zufriedenheit/Anziehung führt. Die dennoch schwache Priorisierung von CSR als Entscheidungskriterium lässt sich damit erklären, dass den Berufseinsteigern materielle und Planungssicherheit (WirtschaftsWoche 2013), Möglichkeiten zu Lernen und ein gutes Netzwerk zu diesem Zeitpunkt wichtiger sind als der Umfang des CSR-Engagements eines möglichen Arbeitgebers. Des Weiteren haben viele Bewerber keine Wahl, wenn sie in ihrer favorisierten Branche und Stadt Fuß fassen wollten. Bei ähnlichem Jobbild, zum Beispiel in Unternehmensberatungen, spielt CSR und insbesondere die mögliche aktive Mitwirkung, z. B. an Pro-Bono-Projekten, durchaus eine differenzierende Rolle.

11.2.2 CSR zur Reduktion von Komplexität

Ein interessanter Zusammenhang ist, dass Jobanwärter häufig eine Analogie von CSR zur Unternehmenskultur ziehen. Wenn das Unternehmen mit seinen externen Stakeholdern gut umgeht, deutet dies darauf hin, dass ihm auch die Harmonie mit den eigenen Mitarbeitern wichtig ist. Diese Vereinfachung reduziert die Komplexität, die die Entscheidung für einen Arbeitgeber mit sich bringt. CSR-verwandte Kriterien wie „Wertschätzung der Mitarbeiter" und „Kollegialität" sind dann doch wieder Kriterien, die im zitierten „trendence"-Ranking bei den Befragten hoch im Kurs stehen (manager magazin 2012). Insbesondere für unbekanntere Unternehmen kann dieser Zusammenhang eine Chance sein, für Bewerber interessanter zu werden. Bei bekannteren Unternehmen wirkt er als Differenzierungsmerkmal im Personalmarketing. Eine Reihe mittelständischer Unternehmen, die sich schon lange beispielsweise lokal engagieren, könnte diesen Zusammenhang zum Anlass nehmen, ihr soziales Engagement weiterhin mit der angebrachten Bescheidenheit im Personalmarketing zu kommunizieren.

11.2.3 CSR bei der Sinnsuche

Sowie die ersten beruflichen Ziele erreicht und materielle Sicherheiten geschaffen sind, wird die Frage nach dem „Was kommt jetzt?" und „Wofür das alles?" bei den jungen Mit-

Abb. 11.2 Social Entrepreneurship an der Schnittstelle der Sektoren. (Quelle: eigene Darstellung)

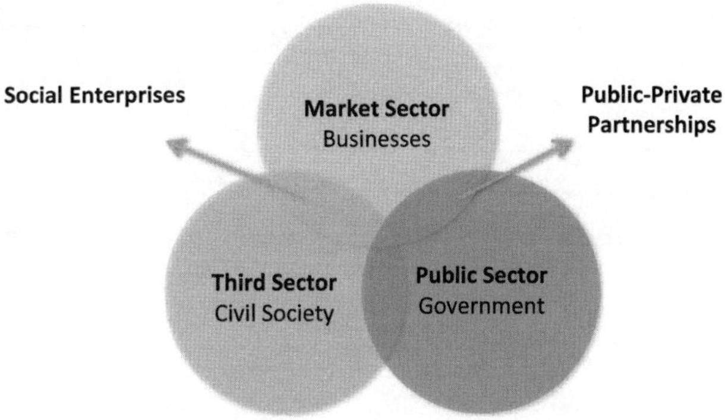

arbeitern lauter. Die gesammelte Berufserfahrung bringt einen gewissen Expertenstatus und damit zunehmende Wahlfreiheit von Jobs mit sich. Dies erlaubt es, CSR als Kriterium höher zu priorisieren. Um die Attraktivität der Beratung für Toptalente auf herausragendem Niveau zu halten, hat beispielsweise Mc Kinsey & Company 2011 mit „Personal Time" ein Programm geschaffen, für das sich alle McKinsey-Berater in jedem Jahr bis zu drei Monate Auszeit nehmen können, um ein persönliches Projekt zu verwirklichen. Häufig wird dieses für soziale Projekte, wie ein ehrenamtliches Projekt im Ausland, genutzt. Von den Beratern in Deutschland hat 2012 rund ein Sechstel die Personal Time genutzt (FAZ 2013).

11.3 Trend: Social Entrepreneurship

Eine neue Art von Unternehmen, die in den vergangenen Jahren mehr Aufmerksamkeit erfuhr, sind „Social Enterprises". Ihr primäres Unternehmensziel ist die Lösung eines sozialen Problems, ihre Methoden sind unternehmerischer Natur. Sie sind nicht hauptsächlich von Profit getrieben, aber auch nicht per se non-profit-orientiert. Bekannte Social Enterprises sind in Deutschland z. B. „Dialog im Dunkeln" und international die für ihre Mikrokredite bekannte „Grameen Bank".

Trotz oder gerade wegen der Herausforderung, soziale Probleme mit wirtschaftlichen Methoden zu lösen, erfreuen sich Social Enterprises gleichermaßen an Beliebtheit als Arbeitgeber sowie als Kooperationspartner für traditionelle Unternehmen, z. B. zur Umsetzung von CSR Aktivitäten. Damit versuchen Social Businesses eine Brücke zu schlagen zwischen dem privaten und dem dritten Sektor (Abb. 11.2). Genau diese Zusammenarbeit sowie die kreative Beschaffung und Nutzung von Ressourcen ist es, was Social Businesses aus- und – wie im Beispiel von Dialog im Dunkeln und der Grameen Bank – erfolgreich macht.

Dialog im Dunkeln ist eine Ausstellung in verschiedenen europäischen Städten. In völlig abgedunkelten Räumen führen blinde Menschen das Publikum in kleinen Gruppen durch Themenräume, z. B. einen Park oder eine Stadt aus Düften, Wind, Temperaturen, Tönen etc. Neben der Ausstellung bietet das Konzept auch das „Dinner in the Dark" und Veranstaltungsprogramme.

Die Grameen Bank ist ein Mikrofinanz-Kreditinstitut, das ohne traditionelle Sicherheiten kleine Kredite vergibt. Mithilfe von gegenseitiger Hilfestellung und sozialer Kontrolle werden Kleinunternehmer so beim Aufbau des Geschäfts und der Rückzahlung des Kredits unterstützt, dass durch die Kredite die Armut in der Bevölkerung gelindert werden kann.

Die neuen Sozialunternehmen gelten nicht nur nachhaltiger als viele „soziale Projekte", sie stehen durch ein junges, attraktives Auftreten im Netz, durch neue Tools und Methoden, wie Crowdfunding oder interaktive Miteinbeziehung der Netzcommunity für Innovation und Individualität, für Werte, die für die Generation Y hohe Anziehungskraft besitzen.

Unternehmen dieser Art gibt es schon lange, die Organisation Ashoka z. B. fördert selbige schon seit 1980. Nichtsdestotrotz ist das Feld nach wie vor neu und in Bewegung. In den letzten Jahren war jedoch eine Bereinigung zu beobachten, die die verwendeten Begrifflichkeiten und die Landschaft der gegründeten Unternehmen umfasst. Es kristallisiert sich heraus, was zu früh oder zu idealistisch war.

11.4 Social Entrepreneurship als Lernumgebung

Bei den heutigen dynamischen Marktentwicklungen wird die Anpassungsfähigkeit und Innovationskraft eines Unternehmens zum entscheidenden Erfolgsfaktor.

Entrepreneurship im eigenen Unternehmen, langfristiges und systemisches Denken sowie die Bereitschaft, etwas zu bewegen und tatsächlich Entscheidungen zu treffen, sind nur einige Skills, die Unternehmen bei ihren Nachwuchskräften entwickeln möchten. Dazu möchten sie ihnen das passende Programm an die Hand geben. Wie lernen die jungen Talente innovative Problemlösestrategien zu generieren, wie können Sie neue und unbekannte Märkte verstehen lernen und ihre Strategien flexibel an neue Lösungen anpassen?

Social Enterprises können dafür Beispielgeber sein oder eine Möglichkeit zum Lernen bieten. Ein Beispiel für ein Sozialunternehmen ist die BOOKBRIDGE GmbH und Stiftung. Die Organisationsform spiegelt bereits den Social-Enterprise-Ansatz wider: Die Stiftung ist Eigentümer der GmbH, wird also aus Gewinnen letzterer finanziert. Somit ist das Gesamtkonstrukt „not for profit".

Unsere Hauptaktivitäten sind:

- In ländlichen Gebieten von Entwicklungs- und Schwellenländern errichten wir Lernzentren, mit denen wir der Bevölkerung zusätzlichen Zugang zu Bildung ermöglichen. Die Lernzentren tragen sich als Sozialunternehmen finanziell selbst. Inzwischen gibt es zehn Zentren in der Mongolei und Kambodscha (Stiftung).
- Gleichzeitig dienen die Zentren als einzigartige Lernumgebung zur Weiterbildung von Führungskräften. In unserem Capability-Programm bilden wir Mitarbeiter von Unternehmen in den Bereichen Strategische Planung, Projektmanagement und Leadership weiter (GmbH).

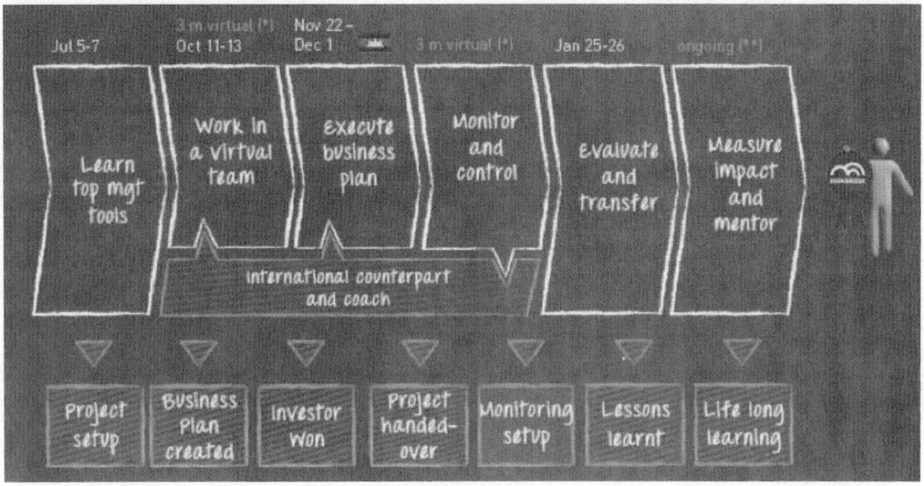

Abb. 11.3 Der Ablauf des Capability-Programms. (Quelle: eigene Darstellung)

Auf diese Art und Weise ermöglichen wir Unternehmen, sich in Richtung der in Kap. 11.1.3 beschriebenen „Strategic CSR" zu entwickeln, denn die gelernten Fähigkeiten und Konzepte bringen die Mitarbeiter zurück in die DNA des Unternehmens. Das Programm steigert Unternehmertum und Kreativität von Mitarbeitern und lehrt die Zusammenarbeit auf Augenhöhe im interkulturellen Kontext. Von diesen Fähigkeiten profitieren auch Unternehmen in ihrem täglichen Geschäft. Auf Basis dieser Grundidee entwickelte BOOKBRIDGE im Jahr 2010 das Capability-Programm. Im Laufe der Jahre konnten wir in diesem Zusammenhang interessante Erfahrungen im Bereich Social Responsibility und Employer Branding sammeln.

11.5 Das Capability-Programm

Hintergrund zur Entstehung war die Frage, wie nicht nur die Lernzentren vor Ort selbst tragend und damit unabhängig von Spenden arbeiten können, sondern die gesamte BOOKBRIDGE Organisation (GmbH und Stiftung). Gleichzeitig war es das Ziel, externe Managementexpertise in die Organisation zu holen sowie eine gewisse Skalierbarkeit im Aufbau der Lernzentren zu ermöglichen.

11.5.1 Der Ablauf des Capability-Programms

Der Ablauf ist in der Abb. 11.3 dargestellt. Das Programm beginnt mit zwei Trainingswochenenden in offenem Workshop-Setting. Konkrete Konzepte in diesem Baustein sind strategische Planung in Entwicklungs- und Schwellenländern, Aufbau eines Social Business, Business Planning, interkulturelle Zusammenarbeit sowie die virtuelle Arbeit im Team.

Es folgt eine Phase der virtuellen Zusammenarbeit zur Vorbereitung des Aufbaus des Lernzentrums. Die Teilnehmer arbeiten neben ihrem regulären Job wöchentlich zwei Stunden am Projekt, beispielsweise zur Organisation der Projektfinanzierung des Lernzentrums oder der Logistik.

Schließlich findet die siebentägige Aufbauphase des Lernzentrums in Kambodscha/in der Mongolei statt. Hier sind umfangreiche Aufgaben in kurzer Zeit zu erledigen, denn am letzten Tag findet die Eröffnung des Zentrums statt, bei dem die Räumlichkeiten eingerichtet, die lokale Zentrumsleitung startklar und das Marketing vor Ort begonnen sein müssen.

Zum Abschluss folgt – zurück in Europa – eine Nachbereitung und ein Wissenstransfer ins eigene Unternehmen. Begleitet wird die gesamte Weiterbildung von erfahrenen Management-Coaches. Häufig diskutierte Themen im Coaching sind beispielsweise kulturelle Unterschiede in der Zusammenarbeit, unterschiedliche Auffassungen zu verschiedenen Themen im Team sowie persönliche Ziele im Leben.

Im Nachhinein besteht die Möglichkeit, dass Teilnehmer und ihre Unternehmen das aufgebaute Lernzentrum weiterhin betreuen, zum Beispiel in Form von Mentoring für den Leiter und die dort unterrichtenden Lehrer.

11.5.2 Die (Lern-)ziele des Capability-Programms

„Our talents learned to change perspectives and put their skills to use in other contexts. This ability is becoming ever more important in our daily business life" (Dirk Blesius, CHRO, Kuehne + Nagel Central Europe).

Das Capability-Progamm in seiner heutigen Form fokussiert auf wenige Kernthemen, die durch die Teilnehmer verinnerlicht werden sollen. Diese werden vorab mit Teilnehmern, Unternehmen und Coaches definiert. Daneben gibt es insbesondere in den Coachings Raum, um individuelle Themen der Teilnehmer zu beleuchten.

Die Kernlernziele im Capability-Programm sind, die Fähigkeit,

- Businesspläne und -strategien in unbekannten Kontexten zu erstellen
- ein komplexes Projekt in einer Multi-Stakeholder-Situation und mit virtuellem Teamwork zu leiten
- in kulturell diversen Teams erfolgreich zu arbeiten
- Führungsqualitäten auszuüben, die Perspektive zu verändern, seine eigene Leistung zu reflektieren.

Unsere Partnerunternehmen adaptieren die Ziele für ihre speziellen Anforderungen und entsprechend setzen wir im Programm die Schwerpunkte. Beispielsweise war bei Kühne + Nagel der Fokus, ein internationales Team von Talenten für CSR zu sensibilisieren und gleichzeitig auf die Arbeit in Emerging Markets vorzubereiten. Die Ziele von HILTI bezogen sich mehr auf Leadership Skills und „Social Change", in Bezug darauf, wie Projekte im eigenen Unternehmen angegangen werden. Der PwC Schweiz geht es hingegen um die Persönlichkeitsentwicklung und den Unternehmergeist der teilnehmenden Mitarbeiter.

Die Zusammenarbeit mit der WHU, eine von Europas Top Business Schools, als Kurspartner wird ab diesem Jahr für die inhaltliche Zielerreichung die nötige fachliche und methodische Tiefe geben. So ist das Capability-Programm doch mehr und mehr ein reguläres Weiterbildungsprogramm, das sich mit anderen Programmen vergleichen lässt. Ein Kunde bestätigt uns, dass es schwierig sei, ein anderes Programm zu finden, in dem die Teilnehmer lernen und üben können, selbst ein Unternehmer zu sein. In unserem Programm gibt es bewusst Raum für Trial and Error, Fehler, die die Teilnehmer wahrscheinlich in ihrem eigenen Unternehmen kein zweites Mal machen werden. Einem Haushaltsgerätehersteller ist neben dem Inhalt auch der akademische Teil und das Zertifikat einer anerkannten Hochschule wichtig. Sicherlich nicht zu unterschätzendes Ziel ist die Differenzierung von anderen Unternehmen, indem solch innovative Personalentwicklung angeboten wird. Die teilnehmenden Firmen aus unseren Pilotprogrammen werden nun z. B. in Studien zu Human Resources und Employer Branding beschrieben (Capitalent 2012).

11.6 Fallstudie HILTI und PwC

Nach der allgemeinen Vorstellung des Capability-Programms beschreibt die nachfolgende Fallstudie die konkrete Durchführung eines Programms mit Teilnehmern der Unternehmen HILTI und PwC.

11.6.1 Vom leeren Flipchart zum funktionsfähigen Lernzentrum.

Im Oktober 2012 traf sich das gemischte Team von Teilnehmern von Hilti GB und PwC Schweiz zum ersten Modul zum Thema Business Model. Verantwortlichkeiten wurden aufgeteilt, z. B. kümmerte sich ein Zweierteam um Projektmanagement, ein anderes um Finanzen und den Investor Pitch, ein drittes um die Organisation vor Ort. Nach mehrwöchiger Zusammenarbeit des Teams über die Distanz mit entsprechenden der Entfernung geschuldeten Friktionen brach es im Februar 2013 nach Kambodscha auf. Alle Teilnehmer waren vor Ort sowohl an handfesten Arbeiten (Renovieren, Bezug der Räumlichkeiten, Einkaufen) als auch an strategischen Themen beteiligt. Beispielsweise wurden circa 20 potenzielle Leiter für das Lernzentrum interviewt. Nachdem die Entscheidung für einen Kandidaten getroffen war, wurde der Ausgewählte von einem kleinen Team mit seinen Aufgaben vertraut gemacht und auf seine eigene Rolle als sozialer Unternehmer vorbereitet. Mit dem Ziel, dass das Lernzentrum sich durch Kursangebote selbst trägt. Eine andere Aufgabe war es, lokal Marketing bei Firmen und Schulen zu machen, um die zukünftigen Nutzer für das Lernzentrum zu begeistern. Ein anderes kleines Team traf sich mit dem kambodschanischen Bildungsministerium, um auch dessen Unterstützung einzuholen. Hier ist zu betonen, dass ein wichtiger Bestandteil des Konzeptes ist, verschiedene Interessengruppen (Investor, Regierung, Zentrumsleitung, Pfadfinder, lokale Unternehmen, lokale NGOs) an einen Tisch zu holen und für das Lernzentrum und dessen erfolgreiche Nutzung zu gewinnen. Bei der Besprechung der Bildungsbedürfnisse und Ressourcen lernten die Teilnehmer in dem Zusammenhang, die Anreize für alle so zu gestalten, dass die verschiedenen Parteien jeweils Interesse am Bestehen des Zentrums haben. Mit einer feierlichen Eröffnungsfeier endete der Aufbau des Zentrums. Während dieser Phase fand auf der Metaebene eine Reflexion statt, in der sich die Teilnehmer in Paaren jeweils an ihre eigenen Weiterbildungsziele erinnerten und diese am Beispiel diskutierten. Das letzte Modul zurück in Deutschland war eine Reflexion und Übertragung des Gelernten auf eigene Projekte sowie die Evaluation des Programms seitens der Teilnehmer.

11.6.2 Die persönlichen Erfahrungen der Teilnehmer

Die Lernziele seitens der teilnehmenden Unternehmen wurden in vorangegangenen Kapiteln schon beschrieben. Zum Abschluss wollen wir das Augenmerk auf die Frage richten: Was nehmen unsere Teilnehmer aus dem Programm mit? Was haben sie gelernt – vor allem auch abseits der gesteckten Lernziele?

- „Yes we can. Ich habe festgestellt, dass jeder einen Impact haben kann, im Kleinen wie im Großen. Gleichzeitig hat die Rolle des Unternehmers gezeigt, dass die vielen kreativen Ideen, die wir zuvor als Außenstehende hatten, in der Realität nicht quantifizierbar und umsetzbar waren. Dies hat den Blick fürs Wesentliche geschärft" (Consultant, PwC Schweiz).
- „Durch die unvorhersehbaren Herausforderungen haben wir uns selbst und unsere Eigenschaften und Talente besser kennengelernt" (Business Unit Leader, Kühne + Nagel).
- „Im Programm haben wir gelernt, wie wir unsere Kommunikation in den Projektgruppen verbessern können. Anstatt Fragen und vage Vorschläge zu verschicken, erstellten wir schließlich konkrete Aufgaben und Fristen" (Training Coordinator, Hilti GB).

(http://leadership.bookbridge.org/what-others-say/)

11.6.3 Die Entwicklung von BOOKBRIDGE im Bereich CSR und Employer Branding

Was wir dachten, was die anderen denken In unserer dreijährigen Geschichte haben wir mit unserer Organisation unsere Positionierung im Markt verändert. Sowohl was unseren Wirkungsbereich betrifft als auch unsere Verkaufsargumente. Zusammengefasst haben wir uns in der GmbH vom CSR-Anbieter mit HR-Verbindung zum HR-Anbieter mit CSR-Verbindung entwickelt (Abb. 11.4). So boten wir zunächst Unternehmen an, sich sozial zu engagieren und dabei etwas zu lernen. Heute bieten wir an, auf neue Art und Weise Manager weiterzubilden und dabei sozial zu handeln. Und genau dies entspricht der anfangs zitierten Definition und Porter's Modell: soziales Handeln in jeden Bereich der Wertschöpfung zu integrieren (Strategic CSR).

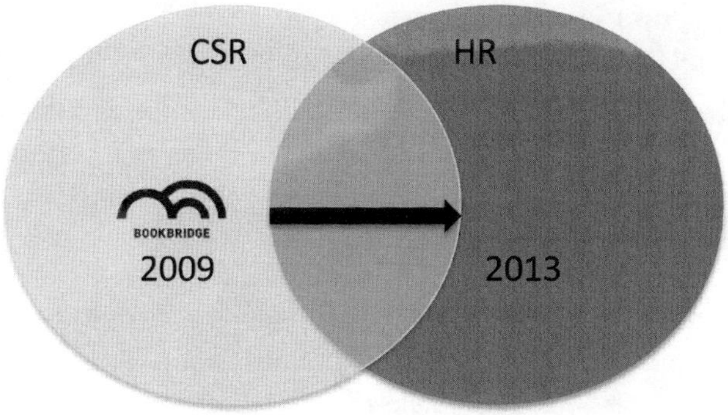

Add. 11.4 Wechsel vom CSR-Anbieter mit HR-Verbindung zum HR-Anbieter mit CSR-Verbindung. (Quelle: eigene Darstellung)

Inhaltlich arbeiten wir nach wie vor in den beiden Bereichen Lernzentrum und Weiterbildung. Jedoch war unsere Erfahrung, dass unsere Kunden uns besser verstehen, wenn wir uns in den ihnen bekannten Strukturen vorstellen. Das hat sowohl mit der Komplexität und Intransparenz des CSR-Angebots zu tun, den verschiedenen Begrifflichkeiten und Konzepten (z. B. „mission related investing", „impact investing", „social bonds") als auch mit den sich häufig noch in der Entwicklung befindlichen CSR-Strategien in den Unternehmen. Ein Merkmal davon ist wiederum, dass die geplanten Budgets in CSR-Bereichen weniger üppig ausgestattet sind, in wirtschaftlich schwierigen Zeiten gekürzt werden oder schon auf Jahre verplant sind.

Durch das Anbieten von Weiterbildungen hat sich unser sozialer Wirkungsbereich auch auf Unternehmen erweitert. Die teilnehmenden Mitarbeiter bringen das im Programm gewonnene Mindset zurück in ihre Unternehmen und beeinflussen so von innen heraus soziales, langfristig orientiertes Handeln. Auch wenn der Kreis der Teilnehmer meist klein ist, hat die Unterstützung des Unternehmens für so ein Programm eine bindende Wirkung für die Teilnehmer und auf andere Mitarbeiter eine positive Ausstrahlung. Zu wissen, dass die eigene Firma – im Sinne ihres Employer Brandings – offen für solche Themen ist, wirkt in alle Richtungen.

Unserer Erfahrung nach schätzen es unsere Kunden, dass wir inzwischen eine recht bekannte und glaubwürdige Marke geworden sind, die eine positive Ausstrahlung auf die Stakeholder unserer Partner hat. Die Zusammenarbeit mit der WHU, zahlreiche Preise die wir inzwischen gewonnen haben (Venturekick, Startsocial) sowie unsere bisherigen Pilotkunden (Kuehne + Nagel, HILTI, PwC NordStream, SwissRe) stärken diesen „Markenwert". Insbesondere der Aspekt, dass Mitarbeiter selbst aktiv werden können, ohne dabei ihren Job aufgeben zu müssen, erfährt positive Resonanz.

Ein Beispiel zum Abschluss: Ein bekanntes Unternehmen aus der Konsumgüterbranche kam vor Kurzem mit der Bitte auf uns zu, ein Programm so zu gestalten, dass es für junge Talente der Generation Y anziehend sei. Selbige würden die Möglichkeit der Mitwirkung an CSR in ihre Entscheidung für das Unternehmen oder dessen Wettbewerber einbeziehen. Hier zeigt sich ganz klar der praxisrelevante Zusammenhang zwischen strategisch eingesetzter sozialer Verantwortung und Employer Branding.

11.7 Learnings/Fazit

Dieses Beitrag hat verschiedene Beispiele und Herausforderungen zum Thema der sozialen Verantwortung von Unternehmen aufgezeigt. Die Frage nach dem passenden Ansatz ist relevanter denn je. Die Wirkung von sozialem Handeln erweitert sich von der Vermeidung von Schaden entlang der Wertschöpfungskette über Personalmarketing bis zur Generierung von Wettbewerbsvorteilen. Gleichzeitig zeigen sich konzeptionelle und operative Schwierigkeiten von Unternehmen und CSR-Partnern wie Social Enterprises. Am Beispiel BOOKBRIDGE wurden einige davon beleuchtet.

Bei der Recherche zu diesem Kapitel entstand zunächst der Eindruck, dass viel Material zu den expliziten Begrifflichkeiten CSR und Employer Branding vor mehreren Jahren veröffentlicht wurde und damit heute veraltet sei. Zum Glück muss man sagen, haben sich die Berichterstattung sowie die Aktivitäten seither weiterentwickelt. Beide sind substanzieller geworden. Viele Unternehmen haben soziale Verantwortung stärker in ihre Unternehmensprozesse integriert und sprechen heute weniger explizit über CSR und Employer Branding, sondern über Prozesse mit positiven sozialen und ökologischen Wirkungen, konsistent in allen Unternehmensbereichen vom Recruiting bis hin zum Produkt. Das ist glaubwürdig, auch im Employer Branding.

11.8 Ein Blick in die Zukunft

Der Konsument wird immer mündiger, er schaut hinter die Kulissen, möchte wissen, wofür das Unternehmen steht und wie seine Produkte hergestellt werden. Zusätzlich geben die sozialen Netze ihm Mittel und Wege, sich zeitnah zu äußern, zu mobilisieren und im Negativfall Unternehmen nachhaltig zu schaden. Als Beispiel sei der Aufruhr gegen Apple's Produktionsbedingungen in China genannt mit den daraus folgenden negativen Auswirkungen auf den Share Price. Dieser unberechenbare Einfluss der Konsumenten auf die Marke ist nur ein weiterer Aspekt, warum CSR mehr und mehr an Bedeutung für die Unternehmensmarke im Employer Branding gewinnt.

Das beste Gegenmittel? Soziale Verantwortung in die DNA des Unternehmens zu integrieren. Ein formeller Ausdruck davon ist, wenn CSR im Management Board beim CEO angesiedelt ist, anstatt als Abteilung z. B. an Kommunikation angehängt zu sein. Wenn die richtige Denkweise in den Köpfen der Mitarbeiter verankert ist, beeinflusst sie automatisch das tägliche Handeln und wird Teil der Wertschöpfungskette. Das spüren Konsumentenund potenzielle Mitarbeiter auch nach außen.

11.9 Checkliste

Sind Sie bereit die Vorteile von CSR in Ihre Unternehmensstrategie zu integrieren? Die folgenden drei Kernfragen helfen Ihnen dabei, CSR als festen Bestandteil der DNA ihres Unternehmens zu verankern:

- **Welche Ziele verfolgen Sie mit CSR und welchen Stellenwert hat es?**
  Eine hohe Priorisierung von CSR und die Möglichkeit zur Mitwirkung an strategisch sinnvollen Projekten erhöht die Mitarbeiterbindung, macht Ihr Unternehmen interessant und differenziert Sie als Arbeitgeber.
- **Was denken Ihre Mitarbeitenden über CSR und was tun wir dafür?**
  Ihre Mitarbeitenden sind für Employer Branding wichtige Botschafter. Sie tragen Positives sowie Missstände nach außen. Zudem wirkt sich sozial verantwortliches Wirtschaften positiv auf die Leistungsbereitschaft aus.
- **Wer sind Ihre Stakeholder und wie werden wir der Verantwortung ihnen gegenüber gerecht?**
  Wichtig ist Konsistenz. Guter Umgang mit verschiedenen Bezugsgruppen wird von potenziellen Mitarbeitern auch auf die Beziehung vom Unternehmen zu den Angestellten übertragen.

Literatur

Brundtland Kommission. (1987). *Brundtland report.* Berlin.

Capitalent GmbH. (2012). *EAPM Report 2012.* Frankfurt a.M.

Careerstep. (2010). *Student of the year.* Köln.

„Das sind die beliebtesten Arbeitgeber". *WirtschaftsWoche* 2.5.2013.

Europäische Kommission. (2011). *Eine neue EU-Strategie (2011–2014) für die soziale Verantwortung der Unternehmen (CSR).* Brüssel.

http://leadership.bookbridge.org.

„Ich bin dann mal ein bisschen weg", *FAZ* 13.3.2013.

„Mehr Geld für weniger Arbeit", *manager magazin* 26.4.2012.

Porter, M. E., & Kramer, M. R. (2006). *Strategy and society: The link between competitive advantage and corporate social responsibility.* Boston: Harvard Business Review.

„Wo sind die Danone-Ladies?", *ENORM* 3/2011.

XING. (2009). Diskussion: Neues Buch: CSR im Zeichen der Employer Brand. http://www.xing.com/net/humanresources/personalmarketing-6829/neues-buch-csr-im-zeichen-der-employer-brand-22543832. Zugegriffen: 4. Juli 2013.

Change-Kommunication

12

In turbulenten Zeiten Mitarbeiter binden und gewinnen

Cigdem Kurar

12.1 Employer Branding und Change Kommunikation

12.1.1 Grundlagen

Was hat Kommunikation mit Employer Branding zu tun? Eine ganze Menge: Denn bei Employer Branding geht es primär darum, als attraktiver Arbeitgeber wahrgenommen zu werden. Das an sich ist schon eine Herausforderung. Aber wie gelingt das gerade vor dem Hintergrund stetiger Veränderungsprozesse, die Mitarbeiter schnell verunsichern? Hier kommt die Change-Kommunikation ins Spiel.

Die Erkenntnis ist zugegebenermaßen nicht ganz neu: Die Rahmenbedingungen für Unternehmen in Deutschland werden dynamischer und komplexer. Das führt zu Veränderungsprozessen auf allen Ebenen, natürlich auch in der Kommunikation. Die Anforderungen auf diesem Feld werden differenzierter, immer neue Spezialgebiete entstehen.

Nun ist es nicht so, dass Unternehmen früher nur am Status quo festhielten. Ambitionierte Firmen haben sich schon immer weiterentwickelt und damit zwangsläufig auch verändert – meistens allerdings etwas langsamer, bedächtiger und mit geringeren Auswirkungen auf die Mitarbeiter, als dies heute oft der Fall ist. Es war ein eher sanfter Prozess, der von den Beteiligten ganz automatisch begleitet und mitgetragen wurde.

So funktioniert das heute nur noch selten. Unternehmen entwickeln sich schneller, zuweilen auch radikaler, was bei den Mitarbeitern häufig zu Ängsten und Sorgen führt. Bei Fusionen oder Aufkäufen ist diese Unsicherheit besonders groß. Bin ich den neuen Anforderungen gewachsen? Bleibt mein Standort erhalten? Muss ich vielleicht sogar um meinen Arbeitsplatz zittern?

C. Kurar (✉)
Sindelfingen, Deutschland
E-Mail: c.kurar@gmx.de

H. Künzel (Hrsg.), *Erfolgsfaktor Employer Branding*, Erfolgsfaktor Serie,
DOI 10.1007/978-3-642-40535-8_12, © Springer-Verlag Berlin Heidelberg 2013

Das sind Fragen, denen sich nicht jedes Unternehmen gerne stellt. Weil unangenehme Fragen zu unangenehmen Antworten führen können. Einige Firmen wagen deshalb den Versuch, ihre Probleme auszusitzen. Versuchen kann man das – aber Erfahrungen aus der Praxis zeigen: Gut gegangen ist diese Vorgehensweise nur selten. Denn fehlende Akzeptanz des Change-Prozesses, eine wilde Gerüchteküche und die Sorge um den Arbeitsplatz haben noch nie zu einer Verbesserung der Produktivität geführt.

Und um die Brücke zum Employer Branding zu schlagen: Im besten Fall kann eine gute Kommunikation dazu führen, dass die Mitarbeiter den Change-Prozess als Chance begreifen – und potenzielle Arbeitnehmer die Sache so spannend und perspektivisch reizvoll finden, dass sie unbedingt dabei sein wollen. Im schlimmsten Fall ergreifen die besten Mitarbeiter die Flucht, weil sie verunsichert sind. Das kann so weit gehen, dass ein Unternehmen nicht wegen einer schlechten Marktsituation in Schieflage gerät – sondern wegen der schlechten Kommunikation.

Deshalb gibt es in solchen Situationen nur eines: Die Ängste der Mitarbeiter ernst nehmen und versuchen, Barrieren zu überwinden. Oder noch besser, erst gar keine entstehen zu lassen. Das ist die Aufgabe der Change-Kommunikation. Es geht also nicht nur darum, Zahlen und Fakten zu vermitteln, sondern auch die psychologische Komponente des Prozesses aufzugreifen.

Dazu greift die Change-Kommunikation auf alle vorhandenen Kanäle zurück, schafft neue – und nutzt diese zur Kommunikation mit allen Stakeholdern. Intern, extern, im Marketing und gegenüber Finanzpartnern. Das Ziel: Die Notwendigkeit der Veränderung vermitteln – und sie nicht als Risiko, sondern als Chance begreifbar machen.

Nur wenn das gelingt, wird ein Arbeitgeber auch als attraktiv wahrgenommen.

Natürlich ist es möglich, dass es im Rahmen eines Change-Prozesses zum tiefsten aller Einschnitte für die Mitarbeiter kommt: zur Entlassung. Das zu kommunizieren, bereitet niemandem Freude. Aber eines ist auch sicher: Durch konsequentes Nicht-Kommunizieren wird es keine Freistellung weniger geben. Das verschärft nur die Wut der betroffenen Mitarbeiter, sorgt in der restlichen Belegschaft für Missstimmung – und ist auch schlecht fürs Image.

12.1.2 Beispiel Gruner + Jahr

Wenn ein Unternehmen um die Bedeutung von Kommunikation wissen sollte, dann ein Verlagshaus. Aber auch dort kann es im Zuge von tief greifenden Einschnitten zu Problemen kommen – wie bei der Entscheidung von Gruner + Jahr, die täglich erscheinende Wirtschaftszeitung „Financial Times Deutschland" nach fast 13 Jahren im Dezember 2012 einzustellen. Der Grund: rote Zahlen.

Für die betroffenen Mitarbeiter natürlich von Haus aus ein Schock. Und es machte die Sache nicht besser, dass sie davon aus den Medien erfuhren. Noch bevor ihnen die Entscheidung auf einer Betriebsversammlung mitgeteilt wurde, konnten sie in der Zeitung davon lesen. Der Vorfall hat sicherlich weder das allgemeine Image von Gruner + Jahr verbessert noch die Wahrnehmung als attraktiver Arbeitgeber gestärkt.

Auch Betriebsrätin Maike Rademaker zeigte sich gegenüber der Nachrichtenagentur dapd am 6. Dezember 2012 alles andere als begeistert über den Ablauf. Sie sprach von einer Wut der Mitarbeiter über den Umgang und erklärte: „Wenn man eine Zeitung zumacht, dann sollte man wissen, wie man sie zumacht." Eine Einschätzung, die von vielen Medien geteilt wurde. Sie berichteten über den Vorgang – die meisten, wie die „taz" am 22. November 2012, mit Unverständnis: „Es ist ein unwürdiges Spiel in Hamburg, das dort mit den Mitarbeitern gespielt wird."

Nun könnte der eine oder andere vielleicht denken: Wen interessiert der Ruf, wenn der Laden eh dicht gemacht wird? Die Antwort: eine ganze Menge Menschen. Denn es geht hier nicht nur um die eingestellte „Financial Times Deutschland" und knapp 300 Arbeitsplätze – sondern um eines der größten Medienhäuser Europas mit insgesamt rund 11.800 Mitarbeitern. Und dieses dürfte kaum Interesse an negativer Berichterstattung haben. Zumal die Verantwortlichen im Unternehmen selbst alles andere als zufrieden über den Ablauf waren. In einem Interview mit dem „Hamburger Abendblatt" vom 24. November 2012 gestand Vorstandsmitglied Julia Jäkel jedenfalls: „Ich bin sehr unglücklich über diese Art der Kommunikation. Ich finde sie unwürdig. Dass Kollegen, die hier jahrelang unter nicht immer leichten Bedingungen einen sehr guten Job gemacht haben, von der Einstellung der „FTD" aus der Presse erfahren haben, tut mir leid." Sie erklärte auch, dass es nicht möglich gewesen sei, die Mitarbeiter früher zu informieren. Richtig glücklich wirkte das ganze Vorgehen trotzdem nicht.

Und eines zeigt dieses Beispiel deutlich: Wenn Mitarbeiter aus „zweiter Hand" ihre Zukunftsperspektiven erfahren, ist das nicht zuträglich. Weder der Moral noch dem Ruf.

Die Schlussfolgerung: Schlechte Nachrichten werden nicht besser, wenn man sie verschweigt. Im Gegenteil. Für Betroffene ist die Konsequenz unter Umständen schon bedrohlich genug. Gefühlt noch schlimmer wird es für die Mitarbeiter, wenn sie den Eindruck gewinnen, dass ihr Schicksal nicht wichtig genug für die Führungsebene ist. Sie fühlen sich wie austauschbare Nummern und kommunizieren das auch. Vielleicht im Freundeskreis, vielleicht im Internet, vielleicht in den Medien. Daran kann kein Unternehmen Interesse haben.

12.2 Die Kommunikations-Kanäle/Fokus Social Media

Laut der Employer-Branding-Studie von stepstone, einer Online Jobbörse für Fach- und Führungskräfte, sind für rund 60 % der Befragten persönliche Kontakte eine der wichtigsten Quellen bei der Jobsuche (siehe http://www.stepstone.de/Ueber-StepStone/upload/StepStone_Employer_Branding_Report_2011_final.pdf).

Gleichzeitig haben für „rund 80 % der befragten Kandidaten die vom Unternehmen vermittelte Arbeitgebermarke und das tatsächliche Erleben am Arbeitsplatz nur sehr wenig miteinander gemein." Folglich ist es wichtig, dass Sie, bevor Sie sich extern als attraktiver Arbeitgeber positionieren, zuerst intern, bei den eigenen Mitarbeitern ansetzen. Gerade während Veränderungsprozessen ist der Arbeitgeber oft ein großes Thema. Mitarbeiter tauschen sich zu Hause mit ihrer Familie aus oder werden von Bekannten und Geschäftspartnern auf die aktuellen Geschehnisse angesprochen. Schaffen Sie es, die Mitarbeiter abzuholen, ihnen die Veränderungen offen und verständlich zu kommunizieren, sind sie auch in der Lage, die richtigen Botschaften weiterzugeben. Das wirkt sich positiv auf deren Wahrnehmung aus. Ob Sie es wollen oder nicht, Ihre Mitarbeiter sind Ihre Employer-Brand-Botschafter und tragen ihre erlebte Arbeitsrealität in die Welt oder zumindest in ihren Familien- und Bekanntenkreis hinaus. Und diesen Aussagen traut man weit mehr als Versprechen in Hochglanzbroschüren oder auf der Karrierewebseite. Gut, wenn Ihre Employer Value Proposition (EVP) dadurch bestätigt und gestärkt wird. Schlecht, wenn sie sich als plumpe Werbebotschaft erweist, die mit der Realität wenig zu tun hat.

12.2.1 Soziale Netzwerke

Fast jeder Bewerber informiert sich heutzutage online über seinen Wunscharbeitgeber. Auch Social-Media-Aktivitäten werden hierbei unter die Lupe genommen. Obwohl sich soziale Netzwerke bei der Generation Y großer Beliebtheit erfreuen, gilt es gerade hier, genauer hinzuschauen. Denn oft wird das Social-Media-Engagement unter „Werbung" verbucht und verliert somit schnell an Glaubwürdigkeit.

Social Media als langfristiges Invest kann aber auch dazu beitragen, sich vom Wettbewerb zu differenzieren. Authentische Kommunikation in Social Media macht Unternehmen für Bewerber erlebbar – jenseits von den immer gleichen Versprechungen „Internationale Zusammenarbeit", „hervorragende Entwicklungschancen" und „gutes Betriebsklima". Gleichzeitig ermöglicht es Unternehmen, einen persönlichen Dialog mit ihrer Zielgruppe aufzubauen und diese langfristig an sich zu binden. Die wenigsten Arbeitgeber schaffen es nämlich, den Bewerbern glaubhaft zu vermitteln, warum sie gerade zu ihnen kommen sollten („reason why"). Mit Fotos, Berichten und Arbeitseinblicken von echten Mitarbeitern geben Sie Ihrem Unternehmen ein Gesicht und können so schon im Vorfeld punkten. Abgesehen davon wirkt sich eine rege Aktivität in Social Media positiv auf Ihre Search Engine Optimization (SEO) aus. Google z. B. liebt aktuelle Inhalte und belohnt diese mit hohen Rankings bei den Suchergebnissen. Statt passiv zuzusehen, wie andere über Sie reden, mischen Sie lieber selber mit! Also schauen wir mal genauer hin:

Es gibt Xing. Es gibt Google Plus. Es gibt Twitter. Es gibt Facebook … Kurzum: Es gibt eine Menge Möglichkeiten, sich zu verzetteln – sowohl in der täglichen Arbeit als auch in einem Buchbeitrag. Deshalb will ich mich vor allem auf das größte Medium dieser Art beschränken. Facebook hat in Deutschland über 25 Millionen Nutzer (www.allfacebook.de vom 3. Januar 2013). Und auch wenn es einige Führungskräfte gibt, die Facebook zu den größten Risikofaktoren überhaupt zählen (Stichwort: Shitstorm) – ignorieren kann man es als modernes Unternehmen nicht. Vor allem dann nicht, wenn man junge Mitarbeiter binden will.

Ihnen dient Facebook als Informations- und Unterhaltungsquelle. Idealerweise bedient ein Unternehmen auf seiner Seite beide Wünsche. Sicher ist jedenfalls: Mit einer gut gemachten Facebook-Seite kann man viele Sympathiepunkte sammeln. Im Umkehrschluss heißt das aber auch: Werden dort Fehler gemacht, kann sich das negativ aufs Image auswirken.

Und da Theorien immer dann am besten sind, wenn man sie auch mit einem Beispiel belegen kann – deshalb an dieser Stelle ein positives und negatives.

12.2.1.1 Positives Beispiel Deutsche Bahn

Die Deutsche Bahn hat im Bereich Social Media schon einige leidvolle Erfahrungen machen müssen – was nicht ausbleibt, wenn man es mit Stuttgart 21 oder Verspätungen im Winter zu tun hat. Nun gibt es auf Facebook verschiedene Möglichkeiten, mit Kritik umzugehen. Man kann den Kunden ignorieren oder ihn maßregeln – beides nicht wirklich zu empfehlen. Man kann sich aber auch der Kritik annehmen – wie es die Deutsche Bahn im Fall von Facebook-Nutzerin „Franzi Do" getan hat. Diese schrieb am 18. Januar 2013 auf der Unternehmensseite der Bahn:

> Meine liebste Deutsche Bahn, seit vielen Jahren führen wir nun eine abenteuerliche Beziehung. Wir haben Tiefen überstanden, in denen du sehr einengend und besitzergreifend warst und mich manchmal überraschend mehrere Stunden festgehalten hast, weil es dir nicht gut ging. Ich verstehe ja, dass dich der Winter so überrascht hat. Für uns kam er auch so plötzlich. Ich bin da ja nicht nachtragend. Auch deine Ausreden im September, wo es laut deinen Aussagen auch schon gewisse Störungen wegen Glatteis gab, habe ich schmunzelnd hingenommen. Ich bin so gerührt, dass du so viel Zeit mit mir verbringen möchtest. Als ich dich um ein bisschen mehr Freiraum gebeten habe, hast du das toleriert und kamst einfach immer ein bisschen später. Pünktlichkeit ist nicht deine Stärke, das weiß ich ja. Auch darüber sehe ich meist noch hinweg.
>
> Dass du mich jetzt aber bei klirrender Kälte fast 45 min warten lässt ohne Bescheid zu sagen und dann gar nicht auftauchst, das geht nun wirklich zu weit. Stets war ich tolerant und finanzierte deine Späßchen jedes Jahr mit mehr meiner kostbaren Taler, damit unser Verhältnis nicht beschädigt wird.
>
> Ich finde es sehr schade, dass du unsere aufregende Beziehung so leichtfertig aufs Spiel setzt. Es tut mir sehr leid, aber ich denke nun wirklich über eine endgültige Trennung nach. Ich brauche jemanden an meiner Seite, der zuverlässig ist, nicht nur mein Geld will und auch bereit ist, auf meine Bedürfnisse einzugehen. Und ich habe so jemanden kennengelernt. Er nennt sich Opel und ist immer für mich da. Leider werdet ihr euch nicht kennenlernen. Adieu.
>
> Deutsche Bahn? – Ich bin doch nicht blöd!

Die Antwort des Unternehmens kam schneller als die Bahn. Nach 17 Minuten.

> Hallo meine liebste Franzi Do, es tut mir so leid.
>
> Ich weiß, dass ich in der Vergangenheit viele Fehler gemacht habe und nicht immer pünktlich bei unseren Treffen war. Dafür möchte ich mich in aller Form bei Dir entschuldigen. Ich habe die Zeit mit Dir sehr genossen. Manchmal wollte ich, dass sie kein Ende hat. Dass ich manchmal anhänglich bin, weiß ich. Es fällt mir schwer loszulassen. Dass ich Dich mit dieser Zuneigung erdrückt habe, ist unentschuldbar und mein größtes Laster. Dass wir heute einen

Termin hatten, habe ich total vergessen. Wo und wann waren wir verabredet? Ich schaue dann gerne einmal in meinem Terminkalender nach.

Ich kann verstehen, dass Du dich nach etwas anderem umgesehen hast. Eine Frau wie Du bleibt natürlich nicht lange alleine, das weiß ich. Vielleicht gibst Du mir aber noch einmal die Möglichkeit, Dir zu zeigen, wie viel Du mir bedeutest. Ich werde bei unseren nächsten Treffen auch versuchen pünktlich zu sein oder Bescheid zu sagen, falls ich mich verspäte.

Ich werde Dich vermissen.

Das Ganze ging in dieser Art noch ein bisschen hin und her, irgendwann stiegen auch noch die Automobilhersteller Renault (traurig über die Entscheidung pro Opel, hatte sich selbst Hoffnung gemacht) und Opel (erfreut!) ein. Am Ende berichteten fast alle Medien über den Vorgang. Ob „Franzi Do" deshalb jetzt wieder mit der Bahn fährt, wissen wir nicht. Aber eines ist sicher: Dem Image der Bahn hat das Ganze nicht geschadet. Für die kreative und spontane Reaktion gab es Lob von allen Seiten.

12.2.1.2 Negatives Beispiel Nestlé

Deutlich weniger Lob heimste der Weltkonzern Nestlé im Frühjahr 2010 für seine Kommunikation im Netz ein. Dabei waren die Voraussetzungen prächtig. Die Facebook-Seite für den Nestlé-Schokoriegel „Kit Kat" hatte stolze 700.000 Fans. Das ist alles andere als übel, um zielgruppenorientiert zu arbeiten. Aber dann tauchte ein Problem auf – in Form einer Greenpeace-Kampagne. Die Umweltschutz-Organisation warf dem Unternehmen vor, bei der Herstellung des Riegels Palmöl zu verwenden. Palmöl, das in Indonesien hergestellt werde. Und zwar auf Kosten des Regenwaldes, wodurch auch der Lebensraum für Orang-Utans bedroht werde.

Um die Problematik visuell zu verdeutlichen, drehte Greenpeace ein kleines Video. Darin beißt ein Mann nicht in einen Schokoriegel – sondern in einen Affenfinger. Eine recht unappetitliche Sache, im wahrsten Sinne des Wortes. Auch bei Nestlé zeigte man sich nur bedingt begeistert. Und wählte die einzige, todsichere Methode, die Popularität des Videos massiv zu steigern: Noch bevor die ersten Tausend User den Clip auf YouTube angesehen hatten, ließ ihn das Unternehmen wegen Copyright-Verletzungen sperren. Einen größeren Gefallen hätten die Nestlé-Verantwortlichen Greenpeace gar nicht tun können. Denn eine Sperre bedeutet nicht, dass das Video nicht mehr im Netz zu finden ist. Es bedeutet nur, dass es wahnsinnig interessant sein muss. In den ersten Wochen danach schauten sich knapp 1,5 Mio. Menschen das Video an.

Es gibt einen netten Begriff für dieses Phänomen. Man nennt es den „Streisand-Effekt", benannt nach der Schauspielerin Barbra Streisand. Sie klagte 2003 gegen einen Fotografen und eine Internetseite, auf der Luftaufnahmen ihres Hauses zu sehen waren – zusammen mit 12.000 anderen Gebäuden. Erst die Berichterstattung darüber sorgte für eine riesige Verbreitung des Bildes im Netz.

Nestlé hatte also den ersten großen Fehler gemacht. Der zweite war der Umgang mit der aufkommenden Kritik auf der Facebook-Seite des Unternehmens. Denn natürlich gab es viele negative Einträge. Eine der Reaktionen von Nestle im Netz (Corina Marcuti/ Brandwatch in einem Gastbeitrag auf der Homepage des Online-Marketing-Experten Jan

Heinemann am 6. Mai 2011): „Danke für die Lektion in Sachen Manieren. Fühlen Sie sich umarmt. Aber es ist unsere Seite, wir machen die Regeln, es war immer so."

Sagen wir es so: Wer mangelnde Diskussionsfreude auf Facebook sät, wird Shitstorm ernten. Der war in diesem Fall gewaltig, am Ende sah sich Nestle sogar dazu gezwungen, die komplette Seite dicht zu machen. 700.000 potenzielle Kunden – einfach weg. Die neue Kit-Kat-Seite auf Facebook hat zwei Jahre später im März 2012 „nur" knapp 305.000 „Gefällt-mir"-Angaben. Zwei Monate nach Start der Greenpeace-Kampagne kündigte Nestlé übrigens an, künftig auf Palmöl und Papier verzichten zu wollen, wenn für deren Herstellung Regenwald zerstört werden müsse. Das Image hatte zu diesem Zeitpunkt aber schon nachhaltig gelitten. Und was das Thema Employer Branding betrifft, ist klar: Ein Unternehmen, das in der Öffentlichkeit als vermeintlich unethisch wahrgenommen wird, ist für den einen oder anderen vielleicht nicht DER Wunsch-Arbeitgeber.

12.2.1.3 Meine Facebook-Elf

Egal, wie viel Mühe Sie sich geben und welche goldenen Regeln Sie auch beachten – DAS eine und einzige Rezept für gute Kommunikation bei Facebook gibt es nicht. Aber es gibt ein paar Leitlinien, die zumindest ein wenig Orientierung bieten:

1. *Fassen Sie sich kurz*
   Postings mit mehr als drei, vier Zeilen erhalten deutlich weniger Likes und werden seltener geteilt.
2. *Posten Sie Fotos*
   Beiträge mit Fotos erzielen deutlich bessere Werte als reine Textmitteilungen und sind daher ein Muss.
3. *Vorsicht mit Videos*
   Auf den ersten Blick mag es etwas unlogisch erscheinen: Aber es gibt gute Gründe, Videos nur sehr selektiv einzusetzen. Viele Menschen können während der Bürozeit nicht auf Videos zugreifen. Außerdem ist Facebook ein schnelles Medium – da will niemand Zehn-Minuten-Beiträge sehen. Und auch wenn es im Jahr 2013 seltsam klingt: Nicht alle haben ein so leistungsstarkes Internet, das jedes Video ohne Probleme und Störungen läuft.
4. *Keine Posting-Flut*
   Es ist natürlich elementar, dass eine Facebook-Seite lebt, dass sie regelmäßig aktualisiert wird. Aber in den meisten Fällen ist es ausreichend, alle zwei bis drei Tage etwas zu posten. Wer täglich mehrmals ein Mitteilungsbedürfnis entwickelt, läuft Gefahr, vor allem als Nervensäge wahrgenommen zu werden.
5. *Sorgen Sie für den richtigen Mix*
   Niemand will auf Facebook nur zu Werbezwecken „missbraucht" werden. Deshalb sollte eine Unternehmensseite einen Mehrwert bieten. Entweder mit Informationen – oder mit unterhaltsamen Beiträgen.

6. *Diskutieren Sie*
   Facebook lebt von der Interaktion. Das heißt: Geben Sie Impulse für Diskussionen – und vor allem: Diskutieren Sie mit, wenn Sie als Unternehmen direkt angesprochen werden.
7. *Reagieren Sie schnell*
   Wenn Sie eine Beschwerde erhalten oder Fragen gestellt bekommen: Reagieren Sie möglichst schnell. Selbst die beste Antwort nützt Ihnen nichts, wenn sie erst nach fünf Tagen erfolgt.
8. *Achten Sie auf die richtige Ansprache*
   Über 70 % aller deutschen Facebook-Mitglieder sind zwischen 13 und 35 Jahre alt (www.allfacebook.de vom 1. Januar 2012). Der Umgangston ist generell eher locker, persönlich und emotional. Meist ist das „Du" die übliche Anrede.
9. *Seien Sie mutig*
   Wenn es in der Kommunikation ein Medium gibt, in dem Sie locker und lustig sein können, dann ist es Facebook. Nehmen Sie nicht alles so ernst – und sich auch mal selbst auf die Schippe.
10. *Achten Sie auf die richtige Tageszeit*
    Das Problem: Welches für Sie die beste Zeit ist, um maximale Aufmerksamkeit zu erzielen, müssen Sie selbst herausfinden. Einige Unternehmen schwören auf Postings am Morgen unter der Woche, andere am Abend. Einige bevorzugen das Wochenende. Einfach testen!
11. *Setzen Sie auf Qualität vor Quantität*
    Es geht nicht in erster Linie darum, die meisten „Gefällt-mir"-Angaben zu bekommen – sondern darum, die ideale Zielgruppe zu erreichen, zu binden und zu aktivieren. Mittlerweile können Sie sich locker tausende Fans für ein paar Euro kaufen. Aber der schwäbische Handwerker beispielsweise hat nichts davon, wenn er 450 „Fans" aus Indien hat.

Ob mit oder ohne Facebook: Nutzen Sie bei einem Change-Prozess alle internen und externen Kommunikationsmittel, die Ihnen zur Verfügung stehen – und schaffen Sie neue, wo Sie es für angebracht halten. Das geht von der Betriebsversammlung über den Newsletter und die Mitarbeiterzeitung bis hin zur Hotline, an die sich die Mitarbeiter bei Fragen wenden können.

12.3 Einschneidende Veränderungen in der Unternehmensgeschichte: Das Beispiel MBtech

Ich habe bisher viel über andere gesprochen – jetzt wird es Zeit, dass ich auch mal zu uns komme. Wir, das ist in diesem Fall die MBtech. Das Unternehmen aus dem schwäbischen Sindelfingen gehört zu den führenden Engineering- und Consulting-Dienstleistern und war in der Vergangenheit besonders auf die Automobilindustrie fokussiert. Weltweit beschäftigt die MBtech Group knapp 3.000 Mitarbeiter in Europa, Nordamerika und Asien, der Umsatz betrug 2011 rund 390 Mio. €. Gegründet wurde die MBtech 1995 als 100-prozentige Tochter des Daimler-Konzerns, nicht zuletzt daraus resultierte auch die bisherige Konzentration auf den Automobilsektor. Für das Thema Employer Branding ist die MBtech übrigens ein ganz hervorragendes Beispiel. Denn qualifizierte Ingenieure zu finden – und diese dann auch zu halten, ist in dieser Branche eine der größten Herausforderungen.

12.3.1 Einstieg eines neuen Mehrheits-Shareholders

Im April 2012 kam es zu einer einschneidenden Veränderung in der Unternehmensgeschichte: Daimler verkaufte 65 % seiner Anteile an das französische Entwicklungs- und Technologieberatungsunternehmen AKKA.

Das sorgte und sorgt noch immer für Veränderungen innerhalb der MBtech – sowohl im personellen als auch im strukturellen Bereich. Sparten wie Aerospace oder Rail sollen auf- und ausgebaut werden, in der Geschäftsleitung kam es zu personellen Wechseln. Dass bei einem solchen Prozess innerhalb der Belegschaft Sorgen und auch Ängste auftauchen, ist naheliegend.

In diesem Fall kamen für uns vier erschwerende Faktoren hinzu. Erstens war die Fluktuation bei der MBtech schon vor dem Einstieg des neuen Mehrheits-Shareholders relativ hoch. Zweitens fühlten sich die Mitarbeiter bis dato fast zu Daimler zugehörig – was gerade im Schwäbischen ein nicht zu vernachlässigender Sachverhalt ist. Für oder eng mit Daimler zusammenzuarbeiten gilt hier als bestmöglichste Referenz. Drittens sorgte eine teilweise in der Öffentlichkeit ausgetragene Tarifverhandlung für Irritationen – besonders, als die Gespräche im Zuge der Verhandlungen mit AKKA ausgesetzt wurden. Das war zwar aus rechtlicher Sicht nicht anders möglich, wurde innerhalb der Belegschaft allerdings trotzdem nicht als gutes Zeichen gewertet. Und viertens verfügt die MBtech über eine spezielle Struktur. Denn die einzelnen Abteilungen verteilen sich auf mehrere Standorte. Dazu kommt, dass viele Mitarbeiter direkt beim Kunden vor Ort eingesetzt werden. Das sind Umstände, die eine hohe Identifikation mit dem Unternehmen nicht gerade erleichtern – und die bei der Kommunikation berücksichtigt werden müssen.

12.3.2 Zielsetzung der Kommunikation

Wie schon erwähnt: Qualifizierte Ingenieure sind derart heftig umworben, dass sie sich ihren Arbeitsplatz quasi aussuchen können. Daraus ergeben sich für die Unternehmen in diesem Segment zwei Schlüsse. Erstens: Sie müssen dem vorhandenen Personal einen sicheren Arbeitsplatz mit guter Perspektive bieten. Zweitens: Sie müssen als Marke so attraktiv sein, dass sie bei potenziellen Arbeitnehmern reelle Chancen besitzen. Folgerichtig ist eine positive Wahrnehmung des Unternehmens enorm wichtig. Intern und extern.

Intern ging es im Rahmen des Change-Prozesses erst einmal besonders darum, den Mitarbeitern die Unsicherheit zu nehmen, ihre Identifikation mit dem Unternehmen zu stärken – und die Chancen aufzuzeigen, die dieser Weg für jeden Einzelnen bietet. Extern sollte die MBtech als Unternehmen wahrgenommen werden, das sich fit für die Zukunft macht und für potenzielle Bewerber attraktive Arbeitsbedingungen und gute Aufstiegschancen bietet.

Ganz entscheidend für Erfolg und Misserfolg einer Strategie ist immer, dass die Menschen nicht für dumm verkauft werden. Sie können sehr wohl zwischen plumpen Werbebotschaften und einer Kommunikation, die sie ernst nimmt, unterscheiden. Daraus ergeben sich zwei Säulen der Ausrichtung: Offenheit und Ehrlichkeit. Was gut ist, wird selbstverständlich mitgeteilt. Aber was problematisch ist, darf deshalb nicht verschwiegen werden. Gerade in einem Change-Prozess wollen und müssen die Sorgen und Fragen der Mitarbeiter aufgegriffen und beantwortet werden. Es geht nicht um Schönfärberei, sondern darum, dass jeder Einzelne weiß, was auf ihn zukommt. Und gerade im Fall der MBtech war dieser Prozess auch eine große Chance – um eine neue, im Vergleich zur Vergangenheit offenere Kommunikation zu etablieren und so das Vertrauen in das Unternehmen wieder zu stärken.

12.3.3 Konzept und Flexibilität

Eines ist bei allen Formen der Kommunikation eigentlich gleich: Bevor man anfängt, sollte man sich ein paar Gedanken darüber machen, eine Strategie entwickeln und einen Zeitplan aufstellen. Wer allerdings dazu neigt, sich streng an einmal aufgestellte Pläne zu halten, wird im Rahmen der Change-Kommunikation nicht viel Freude an seinem Nervenkostüm haben. Denn aus eigener Erfahrung kann ich Ihnen versichern: Ein klarer Plan mit einer guten Struktur ist wichtig – größtmögliche Flexibilität aber auch. Denn ein Change-Prozess ist ein sehr dynamisches Konstrukt, das auch vor der Kommunikationsabteilung nicht Halt macht. Immer wieder passieren Dinge, die man so nicht erwartet hat. Dinge, die einen zum schnellen Handeln zwingen. Deshalb gibt es aus meiner Sicht nur eine Regel, die man so gut wie immer einhalten sollte: aktuelle Kommunikation vor geplanter Kommunikation.

Das erfordert nicht nur schnelles Handeln, sondern auch ein äußerst belastbares und flexibles Team. Intellektuell wie zeitlich. Es ist wichtig und beugt Problemen vor, die zu erwartenden Belastungen intern schon im Vorfeld klar und deutlich mitzuteilen. Kommunikation ist kein „nine-to-five"-Job – und schon gar nicht bei einem Change-Prozess.

Lange Rede, kurzer Sinn: Stellen Sie einen gut durchdachten Plan auf. Aber einen, der so viel Luft enthält, dass sie Ihnen nicht wegbleibt, wenn sich die Ereignisse überschlagen (Abb. 12.1).

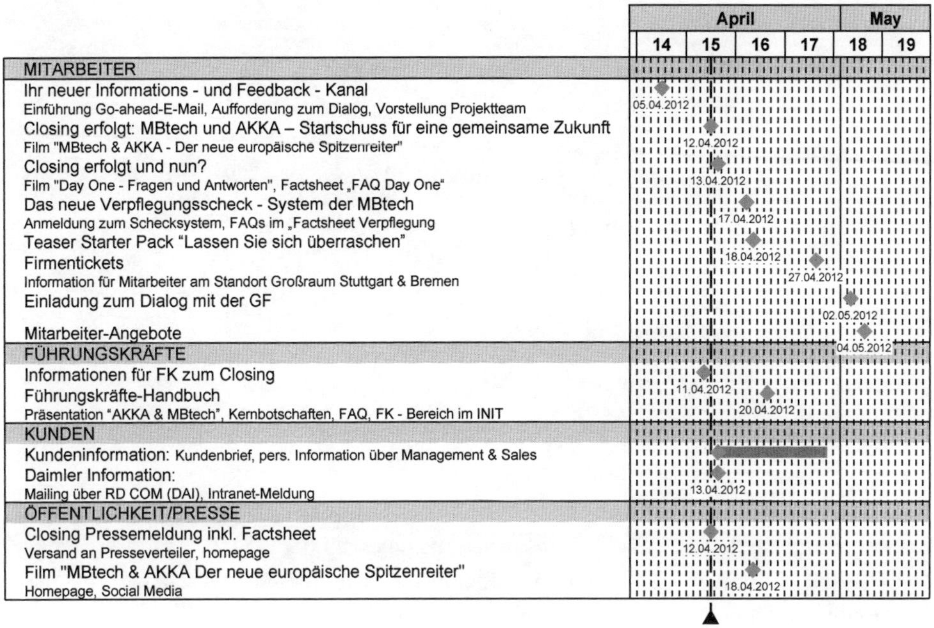

Abb. 12.1 Auszug Kommunikationsplan. (Quelle: MBtech)

12.3.4 Interne Maßnahmen

Nachdem die Kernbotschaften definiert, Logo und Claim entwickelt sowie der zielgruppenspezifische Kommunikationsplan aufgestellt waren, konnte es losgehen. Besonders wichtig war uns in der internen Kommunikation, die Mitarbeiter nicht vor vollendete Tatsachen zu stellen, sondern mitzunehmen. Das bedeutet: Prozess- statt Ergebniskommunikation. Auch wenn es Phasen gab, in denen keine gravierenden Neuigkeiten zu verkünden waren (wie beispielsweise während der kartellrechtlichen Prüfung), nutzten wir diese Zeit, um im Dialog mit der Mannschaft zu bleiben. Wir erstellten Hintergrundinformationen zu AKKA und zu dem Prozess im Allgemeinen, kommunizierten Zwischenstände und organisierten spezielle Gesprächsveranstaltungen mit der Geschäftsführung. Parallel bereiteten wir die Kommunikation für das Closing vor, d. h. den offiziellen Übergang der Anteile an den neuen Shareholder.

Die MBtech war als bisherige 100-prozentige Tochter organisatorisch eng mit der Daimler AG verbunden. Mit dem Closing mussten einige Veränderungen vollzogen werden, die sich direkt auf die tägliche Arbeit der Mitarbeiter auswirkten. Neben einem veränderten Markenauftritt mit neuem Corporate Design mussten auch ganz praktische Dinge kommuniziert werden: neue Ausweise, IT-Systeme, Ersatzlösung für die Kantine etc. Gleichzeitig wollten wir diesen neuen Abschnitt in der Geschichte des Unternehmens zu einem emotionalen Ereignis machen. Daher bereiteten wir einen sogenannten „Day One" vor: Mit zeitlich aufeinander abgestimmten Maßnahmen über verschiedene Medien und Kanäle. Wir stellten Antworten auf die wichtigsten Fragen der Belegschaft zusammen.

Abb. 12.2 Starter-Paket. (Quelle: MBtech)

Dies umfasste ein Starter-Paket mit Informationsmaterial über AKKA, neuen Visitenkarten, einem emotionalen Film, einem persönlichen Anschreiben der Geschäftsführung bis hin zu umfassenden FAQs und Videoanleitungen (Abb. 12.2).

Die Mitarbeiterzeitung wurde ebenfalls neu konzipiert. Von der Namensfindung bis zu den Inhalten konnten die Mitarbeiter sie mitgestalten. Neben Neuigkeiten zum Change-Prozess enthält sie in verschiedenen Formaten jede Menge Projektinfos, Kritisches, Unterhaltsames sowie persönliche Geschichten von Mitarbeitern. Mitarbeiter können als sogenannte Gastredakteure eigene Artikel einbringen (Stolz!). Die Zeitung dient somit auch als Sprachrohr der Belegschaft. Ganz wichtig: Die Zeitung kommt ganz klassisch in Papierform direkt nach Hause in den Briefkasten. Dies hat den Vorteil, dass neben dem Mitarbeiter als eigentliche Zielgruppe auch die Familie mit eingebunden wird. Ihr kommt daher gerade in bewegten Zeiten eine besonders identitätsstiftende Wirkung zu.

Eine weitere Maßnahme, die besonders gut bei den Mitarbeitern ankam, möchte ich noch herausgreifen und Ihnen als Anregung mitgeben: Die Dankes-Gutscheinkarte. Hintergrund: Von der offiziellen Verkündung der Suche nach einem neuen Anteilseigner bis zum tatsächlichen Closing verging mehr als ein Jahr der Unsicherheit, das geprägt war von einer hohen Fluktuation. Denjenigen, die nicht gleich von Bord gegangen waren, wollten wir ein Zeichen der Aufmerksamkeit und Wertschätzung entgegenbringen. Ihr Vertrauen in die MBtech musste belohnt werden. Dies sollte aber nicht in Form einer unpersönlichen und austauschbaren Prämienzahlung geschehen, von der unterm Strich nach Abzug der Steuern und Abgaben recht wenig bei den Mitarbeitern ankommt. Die Lösung: Eine Gutscheinkarte, die ein Jahr lang mit einem monatlichen Betrag aufgeladen wird. Die Karte funktioniert ähnlich wie eine Kreditkarte und kann zum Einkaufen, Tanken und in vielen Onlineshops eingelöst werden (www.ticketpluscard.de). Das Guthaben kann monatlich verbraucht oder gesammelt und dann z. B. für eine größere Anschaffung verwendet werden. Der Clou: Die Zuwendung kommt steuerfrei beim Mitarbeiter an. Im Gegensatz zu einer Einmalzahlung hatten wir eine lange Wirkung, denn die Karte erinnerte durch ihre individuelle Gestaltung bei jedem Einsatz an die MBtech. Diese Aktion wurde begleitet

Abb. 12.3 Dankeschön-Gutscheinkarte. (Quelle: MBtech)

von einem persönlichen Dankesbrief der Geschäftsführung und sollte ein kleiner Ausgleich für die zum Teil doch sehr nervenaufreibende Zeit und Motivation für die noch anstehenden Veränderungen sein (Abb. 12.3).

Aber egal wie gut Sie kommunizieren und was für ausgefallene Maßnahmen Sie sich auch überlegen: Wenn Sie im Change-Prozess Erfolg haben wollen, kommen Sie an einer Zielgruppe nicht vorbei – den Führungskräften. Sie stehen tagtäglich im direkten Kontakt mit ihren Mitarbeitern und sind daher wichtige Multiplikatoren. Deren Führungsverhalten und Commitment beeinflusst die Motivation der Mitarbeiter und ihre Einstellung zu den Veränderungen. Je besser die Führungskräfte informiert sind und sich in den Prozess eingebunden fühlen, desto besser können sie ihre Rolle wahrnehmen und den Change unterstützen. Daher schenkten wir ihnen besondere Beachtung. Mit umfassenden Informationspaketen, die Zahlen, Daten, Fakten und Hintergründe für Entscheidungen enthielten, und die frühzeitig zur Verfügung gestellt wurden, sodass sie auf Mitarbeiterfragen vorbereitet waren. Ergänzend dazu erstellten wir einen Leitfaden, der die wichtigsten Eckpunkte einer guten Change-Kommunikation enthielt und den Führungskräften als Orientierung dienen sollte.

Besonders im Bereich Führungskräftekommunikation hat sich die enge Zusammenarbeit mit dem Personalbereich bewährt. Beispielsweise bereiteten wir gemeinsam eine große Tagung für alle Manager weltweit vor. Per Live-Ticker hielten wir die Mitarbeiter über die Veranstaltung auf dem Laufenden und stellten Videomitschnitte, Fotos und umfassende Präsentationsunterlagen direkt im Nachgang zur Verfügung. Dies hatte zwei Vorteile: Die Manager fühlten sich eingebunden, ihre Meinung war gefragt. Und die Mitarbeiter konnten sehen: Transparenz wird großgeschrieben – hier wird nichts im stillen Kämmerchen besprochen und entschieden.

Generell sind für mich fünf Punkte im Rahmen einer Change-Kommunikation von zentraler Bedeutung:

- Eine klare, ehrliche und direkte Kommunikation ist ein Muss.
- Gleich zu Beginn umfangreiche FAQs bereitstellen, auf die jeder Mitarbeiter Zugriff hat. Hier können die wichtigsten Fragen gesammelt beantwortet werden.

- Mitarbeiter first! Das heißt: Wenn wichtige Beschlüsse getroffen werden, sollten die Mitarbeiter als Erstes darüber informiert werden – bevor sie es via Flurfunk oder Medien erfahren.
- Bedeutende Entscheidungen müssen von der Geschäftsführung direkt an die Mitarbeiter kommuniziert werden – nicht über Zwischenebenen.
- Die Einrichtung eines Kanals (zum Beispiel eine spezielle Mail-Adresse und/oder Telefonnummer), über den die Belegschaft ihre Fragen stellen und ihre Sorgen mitteilen kann.

Der letzte Punkt nahm und nimmt eine ganz entscheidende Rolle in unserer Kommunikation ein. Die Einrichtung einer Art Hotline für die Mitarbeiter war eine unserer ersten und wichtigsten Maßnahmen. Unser „go-ahead"-Team ist jederzeit unter einer speziellen Mail-Adresse sowie telefonisch zu erreichen und steht für sämtliche Fragen im Zuge des Change-Prozesses zur Verfügung. Außerdem ist es auch für jede Art der Kommunikation innerhalb dieses Projektes verantwortlich. Alleine die Häufigkeit, mit der dieser Kanal genutzt wurde, zeigt uns seine Bedeutung. Bis heute haben uns etwa 600 Mails auf der „go-ahead"-Adresse erreicht, dazu kamen noch etliche Telefonate.

12.3.5 Externe Maßnahmen

Wie schon erwähnt: Die MBtech steht in einem harten Konkurrenzkampf um qualifizierte und spezialisierte Arbeitskräfte. Schon deshalb muss uns die Außendarstellung des Unternehmens am Herzen liegen. Jeder Artikel über die MBtech ist quasi auch eine kleine Stellenanzeige, in der zwischen den Zeilen möglichst nicht stehen sollte: Finger weg!

Für uns als Kommunikationsabteilung war das gerade im Zuge des Change-Prozesses eine Herausforderung. Das hängt unter anderem auch damit zusammen, dass die MBtech in der Vergangenheit nicht gerade für eine offensive Kommunikationsstrategie stand. Positive Meldungen wurden eher bescheiden verschwiegen, negative Meldungen nicht immer richtig klargestellt. Wenn von der MBtech die Rede war, ging es nur selten um Know-how auf höchstem Niveau – sondern stattdessen eher um eine hohe Personalfluktuation oder im Zuge der Verhandlungen mit AKKA gestoppte Tarifverhandlungen. Letzteres bringt naturgemäß erboste Gewerkschaftsvertreter und wenig erfreute Mitarbeiter mit sich. Dazu kommt, dass die Gerüchteküche heiß läuft, wenn ein Konzern wie Daimler den Großteil seiner Anteile verkauft. Glaubt man dort nicht mehr an die MBtech? Gibt es größere Probleme?

Es ist wichtig, sich diesen Fragen zu stellen, auch wenn man sich im ersten Moment ungerecht behandelt fühlt. Denn der Einstieg eines neuen Mehrheits-Shareholders ist weder der Anfang vom Ende – noch der Startschuss, Tabularasa mit der MBtech inklusive ihrer Mitarbeiter zu machen. Im Gegenteil. Wir werden selbstständiger, unabhängiger und sind zukünftig breiter aufgestellt. Der Change-Prozess bietet eine Menge Chancen. Diese zu nutzen, liegt in der Verantwortung der Mitarbeiter. Sie zu kommunizieren in unserer. In Hintergrundgesprächen mit Journalisten, per Pressemitteilung – oder wie beim Abschluss

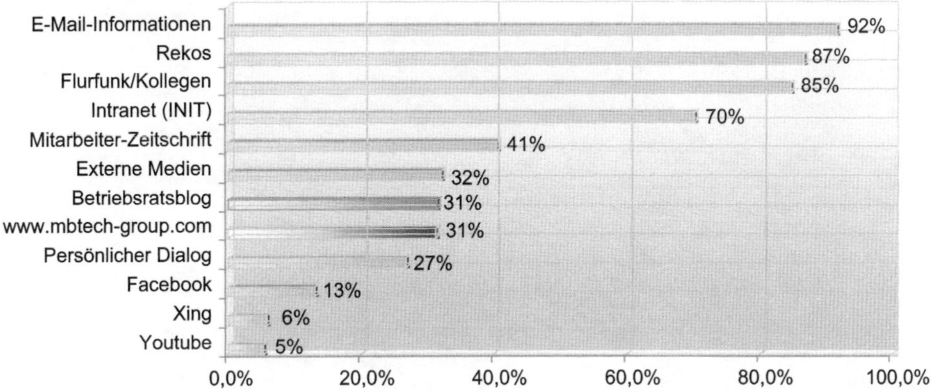

Abb. 12.4 Diese Kommunikationskanäle werden genutzt. (Quelle: MBtech)

des neuen Haus-Tarifvertrags mit einer Pressekonferenz. Denn entgegen vieler Befürchtungen ist es der Unternehmensleitung gelungen, mit der IG Metall eine wegweisende Vereinbarung zu treffen.

Wegweisend, weil dieses Konstrukt einzig und alleine auf die Begebenheiten der MBtech zugeschnitten wurde. Und weil es nach vielen Zukäufen und Umstrukturierungen innerhalb des Unternehmens für mehr Lohngerechtigkeit sorgt. Die MBtech geht neue Wege, und das darf der Rest der Welt ruhig auch wissen. Vor allem, wenn der Rest der Welt Ingenieure auf der Suche nach einem guten Arbeitsplatz sind.

12.3.6 Feedback

Auch wir sind nicht perfekt. Ganz und gar nicht. Der Change-Prozess bei der MBtech gestaltete sich so dynamisch und anspruchsvoll, dass er vor allem in den ersten Monaten für alle Beteiligten eine große Herausforderung war. Egal, ob für die Führungsebene, die Ingenieure oder die Kommunikationsabteilung. Die Rahmenbedingungen änderten sich rasend schnell. Da liegt es in der Natur der Sache, dass die eine oder andere Information nicht bei uns ankommt und deshalb nicht weitertransportiert werden kann. Oder dass wir eine Situation falsch einschätzen und schlicht auch mal Fehler machen. Das ist ärgerlich, aber menschlich. Entscheidend ist, dass man daraus lernt. Was uns dabei enorm hilft: Das Feedback unserer wichtigsten Zielgruppe – unserer Mitarbeiter.

Sie haben wir schon während des Change-Prozesses eingebunden und nach den ersten drei Monaten in einer anonymisierten Umfrage per Mail um ihre Meinung zu unserer Kommunikation gebeten. Insgesamt haben 1.268 Mitarbeiter (knapp 40 %) mitgemacht. Sie haben uns mitgeteilt, was sie gut finden – aber auch, was sie nicht so gut finden. In über 350 offenen Kommentaren haben sie uns daran teilhaben lassen, was sie sich in Zukunft von der Kommunikation erwarten und uns damit wichtige Anhaltspunkte für die Optimierung unserer Arbeit geliefert. Zur Veranschaulichung zwei grafische Beispiele (Abb. 12.4 und 12.5).

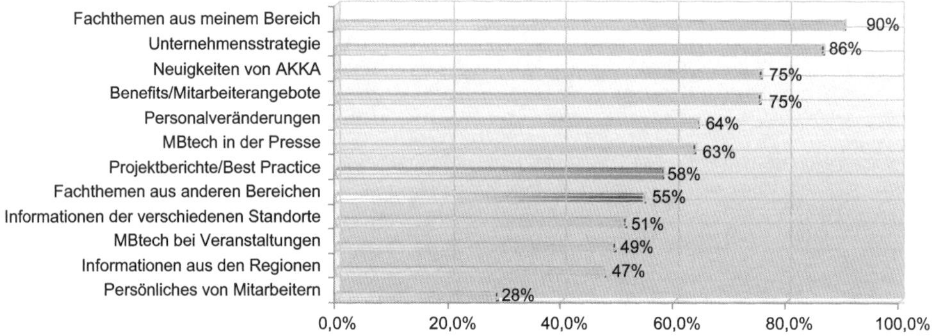

Abb. 12.5 Diese Themen interessieren die Belegschaft. (Quelle: MBtech)

12.4 Fazit

Natürlich steht gegen Ende eines jeden Artikels immer die Frage: Was will uns dieser Beitrag sagen? In erster Linie eines: Kommunikation ist längst nicht mehr nur ein schickes Beiwerk für große Unternehmen – sondern eine absolute Notwendigkeit für alle Firmen, die gut gerüstet für den Wettbewerb sein wollen. Oder um es etwas provokativer zu formulieren: Eine gute Kommunikation alleine kann ein Unternehmen nicht retten. Eine schlechte es aber durchaus in den Abgrund führen. Das gilt natürlich ganz speziell im Falle eines Change-Prozesses. Wenn ein Unternehmen tief greifende Veränderungen falsch oder schlecht kommuniziert, wird es nicht nur seinen guten Ruf, sondern als Erstes auch seine besten Mitarbeiter verlieren. Und das ist traditionell der Anfang vom Ende.

Wir bewegen uns auf einem Arbeitsmarkt, der extrem umkämpft ist. Heutzutage suchen sich gute Mitarbeiter ihren Arbeitsplatz aus. Nicht umgekehrt. Eine starke Employer Brand ist unabdingbar, wenn man im „war for talents" erfolgreich sein will. Geld allein macht die GenY nicht mehr glücklich. Sie ist auf der Suche nach flachen Hierarchien, Flexibilität und einem sicheren Arbeitsplatz und will für eine Marke arbeiten, mit der sie sich identifizieren kann. In einem Unternehmen, das sie als ethisch korrekt wahrnimmt. Und in dem ihre Meinung zählt. Weil offen und ehrlich kommuniziert wird.

Im Klartext heißt das: Wir müssen in unserer täglichen Arbeit absolute Top-Qualität abliefern und unseren Mitarbeitern gute Arbeitsbedingungen bieten. Beides müssen wir entsprechend kommunizieren, damit diese Botschaft sowohl bei potenziellen Kunden als auch bei interessierten Bewerbern ankommt. Und intern müssen wir gerade in Zeiten des Wandels darauf achten, dass wir Ängste und Anregungen ernst nehmen. Damit die, die bei uns sind, auch gerne bleiben.

Dieses Anforderungsprofil täglich mit Leben zu füllen, ist eine große Herausforderung. Aber genau das macht unsere Aufgabe ja auch so spannend.

Auf einen Blick:
Gute Change-Kommunikation …

… ist durchgängig, offen, ehrlich, konkret und aktuell
… ist angepasst an Zielgruppen und Medien
… erklärt das „Was“ und „Warum“
… hat den Zeitpunkt, den Kontext und die Wirkung der Kommunikation im Blick.

Corporate Architecture 13

Raumkultur als Ausdruck von Employer Branding

Hendrik Müller

13.1 Einleitung

Mit den gesellschaftlichen und ökonomischen Veränderungen wandeln sich auch die Wertvorstellungen in der Arbeitswelt. Was bis vor einiger Zeit noch undenkbar war: Karriere ist nicht mehr das Nonplusultra der beruflichen Perspektive, vielmehr tritt das Private in den Vordergrund. Starre Hierarchien sind out, Teamwork ist angesagt. Kunden hinterfragen bei ihrer Kaufentscheidung zunehmend, unter welchen Bedingungen die Produkte hergestellt werden und ob die Mitarbeiter fair bezahlt werden. Diese Verschiebung des gesellschaftlichen Wertekanons hat unmittelbare Folgen auf die Arbeitswelt und das Verhältnis zwischen Mitarbeiter und Arbeitgeber: Es definiert sich zunehmend über die Unternehmenskultur. Wie kann Corporate Architecture angesichts dieser Umwälzungen dabei unterstützen, eine Plattform gelebter Unternehmenskultur zu bieten?

Dieser Beitrag beschreibt einleitend den Paradigmenwechsel der Werte in der heutigen Arbeitswelt, setzt sich anschließend mit den Folgen der Globalisierung auseinander sowie deren Auswirkungen auf die Arbeitswelt von morgen. Nach Beschreibung der Auswirkungen der vernetzten Welt auf die räumlichen Strukturen des Arbeitslebens wird gezeigt, wie die Unternehmenskultur als fester Bestandteil der Arbeitswelt implementiert werden kann.

H. Müller (✉)
München, Deutschland
E-Mail: hm@einszu33.de

H. Künzel (Hrsg.), *Erfolgsfaktor Employer Branding*, Erfolgsfaktor Serie,
DOI 10.1007/978-3-642-40535-8_13, © Springer-Verlag Berlin Heidelberg 2013

13.2 Die Gesellschaft der neuen Werte und der Paradigmenwechsel in der Arbeitswelt

Made in Germany – was bedeutet das heute eigentlich? Deutsche Industrieprodukte werden bis heute weltweit für ihre Zuverlässigkeit, Langlebigkeit und Qualität geschätzt. Auch Dienstleistungen aus deutscher Hand, z. B. auf dem Ingenieurssektor, in der Beratungsbranche oder dem Finanzwesen, erfreuen sich weltweit großer Nachfrage. Die viel gelobten deutschen Tugenden haben in der Welt einen Ruf erlangt, von dem viele Unternehmen – insbesondere in Zeiten der Globalisierung – bis heute profitieren. Vor diesem Hintergrund geht dieser Beitrag der Frage nach, welche Differenzierungsmerkmale Unternehmen für qualifizierte Arbeitskräfte besonders attraktiv machen. Dieser Beitrag weicht ab von den „deutschen Tugenden" und richtet sein Augenmerk zunächst allgemein auf das räumliche Umfeld im Unternehmen und speziell auf die Gestaltung des Arbeitsplatzes. Diese Perspektive basiert größtenteils auf den Wertesystemen der jeweiligen Unternehmenskultur, die zunehmend an Bedeutung gewinnen. Ein Blick in die vergangenen 30 Jahre offenbart, warum.

Ausgelöst durch die Boomjahre der 1970er und 80er hatte unsere Gesellschaft ein davor ungekanntes Maß an Wohlstand erreicht, das sich bis in die ausklingenden 1980er Jahre durch alle Bereiche der Kultur und des Lifestyle zog. Die wirtschaftlich gute Situation der Unternehmen ermöglichte ihren Angestellten einen Kaufrausch von noch nie dagewesenen Ausmaßen, ganz nach dem in dieser Zeit dominanten Einfluss der amerikanischen Konsumgesellschaft.

In den 1990er Jahren setzte der Gegentrend in Form einer zumindest kurzfristigen Abkehr vom Materiellen ein. Verzicht auf äußere Insignien des finanziellen Reichtums zugunsten eines neuen intellektuellen Wohlstands war angesagt. Hinzu kam, dass die Menschen in dieser Zeit eine Reiselust in fremde Kontinente entwickelten, was bis dahin nur dem wohlhabenden Teil der Bevölkerung vorbehalten war. Der Fall des eisernen Vorhangs verstärkte die Reisefreudigkeit noch einmal. Mit dem Fall der politischen und räumlichen Grenzen und der Entwicklung von IT und neuen Kommunikationsmedien gewann zeitgleich mit der Jahrtausendwende die Globalisierung, das „global village", an Schwung.

Diese Entwicklung berührte auch die gesellschaftlichen Werte: Das neue Weltbild basierte auf dem individuellen, selbst angeeigneten Verständnis des Menschen von sich selbst und seiner Umwelt.

Von diesen Veränderungen ist auch der heutige Arbeitsmarkt gekennzeichnet: Der Karriereplan des Einzelnen ist heute von einer Vielzahl an Etappenzielen und Meilensteinen geprägt. Das bisher gültige Dreieck aus Tätigkeitsprofil, Status und Gehalt ist einem wesentlich differenzierteren, mehrdimensionalen Modell von Optionen und Bewegungsmöglichkeiten gewichen. Ein erfülltes Berufsleben hat mindestens denselben Stellenwert wie ein erfülltes Privatleben.

Folgerichtig stellen Bewerber neue Anforderungen an ihre Arbeitgeber: Wo kann ich meine beruflichen und privaten Ziele am besten realisieren? Was bietet mir der Unternehmensstandort, welche soziale Struktur erwartet mich dort? Welches Hierarchiegefüge erwartet mich? In welche Projekte werde ich einbezogen? Welche Entwicklungsmöglichkeiten und Perspektiven bietet mir der Arbeitgeber?

Neben den primären Aspekten gewinnen Werte implizierende Indikatoren wie z. B. Unternehmenskultur weiterhin an Bedeutung. Die individuelle Weltsicht, gepaart mit dem eigenen Lifestyle, soll sich in möglichst hohem Maße mit der Philosophie eines Unternehmens decken. Man möchte sich im Unternehmen als Mitarbeiter wie als Mensch willkommen und geschätzt fühlen und in der Arbeitgebermarke eine möglichst hohe Entsprechung mit der eigenen Lebenseinstellung wiederfinden. Welche Ziele verfolgt ein Unternehmen, auf welchem Weg sollen diese erreicht werden und inwieweit wird meine persönliche Lebensethik davon tangiert? Die Bedeutung von individuellen Werten auf der einen Seite und Werten, mit denen eine Arbeitgebermarke aufgeladen ist, auf der anderen Seite, spannt einen Raum auf, der von entscheidender Bedeutung ist für die Nachhaltigkeit der Identifikation von Mitarbeitern mit den Unternehmen, für die sie tätig sind.

13.3 Die Internationalisierung der Arbeitswelt – eine Folge der Globalisierung

Die Internationalisierung des Bildungssektors ist Folge der Globalisierung. Mittlerweile ist Auslandserfahrung in Verbindung mit Fremdsprachkenntnissen häufig Grundvoraussetzung für eine erfolgreiche Karriere. Ungewohnte Arbeitsumfelder im Ausland stellen erhöhte Anforderungen an Unternehmen und Mitarbeiter gleichermaßen. Für die Mitarbeiter birgt der Auslandseinsatz Chancen und Risiken: Sie müssen in einer fremden Umgebung ihre Leistung bringen, können sich dabei aber durch neue Einflüsse inspirieren lassen. Spätestens seit der Einführung des Bachelor- und Master-Systems an einem Großteil der deutschen Hochschulen ist die Relevanz der international anerkannten Abschlüsse als Teil der deutschen Bildungsrealität anerkannt. Dadurch wird der nahtlose Wechsel zwischen Hochschulen im In- und Ausland möglich, ohne Auswirkungen auf den Abschluss. Wer Bachelor, Master und PhD in unterschiedlichen Ländern erworben hat, steigert seinen Marktwert. Ein Studium ohne Auslandssemester und ohne internationales Praktikum und ohne Fremdsprachkenntnisse ist inzwischen in vielen Branchen kaum mehr denkbar. Folgerichtig wollen immer mehr deutsche Studenten Erfahrungen im Ausland sammeln. Im Jahr 2008 waren mehr als 100.000 deutsche Studenten an ausländischen Hochschulen eingeschrieben, der Trend zeigt weiter nach oben.

Diese Entwicklung setzt sich später im Berufsleben fort. Da die deutsche Wirtschaft mehr als alle anderen vom Export lebt, engagieren sich umgekehrt viele deutsche Unternehmen – unabhängig von der Unternehmensgröße – im Ausland. Viele Mitarbeiter großer Unternehmen wechseln alle paar Jahre an einen anderen Standort im Ausland, um neue Aufgaben wahrzunehmen, Referenzen zu sammeln – und ihren Marktwert zu steigern. Anreize für einen Auslandseinsatz verlieren jedoch schnell an Bedeutung, wenn sie die damit verbundenen Entbehrungen nicht rechtfertigen.

Schon allein die Frage, in welchem Maß sich ein Mitarbeiter, der für seinen Arbeitgeber im Ausland tätig ist, noch im engeren Sinne dem Unternehmen zugehörig fühlt, beantwortet sich zuerst auf der Ebene der Unternehmenskultur. Ist es dem Arbeitgeber ein ehrliches Anliegen, im Unternehmen nachhaltige Standards und soziale Strukturen zu schaffen, die auch über große Distanzen Bindung schaffen, oder geht es ihm lediglich um die Erfüllung von Notwendigkeiten, nämlich um das Erreichen von Arbeitszielen? Welche Investitionen ist er bereit zu tätigen, um für Mitarbeiter im Ausland ein Arbeitsumfeld zu schaffen, das die Arbeitgebermarke hinreichend spürbar werden lässt? Sicherlich sind hier, abhängig von Branche und Größe des Unternehmens, gewaltige Unterschiede zu verzeichnen. Rein aus der durchschnittlichen praktischen Tätigkeit eines Mitarbeiters lassen sich heute keine spezifische Anforderungen an das Arbeitsumfeld ableiten, da die meisten Tätigkeiten per Laptop und Mobiltelefon dank Anbindung an Internet und firmeneigene Netzwerke von Unterwegs oder eben auch temporär im Ausland gut zu erledigen sind. Erst übergeordnete Faktoren wie Sicherheit, Funktionalität, Repräsentanz, Komfort, visuelles Erscheinungsbild etc. generieren ein Skelett von Eigenschaften, über das das Arbeitsumfeld idealerweise auch im Ausland verfügt. Gesetzliche Grundlagen, wie z. B. die deutschen Arbeitsstättenrichtlinien, sind keine globalen Errungenschaften, daher ist es im Interesse der Arbeitnehmer notwendig, dass Unternehmen zur Beschaffenheit des Arbeitsumfelds, das sie ihren Mitarbeitern im Ausland zur Verfügung stellen, klar Stellung beziehen – es sei denn, sie streben die Erfüllung der im jeweiligen Land gültigen Mindeststandards an.

Die Entscheidung des Unternehmens über die Gestaltung des Arbeitsumfelds in seiner Auslandsniederlassung prägt das Verhältnis des Mitarbeiters während seines Aufenthalts im Ausland zu seinem Arbeitgeber empfindlich mit. Eine gut ausbalancierte Mischung aus Gewohnheit und Fremde erzeugt bei ihm ein positives Spannungsfeld, das produktivitätsfördernd wirkt.

Bekommt er aber das Gefühl, sich durch den Auslandsaufenthalt zeitweise beruflich bzw. privat zu verschlechtern oder sich sogar in einem Umfeld mit Widrigkeiten zu bewegen, gegen die er permanent ankämpfen muss, sinken Produktivität und Motivation drastisch. Ein Unternehmen muss – insbesondere im Ausland – Stabilität, Sicherheit und Souveränität signalisieren, um die Basis für zufriedene Arbeitnehmer nicht zu verspielen. Sicherlich gilt dies in der Hauptsache für die Wachstumsmärkte in Asien, Indien und im Nahen Osten, weniger für die Niederlassungen in den europäischen Nachbarstaaten. Dennoch darf man nicht unterschätzen, wie groß die kulturellen Unterschiede und die Differenzen der Standards auch gerade in Europa sein können.

In der Rückbetrachtung des Arbeitslebens und der Unternehmenszugehörigkeit gehören Auslandsaufenthalte sicherlich zu den spannenderen Lebensphasen, die mit einer Vielzahl von Emotionen und Erinnerungen belegt sind. Hat der Mitarbeiter auch in der Retrospektive das Gefühl, dass sein Arbeitgeber als Unternehmen wie als Marke in dieser spannenden Zeit zuverlässig und fest hinter ihm gestanden hat, dann wird dieser Lebensabschnitt mit großer Sicherheit die Bindung zum Unternehmen entscheidend festigen und umgekehrt.

13.4 Die Arbeitswelt von heute und morgen – Mobilität und territoriale Verwurzelung im Wechsel

Ein stimmiges räumliches Umfeld trägt maßgeblich zum Erfolg eines Unternehmens bei. So können dezentrale Arbeitsformen ein präzises Profil der Unternehmenskultur bedingen. Vieles spricht für die Schaffung von dezentralen Organisationsstrukturen, nicht zuletzt kurze Entscheidungswege, schnelle Reaktionszeiten auf Veränderungen oder flexible Problemlösungsfindungen. Damit sind die Raumstruktur und Gestaltung der Arbeitswelten entscheidende Faktoren für die Motivation der Mitarbeiter und für ihre emotionale Bindung zum Arbeitgeber. Als Weiterentwicklung des Home Office tragen auch dezentrale Arbeitsmodelle und „new work" zur Bindung der Mitarbeiter an das Unternehmen bei (Abb 13.1).

Kennzeichnend für die heutige Arbeitswelt ist nicht nur die primäre inhaltliche Arbeit von Abteilungen und Mitarbeitern, sondern auch die Entwicklung und Optimierung von Strukturen und Prozessen. Was ist zu tun, damit sie sich optimal erweitern und steigern? Wie können Prozesse beschleunigt und effizienter gestaltet werden? Mit Fragen wie diesen beschäftigt sich die Unternehmensorganisation tagtäglich.

Das räumliche Umfeld, das Unternehmen ihren Arbeitnehmern anbieten, ist für den Erfolg des Unternehmens mitverantwortlich. Sicherlich nimmt die räumliche Disposition nur in seltenen Fällen direkt Einfluss auf den Erfolg oder Misserfolg eines Geschäftsmodells, gleichwohl kann allgemeingültig festgehalten werden, dass die Organisationsstruktur den Unternehmenserfolg maßgeblich beeinflusst. Insofern birgt die räumliche Umsetzung der Organisationsstruktur ein Potenzial, das von vielen Unternehmen schlichtweg nicht wahrgenommen oder zumindest unterschätzt wird.

Neben der physischen Umgebung des Unternehmens spielen das ortsungebundene Arbeiten und die Reiseaktivität von Mitarbeitern eine wichtige Rolle bei der Gesamtwahrnehmung des Arbeitsumfelds. Arbeitnehmer verbringen immer weniger Zeit an ihrem eigentlichen Arbeitsplatz, die Mitarbeiter werden entsprechend immer mobiler und das Umfeld passt sich diesen Veränderungen nach besten Kräften an. Kommunikations- und Netzwerklösungen ermöglichen den Austausch von Daten und Informationen an nahezu jedem Punkt der Erde, vorausgesetzt natürlich, dass es dort Strom gibt. Wir arbeiten heute sprichwörtlich „überall", und es liegt fast auf der Zunge, hinterherzuschieben: „und nirgends". Besonders dieser Nachsatz lässt es fraglich erscheinen, inwieweit Mitarbeiter ihre Identifikation mit dem Unternehmen bei hoher Reisetätigkeit und dezentralem Arbeiten aufrechterhalten können. Im Umkehrschluss bedeutet dies folglich, dass die Identifikationsspeicher der Mitarbeiter jedes Mal im Unternehmen aufgeladen werden müssen, damit die Wirkung auch unterwegs möglichst lange anhält. Damit geht selbstredend einher, dass die Aufladung im qualitativen Sinne ebenso erfolgen muss wie in ausreichendem Maße. Deshalb sollte das Unternehmens ein Profil anstreben, das ein klar erkennbares und leicht verständliches Bild bei den Mitarbeitern erzeugt: Die Werte und Leitlinien der Unternehmenskultur müssen so formuliert sein, dass der Mitarbeiter sie leicht adaptieren und leben kann.

Abb. 13.1 New Work – ein globaler Trend in der Arbeitswelt (Quelle: www.archicampus.net)

Auf der Ebene des non-territorialen Arbeitens findet sich auch eines der prägnantesten Merkmale für den Wandel in der Arbeitswelt. Viele Unternehmen haben sich entschieden, nicht mehr allen Mitarbeitern einen permanenten Arbeitsplatz anzubieten. Arbeit findet zunehmend unterwegs, in Besprechungsräumen, in wechselnden Projektteams und beim Kunden statt, sodass die Bürolandschaften sich entsprechend verändern. Weil die Auswirkungen teils kontrovers diskutiert werden, lohnt es, sich die zu Mühe machen, den Einzelfall zu beurteilen. Entscheidend sind in jedem Fall die Beweggründe eines Unternehmens, Umstrukturierungen in seinem Arbeitsumfeld vorzunehmen. Steigerung der Effizienz und Senkung der Fixkosten sind häufig Gründe für Veränderungen, doch haben beide Ziele nichts mit der Unternehmenskultur zu tun. Sie sind lediglich eine Reaktion auf äußere Einflüsse, die meist in engem Zusammenhang mit der Wettbewerbsfähigkeit bzw. deren Verbesserung stehen. Vor dem Hintergrund unabhängigen unternehmerischen Handelns ist vielmehr der umgekehrte Weg zu empfehlen. Dieser erfordert jedoch in der Regel eine weitaus differenziertere Beschäftigung mit den Zusammenhängen der Organisation, der Prozesse und der Kultur des Unternehmens. Dieser Aufgabe aber sind viele Unternehmen nur bedingt gewachsen und die Auswahl der „richtigen" Berater und Planer ist schwierig (Abb. 13.2).

Insbesondere aus der Kostensituation resultierende Aktivitäten bedürfen einer genaueren Betrachtung. Laut einer Studie des Deutschen Büromöbelforums betragen z. B. die Kosten für Büroeinrichtungen durchschnittlich rund 2 % der Gesamtkosten von Unternehmen (Personalkosten 80 %, Flächenkosten 12 %, Sachmittelkosten 6 %). Die Praxis jedoch zeigt, dass insbesondere bei der Büroeinrichtung oft auf Kosten der Produktivität und letztendlich auch der Mitarbeitermotivation gespart wird. Intelligente Büromöbelsysteme sind ein maßgebliches Vehikel für modernen „work flow". Das durch den Schweizer Hersteller Vitra propagierte Konzept „Net 'n' Nest" ist nur ein Beispiel für das wechselseitige Spiel zwischen aktivem Teamwork am Gruppenarbeitsplatz, gepaart mit Rückzugsmöglichkeiten für individuelle Stilarbeit oder Kommunikation im individuell gestaltbaren, in-

Abb. 13.2 Accentrue GmbH Munich Office (Quelle: Vitra)

formellen Rahmen. Eine Studie des Gallup Marktforschungsinstituts untersucht alle zwei Jahre den Engagement-Index Q^{12} in Deutschland, der Aufschluss gibt über die emotionale Bindung von Mitarbeitern an Job und Unternehmen. Laut dieser Studie machen 61 % der Beschäftigten lediglich „Dienst nach Vorschrift" und fast ein Viertel (24 %) der deutschen Arbeitnehmer haben bereits innerlich gekündigt. Lediglich 15 % der Mitarbeiter sind mit ihrem Arbeitgeber emotional stark verbunden und bereit, sich freiwillig für dessen Ziele einzusetzen. Die Studie belegt in diesem Zusammenhang, dass die Zufriedenheit von Mitarbeitern häufig in unmittelbarem Zusammenhang mit dem Führungs- und Arbeitsstil im Unternehmen steht und ein entscheidender Produktivitätsfaktor ist. Dies hängt u. a. davon ab, wie produktiviätsfördernd die Raumstruktur im Unternehmen gestaltet ist und inwieweit die Produktivitätsressourcen genutzt werden.

Da große Unternehmen hier oftmals sehr träge auf äußere Veränderungen reagieren, ist meist die beste Lösung, mit einem Change Management zu beginnen. Bestehende Strukturen müssen gesprengt werden, um Veränderungen überhaupt erst zu ermöglichen. Gleichzeitig muss dafür gesorgt werden, dass die Veränderungen in geordneten Bahnen verlaufen und nicht unkontrolliert wuchern und „Wildwuchs" verursachen. Dies gelingt dann, wenn das Unternehmen dafür eine individuell abgestimmte Strategie erarbeitet und nach Maßgabe seiner Unternehmenskultur die unterschiedlichen Ebenen des Veränderungsprozesses aufeinander abstimmt. Es ist zu empfehlen, die Implementierung der neuen Arbeitsstile professionell zu begleiten und die Mitarbeiter aktiv an dieser teilhaben zu lassen.

Bei kleinen und mittelständischen Unternehmen hingegen zeichnet sich eine wesentlich höhere Dynamik bei der Entwicklung und Verbreitung von „new work"-Modellen ab. Am bekanntesten ist derzeit die in vielen deutschen Großstädten zu beobachtende Einrichtung von Coworking Spaces und Betahäusern, die einen experimentellen Charakter haben und hauptsächlich Startup-Unternehmen und Freelancern eine temporäre Existenz bieten. Hier wird in losen Projektgruppen, sogenannten Jellys, gearbeitet, die oft interdisziplinär gemischt sind. Eine weltweite Studie belegt, dass das Arbeitsumfeld der Coworking Spaces Produktivität und Motivation der dort arbeitenden Menschen fördert. Etwa

Abb. 13.3 Coworking Space Bar Betahaus Moritzplatz Cafe Berlin (Quelle: t3n.de)

40 % erwirtschaften dort auch ein höheres Einkommen. Die übergreifende Identität von Coworking Spaces wird durch deren Betreiber definiert. Oft gibt es eine grundsätzliche Ausrichtung der Häuser, die eher einen künstlerischen Schwerpunkt haben oder sich in Richtung Dienstleistung orientieren. Die soziale Struktur solcher Einrichtungen wird häufig als Kollektiv bezeichnet, wobei dies eine eher bewusst unspezifische Bezeichnung ist, die in ihrer Bedeutung auf die zufällige, kollagierte Zusammensetzung der zugehörigen Individuen verweist. Trotzdem erscheint es so, als ob sich gerade angesichts der Vermeidung einer spezifischen, übergeordneten Identität eine Eigendynamik beim „work spirit" entfaltet, die ein Gemeinschaftsgefühl unter den Beteiligten erzeugt (Abb. 13.3).

Das Geheimnis für den Erfolg des Coworking liegt sicherlich zu einem großen Teil in der Autonomie der Teilnehmer, die ihnen gleichzeitig eine eindeutig aktive Rolle innerhalb ihres Umfelds zuweist. Viele von diesen aktiven Individuen erzeugen ein lebhaftes Miteinander, das im Idealfall von einem hohen Maß an Interaktion und Austausch von Ideen geprägt ist. Innerhalb von großen Unternehmen mit festgelegten Strukturen und Hierarchien ist hingegen oft eine passive Arbeitnehmerhaltung anzutreffen. Die Vorgesetzten weisen ihren Mitarbeitern die Arbeit zu und bewerten diese. Mittel- oder langfristige Ziele werden von den Arbeitnehmern nur selten selbst definiert, was sich nicht förderlich auf ihre Motivation auswirkt. Die Verantwortung für die soziale Struktur des Unternehmens trägt die Geschäftsleitung, die Mitarbeiter haben hier keinen Einfluss. Arbeitnehmerische Mitbestimmung erfolgt auf institutionalisiertem Wege, z. B. durch Betriebsräte, und nicht unmittelbar etwa durch die Mitarbeiter einer Abteilung oder eines Projektteams. Auch hier ist der Arbeitnehmer zur Passivität verdammt.

Sicherlich gibt es auch genügend positive Beispiele für ausgewogene soziale Strukturen und aktive Mitgestaltung durch die Arbeitnehmer innerhalb von Unternehmen. In den meisten Fällen jedoch ist dies eher auf das persönliche Engagement Einzelner zurückzuführen als auf eine nachhaltige Unternehmenskultur.

Inzwischen haben jedoch Unternehmen bereits auf diese Entwicklung reagiert und die aktive Teilhabe der Mitarbeiter an der Gestaltung des Arbeitsumfelds und der sozialen

Interaktion in ihrer Unternehmenskultur verankert. Häufig sind es kleinere Unternehmen mit flachen Hierarchien und einem unautoritären, sachlichen Führungsstil. Offenbar tendieren diese zu mehr Dynamik als große Unternehmen.

Das Home Office scheint von den wesentlich attraktiveren „new work“-Modellen zwischenzeitlich etwas in den Hintergrund gedrängt worden zu sein. Für diese Arbeitsform sprach sicher die bessere Vereinbarkeit von Beruf und Familie und die Reduzierung von Fahrzeiten – ist gleichwohl die Attraktivität des Arbeitsumfelds innerhalb der eigenen vier Wände eher gering. Auch wird die Überlagerung von Privat- und Geschäftsleben in ein und derselben Umgebung durchweg als nicht positiv empfunden. Ortswechsel und persönliche Interaktionen hingegen werden als positive Einflussfaktoren wahrgenommen, die die Motivation und Produktivität erhöhen. Das sogenannte „vernetzte Arbeiten“ hat damit keineswegs an Bedeutung verloren, es sind vielmehr neue, progressivere Arbeitsformen entstanden, die den Horizont erweitern.

13.5 Räumliche Strukturen für eine vernetze Welt – vom Großraum zum Universalraum

▶ Corporate Architecture (CA) ist physischer Ausdruck der Unternehmenskultur, ihre Bedeutung und Formen sind sehr vielschichtig. Gleichwohl stellt sie hohe Anforderungen an das räumliche Umfeld der zeitgenössischen Unternehmenskultur. Dies ist in der Planung der Corporate Architecture zu berücksichtigen. Und: Der entscheidende Faktor der Glaubwürdigkeit von Unternehmen ist Konsistenz.

Zu Beginn des 20. Jahrhunderts, als durch den Technologiesprung mit der Entwicklung der Stahlbetonskelettbauweise neue Gebäudetypologien möglich wurden, entstanden die ersten Großraumbüros. Der amerikanische Architekt Frank Lloyd Wright entwarf einige der ersten modernen Unternehmenszentralen, wie z. B. das Johnson Wax Headquarters (1936–1939) in Racine/Wisconsin. Die äußere und innere Erscheinung der Unternehmen wurde hierdurch auf ein völlig neues Niveau gehoben. Einerseits wurden in den USA die ersten Wolkenkratzer durch namhafte Unternehmen wie Wrigley, Segram, Chrysler oder die berühmten amerikanischen Zeitungsverlage errichtet und andererseits wurden die Mitarbeiter aus ihren vormals kleinen Zellenbüros regelrecht befreit und in teils kathedralenartige, transparente Großräume befördert. Die Wahrnehmung des Unternehmens durch die Mitarbeiter wurde dadurch ebenso maßgeblich gestärkt wie die Wirkung gegenüber der Öffentlichkeit. Diese neue Art der Architektur verhalf den Unternehmen zu Status und Prestige und ermöglichte neue Formen der großräumlichen Organisation. Die Mitarbeiter fühlten sich plötzlich spürbar als Teil einer Großorganisation und eines Unternehmens, das sich aktiv zu modernem Denken und Management bekennt. Wie es der damaligen Zeit entsprach, wurden Unternehmen in erster Linie über ein einziges Gebäude, nämlich *die* Firmenzentrale, nach außen repräsentiert (Abb. 13.4).

Abb. 13.4 Johnson Wax Building Headquarters (Quelle: PrintCollection)

Die heutigen Großkonzerne haben nach außen hin viele Gesichter, die unterschiedlichen Gruppen von Adressaten gegenüber gerecht gestaltet werden. Daher gibt es unterschiedliche Architekturen, die sich an Mitarbeiter, Partner, Verbraucher und an die allgemeine Öffentlichkeit richten. Oft spielen dabei auch unterschiedliche globale Märkte eine Rolle, da viele Unternehmen in einer bestimmten Region völlig anders positioniert sind als in einer anderen. In der Automobilindustrie finden sich hier viele gute Referenzen. BMW hat zum Beispiel mit dem Forschungs- und Innovationszentrum (FIZ) ein inneres pulsierendes Herz geschaffen, das nach innen und außen allgemeine technologische Führerschaft symbolisiert. An den einzelnen Produktionsstandorten finden sich satellitenartig Kompetenzzentren z. B. für Karosseriebau, Motorenentwicklung oder Antriebstechnik. Diese Zentren stehen in der Wahrnehmung stellvertretend für die gesamte Technologiekompetenz des Unternehmens in einer bestimmten Region und werden als Teil eines größeren Ganzen gesehen. Neben dem FIZ stellt der Sitz der Hauptverwaltung, der sogenannte „Vierzylinder", die Administration und Unternehmensführung dar. Die bildhafte Architektursprache der 1970er Jahre symbolisiert heute wie gestern ganz allgemeingültig die Kompetenz der Motorenentwicklung auf dem Automobilsektor und das Kraftzentrum des Unternehmens. In unmittelbarer räumlicher Nähe hierzu befindet sich das BMW Museum, das die Unternehmensgeschichte von den Ursprüngen bis in die Gegenwart in einer emotionalen Art der Inszenierung an die allgemeine Öffentlichkeit gerichtet erzählt. Die Werte des Unternehmens, oder anders formuliert, der „Spirit", der Geist der Entwickler, Designer und Köpfe des Unternehmens, steht hier in permanenter Wechselwirkung mit jedem einzelnen Produkt. Als neuester Baustein des baulichen Ensembles ist noch die BMW Welt zu nennen, die den Kern der Marke in der Gegenwart darstellt. Freude und Dynamik sind die zentralen Themen des durch die Wiener Architekten Coop Himmelb(l)au gestalteten skulpturalen Gebäudes. Die BMW Welt fungiert einerseits als Auslieferungszentrum für Endkunden und andererseits als Erlebniswelt für die zeitgenössische Erscheinung der

Abb. 13.5 BMW-Welt und BMW Hochhaus (Quelle: Panoramio)

Marke. Die spielerische Auseinandersetzung mit Technologien und Innovationen schafft Wissen, das der Aufladung der Marke mit Kompetenz und Emotion dient (Abb. 13.5).

Eine weitere Dimension der Unternehmensarchitektur stellt das Händlerumfeld dar. Hier wird wieder der Endkunde angesprochen, jedoch ist das Unternehmen weitgehend auf Augenhöhe mit dem Betrachter und seine Botschaften sind ebenso handfest wie kleinteilig. In der Gesamtheit der Facetten der Unternehmensarchitektur entsteht letztendlich ein Bild, das zwar einen klaren Kern, aber jedoch weiche Ränder hat, die eine Weiterentwicklung und Anpassung auf den jeweiligen Kontext erlauben.

Schon allein durch die Differenziertheit der einzelnen Architektursprachen und die Beherrschung jeder einzelnen Kategorie erzielt BMW damit den Eindruck von Überlegenheit und Souveränität gegenüber allen Interessengruppen. Werbung, Marketing und Corporate Identity (CI) tun ihr Übriges dazu, dass ein schlüssiger Gesamteindruck der Marke und des Unternehmens entsteht.

Die Innenwelten von Unternehmen unterliegen im Wesentlichen denselben Gesetzmäßigkeiten, es muss auch hier in Facetten gedacht werden. Nach den unterschiedlichen Bereichen des Unternehmens gegliedert, entstehen Arbeitswelten, die teilweise sehr unterschiedliche Anforderungen und Beschaffenheiten aufweisen. Wenn wir uns hierbei auf die Bürowelten beschränken, dann muss zunächst in die Grundkategorien von Tätigkeiten unterschieden werden. Die räumlichen Bedürfnisse in Verwaltung und Personalabteilung sind gegenüber denen von Design und Marketing sehr unterschiedlich. Trotzdem ist es Aufgabe des Unternehmens, für alle betreffenden Bereiche eine einheitliche Sprache zu finden, die in unterschiedlichen Graduierungen zweckgebunden abgewandelt werden kann. Jeder Mitarbeiter soll sich ja letztendlich als Teil desselben Organismus begreifen. Ziel einer guten Raumplanung ist es daher, Systeme zu finden, die auf räumliche Bedürfnisse reagieren können. Großraum, Einzelbüro, Gruppenarbeitsplätze, Kommunikationszonen, Pausenbereiche und Gemeinschaftsbereiche sollen im Idealfall in unterschiedlichen Wertigkeiten einheitlich darstellbar werden. Vielfältige Bürolandschaften, die jedem Einzelnen sowie der Gruppe Offenheit und Geschlossenheit, Teamarbeit und Abgeschiedenheit, Kommunikation und produktives Arbeiten, Powern und Relaxen bieten.

Abb. 13.6 Vitra Offices, Weil am Rhein. (Quelle: archdezart.com)

Diese differenzierten Anforderungen, die heute als Grundanforderungen für jede Unternehmensgestaltung formuliert werden, finden sich nur selten in den Werkzeugen, die von der Industrie zur Verfügung gestellt werden.

Einige Hersteller haben jedoch früh genug die Strömungen der Zeit erkannt und sich mit entsprechend überzeugenden Lösungen am Markt positioniert. Der Schweizer Hersteller Vitra hat mit seinem „Net 'n' Nest"-Konzept versucht, die heutige Arbeitskultur auf einer breiten Plattform mit dem eigenen Sortiment zu vereinen – mit erstaunlichem Erfolg. Net 'n' nest ist hierbei kein Produkt, sondern zeigt lediglich die Möglichkeiten der Anwendung anhand von typischen Fallbeispielen auf. Tatsächlich erscheint es daher, als ob hierin ein interessanter Beitrag zur zeitgenössischen Bürokultur geleistet wurde. Der Großraum wird heute zunehmend zum Universalraum, zum Raum der Optionen. Toni Piskac, der Leiter der Planungsabteilung bei Vitra, erläutert, dass ein Unternehmen heute dem gesamten Umfeld gegenüber, nach innen und außen glaubwürdig und authentisch auftreten muss. Jede große Organisation erzeugt nach Piskac eine kulturelle Haube, die über der Organisation und den Prozessen eines Unternehmens schwebt. Die Kultur eines Unternehmens stiftet zum einen Identität, zum anderen werden auch Eigenschaften wie z. B. der Führungsstil in einer Organisation davon beeinflusst. Der Arbeitnehmer sucht heute vielfach nach Wahrhaftigkeit. Das heißt, dass Unternehmen daran gemessen werden, wofür sie in der Außenwahrnehmung stehen. Diese Eigenschaften werden auf die Innenwelt projiziert und generieren über die räumlichen Grenzen des Arbeitsplatzes hinaus die Erwartung, dass *Tun* und *Sein* im Unternehmen Hand in Hand gehen. Letztendlich ist der Idealzustand, eine Durchgängigkeit der Unternehmenskultur über die gesamte Organisation und ihrer Produkte zu schaffen (Abb. 13.6).

Hierfür finden sich in der IT- und Computer-Branche einige exzellente Beispiele. Apple ist mit Sicherheit ein gutes Beispiel dafür, wie die Unternehmenskultur, oder an dieser Stelle wieder besser der „spirit", den Funken zum Kunden überspringen lässt. Es kommt in der heutigen Zeit viel weniger darauf an, was man tut, sondern wie man es tut. Wenn man hier in die Betrachtung von Arbeitswelten eintaucht, fällt einem Google mit seinem Headquarter in Zürich ins Auge. Hier hat man sich getraut, was jedem Unternehmer zunächst Falten auf die Stirn wirft. Google hat eine Umgebung geschaffen, die an alles erinnert,

Abb. 13.7 Google Offices, Zürich (Quelle: Google)

nur nicht an Arbeit. Mitarbeiter arbeiten in Skychairs baumelnd auf dem Laptop oder treffen sich zu Besprechungen in ausrangierten Liftgondeln. In Entspannungszonen wird auf „bean bags" gelümmelt und die Kantine wird mittels Rutschbahn aufgesucht. Nach dem Motto „work hard - play hard" wird an Spielkonsolen Luftgitarre gespielt, wenn man mit der Arbeit mal nicht weiterkommt. Dieses provokante Szenario birgt eine deutliche Botschaft in sich: Wer die attraktivste Bürolandschaft anbietet, bekommt die besten Mitarbeiter. Ist es wirklich so einfach? Sicherlich nicht, jedoch wird an diesem und anderen Beispielen sichtbar, dass Bürokultur in zunehmendem Maße als Mittel der Differenzierung eingesetzt wird – im Kampf um die Talente ein nicht zu unterschätzender Beitrag. Diese Tendenz wird laut Hanns-Peter Cohn, dem CEO von Vitra, momentan unter anderem auf dem Banken-Sektor ablesbar, wo das Werben um die besten Köpfe traditionell besonders stark betrieben wird (Abb. 13.7).

Noch größer ist die Relevanz der Bürokultur laut Cohn bei den *hidden champions,* den deutschen Weltunternehmen, deren Unternehmenszentralen aus historischen Gründen in der Provinz angesiedelt sind und von daher primär für Mitarbeiter über kein attraktives Umfeld verfügen. Adidas wäre hier zu nennen, ebenso wie Audi oder Hugo Boss. All diesen Firmen ist das Problem gemein, dass sie keinen Anschluss an die Infrastruktur von Großstädten haben. Flughäfen, Hochschulen, Kulturangebot, Einkaufsmöglichkeiten sind nicht auf kurzem Wege erreichbar, was eben gerade für hoch qualifizierte Mitarbeiter ein Problem der Lebensorganisation darstellt. Lange Wege zurücklegen bedeutet Zeit aufzuwenden, die man ebenso gut im Unternehmen investieren könnte. Die besagten Unternehmen bemühen sich daher umso mehr, ein attraktives Umfeld zu schaffen, das die Arbeitswelt und oft sogar einen Teil der Privatsphäre umschießt. Sport- und Freizeitangebote reichen sich hier die Hand mit Kulturveranstaltungen und Reiseangeboten. Es wird viel getan, um im Arbeitsumfeld bewusst Schnittstellen zur Freizeitgestaltung zu schaffen, alles mit dem Ziel, qualifizierte Mitarbeiter langfristig zu binden.

13.6 Corporate Culture – Wie kann Unternehmenskultur als fester Bestandteil der Arbeitswelt implementiert werden?

Die räumlichen und sozialen Strukturen gehören zu den zentralen Identifikationsmerkmalen des Unternehmens. Wichtig ist, dass dabei die funktionalen und gestalterischen Aspekte dem Wesen des Unternehmens entsprechen und mit diesem übereinstimmen. Weil dies ein dynamischer Prozess ist, hat die Umgestaltung von Büroflächen Methode. Und weil dieser Prozess in die Zukunft zielt, muss der Arbeitsplatz der Zukunft auch schon jetzt erkennbar sein.

Wer sich mit der Frage beschäftigt, wie er den Wert der Kultur in seinem Unternehmen steigern und als Empire Brand positionieren kann, sollte als Erstes mit seiner Organisationsstruktur bestens vertraut sein. Oft wird hierzu die Metapher einer Stadt verwendet, die aus Stadtteilen, Quartieren, Nachbarschaften und Marktplätzen besteht. Dieses Bild veranschaulicht nicht nur die Beziehungen der einzelnen Bereiche untereinander, es etabliert auch ein Verständnis für die heute so wichtigen Zwischenräume, die der Kommunikation und Begegnung dienen. Die Stadt ist ein wandelbarer Organismus, der nie erstarrt. Der Verkehr belebt die Stadtstruktur und schafft Austausch. Den Menschen wird automatisch die Funktion der Hauptakteure in einer verantwortlichen Rolle zugewiesen, sie sind die Bewohner und haben Rechte und Pflichten. Sie beleben und gestalten ihr Umfeld in einem sozial verträglichen Rahmen und spiegeln ihr Handeln an den Maßstäben der Gemeinschaft.

Um die über Jahrzehnte oder mehr gewachsene Realität wirklich in ein modernes und zeitgemäßes Arbeitsumfeld zu übersetzen, sind teils radikale Eingriffe nötig. Auf jeden hoch qualifizierten Mitarbeiter, der mit modernem Arbeitsgerät ausgestattet und in der digitalisierten Welt aufgewachsen ist, wirkt beispielsweise die Vorstellung eines Zellenbüros unweigerlich bedrohlich. Vernetztes Arbeiten in wechselnden Projektteams bedingt zwangsläufig ein Umfeld, das nach dynamischen Gestaltungsgrundsätzen konzipiert wurde. Damit ist gemeint, dass die Büroumgebung der Vielseitigkeit unterschiedlicher Tätigkeiten entspricht, indem sie Angebote für unterschiedliche Kommunikationsformen ebenso wie Rückzugsmöglichkeiten für konzentriertes Arbeiten in sich vereinigt. Die visuelle Erscheinung muss eine Prägung aufweisen, die der grundsätzlichen Einstellung, dem Mindset des Unternehmens sowie der Branche, in der es agiert, entspricht.

Damit einhergehende Grunderwartungen an das Unternehmen müssen dem Wesen nach erfüllt sein. Ein Modeunternehmen wird mit gewissen Erwartungen an stilsicheres Auftreten in Verbindung gebracht, ebenso wie ein Finanzdienstleister vertrauenswürdig und sonor wirken sollte. Diese Grunderwartungen zu erfüllen, mit diesen zu spielen, Klischees gekonnt zu brechen und dem eigenen Unternehmen dadurch eine spezifische und individuelle Erscheinung zu geben, ist eine Kunst, die nicht viele in der Perfektion beherrschen. Diese braucht es aber, um bei Mitarbeitern ebenso wie bei Außenstehenden eine dauerhafte Faszination hervorzurufen. Und: Bei den Außenstehenden handelt es sich auch um Talente, potenzielle Mitarbeiter also, die es zu gewinnen gilt.

Oft werden zur Findung der räumlichen Organisation Pilotflächen konzipiert, in denen neue Funktionsweisen erprobt werden können. Laut Toni Piskac werden über Flächenanalysen, Begehungen, Interviews, Workshops und Schulungen mit den Angestellten Lösungen erarbeitet und teilweise sogar spezielle Möbel entwickelt. In Zeiten von „war for talents" wird das Büro immer mehr als Rekrutierungs-Tool gesehen (Brand Eins 2011, S. 120 ff.). Wirklich maßgeschneiderte Lösungen jedoch entstehen nie auf dem Reißbrett, sondern in der intensiven Auseinandersetzung zwischen Kunden, Planern und Beratern. Oft sind sich die Unternehmen gar nicht bewusst, wie wichtig es ist, die Kunden mit ins Boot zu holen und ihre Meinung einzuholen. Kein Wunder: Es gibt ja hierfür keine Prozessbeschreibungen und die dafür erforderlichen Ressourcen sind durch andere Aktivitäten gebunden. Aber die Erfahrung zeigt: Es zahlt sich in jedem Fall aus, die Umgestaltung des Arbeitsumfelds zu einem Projekt mit entsprechender Priorität zu machen und alle Beteiligten frühzeitig ins Boot zu holen.

Wer die räumliche Umgestaltung mit dem Ziel angeht, die eigene Arbeitgebermarke zu stärken, kommt nicht umhin, sich mit den Werten und Prinzipien seines Unternehmens auseinanderzusetzen. Hier empfiehlt es sich, frühzeitig mit den entsprechenden Abteilungen und Beratern zu kommunizieren. Genau dies aber wird in der Praxis komplett übersehen oder zu spät angegangen, und zwar erst dann, wenn ein Projekt den anfangs ambitionierten Zielen nicht entspricht. Dann erst wird nachträglich nach den Gründen und Verantwortlichen dafür gesucht. Vielfach zu spät: Denn dann ist die Luft meistens schon raus und viel Energie verpufft. Räumliche Umgestaltung, insbesondere in Großunternehmen, erfolgreich zu realisieren, erfordert enorme Disziplin und hohe Prozesskultur. Sind die Rollen klar definiert und Kompetenzen zwischen internen Abteilungen und externen Beratern klar abgegrenzt, dann sind die Weichen auf Erfolg gestellt: Dann wird Corporate Architecture zu einem Employer Brand des Unternehmens mit Strahlkraft nach innen und außen.

Literatur

Brand Eins, Ausgabe 06/2011, 120–127.

Employer Branding im Mittelstand 14

Strategische Umsetzung bei Wilo

Susan Brecht und Harriet Schmucker

14.1 Einleitung

Effektives Employer Branding ist in Zeiten des demografischen Wandels, der Entwicklung zu Wissensgesellschaften und des verschärften globalen Wettbewerbs unverzichtbar. Deshalb vergeht kaum ein Monat, in dem nicht ein Kongress zu diesem Thema stattfindet. Die Zahl der Fachbücher steigt stetig, die Fachpresse ist voll von Artikeln und bei kaum einer Beratungsgesellschaft ist Employer Branding nicht schon längst im Angebot des Leistungsspektrums.

Demzufolge stellt sich die Frage, ob das Thema eigentlich nur für Großkonzerne mit zehntausenden von Mitarbeitern, die Werke und Vertriebsgesellschaften in Dutzenden von Ländern unterhalten, wichtig ist, eigentlich nicht. Employer Branding ist auch für einen nicht kapitalmarktorientierten Pumpenhersteller aus Dortmund mit rund 7.000 Mitarbeitern von elementarer Bedeutung.

Denn in der heutigen Zeit und in Zukunft hängt die wirtschaftliche Überlebensfähigkeit entscheidend davon ab, die richtigen Mitarbeiterinnen und Mitarbeiter langfristig an das Unternehmen zu binden und neue hoch spezialisierte Fachkräfte für das Unternehmen zu finden.

Um auf diesem Handlungsfeld erfolgreich zu sein, greift das Employer Branding auf die Unternehmensidentität, die Corporate Identity zurück, indem sie sich aus ihr ableitet (Petkovic 2008, S. 233). Das gewährleistet ein einheitliches Erscheinungsbild des Unternehmens und führt zu einer starken Markenprägung. Ein vertrauensvolles und starkes Corporate Image (Fremdbild), das mit der Corporate Identity (Selbstbild) eines Unterneh-

S. Brecht (✉) · H. Schmucker
Dortmund, Deutschland

H. Schmucker
E-Mail: harriet.schmucker@wilo.com

H. Künzel (Hrsg.), *Erfolgsfaktor Employer Branding*, Erfolgsfaktor Serie,
DOI 10.1007/978-3-642-40535-8_14, © Springer-Verlag Berlin Heidelberg 2013

mens übereinstimmt, ist die optimale Grundlage für eine starke Employer Brand, denn sie vermittelt eine hohe Stabilität und Sicherheit bei potenziellen Arbeitnehmern. Allerdings zeigt sich bei vielen Kandidaten eine Unsicherheit im Hinblick auf die Beurteilung des anvisierten Arbeitgebers. Sie stellen die Glaubwürdigkeit so mancher Employer-Branding-Kampagne infrage (Stepstone 2012, S. 8 ff.). Genau diese Unsicherheit durch Authentizität aufzulösen und das Arbeitgeberversprechen verlässlich zu erfüllen, ist ein zentraler Aspekt des Employer Brandings bei der Wilo Gruppe.

Wilo versteht Ziel und Intention von Employer Branding aber nicht nur nach außen, sondern auch nach innen gerichtet. Denn Employer Branding muss vom Inneren des Unternehmens aus und in das Unternehmen hinein Sinn stiften und prägen (Kriegler 2012, S. 12).

Wilo hat eine lange Tradition und eine spannende Geschichte zu erzählen. Vom Familienunternehmen, das Kupfer- und Messingwaren fertigte, zu einem der Weltmarktführer für Pumpen und Pumpensysteme. Von einem Unternehmen mit 15 Mitarbeitern in Deutschland zu einen Global Player mit 7.000 Mitarbeitern. Von einem organisch wachsenden Unternehmen zu einem, das sich auch durch strategisch selektive Unternehmenszukäufe Märkte erschließt.

Zu einer ursprünglich vornehmlich deutschen Kultur und Mentalität kommen starke, neue Kulturen hinzu. Dies gilt es nicht einfach zu integrieren. Vielmehr ist es wichtig, das Neue und Andere wertschätzend aufzunehmen und daraus eine Gesamtkultur zu formen. Dieser Wandel prägt und beeinflusst Wilo als Unternehmen und als Marke. Daher gilt es für den HR-Bereich bei Wilo, die Prozesse, Maßnahmen und Projekte, die den Wandel bewirken und treiben, in einen sinnstiftenden Kontext zu stellen. Wie dies im Employer-Branding-Prozess geschehen soll, wird auf den folgenden Seiten beschrieben.

14.2 Wilo

14.2.1 Wilo Geschichte

Die traditionsreiche Unternehmensgeschichte von Wilo reicht zurück bis in das Jahr 1872. Mit der Erfindung des weltweit ersten Umlaufbeschleunigers wurde 1928 der Grundstein für die Entwicklung und Produktion von technischen Heizungspumpen und das heutige Kerngeschäft von Wilo gelegt. Nachdem schon in den 1960er Jahren erste Vertriebsbüros im Ausland eröffnet wurden, folgte mit dem Zukauf des französischen Pumpenbauers Pompes Salmson im Jahr 1984 der erste Produktionsstandort außerhalb Deutschlands. Nach wie vor im Familienbesitz wuchs das Unternehmen von rund 200 Mitarbeitern in den 1950ern auf gut 7.000 Mitarbeiter im Jahr 2012.

14.2.2 Wilo heute

Im Jahr 2012 erwirtschaftete die Wilo Gruppe mit über 60 Tochtergesellschaften und 15 Produktionsstandorten in Europa, Asien und Amerika einen Umsatz von rund 1,2 Mrd. € und eine EBIT-Rendite von 10,1 %. Das Unternehmen, das heute im Mehrheitsbesitz der 2011 gegründeten Caspar Ludwig Opländer Stiftung steht, ist in drei Marktsegmenten tätig:

Building Services versorgt Gebäude mit Pumpen für die Heizungstechnik, Klimatisierung, Wasserversorgung und Abwasserbeseitigung. Das Marktsegment Water Management entwickelt Produkte zur Trinkwassergewinnung, Wasseraufbereitung und -förderung sowie Abwasserentsorgung. Im Bereich Industry unterstützt Wilo vor allem produktionsbegleitende Prozesse.

Aufbauend auf diesen drei Marktsegmenten hat Wilo fünf strategische Ziele als „Ambition 2020" definiert:

- WILO stärkt seine Position als globaler Player.
- WILO beschleunigt sein profitables Wachstum.
- WILO bleibt Innovationsführer.
- WILO bleibt unabhängig.
- WILO macht das Leben leichter.

Dabei stützt sich die fünfte Säule der Unternehmensstrategie auf das Nutzenversprechen der Unternehmensgruppe. Dieses stellt den Anspruch dar, den Menschen mit seinen Bedürfnissen in den Mittelpunkt zu stellen.

Die Definition dieses Nutzenversprechens ist für das Thema Employer Branding Gelegenheit und Anspruch zugleich, denn sie stellt einerseits einen wesentlichen Anknüpfungspunkt für das Employer Branding dar und erfordert gleichzeitig eine enge Verzahnung.

14.2.3 Wilo Markenidentität

Im Rahmen der Modernisierung der Markenidentität wurde 2012 das Wilo Nutzenversprechen neu definiert, das seitdem die Grundlage für das gemeinsame und zukünftige Handeln bildet. Wurde Wilo als Unternehmen bisher intern wie extern sehr stark im Bereich der fachlichen und technischen Kompetenz gesehen, welches vor allem durch rationale Argumente überzeugt, wird nun die emotionale Komponente stärker betont. Im Fokus des Markenkerns steht der Mensch mit all seinen Bedürfnissen und Ansprüchen im Spannungsfeld einer immer komplexer werdenden Alltagswirklichkeit. Die Werte, die diesen Kern unterfüttern, betonen zum einen natürlich die technischen Kompetenzen des Unternehmens, heben zum anderen aber auch Facetten hervor, die die Stakeholder stärker emotional berühren sollen (Abb. 14.1).

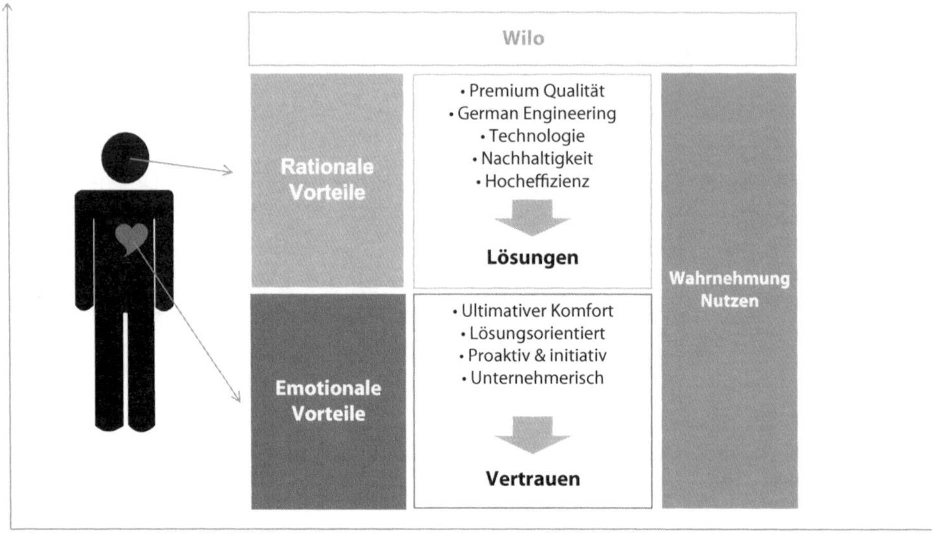

Abb. 14.1 Gesamtnutzen = rationale + emotionale Vorteile. (Quelle: eigene Darstellung)

14.3 Employer Branding

Das Thema Employer Branding ist für Wilo nicht neu. Getrieben durch den demografischen Wandel sowie den daraus resultierenden Fachkräftemangel hat sich auch Wilo als nichtkapitalmarktorientiertes Unternehmen und „Hidden Champion" mit Hauptsitz in einer vermeintlich unattraktiven Ruhrgebietsstadt und einem sehr kompetitiven Umfeld bereits 2008 der Herausforderung gestellt, hoch spezialisierte Ingenieure für die Unternehmensgruppe zu gewinnen.

2008 war das Thema also noch stark durch externe Faktoren getrieben. 2013 sind es hingegen mindestens zu gleichen Anteilen auch interne Gründe. Durch die fortschreitende Globalisierung der Unternehmensgruppe – nicht nur durch organisches Wachstum, sondern auch durch bedeutende Unternehmenszukäufe in Frankreich, Indien und Korea – und die Neudefinition der Wilo Value Proposition ist es nun erforderlich, auch die Employer Value Proposition (EVP) global und an der Unternehmensmarke neu auszurichten.

In den beiden folgenden Abschnitten wird nun beschrieben, wie 2008 vorgegangen wurde und welche nächsten Schritte im Zuge der Neuausrichtung der Employer Value Proposition in 2013 geplant wurden.

14.3.1 Der Prozess 2008

Den Start des Employer-Branding-Prozesses in 2008 bildete eine Untersuchung der drei relevanten Akteure: **Wettbewerb, Bewerberzielgruppen** und **Wilo** selbst.

In der **Wettbewerbsanalyse** wurde evaluiert, wo sich Überschneidungen bzw. Abgrenzungen im Wettbewerb um die gleichen Bewerberzielgruppen ergeben, um daraus eine entsprechende Employer Brand differenziert zu positionieren.

Dazu wurden deren Karrierewebsites dahingehend untersucht, wie sich die Unternehmen als Arbeitgeber positionieren und wie jeweils die Arbeitskultur beschrieben wird. Ein auffallendes Ergebnis war unter anderem, dass sich alle als ‚innovativ' beschreiben, dieses Attribut folglich keine Möglichkeit zur Differenzierung bot.

Die Betrachtung der externen **Bewerberzielgruppen** hatte zum Ziel, solche Kommunikationsmöglichkeiten zu finden, mit denen man die Zielgruppe bestmöglich erreicht und ihre Aufmerksamkeit und Interesse weckt. Außerdem sollte herausgearbeitet werden, welche Werte den jeweiligen Zielgruppen wichtig sind.

Im damaligen Kontext wurde definiert, sich auf die Zielgruppe der Ingenieure (vornehmlich der Fachrichtungen Maschinenbau und Elektrotechnik) sowie die Altersgruppen der Studenten, Absolventen und (Young) Professionals zu fokussieren.

In der Analyse stellte sich heraus, dass für die Zielgruppen vor allem weichere Werte wie Selbstverwirklichung, Treue und soziales Engagement ihrer Arbeitgeber wichtig waren. Finanzielle Aspekte waren bei der Wahl des Arbeitgebers durchaus auch eine Entscheidungsgrundlage, die Bedeutung nahm aber ab, je länger die Zielgruppe für einen Arbeitgeber tätig war. Neuere Studien zeigen, dass dieser Trend unverändert anhält (z. B. Hay Group 2012).

Als dritter Schritt wurde dann **Wilo** aus interner und externer Sicht genauer „unter die Lupe" genommen, um die Stärken, Schwächen und Werte von Wilo als Arbeitgeber herauszuarbeiten.

Das Ergebnis der externen Sicht auf der Basis einer Umfrage bei zwei Hochschulmessen lautete, dass Wilo zwar freundlich, innovativ und modern wirkte, gleichzeitig auf die Absolventen aber auch fremd und klein.

Intern wurden eine Reihe von Interviews und ein Workshop durchgeführt, um damit zum einen die **Werte**, aber auch die **Stärken und Schwächen** von Wilo in herauszuarbeiten.

Folgende **Werte** wurden ermittelt:

- traditionsreich eigenständig international
- freundlich innovativ nachhaltig
- interkulturell Selbstverwirklichung flexibel
- kreativ

Als **Stärken** und **Schwächen** wurden identifiziert:

Tab. 14.1 Stärken und Schwächen von Wilo als Arbeitgeber. (Quelle: eigene Darstellung)

Stärken	Schwächen
Familienunternehmen	Teilweise zu bürokratisch
‚Gute' Unternehmensgröße	Standort

Stärken	Schwächen
Nachhaltiges, gesundes Wachstum	Mangelnde Bekanntheit
Markterfolg	Corporate Social Responsibility, bspw. Kinderbetreuung
Menschlichkeit	
Technologieorientiert	Arbeitsplatzgestaltung
Permanente Neuentwicklungen	Flache Hierarchien
Umweltbeitrag durch Energieeffizienz	Strategische Personalplanung

Der Weg zur Arbeitgeber-Markenpersönlichkeit Auf Basis dieser Ergebnisse wurden dann in einem nächsten Schritt die Arbeitgeber-Markenidentität unter Berücksichtigung des Markenmodells von Birkigt und Stadler (2002) entwickelt. Dieses Modell beinhaltet als Kern eine Markenpersönlichkeit, die sich aus den Komponenten Markenherkunft, Vision, Positionierung, Markenimage und den HR-Werten zusammensetzt, hier alles bezogen auf die Arbeitgebermarke.

Mit *Markenherkunft* bezeichnet man unter anderem die Historie einer Marke sowie die Identifikation mit einem bestimmten Raum. Die Markenherkunft ist ein essenzielles Merkmal der Markenidentität. Sie ist prägend für sämtliche Komponenten der Markenidentität und bildet die Basis für die Employer-Brand-Persönlichkeit. Für diese Markenherkunft wurden im Prozess die Begriffe **technologieorientiert, deutsch** sowie **Familienunternehmen** herausgearbeitet. **Technologieorientiert** impliziert, dass Wilo sich bezüglich der Zielgruppe festlegt und besonderen Wert auf den Forschungs- und Entwicklungsbereich legt. Mit dem Begriff **deutsch** wird konkret das Herkunftsland genannt, aber auch eine gewisse Denk- und Handlungsart impliziert. Mit dem Begriff **Familienunternehmen** sollten in der Markenherkunft die damit typischerweise verbundenen Charakteristika Sicherheit und Stabilität hervorgehoben werden.

Die *Vision* beschreibt die langfristige Orientierung, die das Unternehmen vorgibt. Sie ist die ‚idealistische' Motivation dafür, aus welchem Grund Menschen bei Wilo arbeiten möchten. Hierbei ist zu beachten, dass die Vision kein Ziel darstellt, das in mittlerer Zukunft erreicht werden kann. Die Vision von Wilo als Arbeitgeber ist es, als **Employer of Choice** wahrgenommen zu werden.

Die *Positionierung* ergibt sich aus der Frage „Wer sind wir?" und beinhaltet die Einstellung, die benötigt wird, um alles umzusetzen und die Arbeitgeberpersönlichkeit mit Leben zu füllen. Dazu sollten verschiedene *Werte* definiert werden, die die einzelnen Positionierungsmerkmale weiter um- und beschreiben. Zur Positionierung und Veranschaulichung abstrahierte Wilo den Begriff **„Global Player"** im Verlauf des Konzeptionsprozesses als Dreiklang aus **Kopf, Hand** und **Herz**. Der **Kopf** steht für die Entwicklungen und Innovationen bei Wilo und kann bei den Arbeitgeberwerten durch ‚inspirierend' wiedergegeben werden. Hierzu gehört auch, ‚visionär' und ‚nachhaltig' zu agieren. Die **Hand** verkörpert die Umsetzung der Innovationen und spiegelt sich in dem Wert ‚bodenständig'. Dies bedeutet gleichzeitig eine ‚eindeutige' und ‚ehrliche' Ausrichtung. Das **Herz** steht für den ‚sorgsamen', ‚wertschätzenden' und ‚vertrauensvollen' Umgang mit den Mitarbeitern. Unter das Positionierungsmerkmal **Global Player** fallen neben der ‚weltweiten Präsenz' auch die ‚interkulturelle Arbeitsatmosphäre' und die ‚Aufgeschlossenheit gegenüber Neuem'.

Das *Image* beschreibt das Fremdbild der Arbeitgebermarke, das zu einem höchstmöglichen Grad mit der Identität als Arbeitgeber übereinstimmen sollte. Das Image von Wilo als Arbeitgeber ergab sich aus den bereits genannten Umfragen bei den Hochschulmessen, der Mitarbeiter- sowie der Kundenzufriedenheitsbefragung. Als Zielimage wurde herausgearbeitet, dass Wilo nicht nur Pumpen produziert, sondern auch ein **Innovationstreiber** in dieser Branche sein soll.

Die *EVP* gibt den „Mehrwert" wieder, den Wilo den Mitarbeitern und Bewerbern im Vergleich zum Wettbewerb bietet. Sie stellt die Werte in einem kompakt formulierten Versprechen dar. Wilo wählte eine Formulierung, die das **interkulturelle Arbeitsklima** ausdrückt und gleichzeitig das **Innovationsengagement** und den **offenen und ehrlichen Umgang** herausstellt.

In der folgenden Tabelle sind die Komponenten der **Markenpersönlichkeit** noch einmal zusammengefasst.

Tab. 14. 2 Arbeitgeberpersönlichkeit Wilo. (Quelle: eigene Darstellung)

Komponente	Ausformulierung für Wilo
Herkunft	Wilo ist ein technologieorientiertes, deutsches Familienunternehmen
Positionierung	Wilo ist als Arbeitgeber der Global Player, der gleichermaßen mit Kopf, Hand und Herzen handelt
Vision	Wilo ist Employer of Choice für die Selbstverwirklichung als globale Inspiration, Umsetzer und Mensch
HR-Werte	**Inspirierend** *Technisch best in class* *Visionär* *Nachhaltig* **Bodenständig** *Stolz auf die Herkunft* *Eindeutig* *Ehrlich* **Sorgsam** *Wertschätzend* *Vertrauensvoll* *Offen* **Global Player** *Weltweit präsent* *Interkulturell* *Aufgeschlossen*

Komponente	Ausformulierung für Wilo
Image	Ist: Unbekannt Produzent von Pumpen, Problemlöser National Intransparent Soll: Employer of Choice Inspiration in der Heizungs- und Pumpenbranche Global Player Transparent
EVP	Wilo ist der interkulturelle Arbeitgeber, der gleichermaßen Innovation, herausragendes Anwendungswissen und eine partnerschaftliche Arbeitskultur lebt und fördert

Mit der aus diesem Prozess hervorgegangenen Arbeitgebermarkenidentität wurde dann auch eine *Mitarbeiter-Typologie* für Wilo abgeleitet, indem die HR-Werte auf die Menschen gespiegelt wurden. Diese Typologie dient als Orientierung für die Rekrutierung von neuen Mitarbeitern und die interne Stärkung der Employer Brand, stellt aber keine zwingende Vorgabe dar, über welche Eigenschaften ein Mitarbeiter verfügen muss. Die für Wilo erarbeiteten Merkmale waren:

- interkulturell
- innovativ
- partnerschaftlich
- fachlich kompetent

Interkulturell bezog sich hauptsächlich auf die Fähigkeiten des Mitarbeiters in internationalen Projekten und im Umgang mit internationalen Kollegen. **Partnerschaftlich** bedeutete, dass ein Wilo-Mitarbeiter tolerant, integer und sympathisch sein sollte.

Vom Konzept zur Umsetzung Wirkungsvollster und authentischster Weg, die Arbeitgeberidentität zu kommunizieren, sind die Mitarbeiter selbst. Wenn die Arbeitgebermarke nach innen für zufriedene Mitarbeiter sorgt, kommunizieren diese über ihren Arbeitgeber positiv. Die große Bedeutung der Kommunikation über die eigenen Mitarbeiter kann man auch daran erkennen, dass laut einer Stepstone-Studie nicht mal ein Viertel aller Befragten Social-Media-Berichten Glauben schenkt (Stepstone 2012, S. 8). Daneben gilt es aber natürlich auch, die Identität durch ein einheitliches Kreativkonzept über verschiedene Kommunikationsmittel wie Personalstellen- und -imageanzeigen, Broschüren, Messestände und Karriereseiten konsistent an die Zielgruppen zu kommunizieren. Basis dessen ist die Erkenntnis, dass erfolgreiche PR im eigenen Haus beginnt. Die Mitarbeiter sind die wichtigsten Botschafter des Unternehmens.

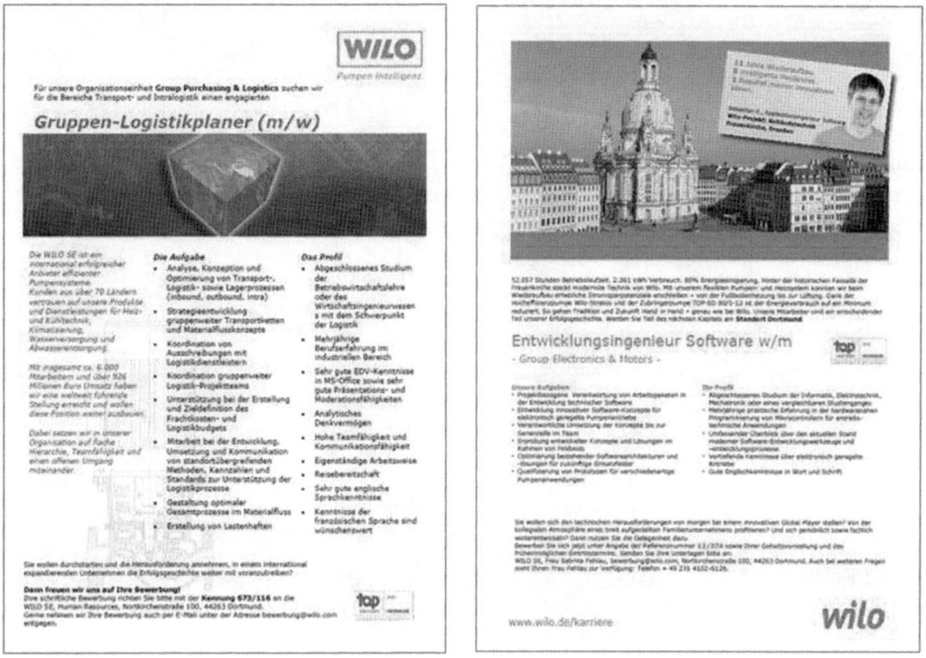

Abb. 14.2 Alte und neue Personalstellenanzeige im Vergleich. (Quelle: Wilo)

Grundsätzlich ist es für Wilo das Ziel, in allen Kommunikationsmitteln durch den Einsatz von größeren Bildern stärker zu emotionalisieren, die Technik weniger zu betonen, weil ihre Hochwertigkeit vorausgesetzt wird, und stattdessen den Beitrag der Wilo-Produkte mehr hervorzuheben. So entstand die Grundidee, mit spannenden Referenzen zu arbeiten. Über bekannte, architektonisch besondere oder emotionalisierende Gebäude soll Wilos Leistung durch herausragende Pumpentechnik hervorgehoben werden. Ein weiteres zentrales Element des Kreativkonzeptes ist, Informationsmaterialien und Stellenanzeigen zu personalisieren. Im nebenstehenden Text sollen durch drei Fakten die Hauptzielgruppen der Ingenieure und Kaufleute angesprochen sowie die Identifikation der Mitarbeiter mit der Unternehmensgruppe zum Ausdruck gebracht werden. In einer Bildunterschrift wird schließlich die Beziehung zwischen Referenz und Wilo erklärt als auch beschrieben, für welche Leistung Wilo und seine Produkte stehen.

Um eine breitere Masse erreichen zu können und um diese auch zielgerichtet zu informieren, wurden weitere Kommunikationstools erstellt. Eine Broschüre im DIN A5-Format beschrieb allgemein das Arbeitsleben bei Wilo. Diese Broschüre diente dem Zweck, ein Gefühl für das Arbeitsklima bei Wilo zu vermitteln und so potenzielle Bewerber dazu zu bewegen, sich intensiver mit dem Unternehmen zu beschäftigen und sich bei Wilo zu bewerben. Einlegeblätter in den Broschüren enthalten zielgruppenorientierte, weiterführende Informationen, wie Einstiegsmöglichkeiten und Ansprechpartner (Abb. 14.2).

14.3.2 Employer Branding 2020

Strategische Hintergründe Viele Unternehmen sehen das Employer Branding vor allem als klassische Markenbildung nach außen. Damit wird Employer Branding oftmals auf eine reine Ableitung aus der Corporate Brand Value Proposition verengt. Dabei handelt es sich vielmehr auch um die interne strategische Ausrichtung und Fokussierung auf die von Mitarbeiterinnen und Mitarbeitern wahrgenommenen Werte und Normen der Unternehmenskultur, die die Unternehmensidentität beeinflusst.

Auch bei der Erfolgsmessung eines Employer-Branding-Projektes werden zum Teil wesentliche Faktoren außer Acht gelassen. Häufig beschränkt man sich darauf, zu evaluieren, inwieweit durch die aus dem Konzept abgeleiteten Maßnahmen die richtigen Mitarbeiter gewonnen werden können. Davon abgesehen, dass der Erfolg von Rekrutierungsmaßnahmen immer multikausal und damit nicht alleinig auf den Erfolg oder Misserfolg der Employer Brand zurückzuführen ist, wäre dies als einziges Kriterium im Sinne einer Nachhaltigkeit wenig aussagekräftig. Denn laut einer Studie der Beratungsgesellschaft Hay (Hay Group 2012) sind, gemessen am „Employee Life Cycle", der Ruf und das Ansehen des Unternehmens und seine strategische Ausrichtung und Marktposition in der **Einstellungsphase** ein entscheidendes Kriterium. Ist der Mitarbeiter aber erst mal „an Bord", steht nicht mehr der Vergleich zu anderen Unternehmen im Vordergrund, sondern **interne Faktoren** wie „Respekt und Anerkennung, Entwicklungsmöglichkeiten, Vertrauen in das Führungsteam, …".

Daher muss ein erfolgreiches Employer-Branding-Konzept immer sowohl nach außen als auch nach innen sinnstiftend ausgerichtet sein.

Vor allem der zweite Aspekt war und ist ein entscheidender Faktor bei der strategischen Weiterentwicklung des Employer-Branding-Ansatzes bei Wilo. Denn vor allem die fehlende Berücksichtigung einer großen Anzahl interner Faktoren machte eine Anpassung und Neuausrichtung des Employer Brandings aus dem Jahre 2008 notwendig.

Die fünf wichtigsten internen Faktoren:

- Change – Veränderungen in sämtlichen Unternehmensbereichen, neue Prozesse, veränderte Verantwortlichkeiten, erhöhte Komplexität
- starkes (organisches) Wachstum, neue Mitarbeiter und deren Integration
- ausländische Produktionsstandorte, Zukäufe von Unternehmen mit eigener Identität und der daraus resultierende Bedarf an Post-Merger-Integration
- nicht nur enge Bewerbermärkte in neuen Märkten und die dortigen Herausforderungen, hoch qualifizierte Mitarbeiter zu gewinnen, sondern die Notwendigkeit diese langfristig – insbesondere in den Emerging Markets wie China oder Indien – an Wilo zu binden
- damit verbunden auch die Problematik, dass hohe Investments in Mitarbeiterentwicklung und Talent Management durch Fluktuation verloren gehen

Daneben erfordert auch die in 2012 modernisierte Markenidentität und neu definierte Brand Value Proposition mit einer deutlich globaleren Ausrichtung eine Überarbeitung

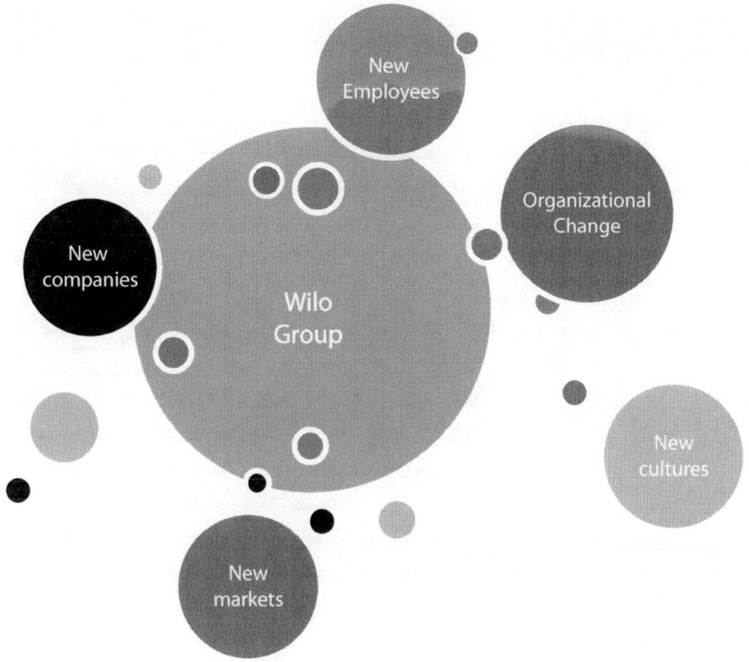

Abb. 14.3 Einflussfaktoren auf den Arbeitgeber Wilo. (Quelle: eigene Darstellung)

des Employer Brand bzw. der Employer Value Proposition. Hierbei war und ist es eine wesentliche Anforderung, die EVP so auf die modernisierte Markenidentität auszurichten, dass beide aufeinander einwirken und sich so gegenseitig tragen (Abb. 14.3).

Das Selbstverständnis von HR bei Wilo und der Anspruch an den Employer Branding Prozess Auch der HR-Bereich wurde 2011 mit der neuen strategischen Ausrichtung des Unternehmens neu positioniert. Aus einer vormals auf Verwaltung fokussierten Funktion wurde ein strategischer Partner für den Vorstand und das Top-Management. Dabei hat der HR-Bereich bei Wilo das Selbstbewusstsein und den Anspruch an sich, auch als nicht kapitalmarktorientierte Unternehmsgruppe mit 7.000 Mitarbeitern **„World Class"-HR-Prozesse** aufsetzen zu können. Hierbei ist die Größe des Unternehmens mehr Vor- als Nachteil. Sie schafft die Möglichkeit, durch „Quick Wins" schnell greifbare Resultate zu erzielen. Die damit einhergehende hohe Umsetzungsgeschwindigkeit ist natürlich Chance und Herausforderung zugleich. Immer wieder gilt es, die Stakeholder auf diesem Weg abzuholen.

Konkret bedeutete das sowohl für den HR-Bereich allgemein als auch für den Employer-Branding-Prozess im Besonderen:

- aus den Fehlern der anderen zu lernen und damit gegebenenfalls unnötige **Evolutionsschritte zu überspringen**: In manchen Themen mögen große Konzerne zunächst einen

Vorsprung haben, da sie sich frühzeitig mit den neusten Trends befassen (können). Diesen Vorsprung können mittelgroße Unternehmen aber dann aufholen, wenn sie nicht lediglich die Ansätze der anderen kopieren und für sich anwenden, sondern vielmehr den Mut haben, sie für sich kritisch auf die Passung im eigenen Unternehmen und die eigene Kultur zu überprüfen und auf Basis der Erfahrung der anderen ihren eigenen – möglicherweise ganz anderen – Weg zu definieren.

- **Glaubwürdigkeit und Transparenz:** zu sagen, was man tut und zu tun, was man sagt. Besonders in mittelgroßen Unternehmen ist die Verpflichtung, Versprechen zu halten, enorm, da flache Hierarchien vermeintliche Versäumnisse direkt sichtbar machen. Erwartungsmanagement ist damit ein wesentlicher Erfolgsfaktor.
- **Sinnstiftung**: Der Bezug zu sämtlichen HR-Prozessen des „Employee Life Cycles", der Unternehmensstrategie, der Brand Value Proposition und anderen Unternehmensprozessen muss deutlich gemacht und kommuniziert werden, um Akzeptanz zu schaffen und Mitarbeiter in die Lage zu versetzen, Sinn und Zweck der einzelnen Prozesse in einem größeren Kontext wahrnehmen zu können. Durch die Darstellung des „big picture" kann die Sinnhaftigkeit vermittelt werden. Dies zu gewährleisten ist, insbesondere in Phasen der Veränderung von Unternehmen, eine wesentliche Führungsaufgabe. Führungskräfte sind demnach in Zukunft „Sinnstifter und Vernetzer" (Kruse 2012). HR kann sich hier als strategischer Partner positionieren und die Unternehmensleitung bei dieser erfolgskritischen Aufgabe unterstützen. Employer Branding leistet hierzu nicht nur einen wesentlichen Beitrag, sondern kann in diesem Sinne als **strategisches Instrument der Unternehmensführung** verstanden werden.
- **Nachhaltige Kommunikation:** Kommunikation als „Dauerthema" zu verstehen, davon ausgehend, dass kulturelle Verschiedenheit es erforderlich macht, Inhalte immer wieder und auch immer wieder in unterschiedlichen Kontexten zu kommunizieren. Das heißt den Bezug zu bereits Geleistetem herzustellen und Wiederholung nicht zu scheuen, sondern als notwendige Methode der konsistenten Kommunikation zu verstehen.

An die Umsetzung der HR-Prozesse – insbesondere auch des Employer-Branding-Prozesses – wird mit einem in diesem Sinne ganzheitlichen und integrativen Ansatz natürlich eine deutlich höhere Notwendigkeit für eine permanente Fokussierung und Adjustierung gestellt. Denn mit einem steigenden Grad an Komplexität durch Interdependenzen und simultane Veränderungsprozesse ist eine rein sequenzielle Abarbeitung nicht mehr möglich. Dies stellt eine hohe Anforderung an das HR-interne Projektmanagement.

Wie bereits erwähnt wurde der Prozess der strategischen und inhaltlichen Neuausrichtung des Employer Brandings nicht auf der „grünen Wiese" gestartet. Es ging und geht vielmehr darum, an die geleistete Vorarbeit anzuknüpfen und die verschiedenen Themen, wie die EVP 2008, die globalen Kulturaspekte (Schlüsselländer: China, Indien, Frankreich), die modernisierte Markenidentität, die strategischen Ziele 2020 und die HR-Strategie in einen sinnstiftenden Gesamtkontext zu stellen. Diese strategische Verknüpfung stellt einen wesentlichen Erfolgsfaktor für die Authentizität und erfolgreiche Implementierung dar.

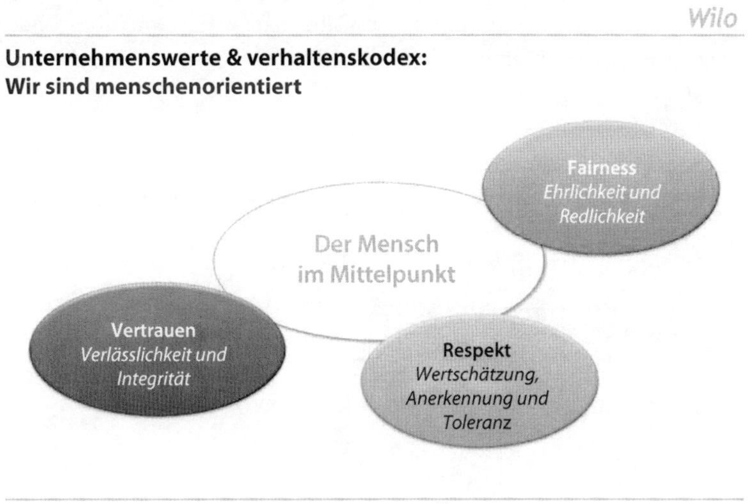

Abb. 14.4 Der Mensch im Mittelpunkt. (Quelle: eigene Darstellung)

Kurz gesagt: Es gilt nicht nur, die EVP aus 2008 „aufzufrischen", sondern sie zu validieren, zu ergänzen und mit der neuen Unternehmensausrichtung abzugleichen. Insbesondere vor dem Hintergrund der zahlreichen Change-Prozesse, die mit und durch HR im Unternehmen vorangetrieben werden, ist dabei der **interne Fokus** des Ansatzes von großer Bedeutung. Daher ist Employer Branding bei Wilo zentraler Baustein der **internen Markenbildung** und hat das Ziel der „Ausprägung einer gemeinsamen Identität und eines Werteverständnisses, das Zusammenhalt, Loyalität und Bindung und ein ‚markenorientiertes' Verhalten der Mitarbeiter und Führungskräfte erzeugt" (Kriegler 2012, S. 25). Nur durch eine tiefe Verankerung und Durchdringung der Organisation schafft man Akzeptanz und Nachhaltigkeit und limitiert Employer Branding nicht auf ein Instrument des HR-Marketings. Somit ist die Employer Value Proposition als Change-Management-Instrument ein wesentlicher Teil einer gesamtheitlichen HR-Strategie.

Für das Unternehmen ist es besonders wichtig, dass die **Employer Value Proposition als sinnstiftendes und kulturbildendes strategisches Instrument** implementiert wird und so zum Bestandteil einer Kultur beiträgt, in der die Werte des Unternehmens nicht als Selbstverständlichkeit gesehen, sondern als bedeutend für die **Zukunftsfähigkeit des Unternehmens** erkannt werden. Das heißt nicht, dass es bei Wilo nicht auch vor diesem Prozess einen Wertekodex gab. Sicherlich in Teilen neu ist aber, dass jetzt intensiv darüber gesprochen wird und dass der Vorstand das Thema als roten Faden mit in alle unternehmensrelevanten Themen aufnimmt und damit den Menschen ins Zentrum seines Handelns stellt (Abb. 14.4).

Gerade in Zeiten von Veränderung ist die zentrale Aufgabenstellung für Unternehmen – egal welcher Größe –, Sinn zu stiften. Das heißt, zu erklären, wie verschiedene Themen zusammengehören, ineinandergreifen und nur als Ganzes funktionieren: Es gilt, „das große Ganze" verständlich zu machen. Nicht mehr und nicht weniger ist die Aufgabe von modernem Management.

Somit ist die Formulierung der Employer Value Proposition nicht das Ende, sondern der Anfang einer Reise, die es aktiv zu begleiten gilt.

Für HR bedeutet das:

- sich eng mit dem Vorstand auszutauschen,
- etwaige Kursänderungen aufzunehmen und immer wieder so in die Organisation zu bringen, dass Sinn gestiftet wird und für die Mitarbeiter Klarheit und Vertrauen entstehen,
- sämtliche HR-Tools explizit auf die Employer Value Proposition auszurichten,
- Verständnis für die Employer Value Proposition als sinnstiftenden Rahmen der HR-Strategie aufzubauen,
- die EVP zu leben und durch das Handeln erlebbar zu machen.

Die konkrete Vorgehensweise für den gesamten Prozess gliedert sich bei Wilo in vier Phasen: Analyse-, Strategie-, Kreativ- und Realisierungsphase (Buena la Vista AG 2011). In der **Analysephase** werden von innen nach außen Markenidentität, Unternehmenszustand, Markencommunity und Branchenumfeld analysiert. Nach Abschluss der Analysephase beginnt der eigentliche **Strategieprozess.** Aus der abgeleiteten Positionierung wird eine Marktstrategie entwickelt werden, die wiederum den Ausgangspunkt für die darauf aufbauende Markenstrategie bildet. Aus den aus der Positionierung, der Marktstrategie und der Markenstrategie gewonnenen Erkenntnissen erfolgt am Ende der Strategiephase die Formulierung eines Leistungsversprechen nach dem Motto: Ein Satz - ein Gedanke.

Nach Abstimmung dieses Meilensteins mit dem Vorstand wird in einem kommenden Schritt die strategische Perspektive verlassen und der **Kreativprozess** begonnen. Perspektivisch ist geplant, als wesentliche „Touchpoints" der EVP und erste „Quick Wins" die Stellenanzeigen und die Begrüßungsmappe für neue Mitarbeiter zu überarbeiten. Danach werden im **Realisierungsprozess** die Wilo-Karriereseiten angepasst. Im Fortgang ist dann geplant, weitere Tools zu entwickeln und andere Länder einzubeziehen. Dafür wird ein Baukasten entworfen, um einen weltweiten Rahmen um landesspezifische Bedürfnisse zu setzen.

14.4 Ausblick

Employer Branding ist für Wilo ein langfristig angelegter Prozess. Alle Maßnahmen und Teilprojekte sind darauf angelegt, ihren Beitrag als strategisches Instrument der Unternehmensführung zu leisten.

Die Zeit wird zeigen, welche Schritte noch notwendig werden oder welche der jetzt geplanten adjustiert werden müssen, da sich Rahmenbedingungen ändern können. Das Ziel der Sinnstiftung wird aber als Kontinuum immer die Leitschnur für dieses wichtige Thema bei Wilo sein.

Literatur

Wilo Chronik. (kein Datum) (1872–2011).

Birkigt, K. M. (2002). Corporate identity-grundlagen. In K. M. Birkigt, M. M. Stadler, & H. J. Funck (Hrsg.), *Corporate Identity. Grundlagen - Funktionen - Fallbeispiele.* München: Moderne Industrie, 13–59.

Buena la Vista AG. (2011). *Der Weg zur starken Arbeitgebermarke.* Würzburg.

Esch, F.-R. (2005). *Strategie und Technik der Markenführung.* München: Vahlen.

Hay Group. (2012). *Ist die Motivation Ihrer Mitarbeiter käuflich?* Frankfurt a. M.

Kriegler, W. R. (2012). *Praxishandbuch Employer Branding.* Freiburg: Haufe Gruppe.

Kruse, P. (2012). Sinnstiftende Führung. www.vimeo.com abgerufen.

Petkovic, M. (2008). *Employer Branding. Ein markenspezifischer Ansatz zur Schaffung von Präferenzen bei der Arbeitgeberwahl.* München: Mering.

Stepstone. (2012). Der StepStone Employer Branding Report 2011. www.stepstone.de abgerufen.

Trost, A. (2009). Employer Branding. In A. Trost (Hrsg.), *Employer Branding.* Köln: Luchterhand, 13–77.

WILO SE. (kein Datum). Geschäftsbericht 2012.

Arbeitgeberattraktivität nach innen

15

Die Kultur des Miteinanders bei der CAMPARI Deutschland GmbH

Alexandra Busch und Anja Hartmann

Es gehört zu den aktuellen Herausforderungen an die HR-Verantwortlichen eines Unternehmens, sich mit dem Thema „Arbeitgeberattraktivität" zu beschäftigen: Was zeichnet mein Unternehmen als Arbeitgeber aus? Wodurch unterscheidet es sich von anderen Arbeitgebern? Wie sprechen wir die richtigen Bewerber an? Und was macht einen Arbeitgeber überhaupt attraktiv?

Die Branchenzugehörigkeit ist sicherlich ein Faktor, der die externe Wahrnehmung eines Unternehmens maßgeblich beeinflusst. Die Spirituosenbranche ist hier allerdings ein Bereich, der polarisierend auf viele Bewerber wirkt. Auf der einen Seite stehen Genuss, Glamour, Lifestyle und Lebensfreude. Die andere Seite ist jedoch weniger attraktiv: Negative Schlagzeilen über Flatrate-Parties, Alkopops und „Koma-Saufen" als neues Jugend-Hobby erregen seit Jahren regelmäßig Aufsehen. Alkoholmissbrauch und dessen Konsequenzen sowie die diesbezügliche Darstellung der Spirituosenbranche in der Presse hinterlassen einen schalen Beigeschmack. Der Grat zwischen Genuss- und Suchtmittel wird oft allzu schmal gezeichnet oder gänzlich vernachlässigt und die mit den Risiken der Produkte einhergehende Verantwortung schreckt manchen potenziellen Bewerber ab. In einer Zeit, in der die „Sicherheit des Jobs wichtiger ist als das Gehalt" (Financial Times Deutschland 2012), verliert die Branche zusätzlich an Attraktivität für manch potenziellen Kandidaten, da das „Damoklesschwert" eines möglichen Werbeverbotes beständig über ihr schwebt. Wie sicher kann ein Job in einer Branche sein, die in der Presse zunehmend negative Schlagzeilen macht und zudem von einem denkbaren Werbeverbot bedroht ist? Ein Blick auf die Marktentwicklung der Branche nährt eher die Skepsis denn die Erleichterung: Die Absatzzahlen stagnieren oder sind rückläufig, der Markt ist gesättigt. Bei einem

A. Busch (✉) · A. Hartmann
Oberhaching b. München, Deutschland
E-Mail: Alexandra.Busch@campari.com

A. Hartmann
E-Mail: Anja.Hartmann@campari.com

H. Künzel (Hrsg.), *Erfolgsfaktor Employer Branding*, Erfolgsfaktor Serie,
DOI 10.1007/978-3-642-40535-8_15, © Springer-Verlag Berlin Heidelberg 2013

Absatzvolumen von knapp 700 Mio. Flaschen scheint der Zenit stabil erreicht. Es lässt sich also schwer von einer wachstumsstarken, aufstrebenden, positiv wahrgenommenen Branche sprechen, die den Bewerbern Sicherheit und Erfolg verspricht.

Was also kann ein Unternehmen wie die Campari Deutschland GmbH Bewerbern der „Generation Y" bieten – einer Generation, die „qualifiziert, selbstbewusst, extrem anspruchsvoll" ist und dabei „wählerisch wie eine Diva beim Dorftanztee"? (Buchhorn und Werle 2011). Nicht nur aufgrund des demografischen Wandels werden die nach 1990 Geborenen immer wichtiger für den Arbeitsmarkt: Häufig international ausgebildet, technisch versiert, flexibel, offen und tolerant bieten sich ihnen besondere Aufstiegschancen. Dessen sind sie sich durchaus bewusst: Aufgrund der Dynamik von Angebot und Nachfrage erreicht der „war for talents" eine neue Stufe und das Machtgefüge von Unternehmen und Bewerbern verändert sich. Die „Goldene Generation", wie der Spiegel sie nennt, „klotzt bei Bedarf auch ran" (Buchhorn und Werle 2011), ist aber auch durchaus wartungsintensiv und höchst anspruchsvoll: Selbstbewusst und kritisch präsentieren sich die neuen Bewerber und fragen differenziert nach, wenn es um Gehalt, Frauenförderung, Unternehmenskultur, flexible Arbeitszeiten, Sabbatical, Home Office und Weiterbildungsmaßnahmen geht. Flexibilität, eine gute Work-Life-Balance, Abwechslung und neue Herausforderungen wünscht man sich vom Arbeitgeber genauso wie regelmäßiges Feedback, flache Hierarchien, eine hohe Einbindung in Entscheidungsfindungsprozesse und die Wertschätzung der eigenen Kompetenzen. Als Unternehmen muss man sich die Frage stellen, wie der „war for talents" zu gewinnen ist. Unternehmen stellen eine hohe Anforderung an Fachkompetenz und Persönlichkeit, welcher durch das nationale Ausbildungssystem nicht ausreichend Rechnung getragen wird. Die Konsumgüterbranche hat einen hohen Bedarf an starken Managern, insbesondere im Marketing, um starke Marken zu bauen. Durch den demografischen Wandel wird der Arbeitsmarkt immer knapper und die Unternehmen sehen sich gezwungen, im Kampf um die Talente ihre Attraktivität als Arbeitgeber unter Beweis zu stellen.

15.1 Das Unternehmen CAMPARI Deutschland GmbH

Aufgrund der beschriebenen Herausforderungen haben wir, die Campari Deutschland GmbH, uns in den letzten Jahren verstärkt damit auseinandergesetzt, was uns als Arbeitgeber attraktiv macht, wie wir auf Bewerber wirken (wollen), welche Zielgruppen wir ansprechen möchten und wie wir diese Faktoren möglichst optimal miteinander kombinieren und intern und extern kommunizieren.

Wie sind wir als Unternehmen positioniert? Die Gruppo Campari zählt weltweit zu den bedeutendsten Unternehmen im Spirituosensektor und ist heute mit über 45 starken Lifestyle- und Premium-Marken in mehr als 190 Märkten vertreten. Als deutsches Tochterunternehmen der Gruppo Campari ist die Campari Deutschland GmbH seit 30 Jahren erfolgreich im deutschen Markt tätig: Wir nehmen einen hohen Stellenwert innerhalb der Gruppo Campari ein und zählen zu den Top-3-Märkten weltweit. Wir sind dezentral organisiert, entwickeln Marketingkampagnen lokal und sind einer der größten Werbespender der Branche.

Unsere Mitarbeiter und unsere Marken sind unser wichtigstes Kapital: Starke Marken im Premium-Lifestyle-Segment, ein konsequenter Konsumenten-Fokus und nachhaltige Investition in unsere Marken und Mitarbeiter zeichnen uns aus. Wir bieten ein fokussiertes Sortiment internationaler, erfolgreicher Lifestyle- & Premium-Marken an. Hierzu zählen zum einen die im Besitz der Gruppo Campari befindlichen renommierten Premium-Marken wie CAMPARI, APEROL, CYNAR, OUZO 12, CINZANO, GLEN GRANT, WILD TURKEY, SKYY Vodka, APPLETON, SAGATIBA und CRODINO sowie die Liköre AMERICAN HONEY, FRANGELICO, CAROLANS und IRISH MIST. Des Weiteren gehören zum erfolgreichen Portfolio die Distributionsmarken aus dem Premium Single Malt Segment GLENFIDDICH, THE BALVENIE, BOWMORE, AUCHENTOSHAN, GLEN GARIOCH, YAMAZAKI und HIBIKI, der irische Whiskey TULLAMORE D.E.W., GRANT`S Scotch Whisky, der Premium Gin HENDRICK'S, SAILOR JERRY Rum sowie die Premium Liköre LICOR 43, DISARONNO, MIDORI und ILLYQUORE. Das hochwertige Grappa-Angebot aus der SIBONA Antica Distilleria und die prestigeträchtigen Marken ANTICA FORMULA und PUNT È MES aus dem Hause Fratelli Branca-Destillerie S.r.L. runden das aktuelle Angebot ab.

Markenerfolge wie die unvergleichliche Geschichte von Aperol, das konstante Wachstum von Licor 43 und Ouzo 12 sowie Klassiker wie Campari und Cinzano zeigen, dass unser konsequenter Konsumentenfokus und unsere nachhaltigen Konzepte durchdacht und erfolgreich sind. Neben profundem Marketingwissen, genauen Markt- und Konsumentenanalysen und logischer Strategie ist jedoch die emotionale Komponente ganz entscheidend: Die Leidenschaft unserer Mitarbeiter, das „Brennen" für unsere Marken und ihr Enthusiasmus sind für uns der Motor unserer Motivation und unseres Erfolges. Passionate People – Successful Brands! – das zeichnet uns aus. Wir sind stolz darauf, dass so stark identifizierte, hoch motivierte Mitarbeiter unsere attraktiven Marken zum Erfolg führen.

Wie aber schafft es ein vergleichsweise kleines Unternehmen mit rund 120 Beschäftigten, solche Mitarbeiter zu gewinnen und ihren individuellen Anforderungen gerecht zu werden? Wie gehen wir mit den Herausforderungen des Marktes um? Was unterscheidet uns von der Konkurrenz?

15.2 Employer Branding

15.2.1 Definition

Der Kern der HR-Aufgaben besteht darin, die richtigen Mitarbeiter zu gewinnen und langfristig zu binden. Die Herausforderungen des Marktes sind groß und die Konkurrenz besteht aus imageträchtigen, kompetenten und attraktiven Arbeitgebern. Ein gutes Employer Branding ist wichtig, um sich im „war for talents" zu positionieren. Was aber macht ein gutes Employer Branding überhaupt aus? Wie entsteht es, wie wird es etabliert, wie wird es verankert?

Unter „Employer Branding“ verstehen wir die Kreation und (interne sowie externe) Verankerung einer Arbeitgebermarke, die sich vom Wettbewerb abhebt und unterscheidet. Ein gutes Employer Branding formuliert und vermittelt somit die positiven Aspekte eines Arbeitgebers, schafft eine Abgrenzung zu Konkurrenzunternehmen und spricht optimalerweise zielgruppenspezifische Bewerber genau wie bestehende Mitarbeiter an. Somit zahlt ein gutes Employer Branding immer auch auf die Themen Rekrutierung und Retention ein, indem es intern wie extern die Attraktivität des Unternehmens als Arbeitgeber akzentuiert.

Unserer Ansicht nach sollten Employer-Branding-Maßnahmen gleichermaßen intern und extern durchgeführt werden und unbedingt konsistent aufgebaut sein: Nur wer nach außen und innen das gleiche Bild vermittelt, agiert authentisch und bewahrt den Bewerber vor bösen Überraschungen. Klarheit ist entscheidend: Um ein sinnvolles Arbeitgeberimage aufzubauen, sollte man wissen, für welche Bewerber man attraktiv sein will (und für welche nicht) und welche Charaktereigenschaften man als Arbeitgeber mitbringt (und welche nicht). Nur wer die Kultur seines Unternehmens kennt, kann auch die Rekrutierung so steuern, dass sich bevorzugt Bewerber, die zu ihr passen, angesprochen fühlen. Und nur wer die Vorzüge dieser Kultur benennen kann, kann auch durch gezielte Kommunikation (intern und extern) die Attraktivität seines Unternehmens betonen.

15.2.2 Die Entstehung des Konzeptes

Wie aber finden wir heraus, was uns wirklich attraktiv macht? Wer sollte an dieser Diskussion beteiligt sein? Und wie formulieren wir aus der Idee ein Konzept?

Wir haben uns entschieden, unseren Unternehmenswerten treu zu bleiben und dem „Mythos Employer Branding“ pragmatisch zu begegnen: Durch externe Vorträge und Tagungen haben wir uns ein gewisses Basiswissen angeeignet und sind dann in die Umsetzung gegangen. Wir haben uns mit der Frage beschäftigt, was uns als Arbeitgeber wirklich ausmacht und wie wir diese Quintessenz intern und extern kommunizieren können. Da wir der Meinung sind, dass die Antworten auf diese Fragen jedoch (sofern sie authentisch sein sollen) nicht top-down formuliert werden können, haben wir unser Konzept auf den Aussagen derer aufgebaut, die unser Unternehmen prägen: unsere Mitarbeiter. Persönliche Interviews im Rahmen der Einstellung und Einarbeitung, ein Unternehmensvideo sowie allgemeine anonyme Mitarbeiterumfragen haben uns Einblicke in die Gründe gewährt, warum Kollegen gern bei uns arbeiten, was sie besonders an unserem Unternehmen schätzen und was sie vor allem auch im Vergleich zu ihrem ehemaligen Arbeitgeber attraktiv finden. Anhand zahlreicher, individueller Momentaufnahmen haben wir festgestellt, dass sich ein einheitliches Bild von uns als Unternehmen abzeichnet: In der Rekrutierung überzeugen wir durch attraktive Marken, spannende Tätigkeiten und schnelle Wege, gepaart mit einer Unternehmenskultur, die von Vertrauen, Nähe und Teamgeist geprägt ist. Besonders die Möglichkeit, schnell Verantwortung zu übernehmen, Entscheidungen mitbestimmen und tragen zu können, etwas bewegen zu können und dabei Teil einer familiären, kollegialen Kultur zu werden, die loyal und authentisch agiert, sind für viele die entscheidenden Kriterien, bei uns zu arbeiten.

Die Key Assets haben wir somit durch interne Umfragen und Recherchen festgelegt. In einem eintägigen HR-Workshop haben wir die so gewonnenen Ergebnisse gesammelt, strukturiert und verdichtet. Als Resultat haben wir festgestellt, dass uns zwei Dinge besonders auszeichnen, die wir unter den Schlagwörtern „Leidenschaft für Leistung" und „Leidenschaft für Menschen" gefasst haben. Leidenschaft für Leistung bedeutet, dass wir Spaß am Erfolg haben und stolz auf unsere Marken sind. Wir zeichnen uns durch Exzellenz und Schnelligkeit aus und vermitteln eine positive, pragmatische und leistungsorientierte Hands-on-Mentalität. Einer der größten Unterschiede zu unseren Mitbewerbern besteht darin, dass wir unseren Mitarbeitern sehr schnell Verantwortung übertragen, die individuellen Entscheidungs- und Gestaltungsspielräume sehr groß sind und wir bei Bedarf auch schnell unkonventionelle, flexible Lösungswege gehen können. Bei uns ist jeder Mitarbeiter auch ein Stück weit selbst Unternehmer. Dies differenziert uns stark von unseren oftmals konzerngeprägten Konkurrenzunternehmen mit starren Hierarchien und Prozessen. „Leidenschaft für Menschen" bedeutet, dass wir großen Wert auf Integrität, Loyalität und Ehrlichkeit legen. Wir schenken unseren Mitarbeitern großes Vertrauen und pflegen ein sehr kollegiales, lockeres und freundliches Betriebsklima. Wir schätzen die individuelle Meinung unserer Kollegen und ermutigen sie, diese auch offen zu formulieren und so Raum für Verbesserungen zu schaffen.

All diese Faktoren wurden uns von unseren Mitarbeitern in den beschriebenen Interviews und Umfragen wiederholt widergespiegelt. Die so entstandene Employer Value Proposition wollten wir sowohl intern als auch extern kommunizieren: Sowohl bestehende Mitarbeiter als auch potenzielle neue Bewerber sollten ein einheitliches Unternehmensbild vermittelt bekommen. Deshalb haben wir unsere Mitarbeiter (noch bevor wir unser „Selbst-Verständnis" extern verdeutlicht haben!) in einem internen Meeting über das Unternehmensbild und dessen Entstehung informiert. Da wir die Positionierung auf Basis der internen Umfrage- und Interviewergebnisse geschaffen haben und unsere Mitarbeiter das Ergebnis auch auf ihre eigene, subjektive Wahrnehmung des Unternehmens zurückführen konnten, war die Identifikation erwartungsgemäß hoch. Gleichzeitig kommunizieren wir die Vorteile unseres Unternehmens analog auch extern: In Stellenanzeigen, auf der Homepage und bei Vorträgen vermitteln wir ein einheitliches Bild und kommunizieren unsere „Leidenschaft für Leistung" und „Leidenschaft für Menschen". Das Zusammenspiel von bekannten, attraktiven Marken und einer gleichermaßen leistungs- wie werteorientierten Kultur ist die Quintessenz unseres Charakters.

15.2.3 Realisierung im Alltag

Das beste Employer-Branding-Konzept ist nutzlos, sobald die Mitarbeiter an dessen Inhalten zweifeln. Indem die Kollegen wissen, dass sie an der Entstehung maßgeblich beteiligt waren, haben wir sicher einen wertvollen Grundstein für die Akzeptanz des Konzeptes

Abb. 15.1 Die Rote Nacht der Bars. (Quelle: Campari Deutschland GmbH)

gelegt. Dennoch muss die Theorie immer wieder in der Praxis verankert, bestärkt und bewiesen werden. Die Realisierung eines derartigen Konzeptes im Alltag leistet deshalb für uns einen entscheidenden Beitrag zum Erfolg jeder Arbeitgebermarke: Wir bemühen uns, die Wahrnehmung von Campari Deutschland als familiäres, werteorientiertes Lifestyle-Unternehmen mit Marken-Bezug immer wieder zu verankern und zu stärken.

Cocktail-Wettbewerbe wie der Campari Liquid Art Contest, der Disaronno Mixing Star oder die Licor 43 Competition machen die Mitarbeiter stolz: Bei diesen Events werden neue Drink-Kreationen in toller Atmosphäre getestet und bewertet und somit natürlich auch die Identifikation mit den Produkten gestärkt. Deshalb haben wir beispielsweise vor Ort in München alle Mitarbeiter eingeladen, beim Liquid Art Contest im Münchner P1 live dabei zu sein, wenn die Gewinner show-mixen. Herzlich willkommen sind Mitarbeiter aller Abteilungen auch bei der monatlichen „Campari Academy", zu der Barkeeper aus ganz Deutschland eingeladen werden, um bei Schulungen unsere Kategorien und Produkte kennenzulernen und anschließend die Flagship-Bars und -Clubs in München zu besuchen. Ein weiteres Beispiel für „Unternehmensidentifikation zum Anfassen" ist „Die Rote Nacht der Bars" (ein Event der Marke Campari, das in München, Hamburg und Berlin durchgeführt wurde): Bereits Monate vorher war die Veranstaltung Thema der Mitarbeiter auf ihrem privaten Facebook-Account. Hier werden Einladungen geteilt, Fotos von Werbeplakaten hochgeladen und Links zu beteiligten Celebrities und Künstlern publiziert (Abb. 15.1).

Die Leidenschaft für unsere Marken ist ein Grund für unseren Erfolg. Daher ist es uns wichtig, unseren Mitarbeitern die Möglichkeit zu geben, unsere Markenwelten zu erleben. Gleichzeitig sind wir uns der Verantwortung bewusst, die mit der Vermarktung alkoholischer Getränke einhergeht. Deshalb setzen wir uns mit Überzeugung für einen verantwortungsvollen Genuss unserer Premium Marken ab 18 Jahren ein: „Enjoy responsibly" lautet der Grundsatz unseres Unternehmens-Kodex. Den verantwortungsvollen, genussorientierten Umgang mit alkoholischen Getränken leben wir nicht nur intern: In seiner Rolle als stellvertretender Präsident des Bundesverbandes der Deutschen Spirituosen-Industrie (BSI) vertritt der Vorsitzende unserer Geschäftsführung, Stefan Jensen, dieses besondere

Abb. 15.2 American Honey Launch Party. (Quelle: Campari Deutschland GmbH)

Anliegen auch in der Öffentlichkeit. Auch der Umgang mit dieser Verantwortung reflektiert unser Wertegefüge ganz klar.

Bei Neueinführungen von Produkten lassen wir uns gern etwas Besonderes einfallen: Zum Launch von American Honey wurde die Marke etwa in einer bekannten Bar in München stilecht mit Burgern, einer als lebende Jukebox fungierenden Band und einem Mini-Fotostudio vorgestellt, in dem die Mitarbeiter Fotos von sich und dem neuen Produkt machen und visuell in die Markenwelt eintauchen konnten (Abb. 15.2).

Das Erleben unserer Markenwelten spielt auch im Alltag eine Rolle. Unsere vormals eher eintönig wirkenden Meetingräume haben wir mittels eines Mini-Wettbewerbs unter dem Motto „Passion for Change" umgestaltet. Fünf Teams aus Freiwilligen haben die ehemals sehr funktionalen Räume in bunte, spannende und faszinierende Markenwelten verwandelt. Eine Jury aus Vertretern unterschiedlicher Abteilungen hat die Räume abschließend nach den Kriterien Kreativität, Funktionalität, technische Ausstattung, Brand Character und Kosten-Nutzen-Verhältnis bewertet und das Gewinner-Team gewann ein Abendessen in einem italienischen Restaurant (Abb. 15.3).

Neben dem Erleben unserer Produkte ist auch die Tradition des Familienunternehmens ein Teil unseres Arbeitgeberversprechens. Auch hier legen wir Wert auf die interne Verankerung: 2011 sind wir mit allen Mitarbeitern nach Mailand gefahren, um das Headquarter der Gruppo Campari kennenzulernen und unsere Produktionsstätten zu besichtigen. Vier Tage lang haben wir Tradition, Heritage und Geschichte unserer Marken kennengelernt,

Abb. 15.3 Der neugestaltete Besprechungsraum „Skyy". (Quelle: Campari Deutschland GmbH)

den Bezug zur Gruppo Campari gestärkt und auch immer wieder „La Dolce Vita" genossen (Abb. 15.4).

Derartige Events oder Reisen wirken sich natürlich auch positiv auf unseren Umgang und unser Betriebsklima aus. Wer nicht nur nebeneinander am Schreibtisch oder in Meetings sitzt, sondern auch außerhalb der Unternehmensmauern miteinander spricht, lacht und Gemeinsames erlebt, geht mit den Kollegen anders um. Ein freundliches, offenes Betriebsklima motiviert die Mitarbeiter außergewöhnlich stark und unsere Kollegen sprechen häufig von der „familiären" Atmosphäre unseres Unternehmens. Für uns ist dies auch Teil unseres Verständnisses als „Familienunternehmen": Menschlichkeit, Wertschätzung und Hilfsbereitschaft prägen unseren Umgang miteinander. Wir legen Wert darauf, einen partnerschaftlichen, respektvollen Umgang miteinander zu pflegen. Unser Verständnis von Teamgeist ist geprägt durch Loyalität und Integrität. Dieses Werteverständnis und unsere Definition des „Familienunternehmens" offenbart sich auch in kritischen Situationen: gegenseitige Hilfe, die Prämisse, füreinander da zu sein, und das Gefühl, sich auch im beruflichen Umfeld auf ein „soziales Netz" verlassen zu können, ist für uns ausschlaggebend. So sind wir uns auch in heiklen Momenten einig, soziale Verantwortung für unsere Mitarbeiter zu haben. Hierzu zählt ein gesunder Wiedereinstieg nach langfristiger Arbeitsunfähigkeit im individuell abgestimmten Modell genauso wie die Hilfe bei privaten Schicksalsschlägen. Für diese Notfälle gibt es eine eigens gegründete Stiftung, die Bedürftige finanziell unterstützt. Nicht nur die Generation Y honoriert dieses Zeichen von „Menschlichkeit" mit viel Vertrauen und außergewöhnlicher Leistung.

Kurze Wege, offene Türen und ein authentisches Interesse am Gegenüber und seinen Belangen sind ausschlaggebend für die gelöste, kollegiale Stimmung. Dazu gehören auch flache Hierarchien: So sehen wir etwa Praktikanten als vollwertige Mitglieder unseres Unternehmens, die auch an Schulungen, Meetings oder der beschriebenen Reise nach Mai-

Abb. 15.4 Die Campari Deutschland Convention 2011; Besuch des Headquarters. (Quelle: Campari Deutschland GmbH)

land teilnehmen. Wir sind stolz darauf, eine „Du-Kultur" zu leben, die vom Werkstudenten bis zum CEO reicht und die widerspiegelt, wie essenziell Nähe und Offenheit ungeachtet von Funktionen oder Titeln für uns sind. Hierzu gehört auch der regelmäßige Austausch innerhalb der Teams: So veranstaltet der Managing Director unserer Business Unit immer wieder ein Frühstück mit Mitarbeitern verschiedenster Hierarchien. Hier sind auch konstruktive Kritik und Verbesserungsvorschläge jederzeit willkommen. Sicherlich ist es ein bedeutender Aspekt unserer Unternehmenskultur, dass jeder Einzelne (unabhängig von seiner Position, seiner Erfahrung oder seiner Betriebszugehörigkeit) dazu aufgerufen ist, offen seine Meinung zu äußern, Diskussionen zu führen und eigenständig seinen Standpunkt zu vertreten. Auch das gehört zu unserem Verständnis von Integrität: Die Lust daran, innovative Wege zu gehen und Altbewährtes zu hinterfragen, ist bei uns willkommen.

Die ehrgeizigen Unternehmensziele, die wir uns stecken, und das klare Werteversprechen, das wir geben – Integrität, Leidenschaft, Leistungsbereitschaft, Pragmatismus – können nur mit den richtigen Mitarbeitern erreicht, gestaltet und langfristig beibehalten werden. Wir haben früh erkannt, dass hierfür die Persönlichkeit den Unterschied macht. Wir sind verstärkt dazu übergegangen, die richtigen Mitarbeiter frühzeitig für uns zu gewinnen und ihnen spannende Karrieremöglichkeiten zu eröffnen. Um Management-Nachwuchs optimal auszubilden, haben wir in den Bereichen Marketing und Human Resources ein Traineeprogramm ins Leben gerufen, das den Teilnehmern ermöglicht, alle Unternehmensbereiche kennenzulernen und ein übergreifendes Geschäftsverständnis zu erlangen. Eine Vielzahl an eigenständigen Projekten, beständiges Coaching und die Weiterentwicklung in individuell festgelegten Fach- und Persönlichkeitsseminaren sowie ein Auslandsaufenthalt runden das Programm ab. Dies ist unsere Antwort auf den stets wachsenden Bedarf an hoch qualifizierten Professionals mit umfassenden Kompetenzen und kultureller Passung.

Insbesondere für unsere Nachwuchskräfte im Trainee-Programm gibt es überdies Mentoren aus der Geschäftsleitung, die über den Fachbereich hinaus beratend zur Seite stehen. Sie vermitteln „das große Ganze" genau wie tiefer gehende Einblicke in die Branche und das Unternehmen. Für junge Kollegen ist der Input erfahrener Kollegen essenziell, um die eigene Perspektive zu erweitern und gute Entscheidungen treffen zu können. So fungieren unsere erfahrenen Kollegen, die in ihrer Position gefestigt sind und langjährige Erfahrung in der Branche sowie im Unternehmen mitbringen, als interne Berater und Mentoren. Sie geben gerne ihre eigene Erfahrung und Expertise an junge Kollegen weiter, um diese so darin zu unterstützen, mit dem Unternehmen und den Aufgaben zu wachsen. Der heute so häufig geäußerte Wunsch nach Entwicklungsmöglichkeiten wird somit sowohl für das Unternehmen als auch für den Bewerber sinnvoll umgesetzt: Unsere Trainees erhalten eine umfassende Ausbildung – zugleich werden sie von vornherein mit Werten, Wegen und Prozessen unseres Unternehmens vertraut gemacht.

Nach Beendigung des Programms leiten die ehemaligen Marketing-Trainees direkt eigenverantwortlich eine oder mehrere Marke(n). Die Tatsache, dass wir unseren Talenten gern und schnell Verantwortung übertragen, zeigt sich jedoch nicht nur im Hinblick auf die Trainees: Auch in anderen Bereichen haben wir Positionen geschaffen, die eine schrittweise personelle oder fachliche Verantwortungsübernahme für geeignete Mitarbeiter ermöglichen. Wir sind der Meinung, dass Verantwortung auch Motivation bedeutet. Unsere Kollegen schätzen die großen Entscheidungs- und Gestaltungsspielräume, die wir ihnen bieten – auch das wurde uns in unseren internen Interviews konstant widergespiegelt.

15.3 Was unterscheidet uns vom Wettbewerb?

Eine gute Identifikation mit den Produkten des Unternehmens, die Wertlegung auf familiäre Strukturen, flache Hierarchien und ein freundliches, offenes Klima – dies alles sind auf den ersten Blick „austauschbare" Werte, die auch in anderen Unternehmen als Argumente verwendet werden. Sollte ein gutes Employer Branding nicht immer auch eine Wettbewerbsdifferenzierung beinhalten?

Ein entscheidendes Differenzierungsmerkmal entsteht durch die Kombination verschiedener Vorzüge. So verstehen wir uns nicht nur als familiär orientiertes Unternehmen mit lokaler Entscheidungsfähigkeit, sondern sind zugleich Teil eines internationalen Konzerns, der natürlich auch Möglichkeiten für eine globale Karriere bietet. Im Gegensatz zu großen Konzernen haben wir jedoch als Unternehmen mit 120 Mitarbeitern die Möglichkeit, flexibler zu agieren, neue Lösungen schneller zu realisieren und Dinge auch mal auszuprobieren. Als Brand Manager bei der Campari Deutschland GmbH ist man tatsächlich sein eigener kleiner Unternehmer: Man hat die Möglichkeit (und Pflicht), Projekte zu initiieren und voranzutreiben sowie Strategien zu entwickeln – wohingegen man in größeren Konzernen oft eher top-down orientiert Themen umsetzt.

Einen weiteren Unterschied macht unser Team: Unsere Mitarbeiter bringen nicht nur ein hohes Maß an Leistungsbereitschaft, Professionalität und unternehmerischem Denken mit; wir legen gleichermaßen Wert auf ihre Persönlichkeit, Teamfähigkeit und Kollegialität. Dies zeigt sich vor allem im Kleinen: in der generellen und durchgehenden Hilfsbereitschaft gegenüber neuen Mitarbeitern, durch den selbst gebackenen Kuchen, den jemand am Geburtstag mitbringt, in dem Blumenstrauß und den vielen Genesungswünschen, die jemand nach einer Operation oder längeren Krankheit erhält, durch die Luftballons und Dekoration des Büros, wenn jemand nach seiner Hochzeit an den Arbeitsplatz zurückkehrt. Für uns macht es einen Unterschied, dass wir diese Werte nicht nur extern kommunizieren, sondern auch intern leben – das ist für uns die Essenz von erfolgreichem Employer Branding.

15.4 Optimierungsmöglichkeiten und Tipps für die Praxis

Selbstverständlich gibt es auch in unserem Konzept Optimierungsmöglichkeiten. So haben wir beispielsweise festgestellt, dass unsere externen Kommunikationsmaßnahmen (wie Website, Stellenanzeige, Imagebroschüre etc.) nicht alle einheitlich visualisiert wurden. Dadurch wird der Wiedererkennungseffekt geschmälert und die Dokumente erscheinen eher als „Stückelwerk" denn als Konzept. In der Konsequenz haben wir uns entschlossen, mit einer Agentur zusammenzuarbeiten und neben einer Neugestaltung unserer Stellenanzeigen auch ein einheitliches visuelles Konzept zu erarbeiten, das auf mehrere Employer-Branding-Maßnahmen anwendbar ist. In diesem Zuge werden wir auch den Slogan „Leidenschaft für Leistung und Leidenschaft für Menschen" noch einmal überarbeiten und die Quintessenz unseres Arbeitgeberimages noch pointierter formulieren.

Dennoch sind wir auch im Nachgang der Meinung, dass es richtig war, unsere Überlegungen zum Thema Arbeitgeberattraktivität zunächst ohne externe Hilfe zusammenzutragen. Die internen Interviews haben sich für uns als wertvolle und kostengünstige Basis erwiesen: In Diskussionen und Brainstormings haben wir gelernt, uns als Arbeitgeber noch einmal neu zu betrachten und andere Blickwinkel einzunehmen. Auch sind wir nach wie vor der Meinung, dass jegliche Art von Employer Branding intern fundiert sein muss, um extern fruchten zu können. Unsere Erfahrung zeigt, dass Nachhaltigkeit und Authentizität ganz entscheidende Faktoren für den Erfolg einer Arbeitgebermarke sind. Nur wer Zeit investiert, um zu verstehen, wie Bewerber und Mitarbeiter das Unternehmen wirklich wahrnehmen, kann dann auch diese Wahrnehmung schärfen und lenken.

15.5 Fazit

Das Schaffen einer Arbeitgebermarke ist unbestreitbar spannend. Wie bei jeder anderen Marke auch ist ein fundiertes, strategisch durchdachtes Konzept genauso wichtig wie Authentizität in der Vermittlung, Nachhaltigkeit und Abgrenzung gegenüber Wettbewerbern sowie die Wahl der richtigen Kanäle für die Kommunikation. Den ersten Schritt haben wir geschafft: Nun liegt unsere Herausforderung vor allem in der kontinuierlichen Stärkung und Verankerung unseres Unternehmensbildes. Die Vorzüge eines familiär orientierten, global agierenden Unternehmens, die starke Identifikation mit unseren Marken, der besondere Teamgeist unter den Kollegen und ein herausforderndes, spannendes Arbeitsumfeld, das Raum für eigene Entscheidungen lässt – dies alles sind Pfeiler unseres Unternehmens, die immer wieder gestärkt und vielleicht auch neu gestaltet werden müssen, damit sie langfristig bestehen bleiben. Nur so kann auch die überdurchschnittlich hohe Leistungsbereitschaft in unserem Unternehmen aufrechterhalten werden: Wir verlangen viel von unseren Mitarbeitern und stellen hohe Ansprüche, denen wir im Gegenzug auch als Unternehmen gerecht werden wollen.

Ein gezieltes „Brand Building", der kontinuierliche Aufbau der Marke und die Sicherstellung der Unterstützung, Motivation und Passion des Teams – das ist unsere Strategie, wenn es um Marken geht. Egal, ob bei unseren Produkten oder bei unserem Unternehmen.

Literatur

Buchhorn, E., & Werle, K. (2013). Die Gewinner des Arbeitsmarktes. Karriere Spiegel online, 7.6.2011. www.spiegel.de/karriere/berufsstart/generation-y-die-gewinner-des-arbeitsmarkts-a-766883.html. Zugegriffen: 22. Juni 2011.

„Sicherer Arbeitsplatz ist bei Jobsuche entscheidend", Financial Times Deutschland vom 11.7.2012.

Links

www.campari-deutschland.de.
www.camparigroup.com.

Strahlkraft nach außen und nach innen 16

Die adidas Gruppe als Arbeitgebermarke

Matthias Kempf

16.1 Basisinformation zum Unternehmen

Das Unternehmen adidas AG wurde nach dem Zweiten Weltkrieg von Adi Dassler gegründet. Es machte sich im Wesentlichen zunächst mit technisch hoch entwickelten Sportschuhen einen Namen und entwickelte sich insbesondere im Fußball-Geschäft zum globalen Marktführer. Derzeit ist die adidas Gruppe die zweitgrößte Sportartikel-Firma weltweit mit über 190 Standorten rund um den Globus (Abb. 16.1).

Die Betonung lag bei adidas aufgrund der Herkunft von Adi Dassler (und auch passend zu dem weltweit bekannten Label „Made in Germany") zunächst sehr stark auf der Technik. Im Laufe der Zeit wurde das Unternehmen durch gezielte Marketingstrategie und dann später auch durch eigene Designmarken im Fashion-Bereich nicht mehr nur durch den Einzelhandel, sondern auch durch den eigenen Vertrieb und exklusive Geschäfte immer erfolgreicher. Heute spielt nach wie vor die hoch entwickelte Technologie der Produkte in der Unternehmensphilosophie von adidas eine entscheidende Rolle, verbunden mit einer Mehr-Marken-Strategie mit den Marken adidas, Reebok, Rockport und TaylorMade-adidas Golf (TMaG), die auf unterschiedliche Konsumentensegmente abzielt. Leistung, Leidenschaft, Integrität und Vielfalt sind die Werte des adidas Konzerns.

Weltweit beschäftigt adidas rund 47.000 Mitarbeiter, in Deutschland circa 5.000; allein in der Unternehmenszentrale Herzogenaurach ca. 3.600. Über ein Viertel der Führungspositionen (28 %) sind von Frauen besetzt. Das Durchschnittsalter der Mitarbeiter beträgt 31 Jahre (in Herzogenaurach 37 Jahre), die durchschnittliche Betriebszugehörigkeit liegt bei 3,5 Jahren (Abb. 16.2) (Stand der Zahlen: Q1 2013).

M. Kempf (✉)
Herzogenaurach, Deutschland
E-Mail: Matthias.Kempf@adidas-group.com

H. Künzel (Hrsg.), *Erfolgsfaktor Employer Branding*, Erfolgsfaktor Serie,
DOI 10.1007/978-3-642-40535-8_16, © Springer-Verlag Berlin Heidelberg 2013

Abb. 16.1 Unternehmenszentrale der adidas Gruppe in Herzogenaurach. (Quelle: adidas Gruppe)

16.2 Talent- und Performance Management

16.2.1 Externe Gewinnung von Talenten

Jedes Jahr bewerben sich circa 160.000 Personen über verschiedene Wege bei adidas in der Zentrale in Herzogenaurach, weltweit sind es über 300.000. Unsere Karriereseite im Internet wird rund 100.000 Mal monatlich besucht, unsere Rekrutierungsseiten in den „Social Media" von mehr als 200.000 Usern angeklickt. In den vergangenen zwei Jahren ist der Eingang von konkreten Bewerbungen über unsere Karriereseite jeweils um circa 10 % auf derzeit weltweit knapp 172.000 gestiegen. Kritische Bereiche für die Rekrutierung sind für Positionen im IT-Bereich sowie für Jobs unterschiedlichsten Levels in der „digitalen Welt".

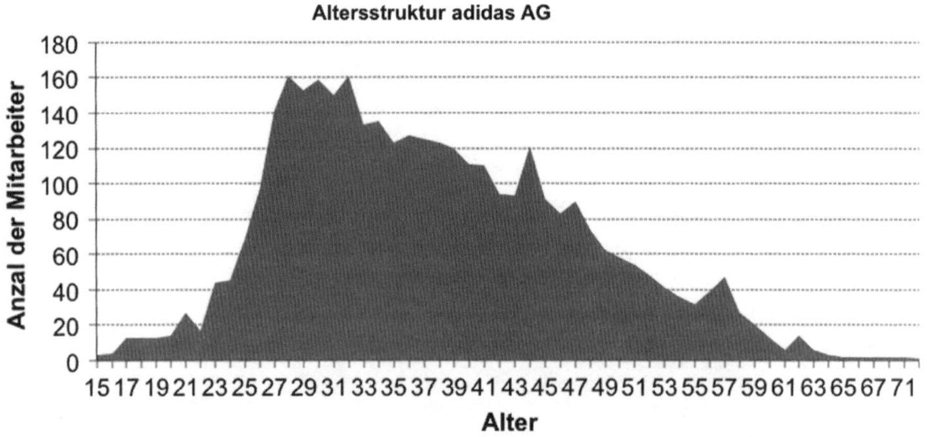

Abb. 16.2 Altersstruktur bei adidas Deutschland/Stand: 31.12.2012. (Quelle: adidas Gruppe)

Unser Ziel ist es, ein „Wunscharbeitgeber" für unsere potenzielle Bewerberzielgruppe zu sein. Um die adidas Gruppe als interessanten Arbeitgeber in allen Kategorien langfristig zu positionieren, stellen wir unsere Unternehmenskultur, die bei uns natürlich von einer großen Leidenschaft für den Sport und einen sportlichen Lifestyle geprägt ist, pro aktiv heraus.

Bei der Personalkommunikation geht es der adidas Gruppe um ein ganzheitliches Verständnis dessen, was einen attraktiven Arbeitgeber ausmacht. Dabei genügt es eben nicht, nur gutes Marketing zu betreiben oder moderne HR-Instrumente einzuführen. Wir haben es uns zum Ziel gesetzt, potenziellen Bewerbern die Vorzüge der adidas Gruppe als Arbeitgeber näherzubringen.

Ziel ist es, ein facettenreiches, glaubwürdiges und unverwechselbares Bild eines kompetenten Unternehmens nach innen und außen zu vermitteln und die adidas Gruppe als interessanten Arbeitgeber in allen Kategorien zu platzieren, um langfristig qualifizierte Talente aus aller Welt anzuziehen und zu halten.

Wir greifen das Thema Employer Branding ganzheitlich auf und integrieren verschiedene Personalthemen sowie unsere Mitarbeiter in alle Bereiche der Unternehmenskommunikation. Indem wir Themen „ein Gesicht geben" und Mitarbeiter aus verschiedenen Abteilungen vorstellen, geben wir nicht nur Einblicke in die adidas Gruppe, sondern zeigen gleichzeitig interessante Karrieremöglichkeiten auf. Es ist uns gelungen, die Umfragewerte zur Arbeitgeberattraktivität über die letzten Jahre zu verbessern und von verschiedenen Zeitschriften wie z. B. Fortune und Businessweek als „Top Employer" und „Most Admired Company" in den Jahren 2012 und 2013 beim Image Ranking der TW Studie „Working in Fashion" ausgezeichnet zu werden (Platz 1).

Unsere Erfahrungen auf der Rekrutierungsseite Der Fokus in der Mitarbeitergewinnung hat sich vom „Kampf um die Talente" immer mehr in Richtung „Bindungsaufbau" und das „Ermöglichen von Erfahrungen" gewandelt.

Selbstverständlich hat die Marke an sich schon eine hohe Zugkraft und natürlich hat auch die Tatsache, dass regelmäßig Events angeboten werden, an denen die Mitarbeiter z. B. mit bekannten Größen aus der Sportwelt i. d. R. auch tatsächlich in einen gewissen Kontakt treten können, einen enormen Reiz für alle Sportbegeisterte. Jedoch geschieht dieses Erleben eben nicht nur durch unsere Produkte und Personen alleine, sondern auch durch unsere Servicehaltung und den leidenschaftlichen Willen, unsere Marke an jedem Berührungspunkt spürbar zu machen, die die Kandidaten im Bewerbungsprozess machen können. Dabei gilt es für jeden einzelnen Schritt im Bewerbungsprozess zu hinterfragen: Wie werden wir wahrgenommen? Wie ist der erste Kontakt, wie wird interviewt, das Angebot ausgesprochen und dann auch der erste Arbeitstag und die Einarbeitung gestaltet?

16.2.1.1 Das Employer Referral Program von adidas (Talent Scout)

Grund für die Einführung eines Mitarbeiter-Empfehlungs-Programms (MEP):

Für den Erfolg unseres Unternehmens ist es von zentraler Bedeutung, dass wir herausragende Talente einstellen. Das adidas Mitarbeiter-Empfehlungs-Programm „Talent

Scout“ wurde zur Anerkennung und Belohnung von Mitarbeitern entwickelt, die erfolgreich Kandidaten zur Besetzung offener Stellen in unserer Organisation empfehlen, also:

- Mitglieder ihres sozialen Umfelds dabei unterstützen, eine Stelle bei der adidas Gruppe zu bekommen
- eine Umgebung schaffen, in der noch mehr Menschen tätig sind, die sie gerne um sich haben
- Menschen ins Team bringen, die in der Vergangenheit schon mit ihnen zusammengearbeitet haben und deren Können sich in der Praxis bewährt hat

Ziel ist es, in 2015 mindestens 30 % aller externen Einstellungen über das MEP besetzt zu bekommen.

16.2.1.2 Employer Branding: Fokus und Message

Vor dem Hintergrund des Fachkräftemangels und angesichts der Herausforderung für Unternehmen, sich als attraktiver Arbeitgeber im „war for talents“ zu behaupten, gewinnt die Arbeitgebermarkenbildung immer mehr an Bedeutung. Vor allem global aufgestellte Unternehmen befinden sich seit geraumer Zeit im Wettkampf um die besten Talente. Dadurch wird es immer wichtiger für die adidas Gruppe, sich als attraktiver Arbeitgeber zu positionieren.

Von Anfang an haben wir uns für eine authentische Kommunikation auf Augenhöhe mit unserer Zielgruppe entschlossen. Das ist die schwierigste und gleichzeitig wichtigste Aufgabe. Mit großen, kultigen Marken ist es nicht schwierig, Inhalte fürs Web zusammenzustellen und führend bei der Nutzung sozialer Medien zu sein. Die Herausforderung ist sicherzustellen, dass wir einen echten Dialog mit unseren Fans und potenziellen Bewerbern führen. Denn letztendlich sind diese auf der Suche nach einem Medium, um mit uns zu kommunizieren, um von uns zu hören und um ein Bild davon zu bekommen, wer wir sind. Sie möchten uns auch mehr über sich selbst erzählen und schildern, warum sie finden, dass sie zu unserem Unternehmen passen. Und sie wollen natürlich wissen, wie sie eine Stelle bei uns bekommen können. Aus diesem Grund setzen wir verstärkt unseren Unternehmensblog, Facebook, Twitter und LinkedIn als zusätzliche Instrumente ein. Hier können wir unsere Zielgruppen nicht nur über offene Positionen schnell, direkt und effizient informieren, sondern gleichzeitig zeigen, wie es ist, für die Gruppe zu arbeiten. Unsere Karriereseiten in sozialen Netzwerken fokussieren sich auf die Stellenbewerber. Wir erhalten wie schon erwähnt jedes Jahr hunderttausend Bewerbungen und nur ein Bruchteil der Bewerber wird eingestellt. Kandidaten, die nicht sofort eine Zusage erhalten, denken oftmals „Das war's“. Aber nur, weil es mit einer Stelle nicht klappte, heißt das nicht unbedingt, dass keine Stelle passt.

Anstatt einfach nur den Bewerbungsprozess zu durchlaufen, wollen wir mit den Bewerbern in einen Dialog treten. Somit entsteht aus einer zweidimensionalen Datenbank eine lebhafte soziale Plattform, auf der wir uns mit unserer Talent-Community austauschen und sie über unser Unternehmen auf dem Laufenden halten können. Und wir sind überzeugt: Wenn wir unsere Sache gut machen, erfahren wir mehr über unsere Kandidaten und verfügen über einen größeren, leichter zugänglichen Talentpool. Diese Verbindung zu unseren „Followern" (Anhängern) hilft uns, ihre Bedürfnisse besser zu verstehen, wodurch wir wiederum unsere Möglichkeit, begabte Talente zu identifizieren, verbessern.

Das Faszinierende an sozialen Medien ist, dass die Nutzer entscheiden, was sie interessant finden, und nicht andersherum. Unsere „Brandpages" konzentrieren sich auf unsere Konsumenten; unsere Karriereseite hingegen fokussiert sich auf unsere Stellenbewerber und auf das Arbeiten innerhalb der adidas Gruppe, egal für welche Marke. Erwähnenswert ist auch, dass wir mit unseren externen Social-Media-Auftritten circa 20.0000 unserer eigenen Mitarbeiter erreichen – auch hier bestehen also echte direkte Kontaktmöglichkeiten!

In Blogs schreiben Mitarbeiter über das Unternehmen, die einzelnen Bereiche, ihre individuelle Arbeit oder laufende Projekte. Authentische Geschichten, von unseren Mitarbeitern verfasst, geben einzigartige Einblicke in unser Unternehmen und stiften Vertrauen. Wir finden es wichtig, dass unsere Mitarbeiter aus den verschiedensten Abteilungen selbst über ihre Erfahrungen, Eindrücke und Meinungen berichten, denn nur so kann ein authentisches Bild des Unternehmens und der Menschen hinter den Marken entstehen. Es gibt unterschiedliche „Karriere-Microsites", die für bestimmte Bewerberzielgruppen angelegt sind (z. B. im Design- oder Retailbereich), um besser auf Erwartungen und Bedürfnisse eingehen zu können. In diesem Zusammenhang ist auch die kürzlich gestartete Relocation Site zu nennen, die Kandidaten aus dem In- und Ausland die Vorzüge der Metropolregion Nürnberg vor Augen führen soll. Diese enthält z. B. auch ein Video, in dem ausländische Mitarbeiter mit ihren Familien aus erster Hand persönliche Erfahrungen teilen sowie Tipps und Hinweise geben.

Motivierte und engagierte Mitarbeiter sind die besten Botschafter unseres Unternehmens. Unser Personal-Strategie-Team hat auf der ganzen Welt mit verschiedenen Mitarbeitern gesprochen und sie gefragt, was die adidas Gruppe als Arbeitgeber auszeichnet und warum sie gerne für das Unternehmen arbeiten. Auf Basis der Antworten wurden die wichtigsten und prägnantesten Employer-Branding-Merkmale erarbeitet. Und seit klar ist, was genau unser differenzierendes Element im Auftritt und in der Kommunikation nach außen ist, versuchen wir das in allem, was wir tun, weiterzutragen und zu bekräftigen.

Was ist unsere „EVP"? Die „Employer Value Proposition" wird letztlich durch das Angebot definiert, das wir den Mitarbeitern machen. Was erhalten diese im Ausgleich für ihre Zeit, ihre Mühe und ihr Engagement? Einen gut definierten Karriereweg, einen erstklassigen Arbeitsplatz, exzellente Weiterbildungsmöglichkeiten, Sozialleistungen und andere Benefits? Was also ist es genau, was uns als Arbeitgeber definiert? Wir sind überzeugt, dass auch hier der Fokus wichtig ist, d. h. dass es darum geht, drei bis maximal fünf Qualitäten herauszugreifen, die für unsere Mitarbeiter und auch die externen Kandidaten am wichtigsten sind für die Entscheidung eines Einstiegs und dann natürlich auch des Verbleibes bei uns.

Diese Kernbotschaften müssen immer wieder in einer konsistenten und inspirierenden Art und Weise unserer internen, aber auch der externen Zuhörerschaft mitgeteilt werden.

Lassen Sie mich im Folgenden den Rahmen skizzieren, den wir vermitteln wollen, wenn es um unsere Positionierung als attraktive Arbeitgebermarke geht. Angemerkt sei nochmals, dass zum einen diese Botschaften von unseren eigenen Mitarbeitern entwickelt wurden und zum anderen, dass es weniger um die sehr konkrete Nutzung der Begriffe geht, sondern vielmehr um die „story", die wir erzählen wollen:

- Da ist die Welt des Sports verbundenen mit den vielfältigen Möglichkeiten, sich auf allen möglichen Ebenen zu verbinden.
- Als globales Unternehmen gibt es bei uns in der Tat keine internationalen Grenzen, wenn es um Karrieremöglichkeiten geht.
- "Wir-Gefühl": Wir schätzen die Herausforderung, immer wieder nach Verbesserungsmöglichkeiten für das, was wir tun, zu suchen.
- Wir anerkennen und wertschätzen die Tatsache, dass jeder Mensch auch individuell lebt, denkt und arbeitet.
- Wir arbeiten mit Menschen aus der ganzen Welt zusammen und integrieren sie von Beginn an als Teil von etwas Größerem.

16.2.1.3 Attraktivität des Standortes – unter besonderer Berücksichtigung der GenY

Zunächst einmal ist es wichtig festzuhalten, dass die sogenannte „GenY" (also die Generation der zwischen 1980 und 2000 Geborenen) für uns sowohl als Mitarbeiter-, aber auch als Kundengruppe eine wesentliche Rolle spielt. Das heißt wir müssen uns in allen unseren Bemühungen hinsichtlich Produkten, Ansprüchen, Erwartungen und Wünschen auf sie einstellen.

Während adidas als Marke weltbekannt ist, ist es der Standort unserer Konzernzentrale Herzogenaurach nicht. Herzogenaurach ist eine fränkische Kleinstadt mit 26.000 Einwohnern. Oftmals sind aber die weniger bekannten Standorte die schönsten Flecken der Welt. Wir bemühen uns deshalb tatkräftig, diesen zu bewerben. Wenn unsere Recruiter Interessenten von Herzogenaurach erzählten, sorgte dies oftmals für große fragende Augen, weil viele noch nie von einem Ort namens Herzogenaurach gehört hatten. Letztes Jahr haben wir überlegt, wie wir unsere Recruiter für das Headquarter noch besser unterstützen können, sodass sie interessierte Talente für einen Job im Headquarter nicht lange vom Standort Herzogenaurach überzeugen müssen. Die adidas Gruppe hat sich Mitte der 90er Jahre bewusst für Herzogenaurach als Sitz der Konzernzentrale entschieden. Hier ist der Ort, wo alles begann, wo Firmengründer Adi Dassler in den 1920er Jahren seine ersten Sportschuhe gefertigt hat. Wenn unsere Recruiter Interessenten von Herzogenaurach erzählten, sorgte dies oftmals für große fragende Augen, da viele noch nie etwas von einem Ort namens Herzogenaurach gehört hatten. Im Mittelpunkt der Kommunikation steht deshalb unser Headquarter, die World of Sports, mit einem großzügig angelegten Campus, der nicht nur ein modernes Arbeitsumfeld bietet, sondern auch jede Menge Sportmöglichkeiten. Es ist auch für adidas nicht einfach, Bewerber, und insbesondere eben die Zielgruppe GenY, in den fränkischen Stammsitz zu locken. Das heißt, auch wir müssen trotz unseres

Abb. 16.3 Generationenverteilung bei der adidas Gruppe/Stand: 31.12.2012. (Quelle: adidas Gruppe)

Generationen	adidas Group
Baby Boomers	10%
Generation X	26%
Generation Y	64%

unbestrittenen Unternehmenserfolges die „Extra Meile" gehen, um junge Talente und gute Mitarbeiter für das Headquarter in Herzogenaurach zu gewinnen.

Für das Video auf der Relocation-Website haben wir 21 Mitarbeiter mit verschiedenen kulturellen Hintergründen mit einer Kamera auf unserem Unternehmenscampus, der „World of Sports", und in den umliegenden Ortschaften begleitet. Zudem sind auf der Website-Berichte von adidas-Mitarbeitern zu finden, die aus sämtlichen Teilen der Welt nach „Herzo" gekommen sind, um eine einmalige berufliche Chance in unserer Konzernzentrale wahrzunehmen.

Es ist spannend und beeindruckend zu sehen, wie sich aus dem Ausland zugezogene Mitarbeiter positiv über ihre Erfahrungen äußern. Und natürlich klingt das viel glaubwürdiger, wenn solche Botschaften von der Mitarbeiterseite kommen und nicht in Hochglanz-Präsentationen „rübergebracht" werden. Die Nähe der Großstädte Nürnberg und auch München liefert noch einen zusätzlichen Reiz, insbesondere auch für die jüngeren Generationen in der Belegschaft (Abb. 16.3).

Die Generation Y will Spaß haben, schnell vorwärtskommen und dabei weniger Zeit in ihrem Job verbringen. Eine Generation, die etwas anderes will: anders arbeiten, anders leben, anders sein.

Sie haben erfahren: Alles ist möglich! Und alles ist ständig im Fluss, nichts bleibt, wie es einmal war. Die GenY-Vertreter sind mit unzähligen Optionen groß geworden, im Alltag und im Internet. Ihr Problem sind nicht die Grenzen, es ist die Grenzenlosigkeit. Sie wollen alles und auf einmal, Familie plus Feierabend. Beruf plus Freunde plus Sinn. Und das verfolgen sie kompromisslos. „Warum nicht?" ist ihre Frage!

Sie verstehen Arbeit in einem umfassenden Sinn, außerdem steht Stabilität in ihrer Werte-Skala weit oben. Finanzielle Sicherheit und ein sicherer Arbeitsplatz sind wesentliche Erwartungen, ebenso wie Selbstbestimmtheit und persönliche Entwicklung. Es geht ihnen nicht mehr um Status und Prestige, sondern um Flexibilität bei der Arbeitszeit.

Kollegialität und Freunde sind sehr wichtig, auch familiäre Bindungen. Das heißt, dass auch für Frauen gleichzeitig Erwerbstätigkeit und Familie, Zeit und Geld bedeutend sind. Für Unternehmen ist damit immer entscheidender, das Miteinander von Beruf und Familie zu unterstützen. Und mehr noch: Sie sind durch den Fachkräftemangel quasi dazu gezwungen! Solange der Arbeitgeber diese Ansprüche erfüllt, ist die GenY absolut und überdurchschnittlich loyal. Werden ihre Erwartungen jedoch nicht erfüllt, dann gehen sie auch wieder, und zwar ohne große Bindungsgefühle.

Aber: Die GenY verlangt nicht nur viel von ihrem Arbeitgeber, sondern auch von sich selbst: kurzes und zielgerichtetes Studium, intensive Praktika, Auslandsaufenthalte und soziale Engagements findet man zuhauf in ihren Lebensläufen. Und trotzdem, ihre Mobilität nimmt tendenziell ab, es ist schwerer, sie für einen längeren Auslandseinsatz zu begeistern. Sehr oft eben, weil der Partner nicht mitzieht oder weil ein möglicher Aufstieg gar nicht das motivierende Element ist. Das gilt wohlgemerkt nicht für jede Nationalität, so sind z. B. Inder und Chinesen diesbezüglich tendenziell deutlich „ehrgeiziger".

Wer die Ypsiloner sind:

- ethnisch und völkisch unterschiedlich akzeptieren sie Diversity, sind digital vernetzt und anspruchsvoll
- selbstbewusst, optimistisch, unabhängig, erfolgsgetrieben, Lifestyle orientiert, kontaktfreudig, gut ausgebildet
- kollaborativ, einfallsreich, fortschrittliche Denker, intuitive Lerner
- ungeduldig, wollen es jetzt, sind schnell gelangweilt
- moralisch, sozial verantwortungsvoll, fühlen Bürgerpflicht, ökologisch
- leben im „Hier und Jetzt"
- zelebrieren Multitasking
- Job Hoppers
- sehr direkt und offen – teilen Ideen und Informationen

Was sie am Arbeitsplatz schätzen:

- Gelegenheiten, etwas zu lernen, wollen Lebensqualität und tolle Arbeitskollegen
- Job muss spannend und abwechslungsreich sein
- haben Freude daran, mit anderen intelligenten und kreativen Leuten zu arbeiten
- akzeptieren Autoritäten, sofern diese sie respektieren
- sinnstiftende Aufgaben motivieren sie
- „Work-Life-Balance" ist ein wichtiger Wert
- sie können überall arbeiten – sind informell unterwegs
- kennen keine Grenzen oder Hierarchien
- schätzen Mentoring und Coaching

Was sie beeinflusst:

- Computer und Internet
- Smartphones
- Facebook & Social Media
- Instant Messaging & Gaming
- soziale Themen

Zum Thema Führung Die Generation Y will Verantwortung übernehmen - aber mehr für Inhalte und weniger als Führungskraft. Ein Aufstieg in der Hierarchie ist weniger erstrebenswert als für andere Generationen. Sie ist pragmatisch und kooperativ und denkt in Netzwerken. Sie sucht Lösungen lieber in Communities als bei Autoritäten. Wer bei einem Thema am besten Bescheid weiß, darf „bestimmen". Gleichzeitig legen sie aber großen Wert auf Feedback. Der Umgang mit Kritik allerdings hängt von der Art und Weise ab, wie diese vermittelt wird.

Ypsilonier legen Wert auf flache Hierarchien und wenig Autorität, im Mittelpunkt soll ihrer Meinung nach die inhaltliche Aufgabe und nicht die Arbeitszeit stehen.

Selbstständiges Arbeiten ist ihnen wichtig, ebenso Selbstverwirklichung und Gestaltungsspielräume. Die Mobilität hingegen nimmt eher ab. Diese Generation will nicht mehr die Welt verändern, sondern sie „ein kleines bisschen besser" machen.

Herausforderungen Der kollaborative Arbeitsstil der Ypsilonier hat viele Vorteile. Aber nicht alle Probleme lassen sich im Netzwerk lösen. Bei harten Entscheidungen tun sich viele GenYer schwer. Viele Dinge kommen auf den Prüfstand, z. B. Herrschaftswissen, Kontrolle, zentrale Steuerung, Machtspielchen. Wichtig für sie sind: offenes Wissensmanagement (SharePoint, Wiki, digitales Lernen); flache Organisationen; gelebte Work-Life-Balance (flexible Arbeitszeitmodelle); hierarchielose Kommunikation und Vertrauen; Mehr „Wir" statt „Ich".

Bedeutung von Social Media Es hat sich ein Kulturwandel vollzogen: Bei der Generation Y ist zu berücksichtigen, dass sie nicht mehr über traditionelle Informationskanäle kommuniziert:

- *SharePoint:* Wir bieten ein „Social Intranet" an - also ein Business Network, in dem sich die Mitarbeiter frei vernetzen und austauschen können, eine Art „Facebook für das Business". Jeder Mitarbeiter erhält ein persönliches Portal, auf dem alle für ihn relevanten Informationen personalisiert zur Verfügung gestellt werden. Das Kommunizieren und die Zusammenarbeit in globalen Netzwerken soll dabei Schritt für Schritt traditionelle Medien wie E-Mail drastisch reduzieren und zum Teil ganz ersetzen.
- *Auswirkungen:* Grundlage für die Einführung von Social Media im Unternehmen ist die Veränderung der Unternehmenskultur: Dabei werden traditionelle, zentrale und hierarchische Strukturen aufgelöst und durch neue, offene und vernetzte Strukturen ersetzt. Führungsverständnis und Verantwortungsbereitschaft der Mitarbeiter ändern sich von Grund auf. Wer zum Beispiel nicht bereit ist, als Führungskraft sein Herrschaftswissen zu teilen oder als Mitarbeiter mehr Verantwortung zu übernehmen, wird in der neuen Arbeitswelt nicht effizient arbeiten können.
- In unserem *Unternehmensblog* stellen unsere Mitarbeiter sich selbst, das Unternehmen und ihre Arbeit auf eine persönliche Art und Weise vor. Bei Human Resources verfolgen wir mit dem Blog unter anderem folgende Ziele:

- *Employer Branding:* Vorstellung der adidas Gruppe als attraktiven Arbeitgeber; authentische Darstellung der Einzigartigkeit unserer Unternehmenskultur; Transparenz über die spezifischen Anforderungen einzelner Abteilungen; Darstellung unserer „Future Talent"-Programme etc.
- *Recruiting:* Aufklärung über die Vielfalt der Arbeitsfelder bei der adidas Gruppe; Aufmerksamkeit für Fokus-Bereiche wecken; den Dialog mit potenziellen Arbeitnehmern intensivieren.
- *Interne Auswirkungen:* Förderung der offenen und unpolitischen Kommunikationskultur im Unternehmen; Motivation der Mitarbeiter durch Hervorheben von Best-Practice-Beispielen; kommunikative Unterstützung für öffentlich weniger stark wahrgenommene Unternehmensbereiche.

16.2.2 Interne Entwicklung von Talenten

Um eine Championship-Kultur aufzubauen, müssen wir bei den Talenten systematisch Motivation und Verantwortung durch das Talent- und Performance-Management unterstützen. Vieles ist hier schon passiert, viele Fortschritte sind deutlich erkennbar, aber natürlich ist es ein längerer Prozess und wir haben noch einiges vor uns. Es geht darum,

- die Karrierelaufbahn und -möglichkeiten transparent und zugänglich zu machen: Wissen und Lernen „on your fingertips";
- eine konsequente Nachfolgeplanung aufzustellen, die die Talent-Pipeline an unsere Bedürfnisse anpasst;
- ein kontinuierliches Performance-Management zu etablieren, das Anerkennung und Förderung der Leistungsträger sicherstellt;
- uns auf unsere Schlüsseltalente und damit Erreichung unserer Wachstumspläne zu konzentrieren;
- relevante Fähigkeiten zu entwickeln, um die künftigen Herausforderungen meistern zu können.

16.2.2.1 Trainings- und Entwicklungsprogramme, Nachfolgemanagement

Fit für morgen beginnt heute Zum einen bieten wir ein umfassendes Trainingsprogramm für die einzelnen Ebenen unserer Organisation. Dies zielt darauf ab, vorhandenes jobrelevantes Wissen aufzufrischen, um sich eher funktional in der derzeitigen Tätigkeit weiterzubilden.

Darüber hinaus fördert die adidas Gruppe das Potenzial ihrer internen Fach- und Führungskräfte mit strategischem Talent Management. Talente werden auf unterschiedlichen Hierarchieebenen identifiziert, trainiert und entwickelt. Das Zusammenbringen von individuellem Bedarf und organisatorischen Notwendigkeiten ist dabei nur eine der Herausforderungen.

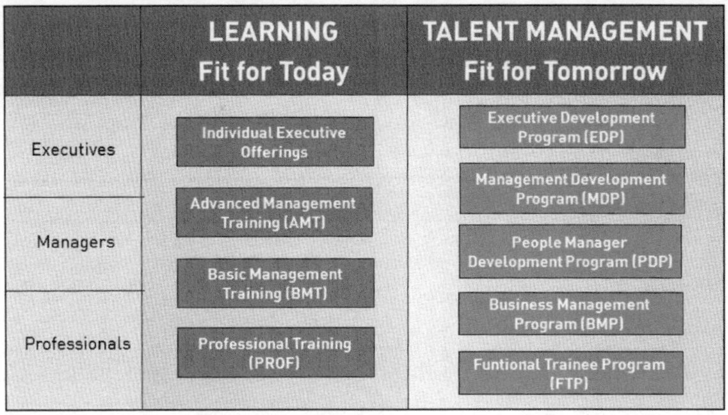

Abb. 16.4 Trainings- und Entwicklungsprogramm bei adidas. (Quelle: adidas Gruppe)

Talent Management ist ein Kernelement der Performance Culture bei der adidas Gruppe und bildet einen wichtigen Schlüsselfaktor für Erfolg und Wettbewerbsfähigkeit, da es vor allem die Talente sind, die das Unternehmen auf kompetente, innovative und kreative Weise zum Erfolg führen. Diese Mitarbeiter werden auf allen Hierarchieebenen gefördert, gefordert und an das Unternehmen gebunden. So ist eine stetige Nachfolge von leistungsstarken Mitarbeitern gewährleistet, die Potenzial für die Kompetenzen auf nächsthöherem Hierarchielevel und für neue, herausfordernde Aufgaben und Positionen demonstrieren. „Fit for Tomorrow" ist die Bedingung und das Ziel der Talentförderung (Abb. 16.4).

Das Ziel unserer globalen, gruppenweiten Talent-Entwicklungsprogramme ist es, unsere Talente auf die Kompetenzanforderungen der nächsten Ebene vorzubereiten. Die Programme vermitteln eine Mischung aus Input von Senior Executives der adidas Gruppe sowie von externen Gästen und Management-Experten (z. B. aus den Bereichen Strategie, Leadership) und kombinieren diese mit kollegialem Coaching sowie Gruppenarbeit.

Teilnehmer an diesen Programmen sind unsere Management-Talente, welche im Rahmen der Performance und Talent-Management-Prozesse Potenzial für weiterführende Ebenen gezeigt haben und in einem sogenannten Development Center von Line Management und HR verifiziert wurden.

Den Programmen liegt das Kompetenz-Modell der adidas Gruppe zugrunde, das allgemeine sowie Führungskompetenzanforderungen für unsere Organisation festlegt. Für unsere Talente bildet der individuelle Entwicklungsplan (IDP) ein wichtiges Element. Als klare Botschaft geben wir aus, dass das Talent selbst diesen IDP treibt und für ihn verantwortlich ist, sich dabei aber der Unterstützung durch den Vorgesetzten, den HR- und den Personalentwicklungsbereich sicher sein kann (Abb. 16.5).

Der eigentliche Talent-Management-Prozess bei der adidas Gruppe gliedert sich in die folgenden zusammenwirkenden Teile:

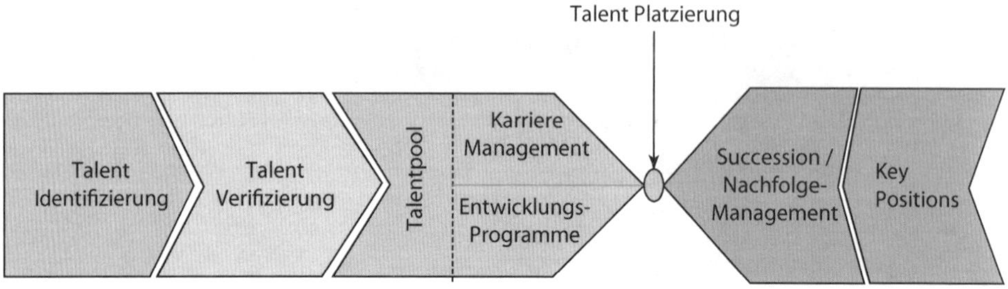

Abb. 16.5 Talent & Succession Management bei der adidas Gruppe. (Quelle: adidas Gruppe)

- Talentidentifikation zur Identifizierung der einzelnen Talente innerhalb der Teams, basierend auf Leistungs- und Potenzialbeurteilung
- Talentverifikation zur Bestätigung der identifizierten Talente und zur Spezifizierung
- Bildung eines Talentpools
- Karrieremanagement und Talententwicklung zur Gestaltung von individuellen und allgemeinen Entwicklungsmaßnahmen
- Talent Succession Management mit dem Kernziel der Besetzung von Schlüsselpositionen

Succession Management Nach der Talentverifikation und -entwicklung werden die jeweiligen Talente in einen Management- oder Executive-Talent-Pool eingegliedert, der eine spezielle Form eines Nachfolgepools darstellt. Diese Pools werden regelmäßig in Hinblick auf die Kriterien der Talentidentifikation und -verifikation überprüft. Die Überprüfung entscheidet jeweils, ob ein Talent im Nachfolgepool bleibt oder nicht.

Um schließlich die globale Platzierung von entwickelten Talenten auf definierten Zielpositionen erreichen zu können, ist ein strategisches und effektives Nachfolgemanagement eingerichtet, das für die Planung, Steuerung und Unterstützung der Entwicklungs- und Karriereschritte dieser Talente von größter Bedeutung ist.

Die Bestimmung der potenziellen Nachfolger für eine Position und die Planung nächster Karriereschritte für die Talente findet in sogenannten „Succession Management Review Meetings" statt. Die gruppenweite Nachfolgesituation wird abschließend den Senior-Management-Teams und dem Vorstand präsentiert und gemeinsam finalisiert.

Mit dem Ablauf dieses definierten Prozesses wird ein umfassendes, effizientes und punktgenaues Nachfolgemanagement ermöglicht. Das Signal, dass die adidas Gruppe der internen Besetzung von Führungspositionen den Vorrang vor externem Recruiting gibt, bindet den Mitarbeiter, motiviert ihn, sich weiterzuentwickeln, um sich – und damit die adidas Gruppe – auf die Zukunft auszurichten, und steigert die interne sowie individuelle „Employability", also Vermittelbarkeit.

Zusätzlich werden unsere gesamten Personalentwicklungsaktivitäten durch weitere Elemente unterstützt. So stellen sich erfahrene Manager oder Expats als Mentoren zur Verfügung, um Talente zu beraten und zu unterstützen, wenn es z. B. um Karrierefragen oder um die Lösung eines aktuellen Problems geht.

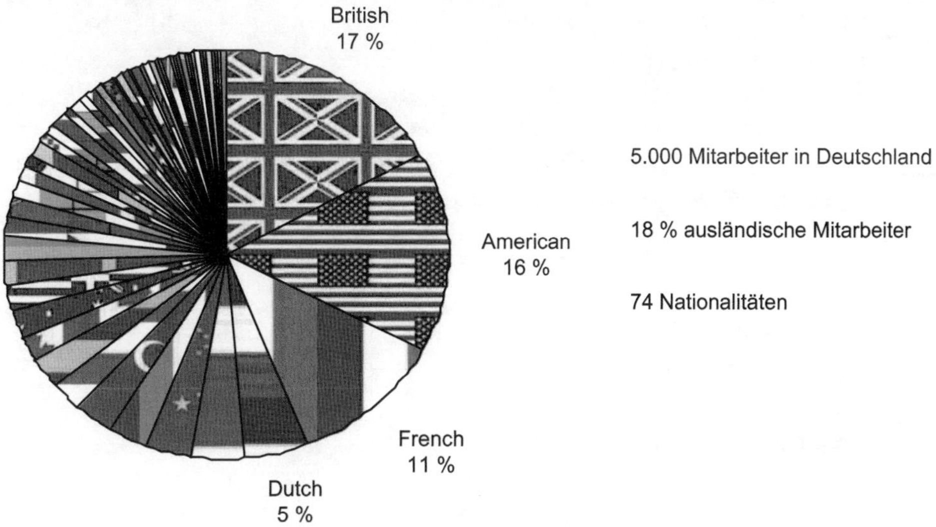

Abb. 16.6 Nationalitäten Diversity bei der adidas Gruppe. (Quelle: adidas Gruppe)

Wir haben zudem verschiedene sogenannte Rotationsprogramme aufgesetzt, in denen unsere Mitarbeiter für eine begrenzte Zeit (i. d. R. drei bis sechs Monate) und zum Teil im Austausch mit anderen Kollegen in einer ähnlichen oder auch ganz anderen Funktion eine Aufgabe in einem anderen Land übernehmen. Horizonterweiterung, besseres Verständnis für andere Geschäftsbereiche, das „persönliche Erleben" einer ausländischen Umgebung seien hier als einige der Pluspunkte genannt.

Als Unternehmensgruppe offerieren wir gezielt und offensiv die Möglichkeit „globaler Karrieren". Mit unserer weltweiten geografischen Verbreitung und der Notwendigkeit, für bestimmte Führungs- oder auch Spezialistenaufgaben immer wieder Mitarbeiter ins Ausland zu senden, eröffnen sich regelmäßig mannigfaltige Türen und Gelegenheiten, sofern unsere Mitarbeiter an einem internationalen Einsatz interessiert sind.

16.2.2.2 Gender Diversity

Bedingt durch den weltweiten Verkaufs unserer Produkte kamen schon Anfang der 1990er Jahre vermehrt internationale Kollegen zu adidas. Bis heute versuchen wir, nicht nur die diesbezügliche Vielfalt, die bei uns entstand, zu managen, sondern wir wollen sie auch aktiv noch vergrößern und fördern, zum Beispiel durch bewusstes Recruting nach Vielfältigkeitskriterien. Inzwischen arbeiten Menschen aus 74 Nationen in der Konzernzentrale (Abb. 16.6).

Dies erklärt im Übrigen auch, warum die Konzernsprache Englisch ist. Wir bieten jedoch allen ausländischen Kollegen an, die deutsche Sprache zu lernen, ganz einfach auch, um ihnen die Integration in die „Community" zu erleichtern.

Wir haben uns zum Ziel gesetzt, der Wichtigkeit eines gemischt aufgestellten Leadership-Teams Rechnung zu tragen, zum einen aus einer gesellschaftspolitischen Verantwortung heraus, zum anderen sehen wir uns als Dax-30-Unternehmen natürlich besonders verpflichtet, das Thema zu positionieren.

Bereits 2011 haben wir unser Ziel publik gemacht, die Proportion von Frauen in Management-Positionen auf 32 % bis 2015 zu erhöhen (zurzeit sind es weltweit 28 %). In diesem Zusammenhang werden wir im Rekrutierungsbereich, aber auch in der Personalentwicklung und im Nachfolgemanagement, entsprechend Wege gehen und Programminhalte entwickeln, die die Chancengleichheit in den Karrierewegen noch mehr ermöglichen.

Unterstützt wird dieses Vorhaben durch begleitende Maßnahmen wie:

- Erhöhung der weiblichen Talente in unseren Nachwuchsprogrammen (Anteil der weiblichen Talente) Nominierung, um ein vernünftiges „Geschlechter-Gleichgewicht" zu sichern
- Networking-Möglichkeiten für Frauen
- kulturelle Trainings
- Veranstaltung regelmäßiger Events wie „Diversity Day", „Diversity Round Tables"
- Teilnahme an ausgewählten, relevanten externen Veranstaltungen zum Thema Frauenförderung

Die Erarbeitung von Modellen, die mittels flexibler Arbeitszeit die Balance von Arbeit und Familie sowie die Unterstützung in der jeweiligen Familienphase ermöglichen, sind klare Arbeitsaufträge.

Grundsätzlich werden wir dabei durch die Tatsache unterstützt, dass unsere Produkte sehr attraktiv für den weiblichen Teil der Bevölkerung sind und damit auch der überwiegende Teil unserer Kunden schon weiblich ist.

Zusammengefasst heißt das also, dass wir hervorragende Bedingungen haben, auch im Top Level des Unternehmens mittelfristig mehr Frauen zu platzieren.

Insgesamt ist es uns aber wichtig, als ein „Equal Opportunity Employer" wahrgenommen zu werden, also als ein Arbeitgeber, der unabhängig von Geschlecht, Rasse, Alter, sexueller Ausrichtung usw. jedem die gleichen Chancen bietet, eine Position in unserem Unternehmen zu bekommen und damit Teil der adidas Gruppe zu werden.

16.3 Mitarbeiterbindung

16.3.1 Unterstützung und Integration von Expats

Die adidas Gruppe beschäftigt regelmäßig circa 20 % ausländische Mitarbeiter allein im Headquarter, welche in der Regel aus anderen Standorten nach Deutschland kommen.

Aber auch die Zahl der von Deutschland aus entsendeten Kollegen ist mit durchschnittlich 2.000 Mitarbeitern eine bedeutende Größe.

Zur Unterstützung einer erfolgreichen Integration der Mitarbeiter und oft auch deren Familien bieten wir selbstverständlich einen „Relocation Service" (also quasi komplette

Abb. 16.7 Bürogebäude Laces am Unternehmenssitz Herzogenaurach. (Quelle: adidas Gruppe)

Umzugsunterstützung) an, auch ein interkulturelles Orientierungstraining kann absolviert werden. Zudem gibt es Sprachkurse, eine jährliche Heimaturlaubspauschale und in Abhängigkeit der individuellen Gegebenheit auch Schulbesuch-, Wohngeldpauschalen und einiges mehr.

Erwähnt sei in diesem Zusammenhang auch noch, dass sich adidas bereits seit Mitte der 1990er Jahre bei der „Franconian International School" in Erlangen engagiert und dort auch regelmäßig eine beachtliche Schülerzahl stellt.

Ebenfalls bemerkenswert ist das Engagement bei der „International Women's Group (IWG)" in Herzogenaurach, die 1995 ursprünglich von Ehefrauen ausländischer adidas-Mitarbeiter gegründet wurde, um sich gegenseitig beim Einleben in den fremden Gefilden zu unterstützen, gemeinsame Aktivitäten zu gestalten und ein hilfreiches Netzwerk aufzubauen.

Diese Gruppe existiert bis heute, ist aufgrund des globalen Standortes Herzogenaurach, an dem sich mehrere internationale Firmen angesiedelt haben, weiter gewachsen und bietet eine hilfreiche Anlaufstelle für neu ins Frankenland umgezogene Frauen.

16.3.2 „Work Life Integration" & Gesundheitsmanagement

Das Firmengelände des adidas Headquarters an sich bietet schon eine Menge für die Mitarbeiter. Auf dem Campus treffen sie sich zum Beach-Volleyball, Tennis, Basketball, Laufen oder spielen Fußball im eigenen Stadion. Das vor zwei Jahren entstandene neue Bürogebäude „Laces" (= Schnürsenkel) für ca. 1.700 Mitarbeiter ist nicht nur architektonisch bemerkenswert (es wurde jüngst als eines der spektakulärsten Bürogebäude der Welt ausgezeichnet), sondern bietet schlichtweg hochmoderne und attraktive Arbeitsplätze (Abb. 16.7).

Abb. 16.8 Sport auf dem Firmengelände in Herzogenaurach. (Quelle: adidas Gruppe)

Gesundheit und Fitness Firmensport gab es schon zu Adi Dasslers Zeiten. Allerdings war dies damals mehr ein Produkt-Test nach Feierabend. Heute steht Company Sports für: Kommunikation – Integration – Motivation. Quasi alle Mitarbeiter der adidas Gruppe haben ein generelles Interesse an Sport. Und vielen Mitarbeitern, die aus dem Ausland nach „Herzo" kommen, bietet Company Sports eine Möglichkeit, ein Netzwerk aufzubauen, Energie zu tanken, Sport zu leben (Abb. 16.8).

Es sind oft die vermeintlich einfach zu gestaltenden Rahmenbedingungen, die für den Arbeitgeber positives Feedback nach sich ziehen. So gibt es bei uns für die Mitarbeiter, die aus dem Umland mit dem Rad zur Arbeit kommen, Umkleiden und Duschen.

Mit unseren flexiblen Arbeitszeitmodellen (Stichwort „Vertrauensarbeitszeit") kann jederzeit Sport gemacht werden, egal ob in der Mittagspause, morgens oder zwischendurch. Man wird nicht „schief angeschaut", wenn man eine längere Mittagspause macht. Im Gegenteil, das ist gewollt!

Für die längeren Sport-Events muss jedoch Urlaub genommen werden, und unser Spitzensportler unterstützen wir teilweise mit Sabbaticals für Trainingszwecke.

Company Sports beinhaltet:

1. Sport & Event-Programme mit diversen Sportmöglichkeiten für alle Mitarbeiter (Partner & Familien sind willkommen). Mehr als 220 Kurse und 30 Events pro Jahr für mehr als 4000 Teilnehmer werden organisiert
   - diverse Sportplätze auf dem Gelände für Sportarten wie Basketball, Tennis, Fußball, Beachvolleyball, Stadion, Tischtennis (alles online im Intranet buchbar)
   - Fitness-Studio mit Trainer
   - verschiedene Kurse – extern und intern wie Badminton, Tauchen, Schwimmen, Rückenschule, Yoga … zu verschiedenen Uhrzeiten (Beispiel: Yoga in der Mittagspause)

- Events nicht nur für Mitarbeiter, sondern auch für Partner und Familien: Adventure Weekend, Biathlon, Handball Championship, Family Winter Weekend, mehrtägige Reisen zum Golfen oder in den Schnee ...
- Reebok Crossfit Trainingsbox
- diverse Laufstrecken rund um das Gelände für die Mittagspause und abends-
- am Company Sports Bulletin Board können Trainingspartner gesucht werden

2. Kinder: Sport Camps in den Sommerferien und an Pfingsten
3. Familien: Mitarbeiterfeste anlässlich großer Sportevents wie Fußball World Cup oder Olympische Spiele
4. Betriebsarzt
5. Krisenhotline
6. Flexible Arbeitszeitmodelle: Flexi-Time, langfristige Arbeitszeitkonten, Teilzeitarbeit, Job Sharing, Telecommuting
7. „Familie & Karriere“
   - Krippenkontingent in lokalen Einrichtungen
   - Kids Camp in den Ferien (180 Plätze für Kinder im Alter von 3–6 Jahren)
   - Parent Child Office (Arbeitsplätze + Wickelraum + Stillzimmer + Spielzimmer)
   - Kindertagesstätte ab September 2013 für 110 Kinder
   - Projekt zur Verbesserung des Angebots für Teilzeit
   - Re-Integration nach Elternzeit
     - TempParentPool
     - Positionen in anderen Funktionen oder Bereichen
     - Informationsveranstaltung vor der Elternzeit

Bei der Herausforderung, die besten Mitarbeiter nicht nur zu gewinnen, sondern auch an unser Unternehmen zu binden, geht es uns um mehrere Faktoren:

- *attraktives Arbeitsumfeld:* Es ist unser erklärtes Ziel, die geschäftlichen Interessen des Konzerns mit den privaten und familiären Bedürfnissen unserer Mitarbeiter in Einklang zu bringen.
- *Wunscharbeitgeber* („employer of choice“): Wir wollen mehr als nur einen guten Arbeitsplatz bieten. Und da ist „Company Sports“ nur ein Teil der *Work-Life-Integration*-Idee.
- *flexible Arbeitszeitmodelle* sind eine wichtige Komponente, mit der sich die Mitarbeiter gemäß ihrer persönlichen Bedürfnisse und betrieblichen Notwendigkeiten und Rahmenbedingungen bewegen können.

16.3.3 Kommunikation mit Mitarbeitern

16.3.3.1 Inside-/eZine-Mitarbeiterpublikationen

In der *internen Kommunikation* nutzen wir als regelmäßige Medien zum einen das quartalsweise erscheinende Print-Magazin „Inside“ sowie das global einheitliche „eZine“ als digitale Publikation.

Mit beiden von Mitarbeitern mitgestalteten Veröffentlichungen informieren wir über stattgefundene und bevorstehende Ereignisse, berichten über Projekte, Produkte und vor allem „Persönliches" – aus dem Leben der Mitarbeiter …

16.3.3.2 Employee Engagement Survey/globale Mitarbeiterbefragung

Alle zwei Jahre unternehmen wir eine *globale Mitarbeiterbefragung* („Employee Engagement Survey"). Schon in der ersten konzernweiten Umfrage zum Mitarbeiterengagement in 2010 war die Teilnahmequote mit weltweit 90 % sehr hoch und es gab großartiges Feedback zum Beispiel zum Thema „Vertrauen in Führungskräfte; klare strategische Ausrichtung; offenes und konstruktives Arbeitsklima".

Wir nahmen auf der anderen Seite mit, dass wir uns bezüglich Karriereentwicklung und Unterstützung bei beruflichen Möglichkeiten, der Verfügbarkeit von IT-Programmen und auch im Allgemeinen bezüglich dem „Anerkennen guter Leistungen" noch weiter verbessern können.

Die Führungskräfte waren sich ihrer diesbezüglichen Verantwortung durchaus bewusst, wurden mit und durch spezielle Workshops weiter sensibilisiert und unterstützten z. B. durch konkrete Zusammenarbeit in speziell zusammengesetzten Teams das Ziel, die Engagementwerte weiter zu steigern. Der Fokus lag dabei insbesondere auf den Bereichen Gestaltung Arbeitsumfeld, Zusammenarbeit und Wissensmanagement, Karrieremöglichkeiten für Mitarbeiter und die Vereinbarkeit von Beruf und Privatleben (Work-Life-Balance).

Nochmal sei erwähnt, dass die Werte insgesamt auch hier durchaus positiv waren, jedoch in gleichem Maße unseren Ehrgeiz weckten, noch weitere Steigerungen zu erzielen. Gerade auch weil sehr schnell das Potenzial realisiert wurde, das hier realistisch vorhanden war.

Bei der kürzlich ausgewerteten 2013-Befragung gab es nur wenig unterschiedliche Ergebnisse. Auch dieses Jahr haben mehr als 40.000 Mitarbeiter den Fragebogen ausgefüllt, was erstaunlich ist, wenn man bedenkt, dass fast die Hälfte unserer Mitarbeiter im Einzelhandel arbeitet. Der Engagement Score selbst gestaltet sich quasi unverändert. Die Mitarbeiter treten für das Unternehmen ein und sind stolz, für adidas zu arbeiten. Hinsichtlich der „Bindung von Mitarbeitern" gibt es jedoch noch weiteres Verbesserungspotenzial. Bei der Frage, ob sie auch langfristig im Unternehmen bleiben wollen, würden wir uns durchaus noch bessere Werte wünschen.

Warum ist da so? Die Auswertung läuft zwar noch, aber es ist zu erwarten, dass es sich hierbei auch um ein Generationenthema handelt. Loyalität spielt bei der Generation Y, wie wir bereits gelernt haben, definitiv eine deutlich untergeordnetere Rolle als bei anderen Generationen. Karriere muss schnell erfolgen, jedoch sind dem in einer schlanken Organisation natürliche Grenzen gesetzt. Eine Herausforderung, der wir uns als Arbeitgeber offensiv stellen müssen.

Das Vertrauen in unser „Senior Leadership Team" hinsichtlich strategischer Entscheidungen ist unverändert vorhanden, wenn es darum geht, das Unternehmen weiter wettbewerbsfähig und erfolgreich zu gestalten. Ein überwältigender Anteil der Mitarbeiter

Abb. 16.9 Sportanlage auf dem Firmengelände in Herzogenaurach. (Quelle: adidas Gruppe)

zeichnet die adidas Gruppe als „einen der besten Arbeitgeber" überhaupt. Die Gestaltung der täglichen Arbeitsprozesse muss uns jedoch unverändert herausfordern. Hier gilt es, das gehörte konstruktiv-kritische Feedback zu nutzen, um greifbare Verbesserungen einzuleiten.

Andererseits freuen wir uns sehr darüber, dass unsere zusätzlichen Anstrengungen sich in Verbesserungen der Werte niederschlagen, wenn es um Leistungs- und Karrieremanagement, um Training und Work-Life-Balance geht.

16.3.3.3 Gesellschaftliches Engagement von Unternehmen und Mitarbeitern

Als multinationales Unternehmen ist der adidas Konzern weltweit vertreten und unsere geschäftlichen Aktivitäten wirken sich entsprechend auf das Leben der Menschen in diesen Ländern aus. Es gibt viele Möglichkeiten, bei Hilfsprogrammen oder gemeinnützigen Initiativen mitzuwirken. Die Herausforderung ist jedoch, die Bedürfnisse der lokalen Gemeinden zu erkennen.

Aus diesem Grund haben wir uns für ein weitestgehend dezentrales und markenorientiertes Modell in Bezug auf unser gesellschaftliches Engagement entschieden. Schließlich kennen und verstehen die Mitarbeiter in den Tochtergesellschaften die Bedürfnisse und kulturellen Besonderheiten ihrer lokalen Gemeinden am besten.

Auf Konzernebene helfen wir den Gemeinden, in denen unsere Zulieferer ansässig sind, durch die Unterstützung von Organisationen, die eine nachhaltige Entwicklung in der Sportartikelbranche fördern (Abb. 16.9).

16.4 Führungskultur

Erwähnt sei zunächst, dass durch unsere flachen Hierarchien und unsere Kultur der direkten Zugangsmöglichkeit zu den oberen Führungskräften bereits ein gewisses Klima geschaffen ist. In der Führungskräfteentwicklung bieten wir neben den im Vorkapitel bereits erwähnten Trainingsangeboten immer wieder unterschiedliche Reflexions- und Weiterbildungsmöglichkeiten an.

Zurzeit läuft eine globale Initiative zum Thema Leadership-Kultur, die wir als „Leadership Journey" gestartet haben. Dies ist eine intensive „Leadership-Reise" für unsere Top Leader und deren Teams, die wir über die gesamte Organisation hinweg „top-down" gestartet haben und die aus einem Kick-off und zwei Follow-up-Workshops ein paar Monate später besteht. Aber es ist eben tatsächlich eine Reise, es wäre also ein großer Trugschluss zu glauben, dass danach direkt auch eine neue Kultur geschaffen ist.

Bei dieser Initiative geht es darum:

- Bewusstsein für sich selbst als Leader und den eigenen Führungsstil weiterzuentwickeln
- sich als Individuum und als Team besser kennenzulernen
- an Verbesserungspunkten gemeinsam zu arbeiten
- ein starkes Leadership-Team zu bilden
- die Prinzipien der Zusammenarbeit und das „Leadership Model" der adidas Gruppe zu leben

Die Verhaltensweisen, die wir von unseren Führungskräften erwarten, fassen wir dabei in unserem neu entwickelten „Leadership Model" in folgenden Grundhaltungen zusammen:

- Think consumer and customer (Kundenfokus)
- Play to win (Siegeswille)
- Never stop training (Höre nicht auf dich zu verbessern)
- Team up for top results (Zusammenarbeit mit anderen Teams, um Topergebnisse zu erzielen)
- Grow others (weitere Entwicklung der Mitarbeiter)

Darüber hinaus werden unternehmensweit Workshops mit allen Mitarbeitern und Teams durchgeführt, um sie für unsere definierten Prinzipien der Zusammenarbeit zu sensibilisieren und sich gemeinsam als Team zu definieren. Hierfür wird sich ausreichend Zeit genommen, um tatsächlich ein gemeinsames Verständnis zu erzielen und Interpretationsspielräume möglichst zu vermeiden. Damit stellen wir sicher, dass jeder auch das Gleiche unter „Zusammenarbeit" versteht und sich damit identifizieren kann.

Dies ist auch wichtig, weil zum einen eine einheitliche Sprache resultiert und zum anderen die Prinzipien der Zusammenarbeit im neu konzipierten Beurteilungssystem der adidas Gruppe berücksichtigt und bewertet werden.

Die Ziele dieser Workshops sind also, das „große Ganze" hinsichtlich dieser Prinzipien der Zusammenarbeit zu verstehen, gemeinsam ein Teamverständnis zu erreichen sowie Verhalten und Aktionen zu definieren, die dazu beitragen, das gesteckte individuelle und das Team-Ziel zu erreichen.

16.5 Fazit und Ausblick

16.5.1 Personalentwicklungsphilosophie

Die adidas Gruppe bietet hervorragende Talent-Management-Programme, die auch sehr positiv angenommen und bewertet werden. Wenn es uns jetzt noch besser gelingt, das Ergebnis dieser Anstrengungen noch nachhaltiger in den Alltag zu übertragen, bin ich mir des langfristigen Erfolges unserer Personalentwicklungsarbeit sehr sicher.

Was meine ich damit? Immer noch gibt es auch bei uns zum Teil eine „teilweise begrenzte Offenheit", unsere Talente transparent auch anderen Märkten und Organisationen innerhalb des Konzerns verfügbar zu machen.

Immer noch wird zum Teil zu wenig nachgehalten, wenn die Teilnehmer aus den Programmen zurück in ihre Abteilung „nach Hause" kommen. Was waren die Lerninhalte, was wurde reflektiert, wo kann ich als HR- oder Line Manager aktiv weiter unterstützen, wie sehen die Ziele des Mitarbeiters und die gemeinsamen nächsten Schritte aus?

Immer noch gibt es in Teilen Bereichs- bzw. Silo-Denken nach dem Motto „Was hilft mir in meinem Bereich?" und weniger in Richtung „Was hilft dem Unternehmen?" Wir müssen hier eher noch verstärkt offensiv unsere Talente ansprechen und bezüglich internationaler Einsätze unterstützen.

Wie schon erwähnt ist die für uns sehr wichtige „GenY" tendenziell eher weniger loyal zu einem Unternehmen. Durch die Tatsache, dass die Pyramide hinsichtlich weiterführender Jobverantwortung nach oben naturgemäß eng wird, ist Geduld seitens der „GenY-Kollegen" gefragt. Es gilt zu vermitteln, dass weiterhin erst „gegeben" werden muss, der Rest (Beförderung, Jobmöglichkeiten, finanzielle Komponenten) entwickelt sich dann erfahrungsgemäß von allein.

Die Mobilität seitens der Mitarbeiter wir immer wichtiger, die Bereitschaft den Standort zu wechsen, sinkt jedoch. Eine weitere Herausforderung ist herauszufinden, wo unsere globalen Talente derzeit eigentlich genau sind. Und wie bleiben wir (von der globalen Perspektive) mit ihnen im Kontakt?

Unsere zunehmende Globalisierung zwingst uns quasi zu mehr virtuellem Management von Teams. Das führt natürlich auch zur Notwendigkeit einer höheren Erreichbarkeit, idealerweise zu geringeren Reaktionszeiten, aber damit eben auch zu vermeintlich höheren Belastungen, die beobachtet und vom Unternehmen gemanagt werden müssen.

16.5.2 Karrieremanagement

Durch die lockere Atmosphäre auf dem Campus in Herzogenaurach, den pulsierenden Spirit unter jungen Menschen, wird oft verkannt, welch anspruchsvolle „high performance culture" wir leben. Die Mitarbeiter halten viele Gegebenheiten für selbstverständlich und wertschätzen die Besonderheit des Unternehmens nicht immer richtig. Wie auch? So haben sie doch überwiegend noch eher wenig Erfahrungen mit anderen Arbeitgebern und können somit nicht wirklich vergleichen.

Als Ausblick und Empfehlung unter Berücksichtigung unserer Erfahrungen sei Folgendes gesagt.

Die Karrierelaufbahn muss mitarbeiterinitiiert und transparent gemacht werden:

- es geht darum, einen umfassenden und messbaren Karriereplan zu entwickeln – so können Mitarbeiter die Initiative für ihre Entwicklung ergreifen
- es muss ein umfassendes, überall zugängliches Lernangebot entwickelt werden, so dass die Mitarbeiter die Weiterbildung wählen können, die sich nach ihrem Karriereplan und ihren Interessen richtet
- die Karriere sollte vom Mitarbeiter initiiert, von der Führungskraft ermöglicht, von der Organisation unterstützt werden

Um das Bestreben des Talent Managements mehr auf leistungsfähige Mitarbeiter mit großem Potenzial zu konzentrieren:

- können Mentoren und Karriereberater Sinn machen; so erhalten Mitarbeiter mit hoher Leistungsfähigkeit Beratung und weitere Karrieremöglichkeiten
- ist es erwägenswert, hohen Leistungsträgern basierend auf ihrem Leistungsniveau einen größeren Zugang zu Weiterbildungen zu ermöglichen
- ist ein stetiger Leistungsabgleich zu gewährleisten, indem die Führungskräfte qualifiziert werden, um ein konstruktives Feedback geben zu können
- muss eine umfassende Leistungseinschätzung zur Verfügung gestellt werden, für die man auch verschiedene Formen des Feedbacks nutzt
- müssen die monetären Instrumente eng mit der Leistungsbeurteilung verknüpft sein
- sollten „On the spot"-, also Anerkennungs- und Bonusprogramme, genutzt werden, um hohe Leistung sofort anzuerkennen und zu belohnen

Differenzierung

17

Big Sail Adventures machen die Arbeitgebermarke PwC erlebbar

Niels Becker

17.1 Einleitung

Die spürbare Zunahme an Aktivitäten im Hochschulmarketing vieler Unternehmen erfordert außergewöhnliche Wege, um die Zielgruppe der Studierenden wirkungsvoll zu erreichen. Als Bestandteil des Employer Brandings von PwC zielen die „Big Sail Adventures", ein mehrfach im Jahr und an unterschiedlichen Orten veranstaltetes dreitägiges zielgruppenspezifisches Segelevent, klar auf eine wettbewerbsdifferenzierende Positionierung als attraktiver Arbeitgeber ab. Die „Big Sail Adventures" sind deshalb konsequent am Markenversprechen von PwC als Arbeitgeber ausgerichtet.

17.2 Aktuelle Herausforderungen im Employer Branding für PwC

PwC ist in Deutschland und weltweit die führende Wirtschaftsprüfungs- und Beratungsgesellschaft. Diese Stellung im Markt soll mit ambitionierten Wachstumszielen weiter ausgebaut werden. Ein erfolgreiches Personalmarketing und Recruiting ist von strategischer Bedeutung. Dabei unterstützt eine starke Arbeitgebermarke, die hohen Einstellungsbedarfe (derzeit 1.000 Praktikanten, 800 Absolventen und 300 Professionals) an geeigneten Mitarbeitern für PwC zu decken und an das Unternehmen zu binden. Darüber hinaus fordern aktuelle Entwicklungen das Employer Branding von PwC weiter heraus.

N. Becker (✉)
Frankfurt/M., Deutschland
E-Mail: Niels.Becker@de.pwc.com

H. Künzel (Hrsg.), *Erfolgsfaktor Employer Branding*, Erfolgsfaktor Serie,
DOI 10.1007/978-3-642-40535-8_17, © Springer-Verlag Berlin Heidelberg 2013

17.2.1 Wettbewerbsdruck im Hochschulmarketing nimmt zu

Die Aktivitäten im Rahmen des Hochschulmarketings haben spürbar zugenommen. Waren früher vor allem Wirtschaftsprüfungsgesellschaften, Beratungshäuser und einzelne Konzerne aktiv, ist heute eine Vielzahl an Unternehmen unterschiedlicher Branchen und Größe am Campus präsent. Neben verschiedenen Maßnahmen im Rahmen des Personalmarketings haben viele Unternehmen auch den Campus als Ort für Produktmarketing entdeckt. Die Hochschulen reagieren auf die gestiegene Nachfrage zum Teil mit Vertriebsbroschüren ihres Standortes und unterstützen damit weiter die Vermarktung möglicher Werbeplätze.

Auch die Zahl der an den Hochschulen verteilten Printpublikationen ist in den letzten Jahren gestiegen. Karrierebücher und Unimagazine werden in hohen Auflagen verteilt, neue Zeitschriften mit Imageanzeigen und mehr oder weniger vergleichbaren Arbeitgeber-Botschaften konkurrieren um die Aufmerksamkeit der Studierenden. Eine auffällige Differenzierung im Hochschulumfeld wird deshalb immer schwieriger. In diesem Zusammenhang stellt sich die Frage: Wie kann sich PwC als Arbeitgeber der Zielgruppe aufmerksamkeitsstark und effizient präsentieren?

17.2.2 Generation Y fordert auch die Wirtschaftsprüfer

Im aktuellen Arbeitgeberranking von Trendence (Business) schafft es keine der großen Wirtschaftsprüfungsgesellschaften in die Top 10 der attraktivsten Arbeitgeber in Deutschland. In der Vergangenheit hingegen waren die drei größten Gesellschaften hierzulande beständig in der Spitzengruppe vertreten. Offensichtlich sinkt die Attraktivität der gesamten Branche für Studierende.

Damit PwC auch in Zukunft als attraktiver Arbeitgeber wahrgenommen wird, ist es notwendig, neben dem besonderen Kommunikations- und Informationsverhalten auch die veränderten Anforderungen der heute 18- bis 33-Jährigen, der Generation Y, zu kennen und diese in der Positionierung als Arbeitgeber zu berücksichtigen. PwC hat deshalb eine unternehmensweite Befragung von 44.000 Mitarbeitern durchgeführt. Dabei zielt die Vergleichsstudie auf das Verhalten und die Erwartungen der Generation Y ab. Diese derzeit jüngste Arbeitnehmergeneration, die inzwischen zwei Drittel der Mitarbeiter bei PwC ausmacht, ist hinsichtlich des Wechselverhältnisses von „arbeiten" und „leben" deutlich sensibler. Zudem erwartet diese Gruppe im Vergleich zu älteren Generationen ein direktes und zeitnahes Feedback. Die Generation Y verlangt eine Anpassung nicht nur der Führungs-, sondern auch der Unternehmenskultur insgesamt. Die Studie hat darüber hinaus Aspekte von wachsender Bedeutung aufgezeigt, die mehrere Generationen betreffen. So wird beispielsweise der Wunsch nach mehr Selbstbestimmung von Arbeitszeit und -ort immer größer. Eine Veränderung der Arbeitswelt ist demzufolge erforderlich.

Es genügt daher nicht, lediglich den Außenauftritt des Unternehmens im Rahmen des Personalmarketings anzupassen oder Social Media in den Kommunikationsmix aufzu-

Abb. 17.1 Alte und neue Bild- und Wortmarke. (Quelle: PwC)

nehmen. Vielmehr ist eine Veränderung der Organisation als Ganzes notwendig, um als Arbeitgeber auch nachhaltig an Attraktivität zu gewinnen. Hier stellt sich die Frage: Was muss PwC tun, um zukünftig als „Employer of Choice" im Markt wahrgenommen zu werden?

17.2.3 Big 4 sind kaum zu unterscheiden

Das Image eines Arbeitgebers wird durch verschiedene Einflussfaktoren geprägt. So kann ein attraktives Produkt maßgeblich das Vorstellungsbild der Zielgruppe beeinflussen und damit entscheidend bei der Arbeitgeberwahl sein. Wirtschaftsprüfung und Beratung sind Dienstleistungen, mit denen Schüler und Studierende im Alltag kaum in Berührung kommen. So verwundert es nicht, dass laut „Schülerbarometer" (Trendence) unter Schülern die Wirtschaftsprüfungsgesellschaften weitgehend unbekannt sind. Erst mit dem Einstieg ins Studium rücken die Big 4 allmählich ins Bewusstsein; vor allem die intensiven Personalmarketingaktivitäten der Big 4 an den einschlägigen Fakultäten sind dabei entscheidend.

Werden Studierende nach ihren Assoziationen zu PwC gefragt, so nennen sie spontan fast ausschließlich arbeitgeberspezifische Attribute. Hier wird die Dominanz des aufgebauten Arbeitgeberimages im Vergleich zum Unternehmensimage deutlich. Der Vergleich unter den großen Wirtschaftsprüfungsgesellschaften zeigt allerdings ein stark übereinstimmendes Vorstellungsbild.

In diesem Zusammenhang stellt sich die Frage: Wie kann PwC seine Arbeitgebermarke durch relevantes, einzigartiges sowie emotional positives Markenwissen gezielt stärken und differenzierbar machen?

17.3 Internationales Rebranding als Ausgangspunkt der nationalen Arbeitgeberpositionierung

PwC hat sich global für ein Rebranding entschieden, das seit Ende 2010 sukzessive umgesetzt wurde. Mit der strategischen Neuausrichtung der Marke positioniert sich PwC nun deutlich unterscheidbar vom Wettbewerb. Die bisherige Wortmarke „Pricewaterhouse-Coopers" wurde durch die Kurzform „pwc" ersetzt (s. Abb. 17.1). Neben der Wortmarke wurde zudem eine neue Bildmarke gestaltet. Gemeinsam bilden sie das neue Firmenlogo.

Das Logo, als wichtigster Teil der visuellen Identität spiegelt das veränderte Selbstverständnis von PwC wider. Die verschiedenen pastellfarbenen Flächen in der neuen Bildmarke kennzeichnen eine persönliche Beziehung zu den Anspruchsgruppen und stehen stellvertretend für Vielfalt, Flexibilität sowie für die individuellen Stärken von PwC.

17.3.1 Das Markenversprechen der Corporate Brand PwC

Kern der Neuausrichtung ist das Markenversprechen: *„My relationship with PwC helps create the value I'm looking for"*. Damit werden insbesondere die Aspekte „Relationship", im Sinne tragfähiger und nachhaltig erfolgreicher Beziehungen, sowie „Value", also individueller Nutzen und Mehrwert, in der Kommunikation fokussiert.

17.3.2 Die nationale Arbeitgeberimagekampagne

Mit dem Rebranding war auch der Rahmen für die Ausgestaltung der Arbeitgebermarke von PwC vorgegeben. Allerdings musste das zentrale Markenversprechen für die Zielgruppe der Studierenden und Absolventen weiter konkretisiert werden. Im ersten Schritt wurden auf der Grundlage nationaler Arbeitgeberstudien und einer Fokusgruppenbefragung die Anforderungen an einen Arbeitgeber sowie die Attraktivitätstreiber analysiert. Hier ging es vor allem um die Antwort auf die Frage: Was ist unserer Zielgruppe der Studierenden und Absolventen wichtig und beeinflusst ihre Arbeitgeberwahl?

Im zweiten Schritt unterzogen wir die Arbeitgeberpositionierung unserer Wettbewerber einer intensiven Analyse. Unter Berücksichtigung der erfassten Attraktivitätstreiber konnten nun die präferenzstiftenden, aber vom Wettbewerb nicht klar besetzten Themenfelder identifiziert werden. Die Ergebnisse wurden einerseits vor dem Hintergrund der Relevanz und Differenzierung diskutiert, andererseits auf Glaubwürdigkeit und Authentizität geprüft.

Auf dieser Grundlage erarbeiteten wir Umsetzungsvorschläge. Gemeinsam mit den Kollegen aus dem Marketing und der externen Kommunikation wurde schließlich die Arbeitgeberkampagne unter dem Slogan *„Gemeinsam im Team Großes bewegen"* geboren.

17.3.3 Testimonials machen Arbeitswelt erlebbar

Im Zentrum der Kampagne stehen Testimonials, die jeweils an ihrem persönlichen Praxisbeispiel verdeutlichen, wie sie „im Team Großes bewegen". So berichtet beispielsweise Rebecca Manz von ihrem Beratungsprojekt in Portugal, in dem es darum geht, „der Sonne einen Job zu vermitteln". Gemeinsam mit ihrem Team hat sie beim Bau eines Solarkraftwerkes das Projektmanagement optimiert und dazu beigetragen, einen nachhaltigen Mehrwert für den Mandanten und die Region zu stiften.

Abb. 17.2 Beispielanzeigen im alten und neuen Branding. (Quelle: PwC)

Jedes der insgesamt elf Testimonials bietet einen Ausschnitt der spannenden und vielfältigen Herausforderungen bei PwC, in der die Arbeit im Team und der Mehrwert der eigenen Leistung von hoher Bedeutung sind. Gleichzeitig wird auf das für die Zielgruppe wichtige Arbeitgebermerkmal „attraktive Arbeitsaufgaben" fokussiert. Dabei steht weniger die Tätigkeitsbeschreibung, sondern vielmehr das Ergebnis der Arbeit im Vordergrund – langfristige Werte zu schaffen und nachhaltige Erfolge zu erzielen. In diesem Sinne weckt „im Team Großes bewegen" bei der Zielgruppe Aufmerksamkeit, Begeisterung und Identifikation. Diese Kernbotschaft zieht sich dabei wie ein roter Faden durch sämtliche Werbemittel und wurde mit dem Kampagnenstart im Oktober 2011 deutschlandweit kommuniziert.

Die Abb. 17.2 zeigt die deutlichen Unterschiede in der Gestaltung der Arbeitgeber-Imageanzeigen im alten und neuen Branding. Die bisherigen Anzeigen waren ausschließlich vollflächig-einfarbig (z. B. rot, grün oder blau) und sahen nur Typographie vor. Das neue Erscheinungsbild hingegen ist auf weißem Grund mit mehrfarbig aktiviertem Logo (in neuen Farbtönen) und großem Portraitbild gestaltet. Durch die großflächigen warmen Farben und dem direkten Blick der Testimonials in die Kamera soll die Aufmerksamkeit geweckt und größere emotionale Nähe aufgebaut werden. Die Markenaspekte „Relationship" und „Value" finden sich inhaltlich im Copytext wieder.

Die Anzeige grenzt sich nicht nur klar zur früheren Arbeitgeberkommunikation von PwC ab, sondern differenziert sich sowohl visuell als auch inhaltlich klar im Markt der Wirtschaftsprüfungs- und Beratungsgesellschaften. Allerdings sind bei einer so deutlichen Neugestaltung ohne explizite Erläuterung zum Rebranding anfängliche Zuordnungsprobleme der Zielgruppe unumgänglich. PwC hat im Rahmen der Kampagnenplanung von einer Ankündigung im Sinne einer Announcement-Phase abgesehen, um direkt die neue Arbeitgeberpositionierung effizient im Hochschulumfeld zu kommunizieren.

17.4 Die Zielgruppe auch wirklich erreichen

Um mit dem Kampagnenstart effektiv die Zielgruppe anzusprechen, wurde zur Entwicklung der neuen Arbeitgebermarke und den damit verbundenen Herausforderungen intern ein Workshop durchgeführt.

17.4.1 Der Strategie-Workshop im Überblick

Zu diesem Workshop, an dem Kollegen aus dem Bereich Personalmarketing & Recruiting teilnahmen, wurde auch externe Experten hinzugezogen. Neben der Vision und dem Markenversprechen von PwC lagen dem Workshop das Konzept zur Arbeitgeberkampagne, die Kommunikationsmaterialien der Wettbewerber sowie Arbeitgeberstudien und Marktforschungsdaten zur Zielgruppe zugrunde. Damit wurden vor allem fünf Themen für die zukünftige Personalmarketingstrategie berücksichtigt:

1. Ausgangssituation
2. Vision und Markenversprechen von PwC
3. Wettbewerbspositionierung und Kommunikation
4. Erweitertes Zielgruppenverständnis
5. Entscheidungsprozess der Zielgruppe

Ausgangspunkt des Workshops war die Analyse vorliegender Arbeitgeberstudien, um einen Überblick über quantitative und qualitative Aspekte der bestehenden Arbeitgebermarke PwC zu gewinnen. Als quantitative Zielgröße sollte die Bekanntheit bei der Zielgruppe deutlicher gesteigert werden. Die qualitativen Aspekte der Analyse waren weitgehend positiv, allerdings unzureichend aktivierend. Dies sollte zukünftig stärker in der Ansprache der Zielgruppen berücksichtigt werden.

Im zweiten Schritt wurden Vision und zentrales Markenversprechen von PwC diskutiert und die Implikationen für die Kommunikation mit der Zielgruppe erarbeitet. Hier wurde u. a. unsere Brand-Vision: „*The world's number one professional services network*" und das zentrale Markenversprechen zugrunde gelegt. Zukünftig werden alle Maßnahmen im Personalmarketing an den Kriterien „Leading" (souverän, seriös …), „Relationship" (persönlich, ehrlich …) und „Value" (zielgerichtet, mehrwertorientiert …) ausgerichtet.

Der nächste Schritt im Workshop galt der Kommunikation und dem Wettbewerb im Markt. Hier standen vor allem die Kommunikationsformen, Inhalte, Besonderheiten und das Erscheinungsbild im Hochschulumfeld von PwC im Fokus. Bewertet wurde die jeweilige Positionierung mit Berücksichtigung der Art und Weise des Zielgruppenkontaktes im Zeitverlauf. Auf dieser Grundlage konnte ein guter Gesamtüberblick erstellt werden, über welche Medien und über welche Inhalte sich der Wettbewerb im Hochschulumfeld positioniert. Zudem zeigte die Zusammenfassung einzelne Handlungsfelder auf und bot Orientierung für die eigene Kommunikationsplanung.

Auf Basis der definierten Zielgruppe wurden im vierten Schritt die Ergebnisse einer Marktforschung zu Interessen, Einstellungen, Bedürfnissen und zur Medianutzung bewertet.

Auch wenn sich die Zielgruppe sehr stark in sozialen Netzwerken, also online bewegt, informiert sie sich nicht nur dort, sondern ist über viele Kanäle hinweg aktiv. Dabei sind nicht alle Medien für die Arbeitgeberkommunikation relevant. Den Befragten ist zudem der persönliche Austausch wichtig. Im Ergebnis ist es für den Erfolg der Kommunikation mit der Zielgruppe entscheidend, den Medieneinsatz an relevanten Kontaktpunkten entlang so zu planen, dass zum richtigen Zeitpunkt im Entscheidungsprozess der Dialog mit unserer Zielgruppe sichergestellt wird.

Darauf aufbauend wurde im letzten Schritt der Entscheidungsprozess der Zielgruppe im Studienverlauf betrachtet. Je nach Studienfortschritt beeinflussen unterschiedliche Faktoren die Image- und Präferenzbildung. Studierende am Anfang ihres Studiums beispielsweise befinden sich in einer passiven Phase, in der gewöhnlich kein konkretes Vorstellungsbild über PwC als Arbeitgeber besteht. Hier heißt es, stärker allgemeine Markenbekanntheit aufzubauen und erstes Interesse zu wecken, indem auf emotionale Weise ein erster Einblick in die Arbeitswelt von PwC geboten wird. Im weiteren Studienverlauf wird, z. B. aufgrund der Suche eines Praktikumsplatzes, das Informationsverhalten aktiver. Ist die Suche nach relevanten Informationen zunächst noch ungezielt, wird diese bis zur Bewerbungsphase immer fokussierter. Den Interessierten sollten deshalb alle relevanten Arbeitgeberinformationen einfach und ansprechend zugänglich sein. Schließlich bildet sich nun auch der Wunsch, möglichst einen persönlichen Eindruck vom Unternehmen und seinen Beschäftigten zu gewinnen. Damit ist in der letzten Phase im Prozess der Arbeitgeberwahl vor allem der persönliche Kontakt entscheidend.

Alle Personalmarketingmaßnahmen können entlang des Entscheidungsprozesses im Studienverlauf eingeordnet werden. Das im Workshop erarbeitete „Vier-Phasen-Modell“ bietet Orientierung für die situationsspezifische Zielgruppenansprache (Abb. 17.3).

Abhängig vom individuellen Involvement der Zielgruppe sind die unterschiedlichen Informationsbedürfnisse entlang dieses Prozesses über geeignete Kontaktpunkte zu bedienen. Ziel ist es, in jeder Phase die gewünschten Bedürfnisse adäquat zu erfüllen, um den nächsten Schritt im Vier-Phasen-Modell erfolgreich einzuleiten.

17.4.2 Fokussierung auf die Zielgruppe

In der Vergangenheit war die Kommunikation mit der Zielgruppe auf einen der drei Geschäftsbereiche von PwC bezogen: „Assurance“ (Wirtschaftsprüfung und prüfungsnahe Beratung), „Tax & Legal“ (Steuer- und Rechtsberatung) und „Advisory“ (Unternehmens-

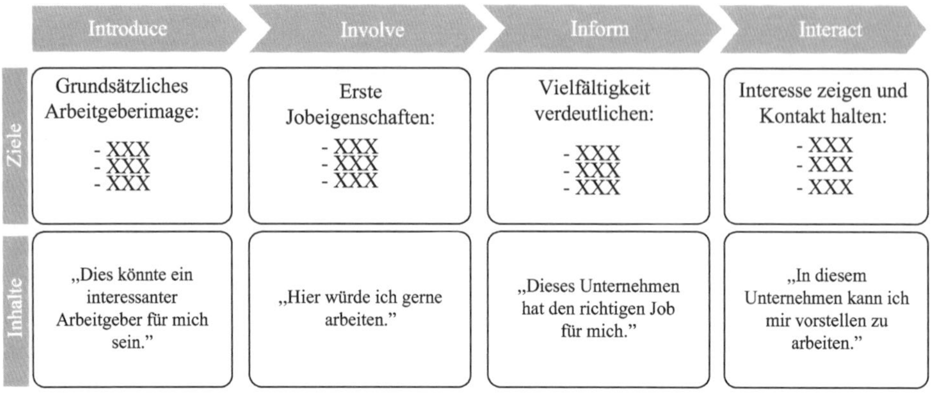

Abb. 17.3 Vier-Phasen-Modell von PwC. (Quelle: PwC)

beratung). Damit wurde aus der Innensicht heraus die Zielgruppe mit unterschiedlichen Personalmarketingmaßnahmen angesprochen. Auch wenn in den einzelnen Fachbereichen sehr spezifische Anforderungen an die Bewerber gestellt und damit vordergründig jeweils eigene Zielgruppen angesprochen werden, stimmt doch der Großteil der Anforderung an zukünftige Mitarbeiter über die Fachbereiche hinweg weitgehend überein. Dies führte teilweise bei starkem Personalbedarf dazu, dass es mit bereichsbezogenen Personalmarketingaktivitäten zu Überschneidungen kam. Hier sollte zukünftig eine starke Fokussierung erfolgen.

In diesem Zusammenhang wurden zur Priorisierung der relevanten Zielgruppe die quantitativen wie qualitativen Personalbedarfe für die jeweiligen Geschäftsbereiche und die damit verbundene Schwierigkeit in der Rekrutierung berücksichtigt. Die Analyse zeigte, dass sich die Zielgruppenpriorität je nach Studienrichtung unter den einzelnen Geschäftsbereichen teilweise unterschied. Gleichzeitig konnten vier klare Kernzielgruppen nach einem bestimmten Studienschwerpunkt festgehalten werden:

1. Accounting & Controlling
2. Banken & Versicherung
3. Steuern & Recht
4. Wirtschaftsingenieurwesen, -mathematik & -informatik

Auf dieser Grundlage lassen sich Personalmarketingmaßnahmen zukünftig fokussierter an der Studienrichtung der Zielgruppe ausrichten. Zudem können zentrale Aktivitäten in den ersten beiden Phasen des Vier-Phasen-Modells bedarfsgerechter und bereichsübergreifend gestaltet werden. Neben Bekanntheitssteigerung stehen hier emotionale Botschaften im Fokus der Kommunikation, um allgemeines Interesse an PwC bei der Zielgruppe zu wecken.

Der Zielgruppenansatz sollte möglichst über alle Aktivitäten des Personalmarketings hinweg Berücksichtigung finden. Ein anschauliches Beispiel ist hierzu das Event „Big Sail Adventures".

17.5 Konzeption und Umsetzung der „Big Sail Adventures"

Im Rahmen des Strategie-Workshops wurden erste Ideen diskutiert, wie durch eine zentrale Aktivität – ein Flagshipevent – grundsätzliches Interesse bei der Zielgruppe geweckt und erste Einblicke in die Arbeitswelt von PwC gegeben werden können. Dabei sollte das neue Format den Kriterien „Leading", „Relationship" und „Value" gerecht werden und die Arbeitgeberkampagne „Gemeinsam im Team Großes bewegen" erlebbar machen.

17.5.1 Ideenfindung und Konzeptüberprüfung

Mit den Vorgaben zur Formatentwicklung wurde ein Projektteam aus dem Bereich „Personalmarketing & Recruiting" gegründet. Dabei sollten die Projektmitglieder aus den drei unterschiedlichen Geschäftsbereichen kommen, um bereichsbezogene Erfahrungen und Ideen einzubringen. Vorteilhaft war zudem, dass die Teilnehmer ebenso am Strategie-Workshop beteiligt waren und somit ein gutes Verständnis zur Personalmarketingstrategie vorlag.

Im Rahmen des Projektes kristallisierten sich vor allem drei Konzeptideen heraus. In Kleingruppen wurden die Konzepte „Campus Challenge", „Career.Adventures" und „Sailing" weiter ausgearbeitet. Die Ergebnisse wurden in einer Fokusgruppenbefragung unter 1.598 bestehenden und ehemaligen Praktikanten von PwC getestet. Der Vorteil dieser Gruppe lag neben der Stichprobengröße vor allem darin, dass die Stichprobe gut die Anforderungen des Zielgruppenansatzes hinsichtlich der Studienrichtungen repräsentierte. Zudem wies die Stichprobe eine ausgewogene Verteilung in Bezug auf das Geschlecht, den angestrebten Studienabschluss und Studienfortschritt vor.

Das Ergebnis der Befragung fiel deutlich auf das „Sailing"-Format. Damit wurde die Idee eines mehrfach im Jahr und an unterschiedlichen Orten veranstalteten, dreitägigen Segelevents weiter verfolgt. Gleichzeitig lieferten die Antworten der Befragten wichtige Hinweise zum idealen Zeitpunkt im Studienverlauf sowie Anregungen für die inhaltliche Ausgestaltung.

17.5.2 Organisation und inhaltliche Ausgestaltung des Events

Für die inhaltliche Ausgestaltung und Organisation wurde eine kleine Projektgruppe gegründet. In den regelmäßigen Treffen wurden zunächst die Rahmenbedingungen abgesteckt. Hier galt es, das richtige Schiff zu finden, das allen Ansprüchen an das Format gerecht werden konnte. Aspekte wie die Größe, Ausstattung und Crew waren dabei genauso wichtig wie die möglichen Törns im vorgegebenen Zeitfenster.

Nachdem die Entscheidung auf die 57 Meter lange Dreimast-Barkentine „Atlantis" gefallen war, konnte die weitere inhaltliche Ausgestaltung des jeweils dreitägigen Programms für die Törns angegangen werden. Unter Berücksichtigung der Hinweise aus der Fokusgruppenbefragung und den Ideen der Teilnehmer aus der Projektgruppe wurde ein erster Ablaufplan erstellt. Im Verlauf sind die Inhalte des Programms weiter am Markenversprechen von PwC und den Aspekten der Arbeitgeberkampagne ausgerichtet worden. Zum einen sollte „Relationship" im Sinne von „Gemeinsam im Team Großes bewegen" durch das gemeinsame Segeltraining erlebbar werden. Andererseits stiften gemeinsam zu bearbeitende Case Studies bei den Kandidaten durch den fachlichen Austausch mit PwC-Experten einen individuellen Nutzen und erlauben einen tiefen Einblick in die Arbeitswelt von PwC.

Gemäß dem Zielgruppenansatz wurde je nach definierter Gruppe ein Törn mit dem entsprechenden Studienschwerpunkt als Thema geplant. Demzufolge sind die Case Studies immer mit klarem Fokus auf den Studienschwerpunkt der entsprechenden Gruppe (z. B. Accounting & Controlling) ausgearbeitet. Dabei wurden die Themen entlang der Karrierestufen bei PwC gestaltet. So können sich die Kandidaten mit der Fallbearbeitung einen besseren Eindruck verschaffen, welche unterschiedlichen Herausforderungen mit einem bestimmten Grad verbunden sind. Unterstützung erhalten die Kandidaten durch PwC-Experten, die einerseits einen ähnlichen Studienhintergrund haben wie die Kandidaten selbst. Andererseits soll bei den Törns möglichst aus jedem Grad ein Mitarbeiter als Ansprechpartner mit an Bord sein, um aus eigener Erfahrung berichten und auf Fragen aus der Zielgruppe eingehen zu können.

Neben den fachlichen Themen ist ein begleitendes Rahmenprogramm mit einzelnen Team-Challenges vorgesehen. Ob im Segeltraining oder beim Bau einer Gallionsfigur sollte der Spaß im Team nicht zu kurz kommen.

17.5.3 Erarbeitung des Kreativ- und Kommunikationskonzeptes

Mit dem erarbeiteten Konzeptvorschlag „Sailing" und den Vorgaben des Strategie-Workshops waren die Rahmenbedingungen für ein konkretes Agenturbriefing gelegt. Für die Erarbeitung des Kreativkonzeptes fiel die Entscheidung auf das externe Kreativteam, das PwC schon während der Arbeitgeberkampagne unterstützte. Neben einem übereinstimmenden Verständnis zur Zielerreichung sollte die Qualität in der Gestaltung und im Stil bewahrt und möglichst für die Zielgruppe wahrnehmbar sein.

Bestandteil des Briefings war die Kreation eines Eventnamens mit Kernbotschaft. Gleichzeitig suchten wir ein Keyvisual, das sowohl der visuellen Identität gerecht wird als auch im Markt differenziert und emotional Aufmerksamkeit hervorruft. Bild wie Botschaft sollten ansprechend und einzigartig sein, aber zugleich die Ersthaftigkeit des Events unterstreichen. Mit *„Big Sail Adventures – Drei Tage, die deinen Horizont erweitern"* und dem Key Visual war die Basis für alle Print- und Onlinewerbemittel gelegt. Die persönliche Ansprache, wie unter Segelbegeisterten üblich, war für PwC neu. Dies sollte einheitlich in allen Werbemitteln umgesetzt werden, um eine größere Nähe aufzubauen sowie die lockere Atmosphäre an Bord zu unterstreichen.

Dem Zielgruppenansatz (Studienschwerpunkt) konsequent folgend, wurde für jede Zielgruppe ein Törn geplant. Die sich damit ergebende Eventreihe ermöglicht eine konsistente und kontinuierliche Kommunikation im Sinne der Markenbildung. Gleichzeitig konnte eine effizientere Kommunikation geplant werden, da der jeweilige Termin für die unterschiedlichen Zielgruppen frühzeitig bekannt ist.

Das Kommunikationskonzept verfolgt eine crossmediale Ansprache in drei Phasen: Vor-, Live- und Nachberichterstattung der (Teil-)Eventreihe. In der Werbephase, beginnend zwei Monate vor dem Event, wurde der Fokus auf reichweitenstarke relevante Print- und Onlinemedien gelegt. Ab der offiziellen Anmelde- bzw. Bewerbungsphase (circa sechs Wochen vor dem ersten Törn) sollten zum einen spezifischere Kanäle gewählt (z. B. Newsletter der entsprechenden Fachbereiche), zum anderen auf dem Campus der Zielhochschulen von PwC 14-tägige Sonderwerbeformen geschaltet und Promotion mit Flyerverteilung durchgeführt werden. Mit dem Bewerbungsschluss und kurz vor dem Törn war die Ankündigung der Liveberichterstattung über Social Media angesetzt. Im eigens eingerichteten Blog, der in die Microsite „PwC Big Sail Adventures“ eingebunden ist, wird live von Bord berichtet. In der Nachberichterstattung liegt der Fokus auf PR und Advertorials.

17.5.4 Die Werbemittel

Mit dem Kreativkonzept wurden die Printwerbemittel, wie Anzeigen- und Plakatformat sowie Flyer, erstellt, im Onlinebereich entsprechend eine Microsite mit Kurzfilm und Blog, ein Youtube-Channel und diverse Werbebanner. Damit wurden die Medien berücksichtigt, die dem Informations- und Kommunikationsverhalten der Zielgruppe entsprechen (Abb. 17.4).

Die Werbemittel erreichen in der Zielgruppe eine hohe Aufmerksamkeit und wecken Interesse, für mehr Informationen die Microsite aufzusuchen. Ist der Interessierte auf der Microsite, startet zunächst das Video, in dem durch Bild und Musik ein emotionales Vorstellungsbild vom Event geschaffen wird. Der Film enthält ferner die wichtigen Markenbotschaften. Je tiefer der User die Seiten der Microsite entdeckt, umso mehr Argumente werden zur Bewerbung und Teilnahme aufgezeigt.

Die persönliche Ansprache in den Werbemitteln und auf der Microsite, die für Nahbarkeit und eine ungezwungene Atmosphäre steht, wird durch die Vorstellung der Teams von PwC unterstrichen. Die mitfahrenden Kolleginnen und Kollegen sind in Segel-/Freizeitkleidung abgebildet und stehen mit ihrem jeweiligen Studienhintergrund zugleich für die spannenden Herausforderungen, die die Teams bei PwC gemeinsam meistern.

Abb. 17.4 Exemplarische Werbemittel „Big Sail Adventures". (Quelle: PwC)

17.5.5 Kommunikation und multimediale Liveberichterstattung

In der Phase vor Eventstart wurde über unterschiedliche Medien und Kanäle hoher Werbedruck aufgebaut, um auf die Microsite hinzuweisen.

Mit dem Start des ersten Törns, der vom 20. bis 23. September 2012 nach Mallorca führte, wurde drei Tage lang mit vielen Bildern und Beiträgen das Geschehen an Bord live berichtet. Beim Törn Mallorca (Team: Accounting & Controlling) war ein Filmteam mit an Bord, das die Stimmung hautnah einfing. Ein Video mit Tagesrückblick wurde jeweils am Abend als Zusammenfassung der Berichterstattung im Blog eingestellt. Der Zusammenschnitt aller drei Tage bietet nun einen authentischen Einblick, was die Teilnehmer bei zukünftigen Törns tatsächlich erwartet. Zudem unterstreicht der Videorückblick deutlich die Botschaften der Arbeitgeberpositionierung.

Um die Liveberichterstattung noch zu verstärken, wurde im Blog eine Landkarte eingebunden, die via GPS den genauen Standort des Großseglers zeigt. Interessierte und das soziale Netzwerk der teilnehmenden Studierenden konnten so online und jederzeit den Standort und die aktuellen Witterungsbedingungen mitverfolgen. Die Törns sind damit sowohl vor, währenddessen als auch nach dem Törn Gesprächsstoff am Campus geworden. Gleichzeitig wurden durch die Teilnehmer und Interessierten mit ihrem sozialen Umfeld Multiplikatoreffekte erzielt.

17.6 „Big Sail Adventures" – Bestandteil erfolgreichen Employer Brandings bei PwC

Ein klares und unverwechselbares Arbeitgeberimage aufzubauen und dieses in der Zielgruppe fest zu verankern, braucht Zeit. Quantitative wie qualitative Größen ermöglichen aber auch schon nach einem Jahr eine erste Erfolgseinschätzung.

Der Blick auf die vorab festgelegten Zielgrößen zeigt, dass das Format deutlich den Vorgaben in Bezug auf die Marke und den gewünschten Botschaften als Arbeitgeber entspricht. Die Kommunikation wurde mit einer Reichweite von mehr als 24 Mio. Kontakten in Print- und Onlinemedien aufmerksamkeitsstark umgesetzt.

Sowohl die Zugriffszahlen auf die Microsite als auch die Anzahl der Bewerbungen bestätigen, dass das Event-Format eine hohe Attraktivität in der Zielgruppe hat. Gleichzeitig spiegelt die hohe Qualität der Bewerberprofile wider, dass fokussiert die relevanten Zielgruppen erreicht wurden. Selbst die interdisziplinären Studierenden, z. B. im Studienfach Wirtschaftsingenieurwesen, konnten für das Event begeistert werden.

Der Fokus der „Big Sail Adventures" lag dabei nicht auf dem unmittelbaren Rekrutierungsaspekt – auch wenn einige der Teilnehmer heute Mitarbeiter von PwC sind. Vielmehr soll die Arbeitgebermarke von PwC durch relevantes, einzigartiges und emotional positives Markenwissen gezielt gestärkt werden. Dabei wecken die „Big Sail Adventures" durch die zielgruppengenaue Ansprache mit geringen Streuverlusten größeres Interesse am Arbeitgeber. Die Dauer der Besuchszeiten auf der Microsite und das Userverhalten zeigen, dass die Interessierten weitere Informationen zur Arbeitswelt und zu PwC suchten und fanden.

Mit über 100 Teilnehmern von mehr als 75 verschiedenen Zielhochschulen war eine hohe deutschlandweite Streuung gegeben. Mit einer außergewöhnlichen und persönlichen Kontaktsituation an Bord haben die Teilnehmer einen umfangreichen Einblick in die vielfältigen Themen bei PwC und ein authentisches Vorstellungsbild der Unternehmenskultur gewonnen. Mit dem Event wurde die Arbeitgeberkampagne „Gemeinsam im Team Großes bewegen" für die Teilnehmer erlebbar.

17.7 Zusammenfassung

Mit der Neuausrichtung der Marke PwC war die Grundlage für die Positionierung als Arbeitgeber gelegt. Die Schaffung einer starken Arbeitgebermarke ist eine wichtige Voraussetzung, um den hohen Personalbedarf trotz vielfältiger Herausforderungen möglichst jederzeit erfolgreich zu decken.

Die „Big Sail Adventures" sind Beispiel für ein strategisch am Markenversprechen als Arbeitgeber ausgerichtetes Event, das eine hohe Aufmerksamkeit und Attraktivität bei der stark umworbenen Zielgruppe erlangt. Die Arbeitgebermarke konnte auf diese Weise glaubwürdig, überzeugend und mit klarem Alleinstellungsmerkmal positioniert im relevanten Hochschulumfeld gestärkt werden.

Bis heute haben wir vier erfolgreiche Törns veranstaltet. Alle relevanten Zielgruppen konnten wir innerhalb eines Geschäftsjahres mit „Big Sail Adventures“ ansprechen. An den Hochschulen, bei der Zielgruppe und auch intern bei PwC ist die Resonanz auf die „Big Sail Adventures“ durchweg positiv, sodass wir unsere Segelreihe fortsetzen.

Inwieweit mit dem Event das Vorstellungsbild von PwC als Arbeitgeber auf den relevanten Dimensionen verändert wird und Präferenzen schafft, ist kontinuierlich zu prüfen. Ein handhabbares wie aussagekräftiges Controlling der durchgeführten Aktivitäten im Rahmen des Personalmarketings ist zunehmend von Bedeutung, um regelmäßig die durchgeführten Maßnahmen zu bewerten und vor dem Hintergrund zukünftiger Trends stetig zu verbessern.

Literatur

PwC. (2013). *PwC's NextGen: A global generational study. Evolving talent strategy to match the new workforce reality.* Los Angeles CA, London.

Betriebliche Kinderbetreuung 18

Employer Branding in Reinkultur

Ilse Wehrmann

Immer mehr Unternehmen, ob mittelständische Familienbetriebe oder große DAX-Unternehmen, eröffnen eigene Betriebskitas für den Nachwuchs der Mitarbeiterinnen und Mitarbeiter. Betriebliche Kindertagesstätten setzen dabei neue Maßstäbe bei der Bildung und Betreuung der Kleinsten und die Unternehmen stellen sich einer gesamtgesellschaftlichen Verantwortung, indem sie ihren Beitrag zur besseren Vereinbarkeit von Familie und Berufleisten. Meine Aufgabe ist die fachliche Beratung der Unternehmen, die sich dieser Verantwortung stellen.

Im Folgenden gehe ich zunächst auf den Stellenwert betrieblicher Kindertageseinrichtungen im Zusammenhang mit Employer Branding, die Bedarfslagen von arbeitenden Eltern und die Vorteile betrieblicher Kinderbetreuung für Unternehmen ein. Anschließend stelle ich die wichtigsten Kriterien vor, die bei der Einrichtung betrieblicher Kitas berücksichtigt werden sollten. Darauf folgend beschreibe ich ein Konzept, das ich speziell für die betriebliche Kinderbetreuung entwickelt habe.

18.1 Employer Branding als „Nebeneffekt"

Bildung, Arbeitsmarkt und Familie sind die Themen der Zukunft. Deutschland braucht eine Unternehmenskultur, die aktiv eine gute Balance von Familie und Beruf ermöglicht. Denn eine gute Balance von Familie und Arbeitswelt ist Voraussetzung dafür, dass die Produktivität von Unternehmen, der soziale Zusammenhalt der Gesellschaft und die Lebensentwürfe in Einklang gebracht werden können – dies ist langfristig von wesentlicher Bedeutung für die Sicherung des Wirtschaftsstandortes Deutschland. Es liegt in gemeinsamer Verantwortung aller gesellschaftlichen Akteure, die Lebens- und Arbeitsbedingungen

I. Wehrmann (✉)
Bremen, Deutschland
E-Mail: mail@ilse-wehrmann.de

H. Künzel (Hrsg.), *Erfolgsfaktor Employer Branding*, Erfolgsfaktor Serie,
DOI 10.1007/978-3-642-40535-8_18,

in diesem Land familienfreundlicher zu gestalten sowie Eltern die Vereinbarung von Familie und Beruf zu erleichtern. Unternehmen können sich durch Familienfreundlichkeit im Betrieb dieser gesamtgesellschaftlichen Verantwortung stellen.

Vor diesem Hintergrund erweist sich der Bau einer oder mehrerer Betriebskitas für die Unternehmen als vernünftige und langfristig angelegte Strategie angesichts der Tatsache, dass Mitarbeiterinnen und Mitarbeiter Familie und Beruf leichter und besser vereinbaren können, wollen und müssen. Es ist nur konsequent, den Kindern der Mitarbeiterinnen und Mitarbeiter ein Bildungs- und Betreuungsangebot auf internationalem Niveau zur Verfügung stellen zu wollen. Auf diese Weise können die Unternehmen die Basis für mehr Teilzeitarbeitsplätze für Mitarbeiterinnen und Mitarbeiter mit Kindern schaffen, aber auch für familienfreundlichere Arbeitszeiten und für mehr weibliche Führungskräfte im Unternehmen.

Dass es sich beim Bau einer Betriebskita um Employer Branding in seiner Reinform handelt, ist für viele Unternehmen nicht von zentraler Bedeutung. Eher sprechen pragmatische Gründe für einen solchen Schritt. Durch eine eigene Kinderbetreuung, wie sie z. B. die Daimler AG anbietet, geht ein Unternehmen auf eines der Top-Anliegen von Mitarbeiterinnen und Mitarbeitern mit Kindern ein. Dies ergab eine vom Bundesministerium beauftragte Studie, in der die Erwartungen der Arbeitnehmerinnen und Arbeitnehmer an familienfreundliche Unternehmen untersucht worden waren (BMFSFJ 2004). Ganz oben auf der Prioritätenliste standen:

- familienfreundliche Arbeitszeiten (Frauen: 35,6 %, Männer: 27,7 %)
- finanzielle Unterstützung (Frauen: 14,0 %, Männer: 21,7 %)
- Freistellungsmöglichkeiten für Pflegeaufgaben (Frauen: 13,4 %, Männer: 16,5 %)

Hinzu kamen Kriterien wie die Vermittlung von Betreuungsangeboten (Frauen: 11,4 %, Männer: 6,7 %), familienfreundliches Betriebsklima (Frauen: 10,7 %, Männer: 11,6 %) sowie Fort- und Qualifizierungsangebote während der Elternzeit (Frauen: 7,3 %, Männer: 6,7 %).

Die Mehrheit der Befragten wünschte sich Angebote, um die Elternzeit mit einer Teilzeitarbeit kombinieren zu können. Die von Arbeitnehmerinnen und -nehmern am häufigsten genutzte Form flexibler Arbeitszeiten zur Anpassung der Arbeitszeit an die Familie ist die Gleitzeit (93 %). 89 % der Befragten setzen dafür ihre Überstundenkonten ein. Für einen Teil der Beschäftigten ist Telearbeit eine willkommene Entlastungs- und Vereinbarkeitsstrategie.

Bei den betrieblichen Sozialleistungen für Eltern besteht – abgesehen von betrieblichem Sonderurlaub bei Krankheit eines Kindes – hierzulande noch eine Kluft zwischen Wunsch und Wirklichkeit. Derzeit stellt sich das Angebot solcher Leistungen für Eltern wie folgt dar:

- betrieblicher Sonderurlaub bei Krankheit eines Kindes (53 %)
- Geldleistungen wie Kinderzuzahlungen oder Einmalzahlungen nach der Geburt (33 %)
- Möglichkeit der Notfallbetreuung für Kinder (21 %)

Des Weiteren wünschten Eltern, dass ihre Kinder auch in der Betriebskantine essen können (16 %), Freizeitangebote für ihre Kinder (8 %), Vermittlung von Betreuungsplätzen bzw. Eltern-Kind-Serviceleistungen (7 %) sowie Kinderspielzimmer im Betrieb (6 %). Aber auch die Einrichtung eines Stillraums (5 %) und Hilfe bei der Vermittlung von hauswirtschaftlichen Dienstleistungen (5 %) standen auf der Wunschliste.

Vorteile betrieblicher Kinderbetreuung für das Unternehmen Mag dieses Thema auf den ersten Blick ein Nischendasein in der Themenagenda von Entscheidungsträgern in der Wirtschaft führen, erweist es sich bei genauerem Hinsehen als überaus attraktiv und erfolgreich. Das werden Unternehmen bestätigen, die sich dieses Themas angenommen und es realisiert haben. Bei der Lektüre von Artikeln und Fachaufsätzen über Employer Branding bei der Auflistung der empfohlenen Maßnahmen sind ausnahmslos Begriffe wie „betriebliche Kinderbetreuung", „betriebliche Kitas" etc. vorzufinden, aber bei der Suche nach vertiefender Literatur ist wenig vorzufinden ist. Weder in Bezug auf die Vorteile dieser Maßnahmen noch auf deren Umsetzung. Ein Grund mehr, einen kleinen Exkurs in ein Thema vorzunehmen, das nicht unbedingt zur alltäglichen Tagesordnung von Managern gehört, und Ihnen zunächst die wichtigsten Vorteile betrieblicher Kinderbetreuung – unter Berücksichtigung der kontextuellen Hintergründe – vorzustellen.

Standortvorteil Mit der Verabschiedung des Tagesbetreuungsausbaugesetzes (TAG) zum qualitätsorientierten und bedarfsgerechten Ausbau frühkindlicher Betreuungseinrichtungen hatte die damalige Bundesregierung 2005 einen entscheidenden Baustein zur quantitativen Verbesserung der Versorgung mit Plätzen für Kinder unter drei Jahren geliefert und auf die bekannte Tatsache reagiert, dass die Zahl der Plätze für unter Dreijährige insbesondere in den alten Bundesländern unzureichend ist. Dieses Gesetz verpflichtet die Kommunen, bis 2013 für alle Kinder unter drei Jahren, deren Eltern berufstätig oder in Ausbildung sind, einen Betreuungsplatz bereitzustellen. Mit der ersten Ausweitung des schrittweisen, am Bedarf orientierten Ausbaus von Betreuungsplätzen für unter Dreijährige ist in diesem Frühjahr begonnen worden.

Aufgrund der großen Lücken im System der Tagesbetreuung in Deutschland war davon auszugehen – was sich mittlerweile auch bestätigt hat –, dass die Kommunen der Verpflichtung des TAG nicht nachkommen werden. So würden nur wenige Eltern, die in den Genuss der geplanten Neuregulierung der steuerlichen Abzugsfähigkeit von Betreuungskosten kommen, einen angemessenen Betreuungsplatz finden. Viele junge Familien aber sind aufgrund ihrer doppelten Berufstätigkeit auf eine Betreuung ihrer Kinder angewiesen. Für sie ist es von großer Bedeutung, ihre Kinder in qualitativ hochwertigen Betreuungseinrichtungen mit ausgewogenem Personalschlüssel, optimalen räumlichen Bedingungen und gut ausgebildetem und motiviertem Fachpersonal zu wissen, wo ihnen die bestmögliche Förderung zuteil wird. Aber auch Kinder von Eltern, die nicht beide berufstätig sind, erhalten hier externe Impulse für den Erwerb sozialer, kognitiver und sprachlicher Kompetenzen und für die Entwicklung ihrer Persönlichkeit.

Von der Wirtschaft umworbene Fach- und Führungskräfte, die ein kleines Kind oder kleine Kinder haben, machen ihre Entscheidung für ein Unternehmen zunehmend auch davon abhängig, welche Betreuungsmöglichkeiten die Firma für ihr Kind oder ihre Kinder bietet. Für Unternehmen mit einer bedarfsorientierten betrieblichen Kinderbetreuung ergibt sich hieraus ein eindeutiger Standortvorteil, der aufgrund der politischen Rahmenbedingungen aus zwei Gründen zudem relativ kostengünstig zu erzielen ist:

- die Kommunen können die Verpflichtung des TAG allein nicht erfüllen und stehen Allianzen mit Unternehmen zur Betreuung von unter Dreijährigen mit entsprechender Bezuschussung aufgeschlossen gegenüber,
- betriebliche Kinderbetreuung ist steuerlich absetzbar.

Diese Ausgangslage bietet Unternehmen vielfältige Gestaltungsmöglichkeiten zur Schaffung von Infrastrukturangeboten betrieblicher Kinderbetreuung, von deren Synergieeffekten sowohl die Kinder und ihre Eltern, aber auch die Unternehmen selbst profitieren können.

Wettbewerbsvorteil Damit Unternehmen ihre Position im Wettbewerb halten und ihre Marktanteile behaupten und ausbauen können, müssen ihre Beschäftigten möglichst effizient und flexibel arbeiten und handeln können. Das derzeitige Angebot der Kinderbetreuung ist zu wenig bedarfsorientiert und wird dieser Tatsache größtenteils nicht gerecht. Deshalb haben viele Unternehmen selbst die Initiative ergriffen und eigene Modelle zur Betreuung der Kinder ihrer Mitarbeiter entwickelt.

Diese Angebote tragen insbesondere in Bezug auf die Betreuungszeiten und die Betreuungsqualität den Bedürfnissen der Beschäftigten Rechnung und damit indirekt auch den Bedürfnissen der Unternehmen. Die Erfahrungen eines global agierenden Lebensmittelherstellers mit seinem betrieblichen Kinderbetreuungsangebot werden folgendermaßen beschrieben.

„Aus unternehmerischer Sicht können wir ganz nüchtern feststellen: Eine Mutter, die sich Sorgen um die Betreuung ihres Kindes macht, kann keine volle Leistung erbringen. Von daher ist die angemessene qualitative Betreuung von Mitarbeiterkindern auch ein wirtschaftlicher Faktor für das Unternehmen" (Wehrmann 2004, S. 82).

Die wichtigsten Vorteile betrieblicher Kinderbetreuung für Unternehmen lassen sich wie folgt zusammenfassen:

- höhere Motivation und Unternehmensbindung der Beschäftigten,
- höhere Kontinuität der Beschäftigung aufgrund eines früheren Wiedereintritts der Eltern ins das Berufsleben,
- damit einhergehend Kosteneinsparung durch entfallene Neubeschaffung und Einarbeitung von Ersatzpersonal für die Dauer der Elternzeit,
- höhere Leistungsintensität der Mütter und Väter, da sie ihre Kinder gut betreut wissen,
- durch Ausfall der Beschäftigten entstehen höhere Kosten, als für die betriebliche Betreuung ihrer Kinder veranschlagt werden müssen.

Kostenvorteil Dass familienorientierte Personalpolitik erhebliches Einsparpotenzial hat und sich für Unternehmen rechnet, belegt eine vom Bundesfamilienministerium in Auftrag gegebene Studie (BMFSFJ 2003). Die Kosten-Nutzen-Analyse ergab, dass die Kosten für familienfreundliche Maßnahmen wie:

- Beratungsangebote für Eltern
- Kontakthalte- und Wiedereinstiegsprogramme für Beschäftigte in Elternzeit
- Teilzeitangebote, Arbeitszeitflexibilität für Eltern
- Telearbeit für Beschäftigte in Elternzeit
- betriebliche bzw. betrieblich unterstützte Kinderbetreuung

durch aus diesen Angeboten resultierende Kosteneinsparungen ausnahmslos mehr als kompensiert wurden.

Die Kosteneinsparpotenziale ergaben sich im Einzelnen durch eine spürbare Reduzierung von:

- *Wiederbeschaffungs- bzw. Fluktuationskosten* für familienbedingte Ausfälle bzw. Fluktuation von Mitarbeiterinnen und Mitarbeitern, die den Wiederbeschaffungskosten von Ersatzkräften mit gleichem Qualitätsniveau entsprechen
- *Überbrückungskosten* für die Überbrückung der Dauer der Elternzeit
- *Wiedereingliederungskosten* für die Wiedereingliederung von Rückkehrerinnen und Rückkehrern aus der Elternzeit, die mit der Betriebsabwesenheit steigen
- *Kosten für Fehlzeiten*, die aufgrund der zusätzlichen Belastung durch Familienaufgaben neben der Erwerbstätigkeit entstehen

Im Ergebnis zeigten sich bereits für mittelgroße Unternehmen Einsparpotenziale in Höhe von mehreren 100.000 €.

Imagevorteil Unternehmen, die für die Kinder ihrer Mitarbeiterinnen und Mitarbeiter betriebliche Kitas einrichten, stellen unter Beweis, dass ihnen die Belange der beschäftigten Eltern wichtig sind und dass sie einen Beitrag zur gesamtgesellschaftlichen Verantwortung leisten.

Fazit Zusammenfassend bietet die Einrichtung von betrieblichen Kinderkrippen folgendes Bündel an Vorteilen: Das Unternehmen:

- wird zum Vorreiter in Bezug auf betriebliche Kinderbetreuungsangebote
- festigt seine Stellung als Unternehmen, das soziale Verantwortung übernimmt
- festigt seinen Standortvorteil zur Beschaffung und Bindung hoch qualifizierten Personals
- reduziert den Verlust von betriebsspezifischem Know-how, der bei voller Ausschöpfung der Elternzeit erfolgte

Abb. 18.1 Kindertagestätte der Gerry Weber International AG. (Quelle: Gerry Weber AG)

- nutzt die aus familienunterstützenden Maßnahmen resultierenden Kosteneinsparpotenziale
- steigert sein Image als attraktiver Arbeitgeber (Abb. 18.1).

18.2 Rahmenkonzeption betrieblicher Kinderbetreuung

Eine schlüssige Konzeption für betriebliche Kitas in international agierenden Unternehmen sollte folgende Kriterien berücksichtigen:

- Das Betreuungsangebot sollte sich maßgeblich an den Arbeitszeitstrukturen der einzelnen Standorte und am Bedarf der Mitarbeiter orientieren.
- Die Ausstattung der betrieblichen Kinderkrippen sollte alle modernen Standards erfüllen.
- Die Einrichtungen sollten eine gute Organisationsstruktur und Bildungsqualität vorweisen.
- Das pädagogische Konzept sollte neuesten wissenschaftlichen Erkenntnissen mit Betonung der Bereiche Bi-und Multilingualität sowie Interkulturalität entsprechen.
- Die Betreuung sollte auf einer guten Beziehungsqualität zwischen Erzieherin und Kind basieren, insbesondere in Bezug auf die psychologische und wissenschaftliche Qualität.
- Beobachtungsverfahren dienen zur Dokumentation der kindlichen Entwicklung.
- Das Fachpersonal sollte regelmäßig an Qualifizierungs- und Weiterbildungsmaßnahmen teilnehmen.
- Die Umsetzung des pädagogischen Konzeptes sollte wissenschaftlich begleitet und betreut werden.

Tab. 18.1 Beispiel für die Arbeitszeitstruktur in einem Unternehmen. (Quelle: eigene Darstellung)

	Arbeiter und Angestellte gesamt					
	m absolut	m in %	w absolut	w in %	gesamt absolut	gesamt in %
Normalschicht	59.365	45,3	14.979	80,1	74.344	49,6
Dauerfrühschicht	2.277	1,7	236	1,3	2.512	1,7
2-Schicht	52.965	40,4	2.933	15,7	55.898	37,3
3-Schicht	8.791	6,7	228	1,2	9.019	6,0
Dauernachtschicht	6.786	5,2	148	0,8	6.934	4,6
Dauerfrühschicht	74	0,06	26	0,1	100	0,07
Kombi-Schicht	716	0,5	157	0,8	873	0,6
Sondermodelle	188	0,1	5	0,03	193	0,1
Gesamt	131,162	100,0	18.712	100,0	149.874	100,00

Erstrebenswert ist eine Konzernlösung, die an allen Standorten des Unternehmens frühkindliche Betreuung auf gleich hohem Niveau gewährleistet, sodass die Betreuung der Kinder bei einem Arbeitsplatzwechsel der Eltern an einen anderen Ort die gleiche Qualität aufweist, national wie international.

All dies sollte bei der Entwicklung einer schlüssigen Konzeption für betriebliche Kitas berücksichtigt werden. Führungskräften dürfte diese Aufgabe aus der Projektarbeit bekannt sein: Es geht schlichtweg um die Erstellung eines Businessplans, wenn auch mit einer für sie nicht alltäglichen Thematik. Im Folgenden sind die wesentlichen Bausteine einer Konzeption für betriebliche Kitas beschrieben.

18.2.1 Ausgangslage und Bedarf

Bedarfseinschätzung Zur Ermittlung des *Betreuungsbedarfes* an den einzelnen Standorten des Unternehmens wird jeweils der Anzahl der Mitarbeiter der Bedarf an Betreuungsplätzen gegenübergestellt. Daraus geht der Betreuungsbedarf an jedem Standort hervor.

Bei der Ermittlung der *Arbeitszeitstruktur* des Unternehmens werden die Anteile der insgesamt Beschäftigten Angestellten und Arbeiter sowie der Anteil der weiblichen und männlichen Beschäftigten absolut und prozentual für die einzelnen Schichtmodelle des Unternehmens dargestellt (Tab. 18.1).

Die *Personaleinsatzplanung für die Kinderbetreuung* orientiert sich am Betreuungsbedarf der Kinder im Tagesverlauf. Aus diesen Angaben errechnet sich der erforderliche Personaleinsatz (Tab. 18.2).

Aus der Summe der Kinderstunden (120 Stunden) werden die Personalstunden am Kind pro Tag abgeleitet und auf eine Woche hochgerechnet, zuzüglich des Zeitaufwands für Verwaltungsaufgaben, Vorbereitung, Elterngespräche, Qualifizierung etc. Daraus wird

Tab. 18.2 Beispiel für eine Personaleinsatzplanung für die betriebliche Krippenbetreuung. (Quelle: eigene Darstellung)

Zwei-Gruppen-Krippe, jeweils 10 Stunden Öffnungszeit						
Uhrzeit (Uhr)	Krippe 10–3	Krippe 20–3	Kinder 0–3	Kinder 0–6	Kinder gesamt	Personal
7.30–8.30	2	2	4		4	1,0
8.30–9.30	6	6	12		12	3,0
9.30–10.30	8	8	16		16	4,0
10.30–11.30	8	8	16		16	4,0
11.30–12.30	8	8	16		16	4,0
12.30–13.30	8	8	16		16	4,0
13.30–14.30	8	8	16		16	4,0
14.30–15.30	8	8	16		16	4,0
15.30–16.30	6	6	12		12	3,0
16.30–17.30	2	2	4		4	1,0

der Betreuungsaufwand pro Jahr abgeleitet, inklusive Springerzeiten für Ausfallzeiten durch Krankheit, Urlaub etc. Daraus errechnet sich der Personalbedarf an Erzieherinnen, Springern und Hilfskräften.

Trägerschaft Zu den wichtigsten Entscheidungen im Vorfeld der Überlegungen die „richtige" Trägerschaft. Grundsätzlich bieten sich Unternehmen für die betriebliche Kinderbetreuung folgende Modelle an:

- *Trägermodell*: Das Unternehmen betreibt die Kindertageseinrichtungen selbst, ist Anstellungsträger aller Mitarbeiter und kooperiert mit anderen Trägern bei der Mitarbeiterschulung und -weiterbildung.
- *Ausschreibungsmodell*: Das Unternehmen sucht geeignete Träger bzw. Anbieter, die die Trägerschaft der betrieblichen Kinderbetreuung übernehmen und für die Mitarbeiterqualifikation und -weiterbildung zuständig sind,

Die Vor- und Nachteile beider Modelle für das Unternehmen werden nach Maßgabe seiner spezifischen Ausgangslage und Rahmenbedingungen abgewogen, bis die Vorteile eines Modells überwiegen und die Wahl zu dessen Gunsten fällt.

18.2.2 Aufnahmebedingungen

Vorzugsweise werden in den Einrichtungen Kinder von Angestellten des Unternehmens aufgenommen, nicht belegte Plätze können für Kinder von Angestellten von Subunternehmen oder externen Dienstleistern angeboten werden.

18.2.3 Finanzierung

Bei der Kalkulation der Finanzierung ist zu berücksichtigen, dass Kosten gemeinsam durch den Träger bzw. das Unternehmen, Elternbeiträge und kommunale Zuwendungen gedeckt werden, die Investitionskosten durch die Förderung sowie Betriebszuwendung und Trägerleistung. Die genaue Höhe der jeweiligen Eigenanteile wird nach Klärung der Rahmenbedingungen endgültig bestimmt. Die Höhe der anfallenden Arbeitgeber- und Elternanteile variiert je nach Zuschüssen der Kommunen.

18.2.4 Qualitätskriterien für das betriebliche Krippenangebot

18.2.4.1 Lage, Räumlichkeiten und Ausstattung

Die Betreuungseinrichtungen sollten *unternehmensnah* angesiedelt und verkehrstechnisch *gut erreichbar* sein. Es hat sich bewährt:

- Anwesen mit familientauglichen Charakter anzumieten und für die Erfordernisse frühkindlicher Betreuung auszubauen bzw.
- (falls möglich) für die Kinderbetreuung geeignete Räumlichkeiten auf dem Unternehmensgelände zu nutzen bzw. zu schaffen.

Beim *Raumkonzept* ist darauf zu achten, dass es flexibel und an die örtlichen Bedingungen angepasst ist.

Die *Ausstattung* der Einrichtungen sollte bisherige Standards mindestens erfüllen, besser noch übertreffen, den Kindern ein möglichst breites Spektrum an Lern- und musischen Erfahrungen bieten und sie unter Anleitung medienwissenschaftlich geschulter Betreuerinnen auch auf den Umgang mit neuen Medien vorbereiten.

18.2.4.2 Öffnungs- und Betreuungszeitvarianten

Die Öffnungs- und Betreuungszeiten sollten außerordentlich flexibel gestaltet sein und sich maßgeblich an der Arbeitszeitstruktur der jeweiligen Standorte orientieren. Um ein möglichst flexibles Betreuungsangebot gewährleisten zu können, bietet sich an, dass die pädagogischen Fachkräfte nicht in festen Zeiten arbeiten, sondern über Jahresarbeitskonten verfügen.

Bei der Gestaltung der Öffnungszeiten hat sich bewährt, dass die Einrichtungen im Regelfall von 7.30 bis 17.30 Uhr von Montag bis Freitag geöffnet sind und die Kernbetreuungszeit zwischen 8.00 und 16.00 Uhr liegt. Die betrieblichen Kitas sind i. d. R. 48 Wochen im Jahr geöffnet, bleiben vier Wochen im Jahr geschlossen (drei Wochen in den Sommerferien und eine Woche Weihnachten). Optional können die Einrichtungen während der Betriebsferien für Kinder von Mitarbeiterinnen aus der Verwaltung geöffnet bleiben, in dieser Zeit würde das Angebot um Ferienbetreuungsprogramme erweitert. Bei Bedarf können sie auch zwischen Weihnachten und Neujahr geöffnet bleiben. Die Eltern können unter verschiedenen Betreuungsvarianten das auf ihre Arbeitszeit zugeschnittene Angebot auswählen (Abb. 18.2).

Abb. 18.2 Kindertagesstätte LUMILAND des RWE Konzerns. (Quelle: RWE AG)

18.2.4.3 Gruppenzusammensetzung

Wichtig ist eine ausgewogene Altersmischung der Gruppen. Die Kinder werden für vier bis zehn Stunden täglich ausschließlich von Fachpersonal betreut, das für die Betreuung von unter Dreijährigen speziell ausgebildet wurde.

Aufgrund des zunehmenden Interesses der Mitarbeiter und Mitarbeiterinnen an Teilzeitarbeit sollte die Möglichkeit zum Platzsharing geboten sein. Dadurch können beispielsweise pro Krippen-Gruppe bis zu 16 Kinder aufgenommen werden, wobei darauf geachtet wird, dass nicht mehr als acht Kinder gleichzeitig anwesend sind, ausgenommen kurze Überschneidungen.

18.2.4.4 Personelle Besetzung

Jede Gruppe wird von einer Erzieherin und einer zweiten pädagogischen Fachkraft mit jeweils 38,5 Stunden betreut. Hinzu kommen eine Fachkraft als Springer und eine Fachkraft für Früh- und Spätdienste. Die Aufteilung der Stunden orientiert sich an der Anwesenheit der Kinder, um verlässliche Bezugspersonen für die Kinder zu gewährleisten. Für die Leitung der Gruppe und die Angebote für die Eltern werden Stundenkontingente bereitgestellt. Hinzu kommen Kräfte für die Verpflegung der Kinder und Reinigung der Räume.

18.2.4.5 Ernährung

Das Ernährungskonzept beinhaltet neben der Verpflegung der Kinder mit einer eigenen Frischküche auch Beratungs- und Informationsveranstaltungen für Eltern zu verschiedenen Themen gesunder Ernährung von Kleinkindern.

18.2.5 Pädagogische Ausrichtung des Konzeptes

Als Grundlage für das *Bildungskonzept für Kinder von 0 bis 3 Jahren* empfiehlt sich das in Großbritannien entwickelte Programm „Sure Start", das die Bertelsmann Stiftung für Deutschland unter dem Titel "wach, neugierig, klug" überarbeitet hat und das schwerpunktmäßig auf die Bildungs- und Erziehungsqualität abzielt.

Für das *erweiterte Bildungskonzept für Kinder von 0 bis 10 Jahren* ist beispielsweise der Hessische Bildungs- und Erziehungsplan „Bildung von Anfang an“ heranzuziehen, weil er sich nicht auf einen Altersabschnitt, wie zum Beispiel den Kindergarten, beschränkt, sondern die gesamte kindliche Entwicklung zwischen dem ersten und zehnten Lebensjahr umfasst und insbesondere Kindertageseinrichtungen und Schulen zu einem aufeinander aufbauenden Bildungssystem zusammenführt – nach neuesten Erkenntnissen der entwicklungspsychologischen, neuro- und erziehungswissenschaftlichen Forschung.

Im Gegensatz zu bisherigen Bildungskonzepten und -plänen, die primär auf die engen Grenzen einer Nation ausgerichtet waren, sollten Bildungskonzepte global tätiger Unternehmen länderübergreifende Aspekte mit einbeziehen. Mit der EU-Erweiterung, der Globalisierung der Wirtschaft und dem Anstieg internationaler Mobilität sollten sie berücksichtigen, dass Kinder heute neben ihrer sozialen und kulturellen Einbettung auch interkulturelle und Fremdsprachenkompetenz benötigen. Demgemäß sollten unter Berücksichtigung neuer pädagogischer Ansätze Bildungsschwerpunkte wie Sprachkompetenz, Bi- und Multilingualität und interkulturelle Kompetenz betont werden.

Entsprechend sollte die *Qualifikation der Mitarbeiterinnen* einen Schwerpunkt auf den Ausbau interkultureller Pädagogik legen, beispielsweise durch die Anregung interkultureller Dialoge, Förderung kultureller Aufgeschlossenheit und Unterstützung bikultureller Kompetenzen.

18.2.6 Vermarktungskonzept

Es spricht nichts dagegen, für die Vermarktung der betrieblichen Kinderbetreuung sämtliche Informationskanäle der internen und externen Kommunikation zu nutzen. Dies sollte jedoch nicht geschehen, ohne im Vorfeld ein stimmiges Kommunikations-Konzept entwickelt zu haben.

Für die Erstellung eines Konzeptes und die Projektplanung für die Einrichtung betrieblicher Kindertageseinrichtungen eignet sich ein gängiger Businessplan.

18.3 Realisierung des pädagogischen Konzeptes

Das Konzept für betriebliche Kinderbetreuung stellt das Kind in den Mittelpunkt. Im Vordergrund steht die Frage nach den Inhalten und Qualitätsstandards, die internationalen Standards entsprechen. Das pädagogische Konzept unterscheidet sich durch folgende Kriterien von anderen betrieblichen Betreuungsmodellen für unter Dreijährige:

- Das Betreuungsangebot ist hoch flexibel und orientiert sich maßgeblich an den Arbeitszeitstrukturen der Mitarbeiter.
- Das Bildungs- und Betreuungskonzept entspricht internationalen Standards und hebt sich deutlich von den bisher implementierten nationalen Lösungen ab.

Abb. 18.3 Kindertagesstätte LUMILAND der RWE AG. (Quelle: RWE AG)

- Die Ausstattung der betrieblichen Kindertagesstätten übertrifft bisherige Standards.
- Die Einrichtungen profilieren sich insbesondere mit einer hochwertigen Bildungsqualität.

Deshalb stellen viele Unternehmen die Frage nach den Inhalten und Qualitätsstandards vor die Kosten und legen besonderen Wert darauf, dass das Bildungs- und Betreuungsangebot internationalen Standards entspricht. Das Bildungskonzept für die betrieblichen Kitas basiert auf dem in Großbritannien für Kinder unter drei Jahren entwickelten Programm „Sure Start", das die Bertelsmann Stiftung für Deutschland unter dem Titel "wach, neugierig, klug" überarbeitet hat. Ich verweise lediglich auf die innovativen Bildungsbereiche Bilingualität, Naturwissenschaft und Technik, interkulturelle und religiöse Kompetenz sowie Integration von Kindern mit Behinderungen.

Zur Umsetzung dieses Programms arbeiten die Unternehmen mit innovativen Trägern sowie hoch qualifiziertem Personal zusammen. Der Auswahl an Speisen und Getränken für die Kinder liegt ein modernes Ernährungskonzept zugrunde, die Speisen werden in den Einrichtungen frisch zubereitet. Für Eltern werden Familienseminare entwickelt und angeboten. Auch die bauliche und räumliche Ausstattung entspricht internationalen Standards.

Die Betreuungszeiten orientieren sich an den Arbeitszeiten sowie am individuellen Bedarf der Mitarbeiterinnen und Mitarbeiter. Die Eltern profitieren davon, dass sie keinem Zeitdruck unterliegen und dass die Kitas in direkter Nähe ihres Arbeitsplatzes liegen. So können sie ruhiger und konzentrierter arbeiten, weil sie ihre Kinder in der Nähe und in besten Händen wissen. Es werden vorrangig Ganztagsplätze belegt, und aufgrund des so genannten Platzsharings ist es möglich, die Plätze so zu nutzen, dass mehr Kinder betreut werden können (Abb. 18.3).

18.4 Fazit

Seit über fünf Jahren begleite ich Unternehmen beim Aufbau betrieblicher und betriebsnaher Kindertagesstätten. Rückblickend möchte ich festhalten, dass eine Betriebskita für ein Unternehmen ein reiner Zugewinn ist. Wissen die eigenen Mitarbeiter ihre Kinder gut betreut, arbeiten sie konzentrierter, verlässlicher und sind selbst zufriedener und ausgeglichener. Eine gute Kinderbetreuung steigert die Arbeitsmotivation der Angestellten und leistet einen wahren Beitrag zur Vereinbarkeit von Familie und Beruf.

Nie wurden Unternehmen bei der Gründung einer Betriebskita finanziell so unterstützt wie heute. So wird bei der öffentlichen Förderung nicht länger zwischen öffentlichen und betrieblichen Kindertageseinrichtungen unterschieden. Der Eigenanteil, den die Unternehmen für eine qualitativ hochwertige Kinderbetreuung beisteuern, kann zur Hälfte steuerlich abgesetzt werden.

Gemäß dem baden-württembergischen Vorbild „Das Geld folgt dem Kind" sollten Eltern heute selbst wählen können, ob sie ihr Kind wohnortnah oder lieber betriebsnah betreuen lassen möchten. Ist das Kind unter drei Jahre alt, so zeigt meine Erfahrung, wünschen sich Eltern immer eine betriebsnahe Kinderbetreuung.

Die Gründung einer eigenen Betriebskita ist eine in jeder Hinsicht lohnende Investition – für die Mitarbeiter und für das Prestige des Unternehmens. Gerade in einem Land wie Deutschland, in dem der einzige Rohstoff Wissen ist, sollten wir uns gemeinsam der gesamtgesellschaftlichen Verantwortung stellen. Denn Familienpolitik ist Wirtschaftspolitik, ist Arbeitsmarktpolitik, ist Zukunftspolitik.

Für weitere Informationen rund um die Themen Aufbau betrieblicher Kinderbetreuung und Qualität und Ausstattung in Kindertagesstätten empfehle ich Ihnen folgende Literatur:

Wehrmann, I. (2009). Starke Partner für frühe Bildung: Kinder brauchen gute Krippen. Ein Qualitäts-Handbuch für Planung, Aufbau und Betrieb. Weimar und Berlin: verlag das netz.

Haug-Schnabel, G., Wehrmann, I. (2012). Raum braucht das Kind. Anregende Lebenswelten für Krippe und Kindergarten. Weimar und Berlin: verlag das netz.

Münder, J. Wehrmann, I. (2013). Förderung in Kindertageseinrichtungen. Rechtsanspruch, Finanzierung, Bedarfsplanung, Chancengerechtigkeit. VPK Schriftenreihe Band 2. Ibbenbüren.

Literatur

Bank, B. (2004). Kinderbetreuung im Unternehmenskonzept am Beispiel Kraft Foods. In I. Wehrmann (Hrsg.), *Kindergärten und ihre Zukunft*. Basel, Weinheim: Beltz, 279–291.

Bundesministerium für Familie, Senioren, Frauen und Jugend (BMFSFJ). (Hrsg.). (2004). *Erwartungen an einen familienfreundlichen Betrieb. Erste Auswertung einer repräsentativen Befragung von Arbeitnehmerinnen und Arbeitnehmern mit Kindern oder Pflegeaufgaben*. Berlin.

Demografiemanagement 19

Die Stärken der Generationen vereinigen

Ursula Priester

Nachdem in diesem Buch einige Beiträge zum „Jungend forscht" zu finden sind, möchte ich Sie hier mitnehmen zu einem Thema, das sich mehr mit der „Generation Herbst", das heißt der älteren Mitarbeiter 50+, in Unternehmen beschäftigt und trotzdem oder gerade deswegen viel mit Employer Branding zu tun hat. Jedes Unternehmen weiß, wie wichtig – und schwierig – es ist, gutes Personal auf dem Markt zu finden, zu binden und zu motivieren. Dafür geben Unternehmen sehr viel Geld und Energie in Beratung, Methoden, Systeme, Schulungen etc. aus. Personalmarketing und auch die internen Motivations- und Bindungsthemen sind anerkannte und seit Langem wichtige Bestandteile der Außendarstellung eines Unternehmens und damit des Employer Brandings. Als Beispiel diverse Recruitingkampagnen: Sie finden sich in allen großen Tageszeitungen und Onlinemedien und erzählen unter anderem von den Erfahrungen der Mitarbeiter. Als weiteres Beispiel sind Bewertungsportale genannt, in denen Mitarbeiter anonym ihr Unternehmen bewerten und die deshalb von potenziellen Bewerbern mit Interesse angeschaut werden.

Alle Medien thematisieren mittlerweile auch die Herausforderungen durch die demografische Entwicklung in der Arbeitswelt und deren Auswirklungen auf Unternehmen. Eine Folge dieser Entwicklung ist der massive Fachkräftemangel auf dem deutschen Markt. Angesichts dieses Umfelds sind Unternehmen gefordert, sich mit völlig neuen Fragestellungen auseinanderzusetzen und neue Strategien zu entwickeln, wie sie künftig ihr Personal rekrutieren, sinnvoll einsetzen und damit auch binden können. Welche Bedeutung kommt dabei dem Demografiemanagement zu? Wie kann gutes Demografiemanagement aussehen? Was kann es bewirken und wie können Unternehmen es für ein gutes Employer Branding nutzen?

Mit diesem Beitrag will ich Sie für dieses Thema neugierig machen und Ihnen Impulse geben, es aus einer anderen Perspektive zu betrachten: Demografiemanagement als

U. Priester (✉)
Frankfurt/M., Deutschland
E-Mail: u.priester@grey-source.com

H. Künzel (Hrsg.), *Erfolgsfaktor Employer Branding*, Erfolgsfaktor Serie,
DOI 10.1007/978-3-642-40535-8_19, © Springer-Verlag Berlin Heidelberg 2013

strategische Aufgabe zu betrachten, die konsequent umgesetzt zu einem entscheidenden Wettbewerbsvorteil im „war for talents“ führen und somit für das Employer Branding von enormem Nutzen sein kann.

19.1 Altersbaum in Schieflage

Mittlerweile ist das Thema demografische Entwicklung in aller Munde. Die Schaubilder mit der Bevölkerungsentwicklung sind hinlänglich bekannt: Während um 1900 der sogenannte Altersbaum – viele junge Leute am Sockel, wenig alte Leute an der Spitze – die Altersstruktur der Bevölkerung widerspiegelte, ist das Modell für 2030 nahezu auf den Kopf gestellt: Der Hauptteil der Bevölkerung wird 50 Jahre und älter sein (Statistisches Bundesamt 2009). Durch gesunde Ernährung, Bewegung und bequemere Ausübung des Berufes als noch vor 50 oder 100 Jahren erfreut sich der Hauptteil der Bevölkerung bester Gesundheit – und wird immer älter. Diese zweifelsohne gute Entwicklung führt beispielsweise aber auch zu lebhaften Diskussionen über die Sicherheit und Höhe der Renten von morgen. Das ist nur eine Folge der demografischen Entwicklung hierzulande. Sie wird zusätzlich verschärft durch den großen Fachkräftemangel, der mittlerweile immer spürbarer wird. Nicht nur in den klassischen MINT-Bereichen (Mathematiker, Ingenieure, Naturwissenschaftler, Techniker), sondern in allen Branchen und Industrien. Zur Verdeutlichung: Allein in Hessen fehlen laut IHK-Fachkräftereport 2013 derzeit rund 70.000 gut qualifizierte Fachkräfte. Das entspricht in etwa einer Stadt der Einwohnergröße von Bamberg oder Celle. Und die Tendenz für die nächsten Jahre verspricht nichts Gutes: Sie wird weiter ansteigen. Die Verluste lassen sich am einfachsten in der Beratungsbranche errechnen, wo seit Jahren ein „war for talents“ tobt: Bei nicht besetzten Stellen pro Jahr ist leicht auszurechnen, wie viel „chargeable hours“ wegfallen und welchen Umsatzverlust dies bedeutet. Unter diesen Bedingungen wird erkennbar, welche Anstrengungen und Budgets für die Bindung und Rekrutierung große globale Beratungsgesellschaften aufbringen müssen.

19.2 Kampf dem Fachkräftemangel

Angesichts des steigenden Fachkräftemangels steigern Unternehmen ihre Anstrengungen und Budgets, um gut qualifiziertes Personals zu gewinnen und zu behalten, quer durch alle Branchen: Industrie, Handwerk oder beispielsweise Pflegebereich. Überall fehlt es an „guten Leuten“.

Derweil sind verstärkt Anstrengungen sichtbar, um dieser Entwicklung und den damit verbundenen Herausforderungen zu begegnen. Bundesregierung und Länder beispielsweise fördern und subventionieren den vereinfachten Zuzug ausländischer Fachkräfte. Unternehmen bilden vermehrt aus, selbst junge Menschen ohne Schulabschluss. Auch zum Thema Frauenförderung gibt es hohes Engagement. Was aber angesichts der langsamen Entwicklung von Kitas und Ganztagsschulen und den damit einhergehenden Problemen bei der Vereinbarkeit von Familie/Kind und Beruf nur bedingt greift. Hinzu kommt. dass die Förderung dieser drei Zielgruppen (ausländische Fachkräfte, junge Menschen und Frauen) allein nicht ausreicht, um der demografischen Probleme im Arbeitsmarkt Herr zu werden.

Nimmt man die Entwicklung der Alterspyramide ernst und analysiert diese genau, bleibt nur eine Schlussfolgerung: Das Hauptpotenzial der arbeitenden Bevölkerung sind schon heute ältere Menschen, Menschen um die 50 Jahre und älter. Das ist seit Jahren durch Studien belegt, zum Beispiel von McKinsey Inc. (2011) oder der Bertelsmann Stiftung (2011). Die Entwicklung hin zu immer älteren Arbeitnehmern wird im Laufe der nächsten 20 Jahre noch weiter zunehmen.

19.3 Was Hänschen nicht lernt ...?

Gleichwohl eilt älteren Mitarbeitern der Ruf voraus, sie seien langsam, wenig produktiv, zu teuer und würden nichts mehr dazulernen. Wie heißt es doch: „Was Hänschen nicht lernt, lernt Hans nimmer mehr." Aber stimmt das auch? Mittlerweile belegen Studien in der Gehirnforschung, dass ältere Menschen sehr wohl noch viel lernen, sie aber andere Weiterbildungsmöglichkeiten, Methoden und Tools benötigen (Korte 2012; Kröger 2009). Aufgrund der Gesundheitsfürsorge erfreut sich die Mehrheit dieser Zielgruppe bester Gesundheit, ist fit und vielseitig interessiert. Schwere Krankheiten treten in der Regel erst am Lebensende auf, unabhängig davon, ob in den 60ern, 70ern oder 80ern (Hontschik 2009). Interessanterweise wird bei Geschäftsführern, Vorständen und Aufsichtsräten Alter mit hoher Kompetenz gleichgesetzt. Ein weiteres aktuelles Beispiel aus dem Fußball ist Jupp Heynckes, der als Trainer im Rentenalter seine Mannschaft zum Triple führte.

Er widerlegt damit eindrucksvoll die überholten Vorurteile gegenüber älteren Mitarbeitern. Weil diese aber nach wie vor bestehen und sich nur langsam ändern, wundert es nicht, dass ältere Mitarbeiter beispielsweise in der internen Weiterbildung in Unternehmen bisher massiv unterrepräsentiert sind.

Aus Quellenangaben wird ersichtlich, dass diese Themen schon seit einigen Jahren diskutiert werden. Doch was geschieht in den Unternehmen, den Hauptakteuren dieser Diskussion? Relativ wenig. Den wenigsten ist bewusst, dass sie dieses Thema jetzt schon in Angriff nehmen müssen, um nicht den Anschluss im „war for talents" zu verlieren. Was aber können Unternehmen tun? Wie können sie in dieses Thema einsteigen? Die wichtigsten Schritte sind im Folgenden beschrieben.

19.4 Demografieanalyse

Ein guter Anfang ist, eine genaue Demografieanalyse zu erstellen, um Klarheit darüber zu gewinnen, welche Kompetenzen und welches Know-how die älteren Mitarbeitern haben, das mit deren Ausscheiden dem Unternehmen über die nächsten Jahre verloren geht. Daraus lässt sich ableiten, welche Umsatzeinbußen der Verlust dieses Know-hows nach sich ziehen wird. Eine solche Standortbestimmung, beispielsweise in Form einer Demografieanalyse, hilft, die Personalstrategie neu auszurichten und eine lebensphasenorientierte Personalpolitik einzuleiten.

19.5 Bedürfnisanalyse

Mit Blick auf die größte Zielgruppe, die älteren Mitarbeiter, stellt sich dabei die Grundfrage nach den Bedürfnissen älterer Mitarbeiter und wie sich Unternehmen diese in ihrer Personalpolitik nutzbar machen können. Die HUK-COBURG Versicherungen beispielsweise hat im Jahre 2004 nicht nur ihre Belegschaft analysiert, sondern auch die Entwicklung der Region am Stammsitz und an den Außenstellen. Das Ergebnis: Am Firmensitz in Coburg ist ein Bevölkerungsrückgang zu erwarten, gleichzeitig ist durch die Fachhochschulen bedingt ein Zuzug aus der ganzen Region zu verzeichnen. Diese beiden Komponenten führten dazu, dass die HUK-COBURG ihr Recruiting- und Weiterbildungskonzept für ältere Mitarbeiter angepasst hat.

Eine Hauptursache, warum Menschen gleich welchen Alters in die innere Kündigung oder in eine Krankheit flüchten, ist eine sinnentleerte Tätigkeit. Eine Sinn-volle Tätigkeit auszuüben ist eine der Grundvoraussetzungen dafür, dass ein Mitarbeiter Lust hat, Leistung zu erbringen. Hier geht es um die Frage: Wo sind Mitarbeiter am richtigen Platz? Eine wesentliche Hausaufgabe für alle Unternehmen heißt, ihre Organisationsstrukturen dahingehend zu analysiert und anzupassen.

19.6 Gesundheitsmanagement

Ein weiterer wichtiger Baustein des Demografiemanagements ist das Gesundheitsmanagement. Es gibt zahlreiche Möglichkeiten für Unternehmen, ihre Mitarbeiter gesund und somit leistungsfähig zu halten. Angefangen von der Arbeitsplatzgestaltung bis hin zu Angeboten wie Sportkursen, Gesundheitsscreenings, Zusammenarbeit mit Krankenkassen, Sportstudios etc.). ThyssenKrupp Steel Europe beispielsweise hat seit 2006 ein Personalprogramm für ältere Mitarbeiter, das Gesundheitschecks mit einem Gesundheitsfahrplan vorsieht: längere Pausen für ältere Schichtarbeiter und – soweit möglich – Umwandlung der Schichten in einen Einschichtbetrieb.

Ein weiteres Beispiel: Die Continental AG hat nach erfolgter Altersanalyse seiner Belegschaft altersstabile Arbeitsplätze mit unterschiedlichen Belastungsformen eingeführt und die entsprechenden Stellen altersgerecht besetzt. Ziel der Maßnahme: bessere Motivation der Mitarbeiter, Minimierung des Krankheitsstandes, Senkung der physischen Belastungsrate und Stärkung der Gesundheit der Mitarbeiter. Nach dem Erfolg in Deutschland führt Continental das System der altersstabilen Arbeitsplätze auch im Ausland ein.

Bei BMW kümmert sich eine Projektgruppe rund um das Thema „Wie halten wir unsere Mitarbeiter gesund". Mit Ärzten und Physiotherapeuten wurde ein Konzept für ergonomisch optimierte Arbeitsplätze ausgearbeitet und bisher bei circa 4.000 Arbeitsplätzen umgesetzt. Mittlerweile gibt es zahlreiche Angebote für Betriebssport sowie Ruheräume. Das Kantinenessen wurde auf kalorienarme und gesündere Kost umgestellt.

Die Schichten am Band rollieren, damit für die Mitarbeiter lange sitzende oder lange stehende Tätigkeiten unterbrochen werden. In den Fertigungshallen gibt es kleine Sportbuchten, z. B. mit Sprossenwänden, an denen Mitarbeiter nach Anleitung durch Physiotherapeuten Übungen machen können.

19.7 Standortbestimmung für die „Generation Herbst"

Eine weitere Standortbestimmung für die „Generation Herbst" bezieht sich auf folgende Fragen: Wo stehe ich gerade im Leben? Wo sehe ich mich selbst im Unternehmen? Wie möchte ich mich die nächsten Jahre einbringen können?

Die Bedürfnisse älterer Menschen sind anders als die von jungen Menschen in der Ausbildung oder zu Beginn des Berufes. Unternehmen können mit unterschiedlichen Maßnahmen gezielt die Leistungsbereitschaft und Motivation älterer Mitarbeiter steigern. Zum Beispiel, indem sie die Karrieremodelle für ältere Mitarbeiter überarbeiten.

19.8 Organisationsstruktur und Karrieremodelle für ältere Mitarbeiter

Wir definieren Karriere überwiegend als einen Aufstieg über Hierarchieebenen verbunden mit höherem Gehalt. Ein Karrieremodell kann aber auch anders aussehen: Die Organisationsstruktur wird weg von zentral gesteuerter Verantwortung hin zu dezentral operierenden Einheiten verändert, also zu Teamstrukturen statt strenger Hierarchie. Die Verantwortung wird an die Mitarbeiter delegiert. Sie setzen fortan die Themen fest und bringen sie voran; bisherige Hierarchien haben ausgedient. Es gilt, das Know-how des älteren Mitarbeiters zu nutzen, der seinen jüngeren Kollegen mit Erfahrung und Kompetenz zur Seite steht, also Mentor ist. Beide Seiten profitieren vom vernetzten Lernen, zwischen Jung und Alt findet ein konstruktiver Austausch statt. In altersgemischten Teams profitieren beide Seiten.

19.9 Bausteine für lebenszyklusorientiertes Lernen und Arbeiten

Ein weiterer Baustein ist lebenszyklusorientiertes Lernen durch kontinuierliche und früh einsetzende Weiterbildungspraxis im Unternehmen, abgestimmt auf die einzelnen Lebensphasen und somit auch auf die ältere Belegschaft. Evonik Industries hat hier mit seiner neuen Personalstrategie gerade im Bereich Wissensmanagement eine Lernkultur eingeführt, die stärker auch die älteren Mitarbeiter anspricht. Man könnte jetzt einwenden, dass dies nur in Konzernen möglich ist. Keinesfalls! Nicht nur große, sondern auch mittelständische und kleine Unternehmen können ihren Mitarbeitern entsprechende Angebote unterbreiten, indem sie sich z. B. mit „Verbünden" zusammentun.

Auch die Arbeitszeiten sollten lebenszyklusorientiert gestaltet werden. Das Angebot lebenszyklusorientierten Arbeitens und damit auch die Möglichkeit, flexibel zu arbeiten, ist – auch im Hinblick auf die Vereinbarkeit von Beruf und Familie – gerade in den Jahren ab 50 ein starker Bindungsfaktor. Die Anhebung des Renteneintritts auf 67 Jahre ist dem demografischen Wandel geschuldet. Anstatt generell Altersteilzeit anzubieten, kann eine rechtzeitige Beratung mit dem Angebot von individuellen Ausstiegsmodellen, verbunden mit Informationen und Unterstützung bei Rentenmöglichkeiten, eine große Bindung des Mitarbeiters an das Unternehmen bedeuten: Er fühlt sich gut aufgehoben und spürt, dass sich das Unternehmen um seine Belange kümmert.

Schon jetzt berichten die Medien, dass Unternehmen aufgrund des Know-how-Wegfalls ihre Rentner kontaktieren, um sie wieder zu „reaktivieren". So hat zum Beispiel der Otto Versand viele seiner Rentner wieder zurückgeholt und im Kundenmanagement eingesetzt (FAZ vom 26.7.12).

19.10 Personaler als Coach und Begleiter

Dies setzt ein Umdenken in den Personalabteilungen voraus, insbesondere das Rollenverständnis der Personaler: weg vom klassischen Referenten, hin zum Coach und Begleiter. Oft sind auch in den Recruiting-Abteilungen von Unternehmen ausschließlich sehr junge Mitarbeiter. Bei der Sichtung von Bewerbungsunterlagen von älteren Kandidaten oder bei Bewerbungsgesprächen tritt oft folgender Effekt ein, der, aus einem systemischen Blick Schwierigkeiten beinhaltet: Der Recruiter denkt automatisch an seine Eltern – und an deren Defizite, die er als Kind ihnen erlebt hat. Daher werden diese Bewerbungsunterlagen oft gleich aussortiert oder die Gespräche laufen mit diesem psychologisch bestimmt interessanten Hintergrund ab. Aus eigener Erfahrung empfehle ich älteren Menschen, die sich bewerben, ein entsprechendes Bewerbertraining zu absolvieren. In meinen Interviews habe ich vielfach beobachtet, dass ältere Menschen sich schlecht präsentieren, als dass sie ihr Können selbstbewusst vertreten. Aufgrund ihres Verhaltens aber erhalten sie trotz der unbestritten hohen Kompetenz häufig Absagen.

Insofern ist es auch für jeden älteren Mitarbeiter wichtig, eine Standortbestimmung vorzunehmen. Sie hilft ihm, sich darüber klar zu werden, wo er steht, wie viel eigene Leistungsbereitschaft er hat, wie viel Energieaufwand er bereit ist zu investieren. Aber auch über seine Möglichkeiten im Unternehmen. Diese Auseinandersetzung impliziert auch, gegebenenfalls über andere Arbeits- und Gehaltsmodelle zu sprechen. Auch hier kann ein Unternehmen mit individuellen Ausstiegsmodellen und der Beratung bei Rentenmöglichkeiten unterstützend und beratend tätig werden.

Mittlerweile gibt es auch gezielte Recruitingkampagnen für ältere Menschen. Brose Fahrzeugteile GmbH hat beispielsweise in Stellenbörsen gezielt Mitarbeiter über 45 Jahre angesprochen. Andere Unternehmen setzen schon im Recruiting auf ältere Bewerber: McDonalds startete zunächst in Großbritannien die Kampagne „Generation 50+", mit der es gezielt Menschen ab 50 Jahre anspricht. Diese Kampagne wird jetzt auf ganz Europa ausgeweitet.

Auch im Mittelstand gerät diese Zielgruppe zunehmend ins Visier der Recruiter: Fahrion Engineering aus Kornwestheim beispielsweise spricht in seinen Stellenanzeigen konkret ältere Bewerber an, ebenso das jobcenter der Bundesagentur für Arbeit (Abb. 19.1).

19.11 Generationenübergreifende Kommunikationsplattformen

Das Führen und Motivieren von gemischten Teams setzt bei Führungskräften gute Managementfähigkeiten voraus. Die Ansprüche und Besonderheiten der unterschiedlichen Altersgruppen auszubalancieren ist eine wirkliche Herausforderung: Es gilt, die Arbeitseinstellung, das Qualitätsbewusstsein und die Loyalität der Älteren den jüngeren Mitarbeitern vorzuleben und im Gegenzug die Innovationsfähigkeit und Kreativität der Jüngeren zu erleben, sodass beide Seiten voneinander profitieren und **eine** Kultur bilden.

Wie kann das gelingen? Voraussetzung ist eine wirklich wertschätzende Haltung und Respekt gegenüber dem Geleisteten, der Kompetenz und der Erfahrung der älteren Mitarbeiter. Das klingt zunächst selbstverständlich, spiegelt jedoch nicht die Realität. Die Führungskraft ist gefordert, eine hohe Kommunikationsfähigkeit, viel Empathie und Offenheit mitzubringen. Sie muss Lebensalter und -erfahrung wertschätzen und bei der Zusammensetzung des Teams ältere Mitarbeiter als Mentoren für die Jungen einsetzen, im Gegenzug jüngere Mitarbeiter als „Technologielehrer" für die älteren Kollegen. Wichtig ist auch, dass sich die Führungskräfte untereinander über das Führen von gemischten Teams austauschen. Diskussionen über die Anforderungen an Führungskräfte gemischter Teams, begleitet durch die Personalabteilung, und permanenter Austausch sind unerlässlich, denn „Mitarbeiter gehen zu Unternehmen und verlassen Führungskräfte" (Sprenger 2010).

19.12 Tue Gutes und rede darüber

Wie unterstützen die beschriebenen Bausteine des Demografiemanagements ein gutes Employer Branding?

Hierzu ein Beispiel: Ein großer deutscher Automobilkonzern hatte in der Produktion einen sehr hohen Krankenstand bei den älteren Mitarbeitern, mit Verschleißerscheinungen, Knieproblemen und Rückenschmerzen als häufigste Ursachen. Eine interne Projektgruppe nahm sich des Problems an und ersetzte für einzelne Mitarbeiter den Betonboden oder die Gummimatten an den Fertigungsstraßen durch weiches Holz. Diese Maßnahme führte zu einer erheblichen Reduzierung des Krankenstandes, sodass die Umstellung auf

Abb. 19.1 Anzeige des jobcenters. (Quelle: Bundesagentur für Arbeit)

weiches Holz großflächig in allen Produktionsstätten eingeführt wurde. Dies wurde in Zeitungskampagnen ausführlich vermarktet: Man sah einen älteren Mitarbeiter am Fließband, der darüber berichtete, was sein Arbeitgeber für ihn tut. Das Signal sowohl intern als auch extern: Mein Unternehmen tut etwas für meine Gesundheit. Ich fühle mich wohl hier. Ich bin „denen" wichtig. Wir sind eine tolle Truppe. Eine optimale Werbemöglichkeit für die Außendarstellung der Unternehmenskultur und damit des Unternehmens. Und dieses Beispiel zeigt: Es gibt einfache und nicht notwendigerweise kostspielige Lösungen.

Klappt das Zusammenspiel zwischen Jung und Alt und sind Mitarbeiter zufrieden, spricht sich das unweigerlich herum, auch nach außen. Heute erkundigen sich alle Bewerber in Netzwerken und Bewertungsportalen im Internet über die Stimmung in dem von ihnen favorisierten Unternehmen. Mittlerweile steht insbesondere bei der jungen Generation nicht mehr nur die Höhe des Gehaltes im Vordergrund, sondern Entwicklungsmöglichkeiten, Work-Life-Balance und andere persönliche Kriterien. Vor diesem Hintergrund gilt: Loyale und treue Mitarbeiter, die ihre Firma schätzen, sind die besten Werbeträger.

Diese Form von guter Mundpropaganda spielte vor gar nicht so langer Zeit keine Rolle. Daran wird ersichtlich, wie schnell sich die Arbeitswelt ändert: In den 1990ern war es unvorstellbar, nach Work-Life-Balance zu fragen. Da tobte kein „war for talents", Mitarbeiter wurden mit schon 48 Jahren mit Vorruhestandsregelungen nach Hause geschickt, Demografie und Fachkräftemangel waren kein Thema. Das ist jetzt gerade 20 Jahre her.

Diese oben angeführten Beispiele zeigen, dass neben Produkten und Services auch ein um ein gutes Demografiemanagement erweitertes Employer Branding zum entscheidenden Wettbewerbsvorteil für Unternehmen beitragen kann. Solche „soft skills" werden für Mitarbeiter immer wichtiger. Ein Bausteinkasten beispielsweise, aus dem Mitarbeiter individuell entsprechend ihrer Lebenssituation ihre „Bausteine" heraussuchen können, steigert die Einzigartigkeit eines Arbeitgebers und weist ein wichtiges Alleinstellungsmerkmal aus, das exzellente Vermarktungsmöglichkeiten bietet.

Zufriedene Mitarbeiter sind hervorragende Multiplikatoren, die gezielt auch im Personalmarketing eingesetzt werden können. Betriebsklima und Unternehmenskultur sorgen für die Identifikation eines Mitarbeiters mit dem Arbeitgeber. Eine lebensphasenorientierte, in der Unternehmensstrategie verankerte Personalpolitik bindet und motiviert Mitarbeiter, gleich welchen Alters, und zieht neue an. Eine generationenübergreifende Zusammenarbeit, die die Kompetenzen und Erfahrungen der Älteren und der Jüngeren in gutem Teamwork vereinigt, zahlt sich aus: Hoher Wissenstransfer, niedrige Fluktuation, gute Motivation, Kreativität und Leistungsbereitschaft sprechen für sich, wirken in die Unternehmenskultur und erweitern somit die Vermarktungsmöglichkeiten. Selbst Unternehmen, die einen Markennamen haben, wie z. B. BMW, Mercedes, Coca Cola, SAP, Apple, Adidas oder Linde, können damit ein wertvolles und nachhaltiges Employer Branding erzeugen. Die Nutzung dieser Ressource kann großes Potenzial in Unternehmen entfalten, die Attraktivität auf dem Markt verstärken und zusätzlich den aktuellen Fachkräftemangel am wirksamsten und vor allem nachhaltig bekämpfen.

In vielen Hochglanzbroschüren ist auf den ersten Seiten zu lesen, wie wichtig die Mitarbeiter sind. Ob es sich dabei um „Worthülsen" oder gelebte Kultur handelt, ist sofort sichtbar und spürbar. Die Nutzung des Know-hows und der Erfahrung der älteren Generation verbunden mit vernünftig geplantem Know-how-Transfer motiviert die Mitarbeiter, erzeugt einen guten Teamspirit zwischen Alt und Jung und wirkt sich auf die Leistung positiv aus. Das Unternehmen bleibt auf der Erfolgsspur mit dem entscheidenden Wettbewerbsvorteil.

Eine ehrliche Analyse über die Altersstruktur und den Know-how-Verlust bei Weggang der älteren Mitarbeiter ist die Basis eines guten Demografiemanagements. Es gibt unzählige Beispiele für Gestaltungsmöglichkeiten in diesem Themenbereich. Für die Analyse ist es am einfachsten und praktikabelsten, die Mitarbeiter nach ihren Bedürfnissen, ihrer Lebensplanung und den Tätigkeit, die sie für sinnvoll halten, zu befragen. Aus den Antworten lassen sich konkrete Angebote erarbeiten, im Gesundheitsmanagement, zur Arbeitszeit oder im Recruiting. Wichtig ist, dies ernsthaft und professionell anzugehen, auch unter Einbeziehung externer Beratung. Denn Mitarbeiter merken sehr schnell, ob das Demografiemanagement ernst gemeint ist und sinnvoll umgesetzt wird. Ist dies der Fall, hat das Unternehmen die Voraussetzungen geschaffen, um seine Mitarbeiter, aber auch Interessierte von außerhalb mitzunehmen und für sich zu gewinnen. Ein stimmiges Demografiemanagement-Konzept kommt dann auch in entsprechenden Maßnahmen für das Employer Branding authentisch rüber.

19.13 Schritte zum Aufbau eines Demografiemanagements

Ich habe immer wieder darauf hingewiesen, dass ein konstruktives Miteinander zwischen den Generationen die Unternehmenskultur langfristig positiv beeinflusst, innovativ bereichert und stärkt. Aber Achtung: Diese Entwicklung sollte gut durchdacht und vorbereitet werden, im Einklang mit der Unternehmensstrategie erfolgen sowie einen „langen Atem" haben, um kontinuierlich fortgeführt zu werden. Nur so gelingt ein Reverse Coaching, von dem beide Generationen nachhaltig profitieren und Wertschätzung und Bewusstsein für die Kompetenzen und Stärken des anderen entwickeln.

Die folgende *Checkliste* zeigt die wichtigsten Schritte für den Aufbau eines Demografiemanagements:

1. Demografieanalyse mit einer Standortbestimmung und der Frage durchführen, wie viel Know-how das Unternehmen die nächsten Jahre verlässt
2. Mitarbeiter nach ihren Bedürfnissen fragen
3. Gesundheitsmanagement überdenken und Krankenstand hinterfragen (Ergonomie, Kantine, Sportangebot etc.)
4. Standortbestimmung der älteren Mitarbeiter in Workshops vornehmen (Wo stehe ich im Leben und in der Arbeitswelt? Was ist meine Erwartung? Woher beziehe ich meine Energie?)
5. Organisationsstruktur und Karrieremodelle verändern
6. Bausteine für lebenszyklusorientiertes Lernen und Arbeiten anbieten
7. Weiterbildungskonzepte an die Zielgruppen Jung und Alt anpassen

8. Führungskräfte sensibilisieren
9. Mentoren bei Jung und Alt festlegen
10. Kommunikationsplattformen zwischen den Generationen schaffen
11. Feedback geben und nehmen (Fragen Sie weiter Ihre Mitarbeiter, hören Sie zu, kommunizieren Sie, warum Sie etwas tun und warum nicht)
12. „Tue Gutes und sprich drüber" – Demografiemanagement in ein gutes Employer Branding einbinden

19.14 Wohin geht die Reise?

Ein Blick auf die Entwicklung des Altersbaumes macht deutlich, dass die Zahl der älteren Mitarbeiter immer größer und die Schlacht um gut ausgebildete Arbeitskräfte immer intensiver werden. Viele Lebensläufe bestätigen, dass immer mehr Menschen öfter die Stelle wechseln. Während früher Menschen ihr ganzes Arbeitsleben bei einem oder zwei Arbeitgebern verbrachten, ist es mittlerweile gängig, durchschnittlich alle drei Jahre zu wechseln. In Einstellungsgesprächen stehen zunehmend die Fragen nach Weiterbildung und Flexibilität an erster Stelle – vor der Gehaltsfrage. Was also kann ein Unternehmen tun, um allen Mitarbeitern ein vernünftiges Weiterbildungsangebot zu bieten? Welche Maßnahmen muss es ergreifen, um die immer älter werdende Belegschaft zu motivieren? Wie stelle ich ein Recruiting so auf, dass sich auch ältere Menschen angesprochen fühlen? Welche flexiblen Angebote kommen für die Mitarbeiter infrage? Wie gelingt das Bridging zwischen älteren Mitarbeitern und der Generation Y?

Auch gesellschaftspolitisch ergeben sich neue Fragen: Bleibt der Renteneintritt bei 67 Jahren? Was muss sich ändern, damit Rentner gegebenenfalls weiter mehr hinzuverdienen können? Wird Arbeit bezahlbar sein?

Zum Wettbewerbsvorteil und Employer Brand wird Demografiemanagement jedoch erst, wenn wir in der Lage sind, unseren Mitarbeitern eine sinnvolle Tätigkeit anzubieten. Sinnlosigkeit in der Arbeitswelt führt zu Frustration und zur innerewn Kündigung – bis hin zu psychischen und psychosomatischen Krankheiten. Durch die Transparenz der sozialen Netzwerke wird die Kultur jedes Unternehmens unabhängig von offiziellen Marketingkampagnen öffentlich – und bisweilen entlarvt. Es gilt: Unternehmen haben es selbst in der Hand, welches Bild sie nach außen abgeben.

Die Frage nach der Sinnhaftigkeit unserer Arbeit und das daraus resultierende Potenzial wird meines Erachtens die Arbeitswelt positiv verändern. Menschen mit einer guten Ausbildung und Erfahrung werden wechseln, wenn ihr Unternehmen ihnen keine sinnvolle Arbeit bietet.

Warum ich für dieses Thema so brenne? Bei meiner letzten Managementfunktion hatte ich ein Team von circa 20 Mitarbeitern mit zwei „Seniors", die beide über 52 Jahre alt waren. Als ich dieses Team übernahm, fand ich lauter frustrierte Menschen vor. Meine Aufgabe war u. a., sie wieder in Verantwortung zu bringen, um die mir gesteckten Ziele erreichen zu können.

> Nach kurzer Zeit waren die beiden Seniors meine besten und kompetentesten Mitarbeiter: diszipliniert, loyal, fokussiert auf die Themen, sehr erfahren mit vielen guten Ratschlägen für mich als „die Neue". Ich habe von deren Erfahrung massiv profitiert, sie haben mir in vielen schwierigen Situationen geholfen. Aus dieser für mich so positiven Erfahrung heraus halte ich es für eine wichtige gesellschaftliche Aufgabe, die Älteren zu stärken und die Generationen zusammenzubringen, anstatt sie weiter zu spalten. Dies wird nicht nur in der Arbeitswelt wichtig sein, sondern auch unsere Werte wie Familie und auch Fragen wie z. B. zum würdevollen Altern beeinflussen.

Daher gibt es die Plattform „Grey Source", wo zu dem Thema Demografie Informationen, Beratung und Ideenaustausch für Unternehmen und Mitarbeiter zu finden sind.

Ich kann immer wieder beobachten, wie gut das Reverse Coaching funktioniert: Der junge Mitarbeiter erklärt die neueste Technik z. B. beim iPhone oder recherchiert in Windeseile im Internet, während er vom älteren Mitarbeiter zum Thema Projektmanagement von seiner jahrelangen Erfahrung profitiert. Ein einfaches, gelebtes Beispiel von Zusammenarbeit von Jung und Alt.

Literatur

Bertelsmann Stiftung. (2011). *Neue Strategien gegen den Fachkräftemangel.* Gütersloh.

Hontschik, B. (2009). *Herzenssachen: So schön kann Medizin sein.* Frankfurt a. M.: Weissbooks.

IHK-Fachkräftereport. (2013). http://www.frankfurt-main.ihk.de/imperia/md/content/pdf/standortpolitik/konjunkturundstatistik/fachkraeftereport_2013.pdf. Zugegriffen: 14. Juni 2013.

Korte, M. (2012). *Jung im Kopf. Erstaunliche Einsichten der Gehirnforschung in das Älterwerden.* München: DVA.

Kröger, S. (2009). *Examination of the molecular factors and the mechanisms that mediate adult neurogenesis in restricted regions.* München.

Mc.Kinsey. (2011). *Wettbewerbsfaktor Fachkräfte.* Berlin: Strategien für Deutschlands Unternehmen.

Sprenger, R. (2010). *Mythos Motivation: Wege aus der Sackgasse.* Frankfurt a. M.: Campus.

Statistisches Bundesamt. (2009). www.destatis.de/Bevölkerungspyramide. Zugegriffen: 14. Juni 2013.

Autorenverzeichis

Lilli Allihn Jahrgang 1986. Abschluss der schulischen und akademischen Ausbildung in England. Bachelor in *Business Management with Psychology* und *Master in Business Management with Specialism in Marketing* mit Auszeichnung und als Gewinnerin des *Worshipful Company of Marketors Award 2010*. Ab 2010 Marketing Manager bei einer Innovations- und Markenberatung der Omnicom Group in London. Arbeitete in Projekten für Hilton, McDonald's und Samsung. Seit 2013 wieder in Deutschland als freiberufliche Beraterin in den Bereichen Brand Management, Marketing und Business Development tätig. Derzeitig bei BMW, München.

Lilli_allihn@hotmail.com

Prof. Dr. Florian Becker Jahrgang 1977. Prof. Dr. Florian Becker ist Experte für Wirtschaftspsychologie. Dabei beschäftigt er sich zentral mit dem Erleben und Verhalten von Mitarbeitern und Kunden, gerade auch im interkulturellen Kontext. Das Transfernetzwerk Wirtschaftspsychologische Gesellschaft (WPGS) wurde von ihm mitbegründet, um den Fokus der Wirtschaft mehr auf psychologische Themen zu lenken. Als Berater und Trainer hat er langjährige internationale Praxiserfahrung gesammelt. Zudem ist er bekannt aus zahlreichen Veröffentlichungen und Medienbeiträgen (z. B. stern TV).

florian.becker@wpgs.de

Niels Becker Abschluss des Studiums Wirtschaftspsychologie (B.Sc.) und Human Resources Management (M.Sc.); Einstieg als Employer Branding Specialist bei PwC im Jahr 2010; Seit 2013 verantwortlich für das Employer Branding von PwC in Deutschland.

niels.becker@de.pwc.com

Tobias Becker Dipl.-Wirtsch.-Ing., ist seit 2008 Talent Relationship Manager der AUDI AG. Seinen Berufseinstieg fand Tobias Becker 1996 bei einem deutschen Automobilhersteller als Einkäufer für die Rohkarosserie-Außenhautteile aller Prototypfahrzeuge des Herstellers. 2002 wechselte er zur AUDI AG, wo er bis zu seinem Start als Talent Relation-

H. Künzel (Hrsg.), *Erfolgsfaktor Employer Branding*, Erfolgsfaktor Serie,
DOI 10.1007/978-3-642-40535-8, © Springer-Verlag Berlin Heidelberg 2013

ship Manager im Personalmarketing für die Beschaffung aller Ingenieurdienstleistungen der Motor- und Getriebeentwicklung zuständig war.

tobias.becker@audi.de

Susan Brecht Jahrgang 1971. Hat ihr Studium der Sozialwissenschaften 1998 in Wuppertal abgeschlossen. Ihre HR-Karriere begann sie 1998 bei Sybase, einem Anbieter von Unternehmens- und Mobilitätssoftware. In den Jahren 1999 bis 2011 durchlief sie bei Johnson Controls, einem der führenden amerikanischen Automobilzulieferer, verschiedene Führungspositionen im operativen und strategischen HR-Management und leitete zahlreiche internationale HR-Projekte. Bis 2013 war sie bei WILO in Dortmund als Director HR Principles unter anderem für die Bereiche Compensation & Benefits, Global Mobility und HR-Marketing in rund 50 Ländern weltweit verantwortlich. WILO ist einer der weltweit führenden Hersteller von Pumpen und Pumpensystemen.

Alexandra Busch Jahrgang 1975. Nach Abschluss des BWL-Studiums an der Universität Trier und der Copenhagen Business School ab 2002 Traineeprogramm Human Resources und anschließend Referentin Personalmarketing & -entwicklung bei der ratiopharm GmbH. Weiterer Schritt in der Pharmabranche als Human Resources Manager Sales bei der Astellas Pharma GmbH. Seit 2007 bei der CAMPARI Deutschland GmbH im HR-Bereich verantwortlich für die Marketing & Vertriebsorganisationen in Deutschland, Österreich, Schweiz und Benelux. Heute Human Resources Director BU Central Europe. Lizensierter MBTI-Trainer und NLP-Master. Ausbildereignung.

Alexandra.Busch@campari.com

Claudia Drews Jahrgang 1980. Hauptstudium der Wirtschaftswissenschaften in Hannover, internationale Studien in Sydney, Kazan und Abu Dhabi bis 2006. Berufsstart bei der Magna Exteriors and Interiors, danach Tätigkeit als Product Marketing Manager der MBtech Consulting GmbH. Weiterentwicklung zum Process Manager innerhalb der Group, seit 2011 Teamleiterin Projects, Processes & Methods – Gestaltung von internen Prozessen im Bereich Vertrieb, Controlling und Strategie. Seit 2011 Lehrbeauftragte der University of Reutlingen im Thema Change Management, Business-Case-Bearbeitung mit internationalen Studenten.

claudia.drews@gmx.net

Dr. Anja Hartmann Jahrgang 1983. Studium der Sprach-, Literatur- und Medienwissenschaft in Nizza, Freiburg und München und anschließende Promotion zum Dr. phil. Ab 2011 Traineeprogramm im Bereich Human Resources bei Campari Deutschland. Seit 2013 Junior Human Resources Manager bei Campari Deutschland. Aufbau und Ausbau des Employer Brandings bei Campari Deutschland sowie Entwicklung eines diesbezüglichen Kommunikationskonzeptes (intern und extern).

Anja.Hartmann@campari.com

Prof. Dr.-Ing. Stephan Höfer Jahrgang 1966. Nach Abschluss des Elektrotechnik-Studiums 1991 Start der Promotion am Lehrstuhl Regelungstechnik und Signaltheorie an der Universität Kaiserslautern bis 1994. Produktionsoptimierung und Organisationsentwicklung bei der Firma 3M, Weiterentwicklung zum Leiter Abteilung Manufacturing Process Optimization. Seit 1998 Professor an der Fachhochschule Reutlingen, Studiengang Produktionsmanagement. Tätigkeiten als Dekan der Fakultät und Vizepräsident der Hochschule, seit 2009 Leiter des Institut of Lean Enterprise Management. Begleiter von zahlreichen internationale Initiativen und Projekteinsätzen.
stephan.hoefer@reutlingen-university.de

Matthias Kempf Jahrgang 1964. BWL-Studium, seit 1988 im Bereich Human Resources, Referent Personalbetreuung im Handel, bis 2001 Personalleiter bei der LuK GmbH, danach EnBW Energie Baden-Württemberg AG. Seit 2005 bei der adidas Group zunächst als Head of Human Resources Global IT, dann von 2006 bis 2010 in den USA als Director Development & Training Americas. Seitdem als Director Talent EMEA verantwortlich für die Personalentwicklung und Rekrutierung im Headquarter sowie für den Wirtschaftsraum EMEA. Absolvent des HR Executive Program der Ross School of Business Michigan sowie der Organizationsentwicklung- und Change Management Programme der Columbia University bzw Stanford University. Verschiedene Vorlesungen, Workshops und Fachbeiträge in den USA und D zu insbesondere Interkulturellen und Führungs -Themen. Praxiserfahrung im Coaching, Mentoring und Mediation.
Matthias.Kempf@adidas-group.com

Martin Krengel Jahrgang 1980. Studierte Wirtschaftswissenschaften und Psychologie an den Universitäten Witten/Herdecke, St. Gallen (CH), UCLA (US) und der London School of Economics (UK). Abschluss beider Studiengänge „Mit Auszeichnung". Erforschte als Doktorand Entscheidungskomplexität. Bietet als Marketingberater Workshops und psychologisch fundierte Konzepte zur Optimierung der Angebotsdarstellung, der Positionierung, des Marketing-Mixes sowie von Webseiten und Broschüren. Als Autor von acht Büchern mit in Summe über 40.000 verkauften Exemplaren hält er europaweit Zeitmanagement- und Marketingseminare speziell für Top-Studenten, Young Professionals und Wissensarbeiter.
MartinKrengel@gmail.com

Dr. Hansjörg Künzel Jahrgang 1967. Studium zum Diplom-Kaufmann und Promotion an der Ludwig-Maximilians-Universität in München. Berufliche Stationen: Von 1995 bis 2002 Transformationsmanagement bei der Daimler AG im Vorstandsvorsitzenden-Ressort der Mercedes-Benz AG sowie Qualitätsmanagement und Organisationsentwicklung bei Global Service and Parts von DaimlerChrysler. Seit 2002 selbstständiger Managementberater und Führungskräftecoach mit den Schwerpunkten Kundenzufriedenheit, Strategie- und Organisationsentwicklung. Des Weiteren Begleitung von Veränderungsprozessen wie die Etablierung und Steuerung des Employer Brandings in Unternehmen. Autor mehrerer Fachbücher zu den Themen Kundenzufriedenheit und Interne Kunden-Lieferanten-Beziehungen, Verfasser zahlreicher Beiträge in deutschsprachigen und internationalen Fachzeitschriften.

h.kuenzel@t-online.de

Cigdem Kurar Jahrgang 1981. Studierte Wirtschaftswissenschaften an der Universität Hohenheim in Stuttgart mit Spezialisierungen in Marketing und International Management. Zusätzlich belegte sie Wirtschaftspsychologie, insbesondere die arbeits- und organisationspsychologischen Erkenntnisse lässt sie in ihrer Arbeit einfließen. Nach mehreren Jahren Berufserfahrung im Marketing-Bereich der MBtech Group, wo sie unter anderem auch an der Konzeption eines Employer-Branding-Projektes mitwirkte, verantwortet sie aktuell die Unternehmenskommunikation bei der AKKA Technologies Group in Deutschland, einem deutsch-französischen Ingenieurdienstleister. Zusätzlich engagiert sie sich für die Frauenförderung und berät junge Frauen bei ihrer Karriereplanung.

c.kurar@gmx.de

Astrid Laudage Betriebswirtin, Traineeausbildung bei dem Textilfilialisten Gebr. Hettlage KG Münster. Fach- und Führungserfahrung im Textileinzelhandel, Leitungsfunktion in der Aus- und Weiterbildung von Führungskräften, langjährige Erfahrung als Dozentin in der Erwachsenenbildung und Führungskräfteentwicklung (IHK, berufliche Bildungsträger). Projektmanagement bei der Bertelsmann Stiftung im Vorstandsprojekt „Balance von Familie und Arbeitswelt", u. a. Mitwirkung an der Konzeptentwicklung und fachlichen Umsetzung des „work-life-competence"-Konzeptes sowie fachliche Mitgestaltung und praktische Umsetzung des Qualitätssiegels „Familienfreundlicher Arbeitgeber". Ist Strategieberaterin/IHK, akkreditierte Fachberaterin „Unternehmenswert: Mensch" und lizensierte Trainerin für die Durchführung von Zertifikatskursen und Inhouse-Beratung zur work-life-competence in kleinen und mittleren Unternehmen auf Grundlage des Konzeptes der Bertelsmann Stiftung. Seit 2011 geschäftsführende Gesellschafterin der Laudage Konzept GmbH, Telgte.

a.laudage@laudage-konzept.de

Prof. Dr. Xiaojuan Ma Jahrgang 1975. Prof. Dr. Xiaojuan Ma hat drei Studienabschlüsse: Rechtswissenschaften, Betriebswirtschaftslehre und Technologiemanagement. Promoviert hat sie im Bereich Psychologie über die Führung von chinesischen Mitarbeitern. In der Praxis hilft sie mit diesem interdisziplinären Hintergrund ganzheitliche Lösungen zu entwickeln. Sie ist ausgewiesene Expertin für die Themenfelder China und interkulturelle Zusammenarbeit, insbesondere Personalfragen. Ihre mehrjährige internationale Erfahrung in der Industrie gibt sie nicht nur als Professorin an Studierende weiter. Als Beraterin, Trainerin und Coach arbeitet sie für zahlreiche Klienten wie Audi, BMW und viele andere, die sich in China engagieren oder das vorhaben.

dr.ma@china-expertise.com

Elke Menzel Jahrgang 1958. Nach Abschluss des Studiums Kommunikationswissenschaft/Psychologie zehn Jahre zuständig für Information und Kommunikation bei dem Beratungsunternehmen Radermacher & Partner. Nach einer systemischen Weiterbildung und dem Heilpraktiker Psychotherapie tätig als Familientherapeutin. Ab 1999 Trainerausbildung im Hoffmaninstitut, 2008 Zertifizierung als Coach vom Institut für Systemwissenschaft, Management und Beratung der Steinbeis Hochschule, Berlin. Darüber hinaus entwickelte sie eine eigene Methode, die das Erreichen beruflicher Ziele mit persönlicher Entwicklung und erfolgreicher Lebensführung verbindet. Heute ist sie tätig als Führungskräftecoach, Seminarleiterin und Geschäftsführerin des Hoffmaninstituts.

em@hoffmaninstitut.de

Hendrik Müller Jahrgang 1973. Bereits während des Studiengangs Architektur und Design an der Staatlichen Akademie der Bildenden Künste gründete er 1999 das Büro eins:33.

Lehrtätigkeit von 2001 bis 2008 an der TU München am Lehrstuhl des britischen Professors Richard Horden. Das Büro, das Hendrik Müller seit 2007 partnerschaftlich mit Georg Thiersch führt, ist derzeit vorwiegend in den Bereichen Corporate Architecture, Brand communication und Interior Design mit internationalem Fokus tätig. Zu den Kunden zählen Unternehmen wie Gaggenau, Porsche, Mars Inc. und Sport Scheck. Das Büro eins:33 wurde in den letzten Jahren mit renommierten Preisen wie z. B. dem Adam Award, ADC Award, IF Design Award und dem Iconic Award ausgezeichnet sowie für den Designpreis der Bundesrepublik Deutschland nominiert.

hm@einszu33.de

Ursula Priester Jahrgang 1967, aufgewachsen im Nordschwarzwald, Studium der Rechtswissenschaften in Frankfurt, Kopenhagen, Rom. 15 Jahre internationale Erfahrung in mittelständischen Unternehmen und Konzernen in der Unternehmensberatung, IT- und Telekommunikationsindustrie, davon acht Jahre in Management- und Geschäftsführungsposition im Bereich Human Resources und Recht. Seit 2009 Managing Partner bei einer internationalen Human Resources Beratungsgesellschaft, systemischer Coach und Interimsmanagerin, Mitbegründerin der Demografieplattform „Grey Source".

u.priester@grey-source.com

Stephan Radermacher Jahrgang 1960, ausgebildet an der Ludwig-Maximilians-Universität in München, der Duke University und der Harvard Business School. Zunächst tätig als Rechtsanwalt mit Schwerpunkt Wirtschaftsrecht, danach in Executive-Management-Positionen internationaler Unternehmen der Elektrotechnik (Vice President, ABB Group Holding), des Anlagenbaus (Managing Director, KAEFER Isoliertechnik) sowie des zivilen und militärischen Schiffbaus (Mitglied des Vorstands, HDW Howaldtswerke Deutsche Werft AG). Heute beschäftigt er sich als Executive Director und COO einer US-amerikanischen Private-Equity-Gesellschaft mit der strategischen Geschäftsentwicklung eines diversifizierten Portfolios von Technologiefirmen und Startups in verschiedenen Teilen der Welt.

st.radermacher@gmail.com

Dr. Carsten Rübsaamen Jahrgang 1981. Carsten Rübsaamen gründete BOOKBRIDGE im Jahr 2009 nach einem Pfadfinderaustausch mit der Mongolei. Bewegt von der Wirkung eines Containers voller Bücher, beschloss er seine Erfahrung als Berater und Unternehmer zu nutzen und sich für weltweiten Zugang zu Bildung einzusetzen. Carsten studierte Betriebswirtschaft an der WHU – Otto Beisheim School of Management und promovierte in Innovations- und Technologiemanagement. Als Stiftungspräsident und Geschäftsführer verantwortet er Finanzierung, Strategie und die Angebote als Social Enterprise.

carsten@bookbridge.org

Claudia Maria Schmidt Jahrgang 1980. Studierte M.A. Soziologie, Psychologie und Kommunikationswissenschaften in Augsburg und an der UCLA (USA). Sie arbeitete danach über sechs Jahre im Employer Branding, B2B Marketing und Change Management bei BMW und der Bosch Group in Deutschland, China und USA. Es folgte ein MBA-Studium an der ESB Reutlingen und SPJAIN Institute of Management and Research in Mumbai (Indien). Während dieser Zeit beriet sie Unternehmen wie Philips India und Raymond India zu Markteintritts- und Vertriebsstrategien. Derzeit arbeitet sie als Senior Brand Consultant für Metadesign in Berlin und Beijing.

claudia.maria.schmidt.cms@gmail.com

Dr. Alexandra Schmied Jahrgang 1967. Nach abgeschlossenem Ersten und Zweiten Staatsexamen in den Rechtswissenschaften, Promotion an der Westfälischen Wilhelms-universität Münster. Anschließend Tätigkeit als Rechtsanwältin im Bereich Insolvenzrecht. Seit 1999 als Projektleiterin in der Bertelsmann Stiftung tätig. Zunächst mit dem Schwerpunkt Stiftungs- und Gemeinützigkeitsrecht. Heute Senior Project Manager in der Bertelsmann Stiftung Verantwortungsbereich „Lebenswerte Arbeitswelten – die Verantwortung der Unternehmen".

Alexandra.Schmied@bertelsmann-stiftung.de

Harriet Schmucker Jahrgang 1981. Hat ihr Studium der Volkswirtschaftslehre 2008 in Berlin abgeschlossen. Bereits im Rahmen ihrer Diplomarbeit beschäftigte sie sich intensiv mit dem Thema Employer Branding und erarbeitete für ihren heutigen Arbeitgeber, Wilo SE, eine Arbeitgebermarke. Heute verantwortet sie das Thema Employer Branding und Young Talents bei Wilo im weltweiten Kontext und positioniert das Unternehmen insbesondere am Standort Dortmund erfolgreich an Hochschulen. WILO ist einer der weltweit führenden Hersteller von Pumpen und Pumpensystemen.

harriet.schmucker@wilo.com

Susanne Luisa Wechsler Jahrgang 1986. Studium der Wirtschaftspädagogik und Strategy and International Management an der Universität St. Gallen und der WHU. Konzeption des Capability-Programms mit BOOKBRIDGE. Beratungsmandate im Gesundheitswesen in der Schweiz und in Palästina. Internationalisierung von Internet-Startups. Aktuell: Verantwortliche für den deutschen Markt für Noom.com.
susanne.wechsler@gmail.com

Dr. Ilse Wehrmann Jahrgang 1950. Gruppen- und Hortleiterin sowie Kindertagesstättenleiterin in Bremen. Studium der Sozialpädagogik und Betriebswirtschaft. Von 1976 bis 2007 Referentin für evangelische Kitas in Bremen, Geschäftsführerin des Landesverbandes Evangelischer Tageseinrichtungen in Bremen und Vorstandsmitglied der Bundesvereinigung Evangelischer Tageseinrichtungen für Kinder e. V. (BETA). Von 1990 bis 2007 Abteilungsleiterin der Bremischen Evangelischen Kirche. 1992 bis 2000 stellvertretende Vorsitzende, von 2000 bis 2005 Vorsitzende der BETA. Seit 2002 stellvertretendes Mitglied der Synode in Deutschland (EKD), seit 2003 Präsidiumsmitglied der Evangelischen Aktionsgemeinschaft für Familienfragen (EAF) und seit 2007 freie Beraterin/Sachverständige für Frühpädagogik. Als Sachverständige für Frühpädagogik seit 2007 Beratung und Begleitung beim Aufbau betrieblicher bzw. betriebsnaher Kitas u. a. bei der Daimler AG, Stuttgart, RWE AG, Essen, Gerry Weber International AG, Halle (Westf.) und der Euro-Kita VSE Saarbrücken. Autorin und Herausgeberin zahlreicher Publikationen, Periodika und Fachbeiträge zur frühkindlichen Erziehung, Bildung und Betreuung.
mail@ilse-wehrmann.de

Birgit Wintermann beschäftigt sich seit 2008 als Project Manager in der Bertelsmann Stiftung mit mitarbeiterorientierten Arbeitsbedingungen und der Regionalentwicklung des Themas. Die Kieler Rechtsanwältin hat nach ihrem Studium zunächst als Justitiarin in einer Kieler Bank gearbeitet. Nach dem berufsbedingten Umzug nach Ostwestfalen hat sie das Lokale Bündnis für Familie im Kreis Gütersloh aufgebaut und sodann die dort erlangten Erfahrungen sodann in ihre Tätigkeit in die Bertelsmann Stiftung eingebracht. Heute betreut sie vor allem das Qualitätssiegel „Familienfreundlicher Arbeitgeber“, das derzeit in Deutschland verbreitet wird.
Birgit.Wintermann@bertelsmann-stiftung.de

Sachwortverzeichnis

A

Above-the-line-Maßnahme, 58
Absicherung, soziale, 71
Abwesenheitsquote, 107
Adressenvorratshaltung, 99
Adventure Weekend, 245
Akquiseprozess, adaptiver, 66, 70
Aktienoption, 54
Alleinstellungsmerkmal, 137
Alleinverdienermodell, 139
Altersbaum, 289
Alumni-Organisation, 64
Analyseinstrumente, strategische, 92
Anerkennungsprogramm, 250
Announcement-Phase, 256
Anpassungsfähigkeit, 158
Anschlussbedürfnis, soziales, 89
Ansprache, 41
Anzeige, 99
Arbeiten
  non-territoriales, 190
  vernetztes, 193
Arbeitgeber
  attraktiver, 251
  fürsorglicher, 89
Arbeitgeberattraktivität, 217, 227
Arbeitgeberbewertung, 23
Arbeitgeberbewertungsportal, 14, 49, 61
Arbeitgeber-Botschaften, 252
Arbeitgeberimage, 50, 109, 227, 253, 263
Arbeitgeber-Imageanzeigen, 255
Arbeitgeberinformation, 257
Arbeitgeberkampagne, 260
Arbeitgeberkommunikation, 255, 257
Arbeitgebermarke, 39, 40, 41, 49, 50, 57, 111, 187, 220, 228, 251, 253
Arbeitgebermerkmal, 255
Arbeitgeberpositionierung, 22, 254, 262
Arbeitgeberversprechen, 223
Arbeitgeberwert, 53
Arbeitgeber-Wertesystem, 12
Arbeitnehmerstruktur, 138
Arbeitsatmosphäre, 23
Arbeitsbedingungen, 23
Arbeitsgebermarke, 138
Arbeitsklima, 59
Arbeitskräftepotenzial, 5
Arbeitsmarkt in China, 78
Arbeitsplatz, mobiler, 94
Arbeitsplatzsicherheit, 26, 53
Arbeitsstil
  dialogischer, 31
  kooperativer, 31
Arbeitsumfeld, attraktives, 245
Arbeitsunfähigkeitstage, 122
Arbeitswelt, 189
Arbeitszeiten
  familienfreundliche, 266
  flexible, 218, 266
Arbeitszeitflexibilität, 269
Arbeitszeitgestaltung, flexible, 94
Arbeitszeitkontingentierung, 54
Arbeitszeitkonto, 245
Arbeitszeitmodell, 39, 41
  flexibles, 54, 245
Arbeitszeitstruktur, 146, 270
Architektursprache, 194
Assessment Center, 69, 111
Aufstiegschancen, 87
Auftragsklärungsgespräch, 113
Ausfall der Beschäftigten, 268
Auslandsaufenthalt, 92, 188

H. Künzel (Hrsg.), *Erfolgsfaktor Employer Branding*, Erfolgsfaktor Serie,
DOI 10.1007/978-3-642-40535-8, © Springer-Verlag Berlin Heidelberg 2013

Auslandssemester, 187
Ausschreibungsmodell, 272
Auswahlprozess, adaptiver, 71
Authentizität, 254

B

Babyboomer, 6, 18
Basisinnovation, 25
Bedürfnis, soziales, 26
Belohnungssystem, 54
Below-the-line-Maßnahme, 58
Benefits, 23, 108
Beratungsangebote für Eltern, 269
Berufseinsteiger, 101
Berufsfindungsseminar, 43
Beschäftigungsfähigkeit, 144
Bestandsaufnahme, 145
Betahäuser, 191
Beteiligungsverfahren, 147
Betriebliches Gesundheitsmanagement (BGM), 54, 125
Betriebskantine, 267
Betriebsklima, 224
Betriebssportgruppe, 54
Betriebsversammlung, 174
Bevölkerungsentwicklung, natürliche, 2
Bewerberknappheit, 43
Bewerbermanagement, internationales, 63
Bewerbermanagementsystem, 15
Bewerberquote, 49
Bewerbung, anonyme, 72
Bewertungsportale, 279
Beziehungen, 82
  zwischenmenschliche, 84
Bildmarke, 253
Bildungsleistungen, 89
Bildungsorientierung, 85
Bilingualität, 270
Bindung, intrinsische, 22, 32
Bindungsaufbau, 231
Blog, 61, 109
Blue Card Germany, 64
Bonusprogramm, 250
Bonussystem, 54
Boomjahre, 186
Botschaft, virale, 30
Bottom-up-Prozess, 52
Brain-Drain, 13
Brand Building, 228
Brandpages, 233
Brand-Vision, 256
Burnout, 24
  Symptomatik, 115
  Syndrom, 26
Bürokultur, 196
Bürolandschaft, 190
Business
  Model, 161
  Network, 237
  Planning, 159

C

Capability-Progamm, 160
Career App, 16
Career Center, 43
CareerDays, 92, 99
Case Studies, 260
Championship-Kultur, 238
Change
  Agencies, 11
  Kommunikation, 167, 176
  Prozess, 168, 174, 176
Change Management, 191
Chargeable hours, 280
Civil Society, 2
Closing, 177
Coachee, 112
Coaching, 54, 112, 226, 236
  kollegiales, 239
Coachingprozess, 113
Collaborative Employer Branding, 11
Community, 96, 109, 237, 241
Company Sports, 244
Compliance, 16, 155
Corporate
  Brand, 254
  Citizenship, 7
  Design, 177
  Identity (CI), 12, 195
  Risk Management, 16
  Social Responsibility
    Awards, 152
  Social Responsibility (CSR), 2, 7, 53, 152
    Leiter, 151
Coworking Spaces, 191
CSR-Manager, 152
Crowdfunding, 158
Customer Relationship Management, 99

D
Defizitbedürfnis, 27
Defizitmotiv, 27
Demografieanalyse, 281
Demotivation, 47
Designmarke, 229
Development Center, 239
Dialogveranstaltung, 92
Differenzierungsmerkmal, 186
Digital Native, 6, 21
Distributionspolitik (Place), 58
Diversity, 236
  Day, 242
  Round Tables, 242
Diversity-Programm, 71, 75
Dualstudierende, 100

E
Ehrlichkeit, 22
Eingliederungsmaßnahme, 68
Ein-Kind-Politik, 78
Einkommen, 87
Einmalzahlungen nach der Geburt, 266
Einstiegsmöglichkeiten, 97
Einstiegsprogramm, 92, 100
Einzelbüro, 195
Einzelcoaching, 112
Eltern-Kind-Serviceleistung, 267
Elternzeit, 54, 269
Emerging Market, 160
Employability, 144, 240
Employee
  Engagement Survey, 246
Employer Branding, 1, 11, 39, 48, 100, 137, 152, 168, 219, 231, 238, 251
  Botschafter, 170
  Konzept, 221
  Maßnahme, 151
  Merkmale, 233
  Profil, 22
  Proposition, 170
  Strategie, 14
Employer of Choice, 245, 253
Employer Value Proposition (EVP), 12, 51, 149, 233
Engagement, 141
  Index Deutschland, 107
  Index Q12, 191
Engpasszielgruppe, 99, 100
Entrepreneurship, 158
Entscheidungsfindungsprozess, 218
Entwicklung
  geistige, 42
  persönliche, 235
Entwicklungsmöglichkeiten, 97, 187
Entwicklungsplan, individueller (IDP), 239
Entwicklungsprogramm, 54, 97, 100
Entwicklungsstrategie, 78
Equal Opportunity Employer, 242
Ergänzungsmaßnahme, 53
Erstkontakt, 94
Ethics, 155
Executive-Talent-Pool, 240
Expansionsstrategie, 52
Expats, 240
Extremum-Prinzip, 50
Eye opener, 66

F
Facebook, 28, 30, 42, 94, 170, 173, 232, 236
  für das Business, 237
Fachkräftemangel, 50, 77
Familienbewusstsein, 149
Familienfreundlichkeit, 145
Familienplanung, 141
Familienunternehmen, 224
Familienzusammenführung, 68
Feedback, 360°, 110
Fehlerkultur, 96
Fehlzeiten, 123, 150
Fehlzeitenkosten, 123
Femininität, 84
Firmenpräsentation, 43
Firmensport, 244
Flexibilität, 7, 84, 141
Flexi-Time, 245
Fluktuation, 141, 178
Fluktuationskosten, 107, 269
Fluktuationsrate, 26, 59, 81
Fokusgruppenbefragung, 260
Follower, 233
Follow-up-Workshop, 248
Foren, 109
Frauenförderung, 218, 242
Freistellungsmöglichkeiten für Pflegeaufgaben, 266
Freizeitangebote für Kinder, 267
Fremdbild, 50, 111
Führungskräfteentwicklung, 145
Führungskräftekommunikation, 179
Führungskräfteseminar, 111
Führungskultur, 110, 125

Führungsmängel, 110
Führungspersönlichkeit, 112
Führungsposition, 95

G
Gaming, 236
Gehalt, 23, 89, 218
Gemeinschaftsbereich, 195
Generation
  Computer, 30
  dotcom, 138
  Game, 138
  Golf, 138
  Herbst, 279, 283
  iPhone, 30
  Multimedia, 138
  X, 6, 18, 138
  Y, 6, 17, 30, 50, 95, 110, 155, 170, 237, 252, 289
  YouTube, 30
  Z, 6
Genussorientierung, 139
GenX, 6
GenY, 6, 8, 12, 17, 182, 234
  Kollegen, 249
Gestaltungsspielraum, 42
Gesundheitsförderung, betriebliche, 123
Gesundheitsmanagement, betriebliches, 54, 125
Gesundheitsrundumversorgung, 79
Gesundheitsversorgung, 89
Glaubwürdigkeit, 254
Gleichberechtigung, 23
Gleitzeit, 266
Globalisierung, 145, 186
Global village, 186
Google Plus, 170
Google Trend, 17
Gratifikation, 54
Greenwashing, 152, 154
Grow others, 248
Grundbedürfnis, physiologisches, 26
Gruppenarbeitsplätze, 195
Guerilla-Marketing, 58

H
Hands-on-Mentalität, 221
Hard skills, 125
hashtagging, 30
Headhunter, 58, 102
Headhunting, 98
Heritage, 223
Hidden Champions, 49, 197
Hierarchie, 82
  flache, 218, 224
Hierarchiegefüge, 186
High performance culture, 250
High Potentials, 101
  in China, 86
Hilfsbereitschaft, 224
Hochpreisstrategie, 58
Hochschulkooperation, 58
Hochschulmarketing, 251
Hochschulmesse, 99
Home Office, 193, 218
Hotline, 174
Human Resources (HR), 2, 155
  Abteilung, 64, 97
  Aufgaben, 219
  Instrumente, 231
  Manager, 249
  Verantwortliche, 217
  Workshops, 221

I
Identifikation, 141
Identifikationsmerkmal, 198
Identität, 41
  visuelle, 254
Image, 23, 49
Imageanzeige, 252
Imageauftritt, 39
Imagegewinn, 141
Imagemanagement, 11
Image-Werbung, 42
impact investing, 163
Individualisierungsgrad, 57
Individualismus, 139
Individualität, 94
Informationskanal, traditioneller, 237
Innovationskraft, 158
Innovationszyklen, 50
Instant Messaging, 236
Integrated Reporting, 152
Integration, interkulturelle, 68
Integrationskomitee, 75
Integrationskonzept, 5
Integrationsprozess, adaptiver, 73
Intergenerationalität, 11
Interkulturalität, 11, 270
Internationalisierung, 94, 187

Internet, 21
Internet-Generation, 6
Investor Pitch, 161

J
Jellys, 191
Job
Enrichment, 54
Hoppers, 236
Portale, 58
Rotation, 54
Sharing, 245
Jobbild, 156

K
Karrierebildung, 23
Karriere-Coach, 104
Karriereentwicklung, 87
Karriere-Microsite, 233
Karrieremöglichkeit, 225, 231
Karrieretage, 92
Karriere-Website, 15
Kernbotschaft, 58, 255
Key Assets, 221
Key Success Factor, 16
Key Visual, 261
Kick-off, 248
Kids Camp, 245
Kinderbetreuung
betriebliche, 54, 269
flexible, 103
Kindertagesstätten, betriebliche, 265
Kinderzuzahlung, 266
Klarheit, 39
Kollegenzusammenhalt, 23
Kollegialität, 235
Kollektivismus, 83
Kommunikation, 23
aktuelle, 176
authentische, 22, 170, 232
geplante, 176
globale, 12
hierarchielose, 96, 237
interne, 177, 245, 261
Kommunikationskonzept, 148
Kommunikationsmix, 252
Kommunikationsplan, 177
Kommunikationspolitik (Promotion), 58
Kommunikationswettbewerb, 10
Kompensationsmechanismus, 116
Kompetenz-Modell, 239
Kondratieffzyklen, 25
Konfliktcoaching, 113
Konnektivität, globale, 6
Konsumentenfokus, 219
Konsumentensegmente, 229
Konsumgüterbranche, 218
Konsum, nachhaltiger, 151
Kontakthalteprogramm, 269
Kontaktmesse, 99
Kontaktpunkte, 257
Kontinuierlicher Verbesserungsprozess (KVP), 54
Kontinuität der Beschäftigung, 268
Kosten
emotionale, 39
für Fehlzeiten, 269
kognitive, 39, 43
Kosteneinsparpotenzial, 270
Krankenstand, 59, 141
Krankheitskosten, 123
Kreativität, 150
Kreativkonzept, 260
Krippenangebot, betriebliches
Ausstattung, 273
Gruppenzusammensetzung, 274
Lage, 273
Öffnungs- und Betreuungszeitvarianten, 273
Personelle Besetzung, 274
Platzsharing, 274
Qualitätskriterien, 273
Raumkonzept, 273
Vermarktungskonzept, 275
Krippenkontingent, 245
Krisenhotline, 245
Kulturentwicklungsprozess, 48
Kulturförderung, 97
Kundenerwartungen, 146
Kundenfokus, 248
Kundenzufriedenheit, 48
kununu, 22, 49

L
Leadership, 158
Journey, 248
Kultur, 248
Model, 248
Skills, 160
Team, 241, 248
Lebensstil, nachhaltiger, 151

Lebensverlaufsperspektive, 138
Leistungs-Belohnungsprinzip, 109
Leistungsbereitschaft, 150
Leistungsfähigkeit, 141
Likes, 30
Line Management, 239
Line Manager, 249
LinkedIn, 23, 232
Loyalität, 24, 141

M
Machtspielchen, 95, 237
Management
  Board, 164
  Coach, 160
  Nachwuchs, 225
  Pool, 240
Managementqualität, 53
Marke, 21
Markenauftritt, 177
Markenerfolg, 219
Markenerlebnis, 52
Markengeschichte, 223
Markenimage, 39
Markenkern, 41, 52, 53
Markenmanagement, 11
Markenversprechen, 251, 256, 260
  zentrales, 256
Markenwelten, 222
Markenwert, 39
Markenwissen, 253
Marketing, 195
  virales, 70
Marketingkommunikation, 22
Marketing-Mix, 49, 56, 59
Marketingstrategie, 21
Marketing-Trainees, 226
Marktanalyse, 99
Marktentwicklung, dynamische, 158
Marktforschung, 257
Marktführer, 58
Marktwert, 187
Massenwohlstand, 27
Mediation, 113
Mediennetzwerk, soziales, 28
Medien, soziale, 49
Megatrend, 146
Mehrheits-Shareholder, 175, 180
Mehrwert, 40, 53
  immaterieller, 22
Mehrwert-Denken, 43
Menschlichkeit, 224
Mentees, 13
Mentor, 250
  interner, 226
Mentorenprogramm, 68, 71, 75
Mentoring, 54, 160, 236
Messen, 58, 94
Microsite, 261
Millennial, 6, 17, 22, 31
Millennials Generation, 17
Mission related investing, 163
Mitarbeiter
  gering qualifizierte, 81
  hoch qualifizierte, 81
  qualifizierte, 77
Mitarbeiteraktienprogramm, 54
Mitarbeiterbefragung, 110
  globale, 246
Mitarbeiterbindung, 78, 79
Mitarbeiter-Empfehlungs-Programm (MEP), 231
Mitarbeitergewinnung, 78, 231
Mitarbeiterinterview, 111
Mitarbeitermotivation, 190
Mitarbeiterproduktivität, 150
Mitarbeiterstruktur, 142
Mitarbeiterzeitung, 174, 178
Mitarbeiterzufriedenheit, 48
Mitbestimmung, 192
Mobile & Career Websites, 16
Mobilität, 80, 89, 237
Motivation, 150, 268
Multilingualität, 270
Multioptionsgesellschaft, 38
Multioptions-Mentalität, 41
Multiplikatoreffekt, 262
Multi-Stakeholder-Situation, 160
Mundpropaganda, 49

N
Nachwuchsführungskraftentwicklung, 71
„Net 'n' Nest"-Konzept, 196
Networking-Möglichkeit, 242
Netzwerk, 109
Netzwerk, soziales, 22, 50
Neueinstieg, 94
Neue Medien, 2, 9

Never stop training, 248
Newsletter, 174
New-work-Modelle, 193
Notfallbetreuung für Kinder, 266
Nutzen, 40
Nutzenanalyse, 147
Nutzenanspruch, 41

O
Öffentlichkeitsarbeit, 58
Online Talent Communication, 16
On the ground business, 153
On-the-Job-Training, 92
On-the-spot-Programm, 250
On your fingertips, 238
Opportunity, 101
Organisation, flache, 237
Organisationskultur, 142
Organisationsstruktur, 189
Orientierung, materielle, 79
Outplacement-Maßnahme, 111

P
Parent Child Office, 245
Pausenbereich, 195
Performance Culture, 239
Performance-Management, 238
Personalanforderung, 99
Personalbaukasten, 94
Personaleinsatzplanung für die Kinderbetreuung, 271
Personalentwicklungsaktivität, 240
Personalentwicklungsarbeit, 249
Personalentwicklungsinstrumente, 97
Personalfluktuation, 180
Personalgewinnung, 99
Personalkommunikation, 231
Personalkosten, 77
Personalmanagement, work-life-orientiertes, 138, 141
Personalmarketing, 79, 100, 251, 252
  Aktivitäten, 94, 104, 258
Personalpolitik
  familienorientierte, 269
  lebensphasenorientierte, 146
Personal-Rekrutierung, 64
Personalstrategie, 78
  Team, 233
Personalstruktur, 146
Personalverantwortung, 140
Perspektiven, 187
Pflegemonate, 54
Places to be, 102
Planung, strategische, 158
Play to win, 248
Point of no Return, 10
Positionierung
  am Markt, 39
Posting-Flut, 173
Potenzialcoaching, 113
Potenzialträger, 109
Pragmatismus, 84
Praktikum, internationales, 187
Präsentismus, 122
Prävention, 123
Preispolitik (Price), 57
Prestige, 235
Problemlösestrategie, 158
Pro-Bono-Projekt, 156
Produkt Arbeitgeber, 57
Produktempfehlungsportal, 42
Produkterlebnis, 92
Produktmarke, 41
Produktpolitik (Product), 56
Produktversprechen, 51
Profiling, 101
Projektmanagement, 158

Q
Qualifizierung, 144

R
Raumplanung, 195
Rebranding, 253
Recruiter, 72, 234, 284
Recruiting, 71, 98, 100, 141, 238, 251
  Instrumente, 92
  Kampagne, 49, 279
  Maßnahmen, 99, 101
  Prozess, 14, 98
Regelbewusstsein, 84
Regret, antizipierter, 37
Re-Integration nach Elternzeit, 245
Rekrutierung, 220
Rekrutierungskanal, 91
Rekrutierungs-Tool, 199
Relationship, 254
Relevanz, 22
Relocation
  Service, 242

Site, 233
Website, 235
Reporting, integriertes, 154
Research & Development-Aktivität, 78
Resilienz, 121
sieben Säulen, 123
Training, 130
Resilienzkonzept, 126
Responsive CSR, 153
Retailbereich, 233
Retention, 23, 220
Return on Investment (ROI), 123
Reverse Mentoring, 13
Rollenverteilung, 139
Rotationsprogramm, 241

S
Sabbatical, 94, 218, 244
Schlüsselqualifikation, 101
Schlüssetalent, 238
Search Engine Optimization, 170
Second-Best-Bewerber, 102
Selbstbestimmtheit, 235
Selbstbestimmung, 42
Selbstbild, 50, 111
Selbstführung, 113
Selbst-Management, 139
Selbstreflexion, 112
Selbstverwirklichung, 25, 26, 139
Selektion, 23
Selling Story, 101
Senior Executives, 239
Senior Leadership Team, 246
Serviceangebot, 145
Service-Hotline, 94
Shadowing, 111
SharePoint, 237
Share Price, 164
Shares, 30
Shitstorm, 10, 29, 170, 173
Shop-in-Shop-Konzepte, 49
Silo-Denken, 249
Sinnerfüllung, 150
Sinnstiftung, 42
Slogan, 41
social bonds, 163
Social Business, 153, 159
Social Change, 160
Social Enterprises, 157, 158, 164
social Intranet, 237
Social Media, 94, 170, 230, 236, 252
Aktivitäten, 170
Auftritte, 233
Engagement, 170
Revolution, 42
Strategie, 15
Social-Media-Plattform, 10
Social & Professional Networks, 16
Social Responsibility, 151, 159
Soft skills, 125
Soll-Image, 50
Sonderurlaub, betrieblicher, 266
Sozialbewusstsein, 23
Sozialunternehmen, 158
Sponsoring, 58
Sport & Event-Programm, 244
Stadt-Kennenlernaktion, 92
Stakeholder, 161, 168
Standortvorteil, 53
Status, 235
Stellenanzeige, 43
Stellenausschreibung, 71
Stellenbeschreibung, Gestaltung der, 71
Stellenbörse, 99
Sterbeüberschuss, 2
Stimmungsbarometer, 92
Stipendienprogramm, 94
Strategic CSR, 153, 159
Streisand-Effekt, 172
Strength, 101
Stressor, 122
Struktur, soziale, 188
Studenten, internationale
Erwartungen, 69
Motivationen, 67
Succession Management Review Meeting, 240
Sucheigenschaften, 42
Survival of the fittest, 23
Sustainability Reporting, 152
SWOT, 101
SWOT-Prozess, 102

T
Tage der offenen Tür, 43
Tagesprotokoll, 43
Talent
Community, 232
Gap, 14
Identifikation, 240
Management, 238

  Management:Programme, 249
  Management:Prozess, 239
  Pipeline, 238
  Pool, 240
  Relationship Management (TRM), 94, 99
  Scout, 232
  Sourcing, 18
  Succession Management, 240
  Verifikation, 240
Talententwicklung, 240
Talentpool, 105
Team, altersgemischtes, 54
Teamarbeit, virtuelle, 159
Teambuilding-Workshop, 75
Teamgeist, 224
Teamplayer, 96
Team up for top results, 248
Teilzeitangebot, 269
Teilzeitarbeit, 245
Teilzeitmodelle, 103
Telearbeit, 54, 94, 266, 269
Telearbeitsplatz, 103
TempParentPool, 245
Testimonial, 254
Thesisarbeit, 70
Think consumer and customer, 248
Threat, 101
Tonalität, 41
Top-3-Kommunikationsmittel, 9
Total Customer Focus, 1
Townhall-Meetings, 60
Tradition, 223
Traditionalist, 6
Trägermodell, 272
Traineeprogramm, 71, 92, 225
Training-on-the-Job, 71
Transparenz, 22, 39
Trendence, 253
  Ranking, 156
Trend Spotting Tool, 17
TRM
  Manager, 98, 100
  Maßnahme, 101
Turn-Around-Wille, 6
Tweets, 30
Twitter, 28, 42, 170, 232

U
Überbrückungskosten, 269
Überregulierung, 85, 89
Überstundenkonto, 266
Umfeld, darwinopportunistisches, 23
Umgang mit Kollegen + 45, 23
Umweltbewusstsein, 23
Unique Selling Proposition (USP), 14, 51
Unkultur, 49
Unsicherheitsvermeidung, 84
Unternehmen
  DNA, 164
  familienbewusstes, 150
  fürsorgliches, 80
Unternehmensarchitektur, 195
Unternehmensbindung, 268
Unternehmensblog, 232, 237
Unternehmens-Check, 130
Unternehmensidentifikation, 222
Unternehmensimage, 253
Unternehmenskultur, 125, 142, 145, 188, 218, 220, 237
  mitarbeiterorientierte, 27
Unternehmensphilosophie, 229
Unternehmensstrategie, 97
Unternehmenswert, 53
Unternehmenswerte, 52
Unternehmenszugehörigkeit, 188
Unterstützung, finanzielle, 266
Unterstützungsangebot, 54, 145

V
Value, 254
Variation, 23
Veränderung, demografische, 50
Veränderungskultur, 142
Vereinbarkeit von Beruf und Familie, 88, 138, 193
Verkaufsförderung, 58
Vernetzung, horizontale, 28
Vertrauensarbeitszeit, 244
Vielfältigkeitskriterien, 241
Vision, 256
Vorgehen, inklusives, 74
Vorgesetztenverhalten, 23, 109, 110
Vorstellungsgespräch, 100

W
Wachstumsbedürfnis, 27
Wachstumsmotive, 27
Wandel, demografischer, 145

war for talents, 43, 64, 218, 219, 232
Weakness, 101
Web-Recruiting, 10
Webseite, 39
Weiterbildung, 23
Weiterbildungsangebot, 54, 71
Weiterbildungsmaßnahme, 218
Weiterbildungspolitik, 86
Weiterentwicklung, individuelle, 226
Weiterentwicklungspotenzial, 147
Weiterqualifizierung, 94
Welcome-Programm, 92
Werbedichte, 21
Werbung, 195
Werkstudententätigkeit, 70
Werte
  kulturelle, 89
Wertekommunikation, 52
Wertelemente, kulturelle, 82
Wertemuster, 140
Werte-Set, 138
Werteversprechen, 225
Werteverständnis, 224
Wertevorstellungen, 140
Wertewandel, 146
  wirtschaftlicher, 25
Wertschätzung, 224
Wertschätzungskultur, 145
Wettbewerbsdifferenzierung, 226
Wettbewerbsvorteil, 141
Wiederbeschaffungskosten, 269
Wiedereingliederungskosten, 269
Wiedereinstiegsprogramm, 269
Wirkungsanalyse, 147
wlc-Konzept, 148
Wohlfühlfaktor, 92
Work-Life-Angebot, 143
Work-Life-Balance, 7, 23, 24, 40, 54, 69, 95, 96, 113, 140, 218, 236, 247
  Generation, 26
Work-life-competence-Modell, 138
Work-Life-Integration-Idee, 245
Wortmarke, 253
Wunscharbeitgeber, 231, 245

X

Xing, 22, 23, 170

Y

YouTube, 30, 172
  Videos, 43
Ypsiloner, 17, 95, 236

Z

Zielgruppe, 50
Zielgruppenkontakte, 256
Zusammenarbeit, interkulturelle, 159

Printed by Printforce, the Netherlands